U0158347

普通高等教育人工智能专业系列教材

人机交互技术及应用

主　编　吴亚东
副主编　张晓蓉　王赋攀
参　编　罗　云　王桂娟　贾　浩

机 械 工 业 出 版 社

如何更好地将人机交互技术应用到具体领域是目前的热点研究问题。本书对人机交互技术及应用进行了比较全面的介绍，内容包括人机交互技术发展历程与设计原则、认知过程、交互模型和系统设计、评估方法、人机交互开发软硬件工具，最后介绍了人机交互技术在体感、手势、增强现实以及脑电交互中的应用。本书的主要内容源于作者的研究工作，部分内容取材于参考文献。

本书可作为高等院校计算机、人工智能、电子信息等专业基础教学用书，也可作为人机交互技术爱好者的参考书。

本书配套授课电子课件，需要的教师可登录 www. cmpedu. com 免费注册，审核通过后下载，或联系编辑索取（微信 13146070618，电话：010-88379739）。

图书在版编目（CIP）数据

人机交互技术及应用/吴亚东主编．—北京：机械工业出版社，2020. 5（2025. 2 重印）
普通高等教育人工智能专业系列教材
ISBN 978-7-111-65526-8

Ⅰ. ①人…　Ⅱ. ①吴…　Ⅲ. ①人-机系统-高等学校-教材　Ⅳ. ①TP11

中国版本图书馆 CIP 数据核字（2020）第 074494 号

机械工业出版社（北京市百万庄大街 22 号　邮政编码 100037）
策划编辑：汤　枫　　责任编辑：汤　枫
责任校对：张艳霞　　责任印制：孙　炜
北京中科印刷有限公司印刷

2025 年 2 月第 1 版 · 第 8 次印刷
184mm×260mm · 18. 75 印张 · 459 千字
标准书号：ISBN 978-7-111-65526-8
定价：65. 00 元

电话服务	网络服务
客服电话：010-88361066	机　工　官　网：www. cmpbook. com
010-88379833	机　工　官　博：weibo. com/cmp1952
010-68326294	金　　书　　网：www. golden-book. com
封底无防伪标均为盗版	机工教育服务网：www. cmpedu. com

前　言

人机交互（HCI）是研究人、计算机以及它们之间相互影响的技术。美国计算机协会人机交互兴趣小组（ACM SIGCHI）将“人机交互”定义为关于设计、评价和实现供人使用的交互式计算系统，以及围绕这些方法的主要现象进行研究的一门学科。随着人与机器的关系日趋密切，人机交互也具有了更广的实用性，其技术研究的意义不仅体现在提供直观、便捷、高效的交互方式上，更促成了一系列新兴产业的发展与壮大，对信息技术的发展产生了深刻的影响，成为计算机科学与技术领域的一个重要研究方向。

党的二十大报告指出，推动战略性新兴产业融合集群发展，构建新一代信息技术、人工智能、生物技术、新能源、新材料、高端装备、绿色环保等一批新的增长引擎。目前，人机交互在技术方法与领域应用上取得了长足发展，交互的自然性和智能化始终是人机交互领域追求的目标。在交互模式上，利用人体的视觉、听觉、肢体及手势等多种感知通道，在三维和沉浸式用户界面下与计算机环境进行更加直观的交互，可以有效地提高人机交互的自然性和高效性；在交互理念上，人机交互的研究重点放在了智能化交互、多模态交互及人机协同等方面，正在完成从以机器为中心到以人为中心的自然人机交互的转变，并将提升用户的个人体验作为新一代人机交互设计的重要目标。各种新型交互设备的涌现以及虚拟现实、人工智能技术的快速发展也为人机交互研究带来新的挑战和机遇。

人机交互研究是一个多学科交叉的广阔领域，本书以人机交互技术应用为主线，围绕人机交互领域的部分典型应用场景，介绍了人机交互技术的概念和方法，讨论了人机交互技术在体感交互、手势交互、沉浸式交互、增强现实以及脑机交互中的应用。

全书共 13 章。第 1 章介绍了人机交互技术的概念、发展历程、人机交互新技术，以及人机交互设计的标准、原则和指导方针；第 2 章主要介绍了人机交互中的认知过程；第 3、4 章介绍了人机交互模型和人机交互系统的设计；第 5 章介绍了人机交互系统的评估目标、原则与方法；第 6 章介绍了 Kinect、Leap Motion、Emotiv Epoc 及 Oculus Rift 等人机交互设备；第 7、8 章分别介绍了 3DS MAX、Unity3D 等交互设计软件；第 9、10、11、12、13 章分别介绍了人机交互技术在体感交互、手势交互、沉浸式交互、增强现实以及脑机交互中的应用。

本书由四川轻化工大学吴亚东教授带领的虚拟现实与可视化团队师生完成编写，吴亚东担任主编，西南科技大学的张晓蓉、王赋攀担任副主编。本书第 1 章由王桂娟编写；第 2、3、4、5 章由张晓蓉编写；第 6 章由贾浩编写；第 7、8 章由罗云编写；第 9、10、11、12、13 章由王赋攀编写。全书由张晓蓉统稿，吴亚东定稿。研究团队的王松、林水强、赵思蕊、杨文超、冯鑫森、侯佳鑫、张巍瀚等研究生和本科生在资料整理、技术验证和开拓等方面进行了大量工作，在此谨向他们的辛勤工作表示衷心的感谢。

本书所涉及的多项研究工作得到国家自然科学基金资助项目（No. 61872304，61802320）、四川省教育厅科技创新团队支持计划（No. 18zd1102）等基金项目支持，在此对上述项目负责人及成员表示衷心的感谢。

人机交互技术仍处于不断发展之中，研究和开发工作十分活跃。限于编者的能力和水平，书中难免有疏漏和不足之处，热忱欢迎各位专家、学者和广大读者批评指正。

编　者

目　录

第1章　人机交互概述

当今，计算机已经深入到人们生活和工作的方方面面。每一天，各行各业的人都在直接或者间接地接触和使用着大量的计算机系统，例如个人计算机、手机、嵌入式设备和信息系统等，小到手表手环、校园一卡通，大到出行乘坐的飞机、汽车等社会产品和工具中，也都有计算机的踪影。计算机的功能越来越丰富，应用领域越来越广泛，人们对于计算机的需求范围也不断扩大。随之而来的是计算机自身日趋复杂化和多样化，计算机的操作难度增大，迫切需要一些技术和手段来缓和这一矛盾。因此，建立人与计算机之间高效的交互通道，提升交互过程的个人体验和效率，具有较高的现实意义和商业应用价值。

作为本书的开篇，本章概要地介绍人机交互的背景、技术和研究方法，主要包括人机交互的概念，人机交互的发展历程，人机交互的新技术，人机交互设计的标准、原则和指导方针四方面的内容。

1.1　人机交互的概念

1.1.1　为什么要研究人机交互

自从20世纪40年代计算机诞生以来，计算机和围绕计算机的信息产业蓬勃发展。当前，制造业、IT业、汽车行业等许多产业都有计算机的身影。人们不但要跟个人计算机、手机等看得见摸得着的计算机进行交互，而且要和嵌入到汽车、电视、微波炉等机器内部的计算机进行交互。优秀的人机交互设计可以提高人们的工作效率，使人们的工作和生活更加简捷，更加方便。

人机交互也是最接近大众的信息技术。普通大众真正认识计算机就是从人机交互开始的。例如，在互联网广泛普及以前，与之相关的电子邮件、即时通信、超链接技术其实都已经存在，但需要使用者具备一定的计算机相关知识，这对于普通大众来说快速高效的交互比较难，故使用的人很少，直到浏览器的出现，人机交互界面出现在浏览器上，上述技术以很简易的方式呈现给用户，这些技术才得以真正广泛使用。同样，多点触控技术早在20世80年代就已经被发明，但是直到2007年苹果公司推出iPhone（iPhone基于多点触控技术设计了人性化的用户接口）后，多点触控技术才得以真正意义上的广泛流行。可以说，人机交互设计是各种创新和技术进步中非常重要的一环，人机交互界面的进步给人类带来了类似工业革命的巨大变革。

同时，就系统开发的代码量来说，交互计算系统40%~60%的工作集中在人机交互的管理。1992年，迈尔斯等人在美国计算机协会（Association for Computing Machinery，ACM）举办的“关于计算系统中人的因素”大会上发表的“用户界面编程调查”一文中指出：根据他们收到的70多份调查问卷中，平均有48%的代码出自用户界面部分。从时间分布上说，在设计阶段，用户界面占了45%；在实现阶段，用户界面占了50%；在维护阶段，用户界面占37%。图1-1分别展示了用户界面代码量占比和时间占比。可以看出，人机交互开发在系统生命周期的每一个阶段都占有重要比重。

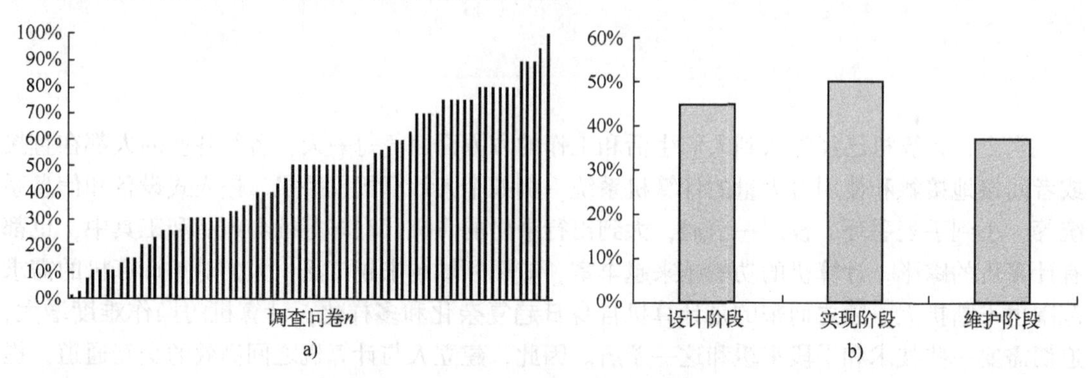

图1-1 用户界面代码量与时间的占比

a）用户界面的代码量占比 b）用户界面的时间占比

另一方面，人机交互是所有学科里最需要跨学科参与的研究之一。优秀的人机交互设计需要融合计算技术、心理学、工业设计、软硬件设计，甚至美术设计等方面的知识和经验。做人机交互具有一定难度，需要掌握相关的核心技术，例如计算机语音学、机器视觉及多点触控技术等，但虚拟现实、增强现实和混合现实技术却为人们带来与计算机沟通的全新体验。

总之，人机交互与当代人们的生活息息相关，人机交互研究和设计机遇巨大，但是也存在不少挑战。更自然、更实用、更贴近人们生活的人机交互设计具有难以估量的价值，并将深刻地改变人们的日常生活。

1.1.2 什么是人机交互

人机交互（Human-Computer Interaction，HCI）是一门研究计算机系统与用户之间交互关系的学科。美国计算机协会人机交互兴趣小组（Special Interest Group on Computer-Human Interaction，SIGCHI）给出了人机交互的定义：人机交互是关于设计、评价和实现供人使用的交互式计算系统，以及围绕这些方法的主要现象进行研究的一门学科。Dix等人在《人机交互》一书中认为人机交互就是在用户的任务和工作环境下，对交互系统的设计、实现和评价。

1959年，美国学者B. Shackel从人在操作计算机时如何才能减轻疲劳出发，提出了被认为是人机界面的第一篇文献，该篇文献是关于计算机控制台设计的人机工程学的论文。1960年，Liklider JCK首次提出人机紧密共栖（Human-Computer Close Symbiosis）的概念，被视为是人机界面学的启蒙观点。1969年在英国剑桥大学召开了第一次人机系统国际大会，同年第一份专业杂志《国际人机研究》（International Journal of Human-Computer Studies，IJMMS）创刊，可以说，1969年是人机界面学发展史上的里程碑。

人机交互是与认知心理学、人机工程学、多媒体技术及虚拟现实技术等密切相关的综合学科，可以从不同的角度（计算机科学、机器和人）来研究人机交互。例如从计算机科学的角度，人机交互的焦点是交互，尤其是单个或多个用户与一个或多个计算机的直接交互，以及通过计算机系统实现的人机间接交互；而从机器的观点，计算机可能是独立运作的计算机，也可能是嵌入式计算机，比如作为太空驾驶员座舱或者微波炉的一部分；从人类用户的角度看，需要考虑分布式系统、计算机辅助通信，或依靠不同系统进行协同工作等特性。因此，人机交互既研究机械装置，也研究人的因素，人机交互是当代科学技术发展的一个重要支撑领域。

1.2　人机交互的发展历程

发展是人类亘古不变的主题，一个社会发展的关键在于其核心生产工具的发展。计算机作为新时代的核心生产工具，如何高效地与之交互一直是业界的研究热点。经过数十年的实践和发展，人机交互理念、技术和外围设备逐渐由萌芽走向发展和成熟。

1.2.1　手工操作和命令行交互

早期的计算机主要作为科研人员使用的研究工具，人机交互的思想更多的是任务导向。像维纳·布什在《诚如我思》（As We May Think）所倡导的那样，计算机逐渐由科研人员才能操作的工具走向个人用户，人机交互也由纯手工操作、纸带交互，发展到了命令行交互的方式。

1946 年，世界上第一台通用计算机埃尼阿克（Electronic Numerical Integrator and Calculator，ENIAC）在美国宾夕法尼亚大学诞生。ENIAC 是一个庞然大物，重 30 余吨，占地约 170 m^2，包含 18000 只电子管。研究者通过手工开闭计算机上的开关作为输入，通过机器上指示灯的明暗作为输出。如图 1-2 所示，在 ENIAC 中，每个功能表上都有多个开关，用户通过操作功能表上的开关进行数据输入。

图 1-2　工作人员在设置 ENIAC 的一个功能表上的开关组

20 世纪 50 年代，人们开始使用穿孔纸带与计算机进行交互。穿孔纸带大约一英寸宽（25.4 mm），中间的一排小孔用来确定位置，两侧的大孔用来表示信息，穿孔或不穿孔表示 1 和 0，计算机指令用大孔中的若干个孔表示，一条简单的程序通常需要几米长的纸带，如图 1-3 所示。但是，这种交互方式输入输出速度慢，可靠性低，逐渐被淘汰。

1956 年，MIT 开始研究使用键盘向计算机输入信息。20 世纪 60 年代中期起，基于键盘的命令行接口成为大多数计算机的主要交互方式。操作人员在命令行界面中输入命令，界面接收命令行，然后把命令行文字翻译成相应的系统功能。20 世纪 70 年代，甚至直到 20 世纪 80 年代，这种交互方式一直在持续使用，如图 1-4 所示的 DEC VT100 是一个广泛应用的计算机终端。大家所熟知的 UNIX 操作系统、微软的 DOS 系统，以及苹果的 DOS 系统都是采用命令行的方式。

图 1-3 早期的五孔纸带

图 1-4 DEC VT100，一个广泛应用的计算机终端（1978）

直到今天，Windows 系统中依旧保留着命令行窗口。在 Windows 10 系统中，单击桌面左下角的“开始”按钮，然后在弹出菜单中单击“运行”，在“运行”窗口中输入“cmd”，随后就可以看到命令提示符窗口，如图 1-5 所示。这里，用户依然可以使用命令行交互方式，例如“cd”命令跳转目录，“dir”命令查看当前目录下的文件。

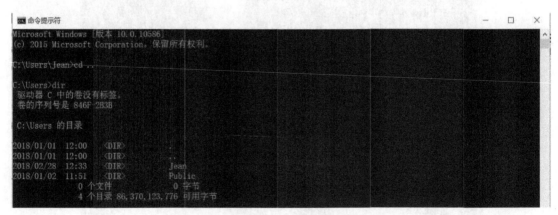

图 1-5 Windows 10 下的命令行窗口

命令行交互方式中，交互的主要内容是字符、文本和命令。命令行交互方式单调，操作人员需要记忆大量的命令才能操作计算机，对操作人员的专业技能要求较高。

1.2.2 图形化用户界面交互

进入 20 世纪 70 年代，计算机的使用范围日趋广泛，人机交互的设计理念随之进步。易用性（Usability）、用户友好逐渐成为人机交互设计的首要考虑要素，人机交互的理念进入以用户为中心（User-Centered Design，UCD）的时代。

1968 年，美国斯坦福大学的道格拉斯・恩格尔巴特（Douglas Englebart）博士发明了世界上第一个滑动鼠标，如图 1-6 所示。该设计的初衷是代替在键盘上敲击烦琐的指令，使计算机的操作更加简捷。恩格尔巴特制作的鼠标是一只小木头盒子，工作原理是由它底部的小球带动枢轴转动，从而通过改变内部的变阻器阻值来产生位移信号，经计算机处理，鼠标的移动转化成了屏幕上光标的移动。鼠标极大地改善了人机之间的交互方式，这个发明被电气与电子工程师协会（Institute of Electrical and Electronic Engineers，IEEE）列为计算机诞生 50 年来最重大的事件之一。

图 1-6　道格拉斯・恩格尔巴特发明的鼠标

Xerox Palo 于 20 世纪 70 年代中后期研制出原型机 Star，形成了以窗口、图标、菜单和指示器为基础的图形界面，也称为 WIMP 界面，苹果公司最先采用了这种图形界面。1983 年，苹果公司开发的 Lisa 计算机配置了鼠标，并首次采用了图形化的用户界面（Graphical User Interface，GUI）。Lisa 创造性地采用了桌面“隐喻（Metaphor）”，使用了位映射（Bitmap）、窗口（Window）、图符（Icon）等图形化元素来代表对应的操作，用户可通过鼠标单击方便地与计算机进行交互，如图 1-7 所示。Lisa 由于售价高，因此市场接受度不高，但其成就了之后的苹果 Macintosh 计算机。这种基于鼠标便捷操作和直观的图形化界面的交互方式成为人机交互进化的历史性变革。

1985 年，Microsoft 公司推出 Windows 操作系统。此后，直接操作界面（Direct Manipulation Interface，DMI）及 WIMP（Windows、Icon、Menus 和 Pointers，即窗口、图标、菜单和指示器）模式广泛使用。与此同时，用户界面管理（User Interface Management）开始从应用功能中分离，人机交互的研究重心转向以用户为中心的设计（User Centered Design），所见即所得（What You See Is What You Can，WYSIWYC）概念成为流行的界面设计指导原则，如图 1-8 所示。

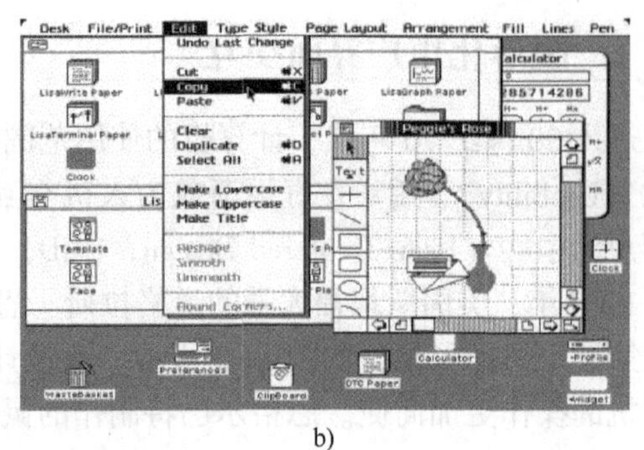

a) b)

图 1-7 苹果 Lisa 计算机采用了 GUI

a) Lisa 计算机 b) Lisa 的屏幕

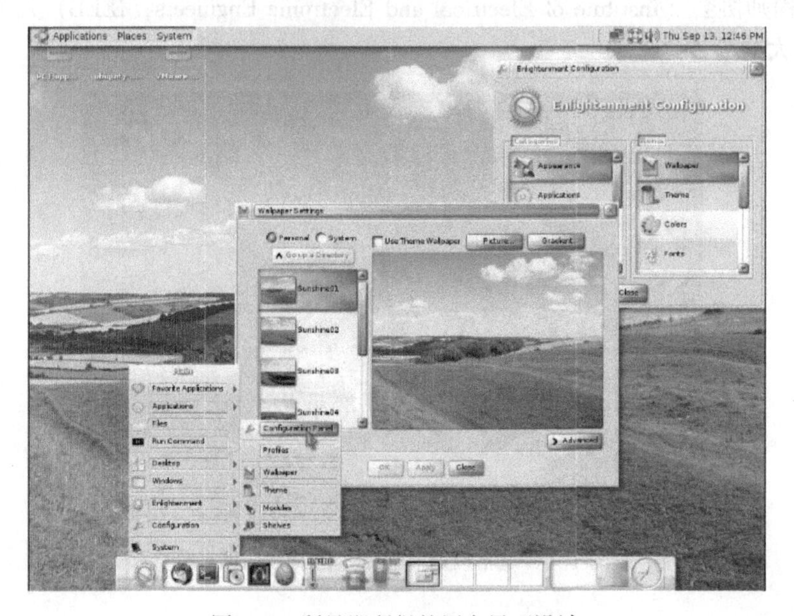

图 1-8 所见即所得的用户界面设计

在图形化交互阶段，用户与计算机之间交互的内容由命令行进化为图形和图像，操作者能够更直观、更自然地理解界面所代表的意义，初学者可快速掌握计算机的操作技能。但是这些方式要求用户掌握一些计算机输入设备的操作方法，它们是以计算机为中心的，用户必须要手动输入确定的信息才能被机器识别，机器接收信息的方式往往是单一的（比如键盘输入），这与复杂多样的人与人自然交互沟通有着天壤之别。

1.2.3 自然人机交互

20 世纪 80 年代末，多媒体技术繁荣发展，声卡、图像卡等硬件设备的发明和实现使得计算机处理声音及视频图像成为可能，多媒体输入/输出设备如扬声器、传声器和摄像头等逐渐为人机交互所用。人机交互的内容更加丰富有趣，用户能以声、像、图、文等多种媒体信息方式与计算机进行信息交流，如图 1-9 所示。

多媒体技术的发展拉近了人与计算机之间的距离，人机之间的交流变得更加生动和多元化。然而，在自然界中，人与物理世界之间的交互方式远比人与计算机之间的交互方式丰

图 1-9　用户利用多媒体技术与计算机进行生动的交互

富，人们能够通过听觉、视觉、触觉、手势及动作等多种方式进行交流和沟通。因此，人机交互前进的脚步依然没有停歇。近年来，科学家们通过理论研究和实验探索，一系列突破性的人机交互设备走进人机交互领域。这些设备逐渐走出计算机二维图形界面的限制，开始“理解”人的视、听、触、感等多方面的信息。人机交互朝着自然、和谐的方向迈进，自然人机交互（Natural User Interface）的理念开始萌芽和发展。

1. 自然人机交互输入设备的进展

自然人机交互更加注重用户的个人体验，以人为中心。在交互输入方面，从最开始的手工操作开关、鼠标键盘输入，发展到当前的体感交互等自然交互方式。

1972 年，Nolan Bushnell 发明了第一个交互电子游戏 Pong，首次将操控技术运用到了人机交互系统中。

1977 年，Tora Defanti 和 Daniel Sandin 开发了一套手套式传感器系统 SayreGlove，用户只需要戴上这样特殊的手套就可以向计算机输入特定指令。

1983 年，Grimes 设计了可以让计算机获取手的位置以及手指伸展状况等信息的数据手套，并最早取得“数据手套”专利。现在，MIT 的数据手套、5DT 的数据手套及 CyberGlove 等多种数据手套已进入商业领域，在视频游戏、体育训练和身体康复训练等多种场景中投入使用。

2005 年，以色列 PrimeSense 公司启动项目研发能够让数字设备获得真实世界三维感知能力的技术，并于次年推出了基于 Light Coding 技术的 3D 传感器 PrimeSense。

2006 年，Nintendo 公司开发 Wii 遥控器游戏机，使用简单的手持设备探测控制器在空间旋转与移动，并以此方式让玩家体验体感游戏中的交互方式。

2007 年，苹果公司发布第一款触摸与显示同屏交互的 iPhone 手机，标志着人机交互的第 2 次变革开始。

2010 年 6 月，微软公司公布其与 PrimeSense 合作开发的体感交互设备 Kinect，让体感交互不需要任何手持或者穿戴设备，传感器可以主动感知用户三维姿态，理解用户交互意图。这款设备刚问世便打破了消费类电子产品销售最快的吉尼斯世界纪录。

2011 年，Tobii 推出了两款带人眼追踪技术（追踪眼部运动）的产品，这使用户能够仅使用眼睛运动来控制他们的系统。这种人眼追踪技术首先出现在笔记本式计算机上，后来也被应用在可以与 PC 连接的单独设备上，该项技术已被纳入更多的系统。

2013 年 2 月，Leap 公司发布的 Leap Motion 设备将手势交互提升到新的高度，采用视觉处理识别裸手交互动作，推动了虚拟现实的发展速度。

2. 交互显示设备的进展

在交互显示方面，人们追求身临其境的感觉。1838 年，Charles Wheatstone 研究发现人类大脑是通过处理左右眼看到的不同视角图像来产生三维感觉的，这一发现奠定了现代所有立体显示技术的理论基础，包括裸眼 3D、眼镜式 3D 及沉浸式 VR 等。

1961 年，由 Philco 公司研发的 Headsight 问世，这是世界上第一款头戴式显示器，同时该设备首次融合了头部追踪功能，Headsight 主要用于隐秘信息的查看。

1985 年，美国 NASA 研发出 LCD 光学头戴显示器，同时融合了头部和手部追踪功能，可实现更加沉浸的体验，其主要用于太空作业的模拟训练等。

1995 年，Illinois 大学研发出“CAVE”虚拟现实系统，通过三面墙壁投影空间配合立体液晶快门眼镜，实现了沉浸式体验。

2002 年，日本三洋电机研制出一种不需要佩戴眼镜就可以观看立体影像的显示器，被称为裸眼立体显示器。

2013 年，Oculus 公司推出具有良好体验效果的头戴式显示装置 Oculus Rift，迅速在社会上引起轰动。2014 年，Facebook 以 20 亿美元收购 Oculus 公司及其开发团队使得 VR 再次升温，虚拟现实技术迎来爆发期。

2015 年至今，继 Oculus Rift 问世之后，HTC 与 Valve 合作推出 Vive，微软推出 HoloLens，谷歌投资 Magic Leap，Sony 推出 Play Station VR，各大行业巨头在虚拟现实行业的布局引发了其全球火热局面，国内也出现了暴风魔镜、Idealense 及 3Glass 等一大批虚拟现实设备制造及内容提供商，这极大地促进了 VR 技术的发展革新，同时也在无形地推进更好的用户体验产品研发。

1.3 人机交互的新技术

近年来，随着机器视觉、人工智能、模式识别技术的发展，以及相应的计算机软硬件技术的进步，以手势识别、动作识别及语音识别等为基础的自然人机交互技术不断涌现。在图形用户界面普及应用的基础上，进一步通过多通道感官信息，如听觉、视觉、触觉、手势及动作等更加符合人们日常生活习惯的交互方式直接进行人机自然对话，从而传递给用户强烈的身临其境体验感和沉浸感。交互的模式也从单一通道输入向多通道输入改变，最终达到智能和自然的目的。多通道人机交互研究正在引起越来越广泛的关注。自然人机交互摆脱了对键盘、鼠标等传统外设的依赖，用户与计算机之间的交流变得更加自然流畅。

1.3.1 多点触控

多点触控技术是一种允许多用户、多手指同时传输输入信号，并根据动态手势进行实时响应的新型交互技术。该项技术采用裸手作为交互媒介，使用电学或者视觉技术完成信息的采集与定位。具体地说，“多点”是指其区别于以往鼠标等设备的单一输入信号，多点触控技术可以对采集到的数据源进行分析，从而定位多个输入信号；“触控”是指它使用触点的运动轨迹作为系统的输入指令，不同的点数以及不同的运动方向，都代表了不同的操作意图。多点触控技术打破了传统单输入响应的局限，并且使用手势输入方式也更加贴近自然，根据不同的运动轨迹设计不同的操作含义，达到扩展的效果。

多点触控技术经历了多年的积累和发展。2005 年，微软研究员 Andy Wilson 开发了一款便携式的触控设备 PlayAnywhere，他采用一个正投投影仪作为光源，通过视觉技术计算手指接触时和非接触时正面摄像机采集到的阴影面积大小来判断是否有指尖接触。也是在 2005 年，纽约大学教授 Jeff Han 立下了基于计算机视觉的大屏多点触控技术里程碑，他利用光线穿过不同介质时的折射原理，将特定波长的红外光线完全封装到透明亚克力面板里，使其一直在板中反射，形成受抑全内反射（Frustrated Total Internal Reflection）现象。该系统在大屏多点触控系统设计方面成本低、敏感度高，而且使用计算机视觉技术具有较好的扩展性。其系统效果图如图 1-10 所示，用户可以通过单手或者多手直接操控计算机。

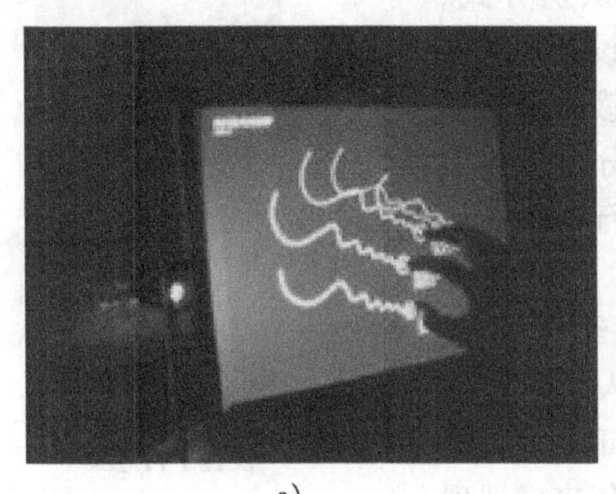
a)

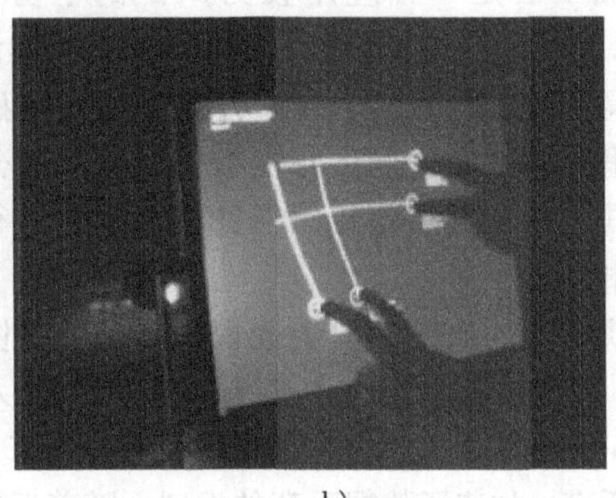
b)

图 1-10　多点触控技术的系统效果图
a）单手触控　b）双手触控

近年来，多点触控技术得到了广泛的应用。2007 年，苹果公司发布第一款触摸与显示同屏交互的 iPhone 手机，用户反应热烈，上市后引发热潮。随后，在通信领域，结合着开放式系统 Android，支持多点触控能力的智能机逐渐成为手机业发展的主流。在多媒体方面，基于多点触控技术的产品橱窗、互动游戏桌、广告面板以及智能茶几等都给人们带来了耳目一新的感觉。

1.3.2　手势交互

手是人体最灵活的器官，人们日常生活中大部分的动作通过手的操作完成。手势交互是指人通过手部动作表达特定的含义和交互意图，通过具有符号功能的手势来进行信息交流和控制计算机的交互技术。手势的形状、位置、运动轨迹和方向等能映射成为丰富的语义内容信息。与操作键盘鼠标相比，用户能够较为自然地做出这些手势。例如，可以采用如图 1-11 所示的 6 种手势类型，将其语义分别定义为确定/抓取、返回/释放、锁定/解锁、右选、待转/移动、左选操作指令，从而实现基于手势的多媒体交互应用。手势交互将生活中人们习惯的手势符号作为与计算机交互的直接输入，极大地降低了用户学习成本。

手势交互是一种新兴的交互技术，其技术核心是手势识别。根据识别对象可将手势识别技术分为静态手势识别和动态手势识别。静态手势识别是指在某一静态图片中对手姿或手型的识别。动态手势识别是对连续手势轨迹跟踪和变化手型识别的技术，具有较高的实时性和

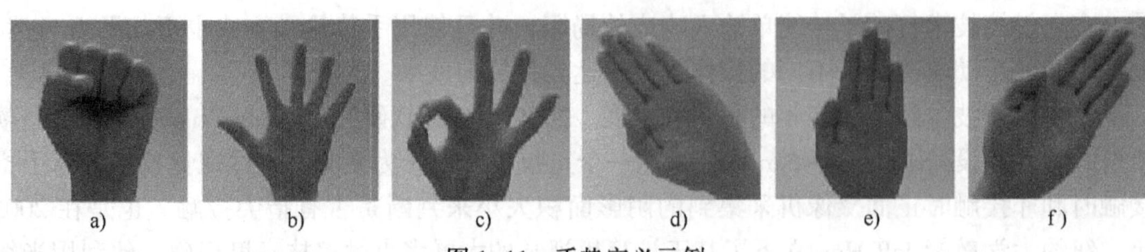

图 1-11 手势定义示例

a）拳头 b）开手掌 c）OK 手势 d）右挥动 e）闭手掌 f）左挥动

高效性要求。目前，基于手势识别的应用还处于发展阶段，尤其是在实时动态手势识别方面的研究还比较缺乏。

数据手套是一种应用较为广泛的手势识别方式。图 1-12 形象地描述了数据手套的结构，关键设计是在手指关节等重要部位放置多个传感器，通过传感器采集手指弯曲程度和手指之间的角度数据，从而区分出每根手指的外围轮廓，然后将传感器的输出数列进行计算，从而得出相应的手势。

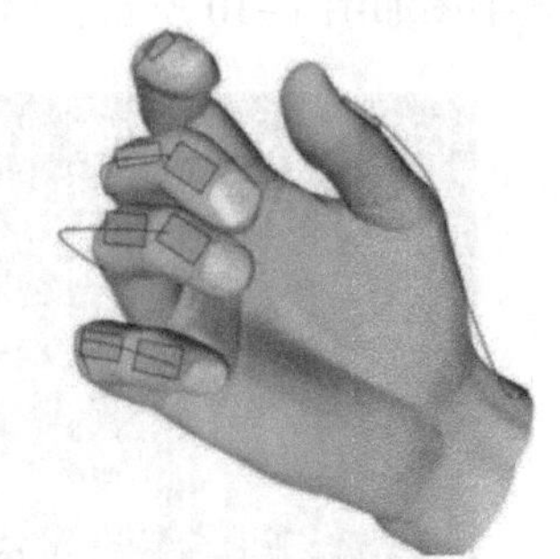

图 1-12 数据手套（在手指关节处设置了传感器）

数据手套的研究起源于近现代，从 20 世纪 80 年代开始有不少学者在这个领域进行了深入的探讨。T. Zimmerman 等人发明光弯曲传感手套替代笨重的外骨骼式数据手套，加速了数据手套的发展，随着近年来虚拟现实技术的再次崛起，数据手套也再次受到关注。目前市面上较为成熟的数据手套产品有 5DT、CyberGlove、Measurand 及 Dexmo 等，如图 1-13 所示。

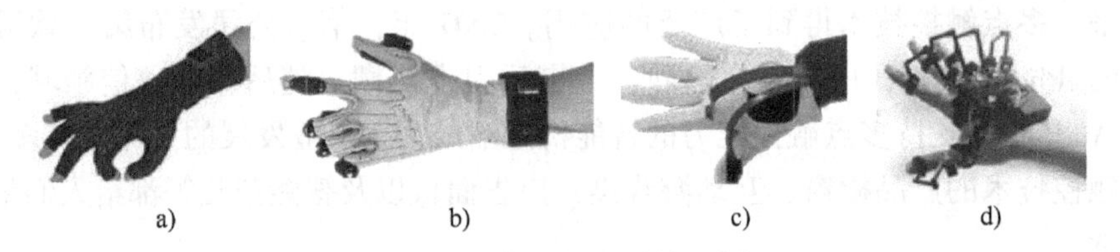

图 1-13 几种典型的数据手套

a）5DT b）CyberGlove c）Measurand d）Dexmo

手势识别的另一种方式是通过摄像头采集手势数据。这种方式下，人不需要穿戴额外的手套，裸手即可与计算机互动。手势设备在早期的视觉手势研究中，多采用单目视觉进行图像获取。但是单目相机只适合简单背景的应用场合，难以获得手势在三维空间中的位置信息，因此，后期的研究多集中在双目视觉领域。近年来，人们在双目视觉领域的研究已经日臻成熟，并已成功应用于商业领域中。2013 年面市的 Leap Motion 设备就是经典的双目视觉手势识别系统，它被广泛应用于各种 3D 交互场合。如图 1-14 所示，Leap Motion 主要由两个摄像头和三个红外 LED 组成，可在传感器前方生成 25～600 mm 的倒四棱锥体检测空间，基于双目视觉实时融合计算三维空间中的 3D 手模型，能够达到 0.1 mm 的识别精度。

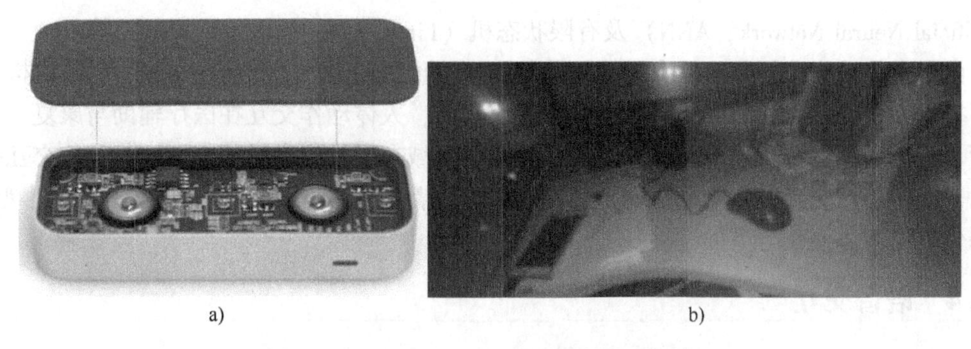

a)　b)

图 1-14　Leap Motion 的组成结构与图像效果
a）组成结构　b）图像效果

1.3.3　人体动作识别

人体动作是人表达意愿的重要信号，包含了丰富的语义。人体动作是指包括头、四肢及躯干等人的各个身体部分在空间中的姿势或者运动过程。人体动作是一种有目的的行为，其目的在于人与外界环境进行信息互换，并且得到响应。直接通过人体动作与周边数字设备装置和环境进行交互，大大降低了对用户的约束，使得交互过程更加自然。图 1-15 展示了基于人体动作的人机交互应用。

图 1-15　基于人体动作的人机交互应用

人体动作分析是人机交互系统的重要支撑技术，是一个多学科交叉的研究课题，使用了数学建模、图形图像分析、模式识别及人工智能等知识，具有重要的理论研究价值。一个完整的人体动作分析过程主要包括动作捕捉、动作特征描述和动作分类识别三大部分。动作捕捉一般需要借助特定的传感器设备，如彩色摄像机、3D 动作捕捉系统、深度传感器等对人体进行检测、跟踪和动作数据进行记录。不同的动作设备捕获得到的动作数据类型不同，当前根据动作数据类型的不同，人体动作分析方法主要分为三大类：基于 2D 视频图像序列的人体动作分析方法、基于深度图像序列的人体动作分析方法以及基于 3D 人体骨架序列的动作分析方法。这三类动作分析方法主要的区别在于动作特征的描述，而动作分类识别方法原理大致相同，可相互借鉴，主要包括模板匹配识别、状态空间分类识别和基于语义的识别方法。典型的算法包括动态时间规整（Dynamic Time Warping，DTW）、隐马尔可夫模型（Hidden Markov Model，HMM）、支持向量机（Support Vector Machine，SVM）、人工神经网络

(Artificial Neural Network，ANN）及有限状态机（Finite State Machine，FSM）等。

由于人体动作分析具有巨大的应用价值和理论价值，全球的政府、高校、科研机构及公司等投入大量的人力和财力，以推动其发展。目前，人体动作交互在医疗辅助与康复、运动分析、康复训练、游戏娱乐及计算机动画等诸多领域有了较为广泛的应用。与其他交互手段相比，人体动作交互技术无论是硬件还是软件方面都有了较大的提升，交互设备向小型化、便携化及使用方便化等方面发展。

1.3.4 语音交互

语音交互是人以自然语音或机器合成语音同计算机进行交互的综合性技术。机器通过识别和理解，把语音信号转变为相应的文本或命令，人通过语音与机器进行对话交流，让机器明白用户的交互意图。

语音交互是一种高效的交互方式，解放了人的双手，在智能机器人、智能家居以及驾驶导航等多种场合应用广泛。自从 iPhone 4S 推出 Siri 后，智能语音交互应用得到飞速发展，图 1-16 给出了语音交互的示例商业产品。典型的场景如语音助手苹果 Siri、谷歌 Assistant、微软 Cortana；语音音箱亚马逊 Echo、苹果 HomePod、谷歌 Home、微软 Invoke 及阿里天猫精灵等。中文典型的智能语音交互应用如虫洞语音助手和讯飞语点也已得到越来越多的用户认可。

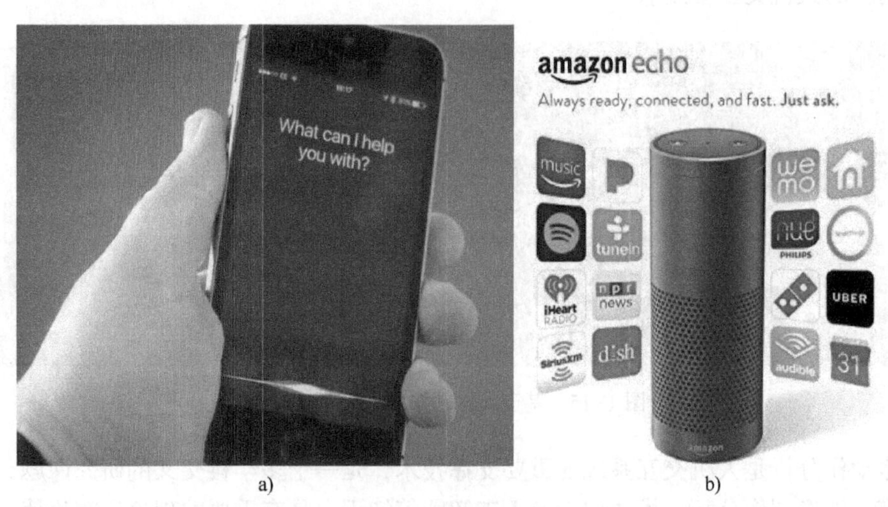

图 1-16 语音交互产品

a）苹果 Siri b）亚马逊 Echo

语音交互需要对语音识别和语音合成进行研究，还要对人在语音通道下的交互机理、行为方式等进行研究。语音交互过程包括四部分：语音采集、语音识别、语义理解和语音合成。语音采集完成音频的录入、采样及编码；语音识别完成语音信息到机器可识别的文本信息的转化；语义理解根据语音识别转换后的文本字符或命令完成相应的操作；语音合成完成文本信息到声音信息的转换。

作为人类沟通和获取信息最自然最便捷的手段，语音交互能为人机交互带来根本性变革，具有广阔的发展和应用前景。

1.3.5 其他新兴的交互方式

人类的交互方式还有很多，当前眼球、意念、表情及唇读等更多的新兴手段被引入人机交互的领域。这些方式针对不同的应用和人群，在特殊情况下更为有效。

眼动追踪（Eye Tracking），是指通过测量眼睛的注视点的位置或者眼球相对头部的运动而实现对眼球运动的追踪。例如苹果有一个专利技术，可以根据用户视线延迟显示屏操作的执行，还可以改变用户界面，生成并执行相关信息。例如，当用户输入文本时如果出现拼写错误，且眼睛正在注视错词，系统将自动修正；如果设备发现用户的视线没有注视错词，系统将延迟修正。眼动追踪技术让操作更直观。

脑机交互又称为脑机接口，指不依赖于外围神经和肌肉等神经通道，直接实现大脑与外界信息传递的通路。脑机接口系统检测中枢神经系统活动，并将其转化为人工输出指令，能够替代、修复、增强、补充或者改善中枢神经系统的正常输出，从而改变中枢神经系统与内外环境之间的交互作用。脑机交互通过对神经信号解码，实现脑信号到机器指令的转化，一般包括信号采集、特征提取和命令输出三个模块。从脑电信号采集的角度，一般将脑机接口分为侵入式和非侵入式两大类。除此之外，脑机接口还有其他常见的分类方式：按照信号传输方向可以分为脑到机、机到脑和脑机双向接口；按照信号生成的类型可分为自发式脑机接口和诱发式脑机接口；按照信号源的不同还可分为基于脑电的脑机接口、基于功能性核磁共振的脑机接口以及基于近红外光谱分析的脑机接口。

1.4 人机交互设计的标准、原则和指导方针

诚如前面几节所述，优秀的人机交互涉及计算机科学、数学建模、心理学、社会学和人类学等多方面的内容。对于初学者来说，逐一去实践每一个门类，探寻最合适的设计方法，时间和经济成本太高，难以实现。因此，借鉴前人的研究经验和成果，来指导个人系统设计尤为重要。

优秀设计的沉淀一般有两种方式：一是权威组织所制定的标准；二是行业专家总结的原则和指导方针。权威组织制定标准汲取了研究领域公认的知识和最好的实践，同时，由于其被广泛应用，标准的一致性和通用性更强。行业专家总结的原则和指导方针源于专家丰富的实践经验，以及所采集到的大量的反馈和测试数据，实用性较强。标准、原则和指导方针能够帮助那些软硬件设计过程的负责人员，认识和策划人机交互的设计活动，为现有设计过程和方法提供有效的指导。

1.4.1 人机交互设计的标准

在人机交互领域，主要的国际组织有国际标准化组织 ISO（International Organization for Standardization）的人与系统交互的人机工程学（Ergonomics of Human-system Interaction）技术委员会，以及万维网联盟 W3C（World Wide Web Consortium）的多通道交互工作组 MMI（Multimodal Interaction Working Group）。这两个组织都已正式发布人机交互领域相关的国际标准，这些标准对人机相互的设计和开发活动起着重要的指导作用。

1. ISO 的人机工程学技术委员会

国际标准化组织 ISO 是世界上最大的非政府性标准化专门机构，是国际标准化领域中一个十分重要的组织。ISO 负责目前绝大部分领域（包括军工、石油及船舶等垄断行业）的标准化活动。ISO 已经发布了 17000 多个国际标准，如 ISO 的 A4 纸张尺寸、ISO 的集装箱系列（世界上 95%的海运集装箱都符合 ISO 标准）和著名的 ISO 9000 质量管理系列标准。ISO 标准通常由 ISO 技术委员会（Technical Committee，TC）准备和制定，每个 TC 负责特定的工作领域。

在人机交互领域，相关的 ISO TC 是人机工程学技术委员会 ISO/TC 159、人与系统交互的人机工程学子委员会 SC 4。至今，ISO/TC 159/SC 4 已经发布了 68 个国际标准，还有 19 个正在开发的标准。其中，应用较为广泛的是人与系统交互的人机工程学标准 ISO 9241（取代原 ISO 13407）。ISO 9241 发布于 2012 年，目前最新版于 2019 年发布，它包含多个部分，对人机交互、以人为中心的设计、用户界面、用户体验及易用性等都有描述。ISO 9241 是一个标准系列，包含多个标准，每个标准具有一个唯一的号码，编号以两个 0 结尾的是通用的和基本的标准，一个 0 结尾的标准用来规范基本方面，三位数但是不含 0 的标准用来规范具体方面。表 1-1 是其各个子系列的基本标准号和标题。

表 1-1 ISO 9241“人与系统交互的人机工程学”的结构

号　码	标　题
1	概述
2	任务设计
11	硬件和软件易用性
20	可访问性和人机交互
21~99	保留号码
300	软件人机工程学
400	显示和显示相关的硬件
500	物理输入设备-人机工程学的原则

近年来，以人为中心的人机交互设计是人机交互的一个研究热点。ISO 9241-210 涵盖了以人为中心方面的内容，它将人机工程学知识应用于交互系统的设计，以帮助用户提高工作效率，改善工作条件，减少使用过程中可能对用户健康、安全和绩效产生的不良影响。ISO 9241-210 将用户体验定义为人们对于使用或期望使用的产品、系统或者服务的认知印象和回应。以人为中心的设计方法要求设计人员清楚地理解用户及用户的任务，邀请用户积极参与，在用户和技术之间适当均衡，反复设计解决方案，最终带来良好的用户体验。以人为中心的设计方法应该遵循以下原则。

1）设计基于对用户、任务和环境的明确理解。

2）用户参与整个设计和开发。

3）设计由以用户为中心的评估驱动和改进。

4）过程是不断迭代的。

5）设计表达了全部用户体验。

6）设计团队包括多学科的技能和视角。

图 1-17 描述了以人为中心的设计活动的相互依赖关系。它不是一种严格线性过程，相反，每一个设计活动使用其他的一个或者多个活动的输出，并可能需要经过多次迭代。

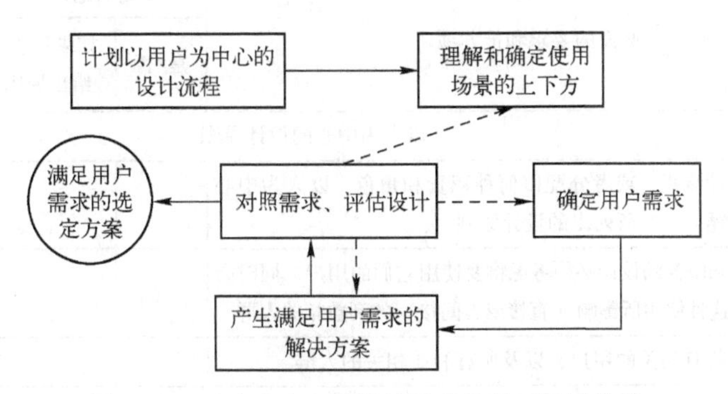

图 1-17 以人为中心的设计活动的相互依赖关系

ISO 9241-210 强调持续评估对用户为中心设计的重要性。以用户为中心的评估要贯穿设计和开发全过程，甚至在设计的早期，即设计理念阶段就应该有以用户为中心的评估，以确保设计是符合用户需求的设计。有很多方法可以用来评估一个设计是否以用户为中心，ISO/TR 16982 可用于设计和评估以人为中心的可用性方法，该标准详细阐述了每种可用性方法应用时的优缺点以及与应用相关的其他因素，还阐明了生命周期阶段及个别项目的特征对可用性方法选择的影响。ISO 9241-210 概要叙述了用户评估、检验评估和长期监测三种比较有效的方法。

（1）用户评估

用户评估可以在任何阶段进行。早期对设计概念、设计草图评估，之后对设计原型、beta 版软件基于真实环境试用评估，发布之后对真实产品进行评估（可作为下次改进和开发的依据）。评估中，用户不仅仅是预览和观看演示，而是采用系统来真正执行他们的任务，检验在目标环境和上下文中，系统是否能够满足易用性目标。

（2）检验评估

在理想情况下，检验评估应该由行业专家基于他们对用户问题的先前经验、人机交互工程学准则和标准来进行评估。与用户评估相比，这种方法更经济高效，也更简单快捷。专家把自己放在用户的角色中去使用评估对象系统、产品或者服务来工作。评估之前，为专家提供需求清单、准则和标准以及行业最优实践等，以使得专家能够更好地执行评估。

（3）长期监测

一些产品效应只有在用户使用一段时间之后才能得出。以用户为中心的设计过程要在长期范围内评估用户的使用，例如产品发布之后的六个月后，跟进评估产品是否真正满足用户的需求，用户使用软件的易用性和效率如何。

作为一种便捷的方式，ISO 9241-210 同时提供了一份详细的清单，用来评估一个设计是否符合 ISO 9241 标准。限于篇幅，本书仅列出清单的起始部分，见表 1-2，如果需要完整的清单列表，读者可参阅 ISO 9241 标准原文。依据此清单，设计者可结合上下文衡量自己的系统是否做到了以人为中心。

随着时间的推移和实践经验的积累，标准的内容也会有所更新，读者可登录 ISO 的官方网站（https://www.iso.org）查看更新和更详细的内容。

表 1-2 ISO 9241-易用性设计

条款/子条款	必需的要求和推荐项	是否适用		是否符合标准		
		是/否	如果选否，给出原因	是	否	如果选否，给出原因
4	以人为中心的设计原则					
4.1	无论何种设计流程，或者分配以何种职责和角色，以人为中心的设计必须遵循4.1节所列出的设计原则					
4.2	产品、系统和服务的设计必须考虑将要使用它们的用户，同时必须考虑可能被这种使用所影响（直接或者间接）的利益相关人群					
4.2	必须辨别出所有相关的用户，以及所有利益相关的人群					
4.3	应该使得用户积极参与					
4.3	确定目标用户所具有的能力、特征和经验，以反映系统设计所针对的用户的范围					
4.4	以用户为中心的设计应该作为系统最终验收（确认是否所有的需求都被满足了）的一部分					
4.5	在交互系统的开发过程中，应该多次迭代逐步移除不确定性					
4.6	应该同时考虑前序产品和其他系统的用户体验					
4.7	以人为中心的设计团队不需要很大，但是要足够多样化，以能够在合适的时候对设计和实施进行平衡					

2. W3C 的多通道交互工作组

20世纪80年代后期以来，多通道人机交互设计在国内外受到越来越多的关注。多通道技术是指综合采用视觉、听觉、手势及动作等多种交互通道、设备和技术，使用户以自然、并行、协作的方式进行人机对话。与单通道人机交互技术相比，多通道技术的用户体验更轻松自在。与之相适应，2002年，W3C成立多通道交互工作组。工作组的目标是制定标准以使得种类繁多的通道之间能够交互。它不仅详细描述了多通道交互的通用架构、输入构件和输出构件，还通过若干实例直观地说明了多通道交互对普适计算交互的重要性。这些标准应用范围很广，既适用于传统的桌面浏览器和键盘，又适用于移动环境，同时也适用于有多种不同类型的输入设备和输出设备的场景，例如家用设备、汽车或电视。

工作组描述了多通道交互生态系统的一个典型示例，它由多个框架组件构成，如图1-18所示。此例中，不同的组件分布在家中、汽车里、智能手机内，以及网络上。用户通过智能手机和可穿戴设备等硬件同这些组件进行交互。多通道生态系统涵盖了电视、健康护理、汽车技术、头戴式显示器和个人助理等多种多样的组件。无时不在、无处不在的普适计算需求日趋提高，因此，迫切需要一种可扩展的多通道架构以使得处理丰富的人际和人机交互成为可能。工作组所制定的多通道架构和接口MMI（MultiModal Architecture and Interfaces），连同可扩展的多通道解释标记语言EMMA（Extensible MultiModal Annotation Markup Language）一起，在WebSockets和HTTP等通用网络协议，或者更具体的ECHONET协议之上，为整个生态系提供了一个虚拟化用户交互层，从而使得各个组件之间可以互动、互操作，系统也变得更加智能。

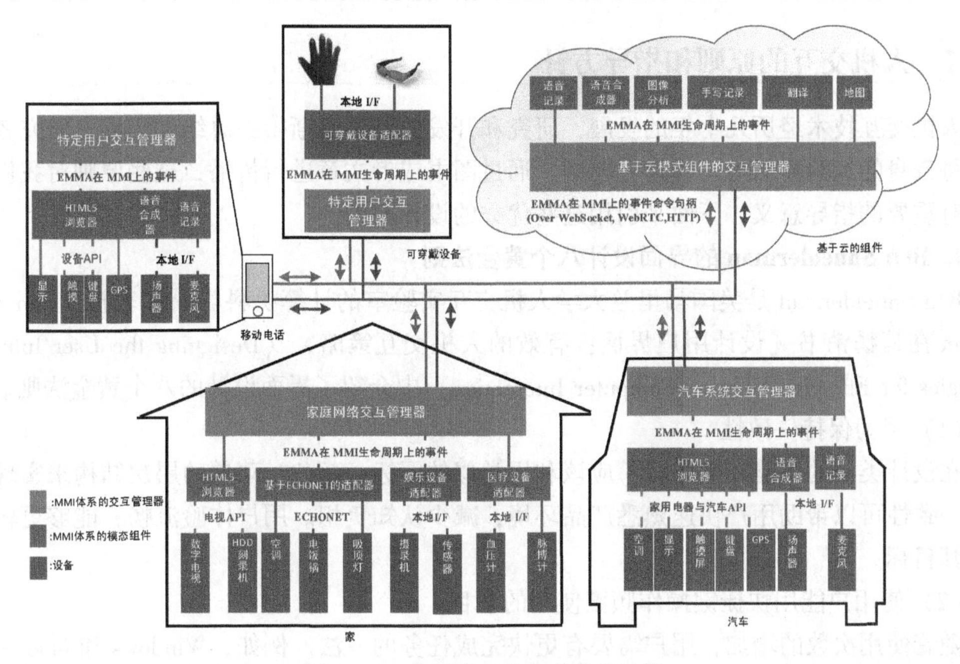

图 1-18　多通道交互生态系统示例

工作组同时给出了基于 MMI 的网络应用的一种可能架构，如图 1-19 所示，它展示了基于 MMI 的用户接口如何与其他 Web 技术相关联。这些 Web 技术包括使用了多种多样交流机制（例如 MMI 事件、UI 事件、触摸事件等）的多个层次，即表示层、应用层、设备层、会话层/传输层。可以看出，MMI 是一种通用机制，可用来处理分布式多实体网络应用之间的事件交互。

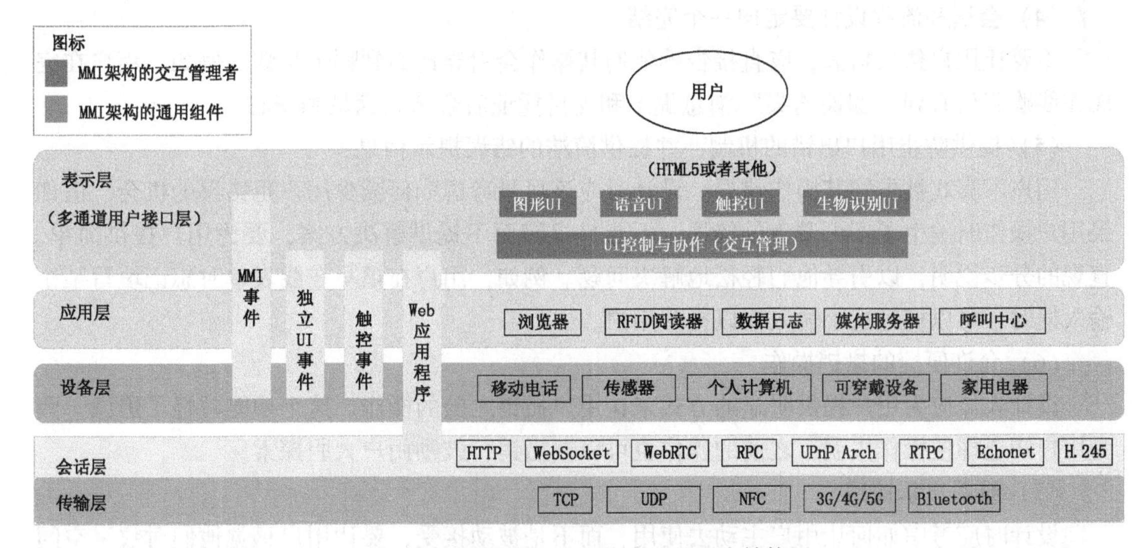

图 1-19　基于 MMI 的网络应用的层次结构图

除了 MMI 架构和 EMMA，工作组的内容还包括 InkMML 和 EmotionML 等，更多的内容可参见工作组的官方网页（https://www.w3.org/2002/mmi/），或者官方 wiki（https://www.w3.org/wiki/MMI）。

1.4.2 人机交互的原则和指导方针

人机交互技术经历几十年的发展，研究和开发的经验逐渐得到总结和沉淀。研究者和实践者将自身的经验凝结为一些指导原则，通过图书或者文章进行传播，这些原则对我们的设计具有重要的指导意义，下面来引用这些优秀的设计原则。

1. Ben Shneiderman 的界面设计八个黄金法则

Ben Shneiderman 是美国马里兰大学人机交互实验室的计算机科学家和教授。Ben Shneiderman 在其畅销书《设计用户界面：有效的人机交互策略》（Designing the User Interface: Strategies for Effective Human-Computer Interaction）中介绍了界面设计的八个黄金法则。

（1）尽力保持一致性

在设计类似的功能和操作时，应该利用类似的图标、颜色、菜单的层次结构来实现一致性。一致性可以帮助用户快速熟悉产品环境，减少认知负担。用户体验流畅，能够更轻松地实现其目标。

（2）使用户能用快捷键操作频繁使用的项目

随着使用次数的增加，用户需要有更快完成任务的方法。例如，Windows 和 Mac 为用户提供了用于复制和粘贴的键盘快捷方式。随着用户经验增加，用户可使用快捷键更快更轻松地浏览和操作用户界面。

（3）提供有帮助的反馈信息

对于用户的每一个动作，应该在合理的时间内提供适当的、有帮助的反馈。如设计多页问卷时应该告诉用户进行到了哪个步骤，用户知道当前状态，更容易选择并进行下一个步骤。要保证让用户在尽量少受干扰的情况下得到最有价值的信息。

（4）会话和流程设计要走向一个完结

不要让用户猜来猜去，应直接告诉他们其操作会引导他们到哪个步骤。例如，用户在完成在线购买后看到“谢谢购买”消息提示和支付凭证后会感到满足和安心。

（5）提供防止用户出错的机制，并提供简洁的错误提示信息

用户不喜欢被告知其操作错误。设计时应该尽量考虑如何减少用户犯错误的机会。但如果用户操作时发生了不可避免的错误，不能只报错而不提供解决方案，要为用户提供简单、直观的分步说明，以引导他们轻松地解决问题。例如，用户在填写在线表单时忘记填写某个输入框时，可以标记这个输入框以提醒用户。

（6）允许便捷的撤销操作

设计人员应为用户提供明显的方式来让用户撤销之前的操作。这个功能减轻了焦虑，因为用户知道即便操作失误，之前的操作也可以被撤销，鼓励用户大胆探索。

（7）给用户掌控感

设计时应考虑如何让用户主动去使用，而不是被动接受，要让用户感觉他们对数字空间中一系列操作了如指掌。在设计时按照用户预期的方式来获得他们的信任。

（8）减少短时记忆负担

人的记忆力是有限的，人们的短时记忆每次最多只能记住五个东西。因此，界面设计应当尽可能简洁，保持适当的信息层次结构，让用户去重新看到信息而不是去回忆。

2. Jakob Nielsen 的 10 个易用性启发式方法

Jakob Nielsen 是人机交互易用性的倡导者，他取得了丹麦技术大学的人机交互学博士学位，是“Nielsen Norman Group”用户体验公司的联合创始人，他的畅销书《Designing Web Usability：The Practice of Simplicity》被翻译成了 22 种语言，销量高达 100 万册以上。为了表彰他对易用性研究的贡献，2013 年，SIGCHI 授予他终身实践奖（Lifetime Practice Award）。以下是 Jakob Nielsen 的十个易用性启发式方法。

（1）系统状态可见

用户在网页上的任何操作，不论是单击、滚动还是按键盘，页面应即时给出反馈。“即时”是指页面响应时间小于用户能忍受的等待时间。

（2）系统和真实世界相匹配

网页的一切表现和表述应该尽可能贴近用户所在的环境（年龄、学历、文化、时代背景）。此外，还应该使用易懂和约定俗成的表达。

（3）撤销重做原则

为了避免用户的误用和误击，网页应提供撤销和重做功能。

（4）一致性原则

同一用语、功能及操作应保持一致。

（5）防错原则

通过网页的设计、重组或特别安排，防止用户出错。

（6）易取原则

好记性不如烂笔头。尽可能减少用户回忆负担，把需要记忆的内容摆上台面。

（7）灵活高效原则

中级用户的数量远高于初级和高级用户数，因此要做到为大多数用户设计，不要低估，也不可轻视，保持灵活高效。

（8）易快速浏览原则

互联网用户浏览网页的动作不是读，不是看，而是扫。易扫，意味着突出重点，弱化和剔除无关信息。

（9）容错原则

帮助用户从错误中恢复，将损失降到最低。如果无法自动挽回，则提供详尽的说明文字和指导方向，而非代码，比如 404。

（10）人性化帮助原则

帮助性提示最好的方式是，无须提示；一次性提示；常驻提示；帮助文档。

3. Peter Morville 的用户体验蜂巢图

随着网络的普及，基于 Web 的人机交互也是人机交互设计的重要分支。Peter Morville 是互联网行业知名的信息架构专家，曾被誉为“信息架构之父”，他与 Louis Rosenfeld 合著了经典图书《Web 信息架构》，该书于 1998 年出版。在书中，Peter Morville 给出了用户体验蜂巢图，对人机交互设计很有指导意义，如图 1-20 所示。

图 1-20　用户体验蜂巢图

（1）Useful（有用）

作为实践者，不能满足于按照管理者的旨意行事。必须有勇气和创新能力去查看产品和系统是否有用，是否有更有创造性的想法使方案更加有用。

（2）Usable（易用）

具有易用性意义重大。但以界面为中心的人机交互观点和方法并不能解决网络设计的所有问题。也就是说网络设计的易用性是必要的，但还不足够。

（3）Desirable（合意）

在追求效率的同时，应该关注情感设计的各个方面，如图形、品牌和形象的能量与价值。

（4）Findable（可寻）

必须努力设计导航清晰、便捷的网站，用户可以很容易地找到他们需要的东西。

（5）Accessible（可及）

网站设计也应该容许所有人访问，包括障碍人士。

（6）Credible（信任）

影响用户相信和信赖我们的设计因素。

（7）Valuable（价值）

网站必须能够给投资人带来价值。对非营利性网站来说，用户体验必须促进完成目标。对于营利性网站来说，网站要为投资人贡献价值并提升客户的满意度。

1.4.3 自然人机交互设计的指导方针

目前，自然人机交互技术发展仍处于初步阶段，其设计原则暂时没有一个统一的标准。通过对自然人机交互关键技术的研究，结合作者团队实现多个交互系统的设计经验，我们认为以下几点方针更符合自然人机交互系统设计思想。

（1）非接触式的体感交互

非接触式主要采用视觉感知技术实现，用户无须穿戴式设备，身体本身就是直接的自然交互界面，突破在人机交互过程中必须由人来适应机器的屏障，交互目的强，方式更加自然，更具沉浸感。

（2）多通道上下文感知融合

通过多通道数据融合可有效提高输入的识别率，形成多维任务，降低操作复杂度，从而提高用户体验性和可用性。

（3）虚拟与现实的交互映射

通过映射关系将虚拟与现实有效关联，将现实中自然的操作直接映射到虚拟操作中，用户无须复杂的学习过程即可与系统进行自然、直接的交互。

（4）注重反馈和限制因素

提供实时交互反馈效果，如视觉、听觉等反馈，帮助用户理解系统交互关系，同时，系统需要采取限制因素，有效拦截用户的失误操作，提升系统的可靠性和易用性。

（5）考虑通用性和扩展性

系统不仅考虑成本、速度、灵活性、可靠性，还要使设计的系统满足用户的需求，通过确定目标用户的属性和能力，充分考虑人与人之间的区别，使系统具备一定的通用性和扩展性。

习题

1.1　什么是人机交互？人机交互研究哪些内容？

1.2　列一张清单，写下你喜欢的和令你失望的产品。试描述产品中人机交互方面的设计在你的选择中起了多大作用。

1.3　人机交互的发展经历了几个阶段？各阶段分别具有什么特点？

1.4　结合“人机交互的新技术”章节的内容，尝试不用键盘和鼠标重新设计你生活中常用的一款软件或者产品。

1.5　人机交互设计有哪些原则和指导方针？回顾 1.4 题中你的设计，思考一下哪些可以进一步优化。

第2章 认知过程

2.1 认知过程概述

人的认知过程是一个非常复杂的过程，是认识客观事物的过程，即对信息进行加工处理的过程，是人由表及里，由现象到本质反映客观事物特征与内在联系的心理活动。它由人的感觉、知觉、记忆、思维、想象和注意等认知要素组成，“注意”是伴随在心理活动中的心理特征。

2.2 认知心理学

认知心理学是20世纪50年代中期在西方兴起的一种心理学思潮，是作为人类行为基础的心理机制，其核心是输入和输出之间发生的内部心理过程。它与西方传统哲学也有一定联系，其主要特点是强调知识的作用，认为知识是决定人类行为的主要因素。它研究人的高级心理过程，主要是认知过程，如注意、知觉、表象、记忆、思维和言语等。其中，基于对人脑的认知所构建的神经元网络已成为新一代人工智能领域的热门研究课题之一。

以信息加工观点研究认知过程是现代认知心理学的主流，可以说认知心理学相当于信息加工心理学。它将人看作是一个信息加工的系统，认为认知就是信息加工，包括感觉输入的编码、存储和提取的全过程。

视觉是交互设计过程中密切相关的感觉通道，而格式塔心理学对人的视觉感知有很大程度的影响。

格式塔（Gestalt）心理学，也叫完形心理学，是西方现代心理学的主要学派之一，主张研究直接经验（即意识）和行为，强调经验和行为的整体性，认为整体不等于并且大于部分之和，主张以整体的动力结构观来研究心理现象。

在格式塔心理学家看来，完形趋向就是趋向于良好、完善，或完形是组织完形的一条总的法则，其他法则是这种法则的不同表现形式。格式塔心理学家认为，主要完形法则有五种：接近法则、相似法则、闭合法则、连续法则和简单法则。

1）接近法则（Proximity）是接近强调位置，实现统一的整体。正如图2-1所呈现的，当你第一眼看到10条黑色竖线的时候，会更倾向于把它们视为5组双竖线，接近的每两条线由于接近，眼与脑会把它们当成一个整体来感知。设计中类似的现象还有很多，可以说接近法则是实现整体的最简单常用的法则。

2）相似法则（Similarity）是强调内容。人们通常把那些明显具有形状、运动、方向及颜色等共同特性的事物组合在一起。如图 2-2 所示，判断竖线之间的关系，虚线好像是被塞进去的一样。因为从形状上人们已经把它们作为单独的整体，跟实线条区分开来。再换一个角度来思考，实线条与虚线条位置上是接近的，也是相似的，但是通过形状变化很清楚地区分了不同的内容，而且很容易关注虚线条。因此，相似中的逆向思维是获取焦点的好方法。这种方法在导航和强调信息部分属性的设计上有着广泛的应用。

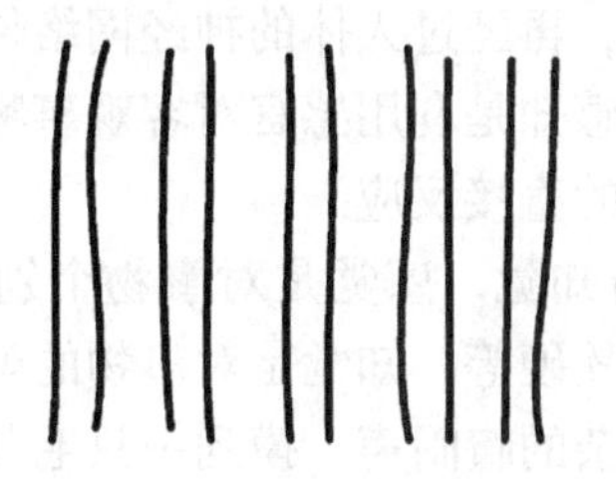

图 2-1 接近法则

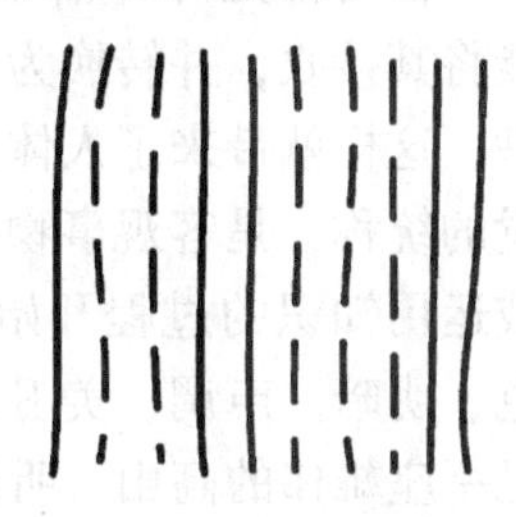

图 2-2 相似法则

3）闭合法则（Closure）。闭合可以实现统一的整体。但是有一个非常有趣的现象值得去观察和思考，就是不闭合的时候也会实现统一的整体，更确切地说，这种现象是一种不完全的关闭，如图 2-3 所示。这些图形与设计给人以简单、轻松、自由的感觉。所以，完全的闭合是没有必要的。

4）连续法则（Continuity）。人们会将共线或具有相同方向的物体组合在一起。连续是很简单的，但连续却解决了非常复杂的问题。通过找到非常微小的共性将两个不同的对象连接成一个整体。如图 2-4 中的字母 H 和叶子，这完全是两个不同的图形。但即使这样还是可以通过横线和叶脉这个非常微小的共性连接成一个整体。

图 2-3 闭合法则

图 2-4 连续法则

5）简单法则（Simplicity）。简单是设计的目标，为了达到该目标，通常的做法是删除、重组、放弃和隐藏。对于原本内容就很少的设计，是较容易做到的，但对于内容非常复杂的问题，要做到简单，必须一步一步地简化。简单更像是追求的目标，而接近、相似、关闭和连续则是实现这一目标的方法。

格式塔法则还有如图形-背景感知、对称性、尺寸守恒定律等法则，总计超千条。格式塔心理学不仅关注物体的组合结构和分组情况，也关心如何将物体从背景中分离出来。格式塔心理学推导出了一些模糊的有关前后景关系判断的理论，并发现前景和背景在某些情况下可以互换，进而再次印证了其有关整体区别于局部的理论。如图 2-5 所示，可以看作是黑色区域构成的两个侧面人脸，也可以

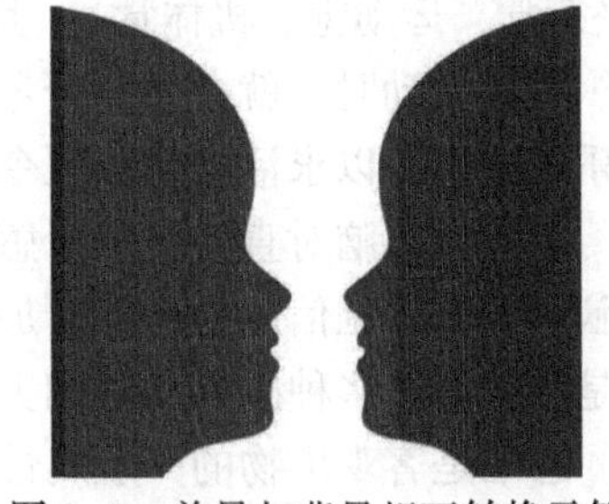

图 2-5 前景与背景相互转换示例

看作是由中间区域构成的花瓶。

2.3 感知

人体上的每一个器官都是外界信号的接收器，只要在一定范围内的信号，经过某种刺激，人体器官都能将其接收，并转换为感觉信号，再经过人体的神经网络传输到大脑，进行情感格式化的处理，这样就带来了人体的感知。感知是利用感官对客观事物获得有意义的印象，是感觉与知觉的统称，是客观事物在人脑中的直接反应。

人获得知识或运用知识的过程开始于感觉与知觉。感觉是对事物个别属性和特性的认识，如感觉到颜色、明暗、声调、美丑、粗细及软硬等。知觉是对事物的整体及其联系与关系的认识，如看见一座雄伟的高山、听到一阵嘈杂的喧闹声、摸到一只毛茸茸的小狗等。这时认识到的已经不再是事物的个别属性或特性，而是事物的联系与关系了。图 2-6 给出了人的感知过程。

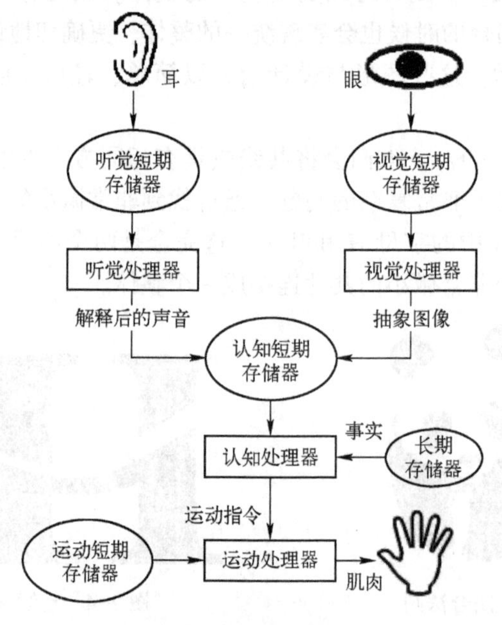

图 2-6 感知过程

感觉是认识世界的起点，是人们对客观事物的个别属性（比如物体的颜色、形状、声音等）进行直接反映的过程。感觉分为外部感觉（视、听、味、嗅、触觉）和内部感觉（平衡觉、运动觉、机体觉）。其中视听提供的外部信息占所获信息的 80%～90%。因此，在组织开展活动时，就必须充分考虑公众的视听感觉，包括对色彩的应用、视觉效果的处理、音乐的安排，以求活动效果更令人满意。

知觉是人脑对直接作用于感官的客观事物整体的综合反映，是较为复杂的心理现象，是大脑对不同感觉信息进行综合加工的结果。知觉以感觉为前提，但它不是感觉的简单集合，而是在综合了多种感觉的基础上形成的整体印象。

思维是客观事物的一般属性和内在联系在人脑中概括的间接反映过程。它所反映的是事物的本质特征和一般规律，并且通过语言活动，人们把自己思维活动的结果、认识活动的成果与别人进行交流，接受别人的经验。另外，人们还具有想象的活动，这是凭借在头脑中保存的具体形象来进行的。

人与计算机的交互过程中，用户接受计算机输出的信息，向计算机输入信息，这个过程主要是通过视觉、听觉和触觉感知完成的。

2.3.1 视觉感知

人的视觉感知是最主要的信息界面，人类从外界获取的信息约有80%是通过视觉得到的，因此，俗语有“百闻不如一见”“眼见为实”。视觉感知可以分为两个阶段：受到外部刺激接收信息阶段和解释信息阶段。进行人机交互设计需要清楚这两个阶段及其影响，了解人类真正能够看到的信息。需要注意的是，眼睛和视觉系统的物理特性决定了人类无法看到某些事物，但视觉系统进行解释处理信息时可对不完全信息发挥一定的想象力。

视觉具有感知物体大小、深度和相对距离、亮度和色彩等特点，了解这些特点对人机交互界面设计有很大的帮助。

根据人眼成像的原理，同一物体在不同的距离在人眼中得到的大小是不同的。物体反射的光线通过晶状体折射在视网膜上形成一个倒像，像的大小和视角有关。视角反映了物体占据人眼视域空间的大小，视角的大小与物体离眼睛的距离、物理的大小有关，两个与眼睛距离一样的物体，大的会形成较大视角；两个同样大小的物体与眼睛的距离不一样，离眼睛较远者会形成较小的视角，如图2-7所示。

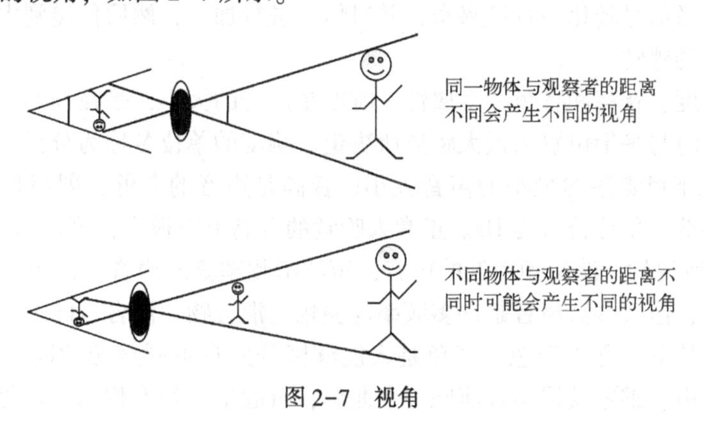

同一物体与观察者的距离
不同会产生不同的视角
不同物体与观察者的距离不
同时可能会产生不同的视角

图2-7 视角

深度知觉感知受生理、客体等因素影响。生理方面有双眼视差、双眼辐合、水晶体调节及运动视差等因素。客体方面有对象重叠、线条透视、空气透视、对象的纹理梯度、明暗和阴影以及熟悉物体的大小等因素。根据自己的经验和有关线索，单凭一只眼睛观察物体也可以产生深度知觉。用视觉来感知深度，是以视觉和触觉在个体发展过程中形成的联系为基础，通过大脑的整合活动就可做出深度和距离的判断。

人眼对物体形态细节的感知能力，通常以能辨别两条平行光线的最小距离为衡量标准，采用被辨别物体最小间距所对应的视角的倒数表示。它受光的强度、图像的颜色以及图像本身的复杂程度等因素的影响。一般人能够在2 m的距离分辨2～20 mm的间距，这为设计界面时字符大小和间距提供了依据。

亮度是发光体（反光体）表面发光（反光）强弱的物理量。人眼从一个方向观察光源，在这个方向上的光强与人眼所“见到”的光源面积之比，定义为该光源单位的亮度，即单位投影面积上的发光强度。亮度是人对光的强度的感受，是一个主观的量。增强亮度可以提高视敏度，但随着亮度的增加，闪烁会增强，故在人机交互界面设计时，要考虑亮度与闪烁对人的感知的影响，尽量创造一个舒适良好的交互环境。

简单地说，色彩是当光线照射到物体后使视觉神经产生感受而有色的存在。色彩可分为无彩色系和有彩色系，有彩色系的颜色具有三个基本特性：色度、纯度（也称彩度、饱和度）、明度。饱和度为 0 的颜色为无彩色系。

错视觉，又称错视，意为视觉上的错觉，属于生理上的错觉，特别是关于几何学的错视多为人所知。几何错视是视觉上的大小、长度、面积、方向及角度等几何构成，和实际测量的数据有明显差别的现象。视错觉就是当人观察物体时，基于经验主义或不当的参照形成的错误的判断和感知，是指观察者在客观因素干扰下或者自身的心理因素支配下，对图形产生与客观事实不相符的错误感觉。如图 2-8 所示，两条长度相等的线段，假如一条线段两端加上向外的两条斜线，另一条线段两端加上向内的两条斜线，则前者要显得比后者长得多。

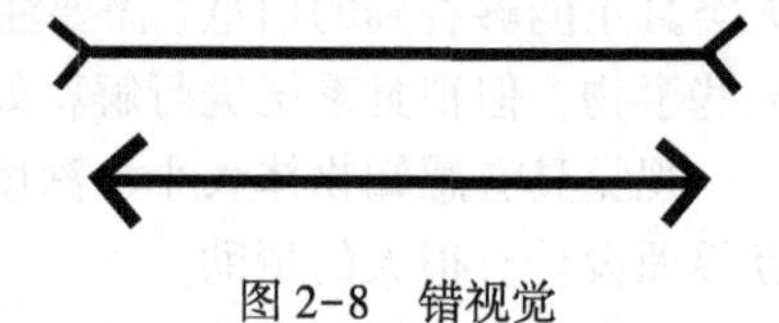

图 2-8 错视觉

2.3.2 听觉与触觉感知

听觉感知信息的能力仅次于视觉感知。听觉感知主要是声波作用于听觉器官，听觉器官接受刺激，把刺激信号转化为神经兴奋，并对信息进行加工，然后传递到大脑，经各级听觉中枢分析后引起的感觉。

声音具有响度、音高和音色三个属性。响度是声音的大小，是在频率一定的情况下声波的振幅，由振动时与平衡位置的最大距离所决定。响度的单位名称为分贝，单位符号为 dB。0 dB 指正常听觉下可觉察的最小的声音大小。音高是声音的高低，即每秒振动次数。频率的单位名称为赫兹，单位符号为 Hz。正常人听觉的音高范围很广，可以由最低 20 Hz 到最高 20000 Hz。日常所说的长波指频率低的声音，短波指频率高的声音。由单一频率的正弦波引起的声音是纯音，但大多数声音是许多频率与振幅的混合物。混合音的复合程序与组成形式构成声音的质量特征，称为音色。音色是人能够区分发自不同声源的同一个音高的主要依据，如男声、女声、钢琴及提琴表演同一个曲调，听起来会各不相同。音色的差异由发声物体本身决定。

触觉是指分布于全身皮肤上的神经细胞接受来自外界的温度、湿度、疼痛、压力及振动等方面的感觉。

触觉感知的能力低于视觉感知和听觉感知。但触觉也可以反馈大量交互环境中的关键信息，特别是针对视听障碍人群，触觉感知对他们至关重要，因此触觉在人机交互中的作用仍然不可低估。

2.4 记忆和注意

记忆和注意在人机交互过程中扮演着重要的角色。记忆是过去经验在人脑中的反映，是人脑对经历过的事物的识记、保持、再现或再认，它是进行思维、想象等高级心理活动的基础。

1. 记忆

（1）根据记忆内容或映像的性质，记忆可分为形象记忆、逻辑记忆、情绪记忆和运动记忆

1）形象记忆是以感知过的事物形象为内容的记忆。这些具体形象可以是视觉的，也可以是听觉的、嗅觉的、触觉的或味觉的形象，如人们对看过的一幅画，听过的一首乐曲的记忆就是形象记忆。这类记忆的显著特点是保存事物的感性特征，具有典型的直观性。

2）逻辑记忆是以思想、概念或命题等形式为内容的记忆。如对数学定理、公式和哲学命题等内容的记忆。这类记忆是以抽象逻辑思维为基础的，具有概括性、理解性和逻辑性等特点。

3）情绪记忆是以过去体验过的情绪或情感为内容的记忆。如学生对接到大学录取通知书时的愉快心情的记忆等。人们在认识事物或与人交往的过程中，总会带有一定的情绪色彩或情感内容，这些情绪或情感也作为记忆的内容而被存储进大脑，成为人的心理内容的一部分。情绪记忆往往是一次形成而经久不忘的，对人的行为具有较大的影响作用。如教师对某个学生的第一印象会在很大程度上影响对该生的态度、行为，就是因为这一印象是与情绪相连的。情绪记忆的印象有时比其他形式的记忆印象更持久，即使人们对引起某种情绪体验的事实早已忘记，但情绪体验仍然保持着。

4）运动记忆是以人们过去的操作性行为为内容的记忆。凡是人们头脑里所保持的做过的动作及动作模式，都属于动作记忆。如上体育课时的体操动作、武术套路，上实验课时的操作过程等都会在头脑中留下一定的痕迹。这类记忆对于人们动作的连贯性、精确性等具有重要意义，是动作技能形成的基础。

（2）按记忆保持时间长短的不同，记忆可分为瞬时记忆、短时记忆和长时记忆

1）瞬时记忆又叫感觉记忆，这种记忆是指作用于人们的刺激停止后，刺激信息在感觉通道内的短暂保留。信息的保存时间很短，一般为 0.25~2 s。瞬时记忆的内容只有经过注意才能被意识到，然后进入短时记忆。

2）短时记忆是保持时间大约在 1 min 之内的记忆。据 L·R·彼得逊和 M·J·彼得逊的实验研究，在没有复述的情况下，18 s 后回忆的正确率就下降到 10%左右。如不经复述大约在1 min 之内就会衰退或消失。有人认为，短时记忆也是工作记忆，是一种为当前动作而服务的记忆，即人在工作状态下所需记忆内容的短暂提取与保留。

短时记忆有以下三个特点。

① 记忆容量有限，据 George Miller 的研究为 7±2 个组块。“组块” 就是记忆单位，组块的大小因人的知识经验等不同而有所不同。组块可以是一个字、一个词、一个数字，也可以是一个短语、句子、字表等。

② 短时记忆以听觉编码为主，兼有视觉编码。

③ 短时记忆的内容一般要经过复述才能进入长时记忆。

3）长时记忆指信息经过充分的和有一定深度的加工后，在头脑中长时间保留下来的记忆。从时间上看，凡是在头脑中保留时间超过 1 min 的记忆都是长时记忆。长时记忆的容量很大，所存储的信息也都经过意义编码。我们平时常说的记忆好坏，主要是指长时记忆。

瞬时记忆系统、短时记忆系统和长时记忆系统虽各有对信息加工的独自特点，但从时间衔接看是连续的，关系也是很密切的。

（3）按记忆时有无明确目的，记忆可分为无意记忆和有意记忆

1）无意记忆是指没有预定目的，在记忆过程中也不需要做一定的意志努力、自然而然发生的记忆。如看过的电影、戏剧，听别人讲过的故事以及我们所经历过的某些事，感知它们时并没有记忆的意图，但这些内容以后能重新出现在脑海里，对这些内容的记忆就是无意记忆。

无意记忆的内容是构成经验的重要部分，对心理活动及行为也有明显的影响。无意中所经历的事情，在我们有意识地面临某些情境、处理某些问题时，能作为已有经验起帮助作用。在日常生活中，人们所处的环境，所接触的人，所做的工作，会使人受到潜移默化的影响，在心理、行为上发生变化。如一个民族的文化传统，会在无形中影响整个民族的心理，使其带有本民族文化的特点。

无意记忆带有极大的选择性。一般来讲，进入无意记忆的内容有两个特点：一是作用于人们感觉器官的刺激具有重大意义或引人注意，如人们对新异的事物会过目不忘；二是符合人的需要、兴趣以及能产生较深刻情绪体验的内容，如参加高考时的情境、到大学报到第一天的情境等。无意记忆对人们知识经验的获得有积极作用，作为教师应该尽量使学生通过这种方式愉快地学习。但是，无意记忆不能保证学生获得系统的文化科学知识。因此，在教学过程中，大量的记忆内容仍应通过有意记忆来获得。

2）有意记忆指有预定目的，在记忆过程中要做一定的意志努力的记忆。有意记忆过程是在记忆目的支配下进行的。记忆的目的性决定了记忆过程是对记忆内容的一个积极主动的编码过程。这种编码包括“记忆什么”和“怎样记忆”。“记忆什么”确定记忆的方向和内容，“怎样记忆”是采取什么方法才能更好地记住所要记忆的内容。学生在听课过程中的记忆就是由这两部分组成的。每节课都有一定的教学目的和任务。教师一般会先做交代，使学生产生记忆意图，以一种积极的心态记忆新知识。为了更好地记住教师所讲内容，有些同学采取专心致志地听，即用心记的方法，有的同学采取心记与笔记相结合的方法。

人们的全部知识经验就是通过有意记忆和无意记忆的方式获得的。不过，就记忆效果而言，有意记忆优于无意记忆。作为教师，了解记忆的这一规律，有助于在教学过程中加强对学生的学习目的性教育，要合理地给学生布置任务，以达到良好的教与学的效果。

（4）按记忆方法的不同，记忆可分为理解记忆和机械记忆

1）机械记忆是指在材料本身无内在联系或不理解其意义的情况下，按照材料的顺序，通过机械重复方式而进行的记忆，如对无意义音节、地名、人名及历史年代等的记忆。这种记忆具有被动性，但它能够防止对记忆材料的歪曲。对于学生而言，这种记忆也是必要的，因为有一部分学习内容的确是需要精确记忆的，如山脉的高度、河流的长度等；也有些内容，限于学生的知识经验，不可能真正理解其意义，但这些知识对以后的学习是重要的，也应该进行机械记忆，如小学一、二年级的学生背诵乘法口诀。实际上，纯粹的机械记忆是很少的，人们在记忆过程中，总是尽可能地把材料加以意义化。按照信息加工理论的观点，个人对任何输入的信息都要尽可能地按自己的经验体系或心理格局来进行最好的编码。如记电话号码，并不是单纯重复记忆，而会利用谐音或找规律等方式使之意义化。

2）理解记忆是在对材料内容理解的基础上，通过材料的内在联系而进行的记忆。在理解记忆中，理解是关键。理解是对材料的一种加工，它根据人已有的知识经验，通过分析、比较、综合，来反映材料的内涵以及材料各部分之间的关系。由于理解记忆需要消耗较多的

心理能量，与机械记忆相比，它是一种更复杂的心理过程。理解记忆应该是学生记忆的主要形式。

2. 注意

注意是心理活动对一定对象的指向和集中，是伴随着感知觉、记忆、思维及想象等心理过程的一种共同的心理特征。注意有两个基本特征，一个是指向性，是指心理活动有选择地反映一些现象而离开其余对象；二是集中性，是指心理活动停留在被选择对象上的强度或紧张度。指向性表现为对出现在同一时间的许多刺激的选择；集中性表现为对干扰刺激的抑制。它的产生、范围，以及持续时间取决于外部刺激的特点和人的主观因素。

注意是一种复杂的心理活动，主要有以下功能。

1）选择功能。注意的基本功能是对信息选择，使心理活动选择有意义的、符合需要的，以及与当前活动任务相一致的各种刺激；避开或抑制其他无意义的、附加的或干扰当前活动的各种刺激。

2）保持功能。外界信息输入后，每种信息单元必须通过注意才能得以保持，如果不加以注意，就会很快消失。因此，需要将注意对象的内容保持在意识中，一直到完成任务，达到目的为止。

3）调节功能。有意注意可以控制活动向着一定的目标和方向进行，使注意适当分配和适当转移，以提高活动的效率。注意力集中的情况下，会让错误减少，准确性和速度提高。另外，注意的分配和转移可保证活动的顺利进行，并适应变化的多种环境。

4）监督功能。注意在调节过程中需要进行监督，使得注意向规定方向集中。

根据注意的功能，可以把注意分为选择性注意、集中性注意和分配性注意。

1）选择性注意。选择性注意指把注意指向一项或一些任务而忽视与之相竞争的其他任务。

2）集中性注意。集中性注意指意识不仅指向一定的刺激，而且还集中于一定的刺激。

3）分配性注意。分配性注意指个体能对不同的任务给予关注或能操作几项任务。

注意的品质对认知过程有重要的影响，注意的主要品质有注意广度、注意的稳定性、注意的分配，以及注意的转移。

1）注意的广度。注意的广度又称为注意的范围，是指一个人在同一时间内能够清楚地把握注意对象的数量。它反映的是注意品质的空间特征。扩大注意广度，可以提高工作和学习的效率。一般成年人能同时把握4~6个没有意义联系的对象。注意广度受注意对象的特点、活动的性质和任务、个体的知识经验等因素影响。

2）注意的稳定性。注意的稳定性也称为注意的持久性，是注意在同一对象或活动上所保持时间的长短，这是注意的时间特征。但衡量注意稳定性不能只看时间的长短，还要看这段时间内的活动效率。影响注意的稳定性的因素有注意对象的特点、主体的精神状态，以及主体的意志力水平等。

3）注意的分配。注意的分配是在同一时间内把注意指向不同的对象和活动，做到“一心多用”。注意的分配在人的实践活动中有重要的现实意义。如教师需要一边讲课，一边注意学生的课堂反应；司机需要一边驾车，一边观察路况。事实证明，注意的分配是可行的，人们在生活中可以做到“一心二用”，甚至“一心多用”。有史料记载，一位法国学者曾当众表演一边朗诵诗歌一边做数学运算。但是注意的分配是有条件的：同时进行的几种活动至少有一种应是高度熟练的，同时进行的几种活动必须有内在联系。

4）注意的转移。注意的转移是指根据活动任务的要求，主动地把注意从一个对象转移到另一个对象。例如，在学校课程安排上，如果先上高等数学课，再上大学英语课，学生就应根据教学需要，把注意主动及时地从一门课转移到另一门课。影响注意转移的因素有对原活动的注意集中程度、新注意对象的吸引力、明确的信号提示、个体的神经类型和自控能力。

2.5 思维

思维是人类所具有的高级认识活动。按照信息论的观点，思维是对新输入信息与脑内存储知识经验进行一系列复杂的心智操作过程，主要的思维活动有分析与综合、比较与分类，以及抽象和概括。

分析与综合是最基本的思维活动。分析是指在头脑中把事物的整体分解为各个组成部分的过程，或者把整体中的个别特性、个别方面分解出来的过程；综合是指在头脑中把对象的各个组成部分联系起来，或把事物的个别特性、个别方面结合成整体的过程。分析和综合是相反而又紧密联系的同一思维过程不可分割的两个方面。没有分析，人们则不能清楚地认识客观事物，各种对象就会变得笼统模糊。离开综合，人们则对客观事物的各个部分、个别特征等有机成分产生片面认识，无法从对象的有机组成因素中完整地认识事物。

比较与分类中的比较是在头脑中确定对象之间差异点和共同点的思维过程。分类是根据对象的共同点和差异点，把它们区分为不同类别的思维方式。比较是分类的基础，在认识客观事物中具有重要的意义。只有通过比较才能确认事物的主要和次要特征、共同点和不同点，进而把事物分门别类，揭示出事物之间的从属关系，从而使知识系统化。

抽象和概括中的抽象是在分析、综合、比较的基础上，抽取同类事物共同的、本质的特征而舍弃非本质特征的思维过程。概括是把事物的共同点、本质特征综合起来的思维过程。抽象是形成概念的必要过程和前提。

理论上说，分类越详尽越好。但有些思维方式在训练与应用的过程中并不需要严格区分，一是因为很多思维方式总是共同起作用，二是有些思维方式统一在某种思维方式之中。

从抽象性来分，思维可分为感性具象思维、抽象逻辑思维和理性具象思维三种。

感性具象思维是在直接接触外界事物时感官直接感觉到的具体信息，又叫感知运动思维。这种思维主要是协调感知和动作，在直接接触外界事物时产生直观行动的初步概括，感知和动作中断，思维也就终止。

抽象逻辑思维是以抽象概念为形式的思维，是人类思维的核心形态。它主要依靠概念、判断和推理进行思维，是人类最基本也是运用最广泛的思维方式。所有正常的人都具备逻辑思维能力，但一定有高低之分。

以具体表象为材料的思维，是一般形象思维的初级阶段。它借助于鲜明、生动的表象和语言，在文艺创作中经常运用。

从目的性来分，思维可分为上升性思维、求解性思维和决断性思维。

上升性思维是以实践所提供的个别性经验为起点，把个别经验上升为普遍性的认识。个别性思维大多来自日常的生活体验，过于直接和个性化，因而不具有普遍的指导意义，其真实性有待实践检验后才能最终上升为普遍性认识。

求解性思维是围绕问题展开思维，依靠已有的知识去寻找与当前现状之间的中间环节，从而使问题获得解决。如小孩子解答数学题时会先分析已知条件，再看问题，最后再找由条件到问题之间的桥梁。

决断性思维是以规范未来的实验过程或预测其效果为中心的思维，遵循具体性、发展转化和综合平衡三条原则。

从智力品质上划分，思维可分为再现思维和创造思维。

再现思维是依靠过去的记忆而进行的思维。如把已经学过的知识原封不动地照搬套用，就属于这一种。

创造思维是依赖过去的经验和知识，但却是把它们综合组织而形成全新的东西。如把已经学过的几个数学公式综合起来运用到某个具体的问题上。那些被称作有发明天才的人，就是善于进行这种创造思维的人。

从思维技巧上划分，思维可分为归纳思维、演绎思维及批判思维等20余种。

归纳思维是从一个个具体的事例中，推导出它们的一般规律和共同结论的思维。

演绎思维是把一般规律应用于一个个具体事例的思维。在逻辑学上又叫演绎推理。它是从一般的原理、原则推及至个别具体事例的思维方法。

批判思维是指一面品评和批判自己的想法或假说，一面进行思维。在解决问题的时候，历来都强调批判思维。批判思维包括独立自主、自信、思考、不迷信权威、头脑开放、尊重他人六大要素。

2.6 想象

想象是人在头脑里对已存储的表象进行加工改造形成新形象的心理过程。它是一种特殊的思维形式。想象与思维有着密切的联系，都属于高级的认知过程，它们都产生于问题的情景，由个体的需要所推动，并能预见未来。

想象可分为无意想象和有意想象。

无意想象是指事先没有预定目的的想象。无意想象是在外界刺激的作用下，不由自主地产生的。例如梦是一种无意想象。

有意想象是指事先有预定目的的想象。有意想象中，根据观察内容的新颖性、独立性和创造程度，又可分为再造想象、创造想象和幻想。

再造想象是根据别人的描述或图样，在头脑中形成新形象的过程。它使人能超越个人狭隘的经验范围和时空限制，获得更多的知识；使我们更好理解抽象的知识，使之变得具体、生动、易于掌握。要形成正确再造想象的基本条件有两个，一是能正确理解词与符号、图样标志的意义，二是有丰富的表象储备。

创造想象是指不根据现成的描述，而在大脑中独立地产生新形象的过程。创造想象的特殊形式——幻想，是指与个人生活愿望相联系并指向未来的想象。它具有两个特点，一是体现了个人的憧憬或寄托，二是不与当前的行动直接联系而指向于未来。它具有积极意义：积极的幻想是创造力实现的必要条件，是科学预见的一部分，是激励人们创造的重要精神力量，是个人和社会存在与发展的精神支柱。

幻想即理想与空想。理想是符合事物发展规律，并可能实现的想象，而空想是不以客观规律为依据甚至违背事物发展的客观进程，是不可能实现的想象。

2.7 信息处理模型

信息处理模型描述了人体对基本信息的反映情况，研究人对外界信息的接受、存储、集成、检索和使用，可预测人执行任务的效率，如可推算人对某个刺激的感知和响应的时间长度，信息过载情况下会出现怎样的瓶颈现象等。

有关人对信息的处理过程，研究人员提出了各种各样的比拟。Lindsay 和 Norman 等研究人员把人的大脑视作一个信息处理机，信息通过一系列有序的处理阶段进、出大脑。在这些阶段中，大脑需要对思维表示（报告图像、思维模型、规则和其他形式的知识）进行各种处理（如比较和匹配）。如图 2-9 所示人类大脑的信息处理模型把认知概念化为一系列的处理阶段。借助于信息处理模型，研究人员可以预测用户在与计算机交互时涉及哪些认知过程，用户执行各种任务所需要的时间。

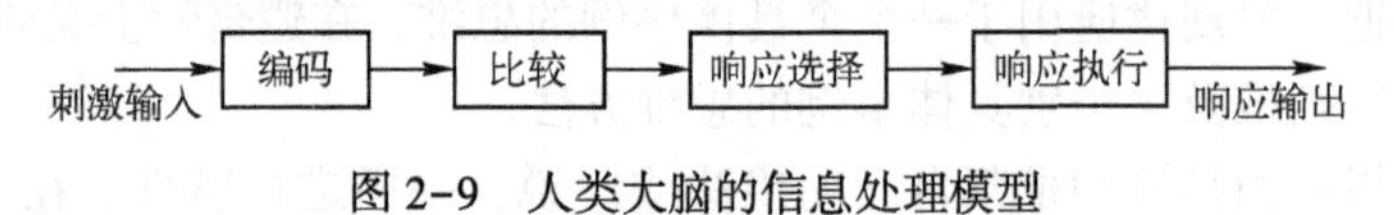

图 2-9 人类大脑的信息处理模型

但是，在信息处理的过程中，还涉及注意和记忆，Barber 对上述模型进行了扩展，记忆和注意与处理过程中的各个阶段相互交互，如图 2-10 所示。

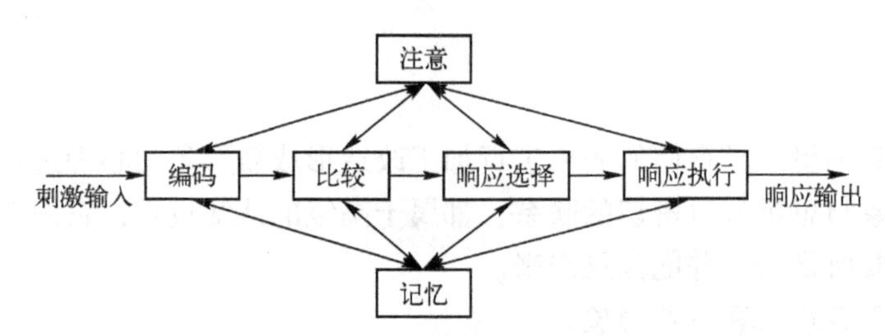

图 2-10 扩展信息处理模型

Atkinson 和 Shiffrin 将记忆过程分为感觉记忆、短时记忆和长时记忆三个阶段，这三个阶段之间可以进行信息交换，如图 2-11 所示。

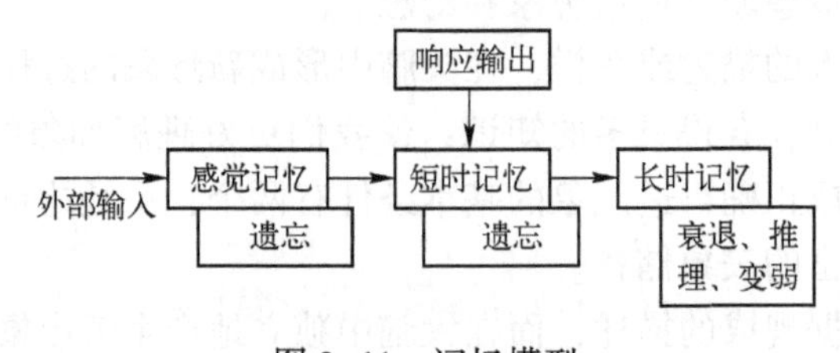

图 2-11 记忆模型

感觉记忆又叫感知记忆或瞬时记忆，它在人脑中持续的时间非常短，大约仅 1 s。任何输入记忆系统的信息都必须首先通过感觉器官的活动产生感觉知觉，当引起感觉知觉的刺激物不再继续呈现时，其作用仍能保持一个非常短的时间。

感觉记忆经编码后成为短时记忆。短时记忆也叫工作记忆，存储的是当前正在使用的信息，是信息加工系统的核心，如同计算机的内存（RAM）。例如，在计算复杂数学题时，每一步的计算结果都将暂时存储在短时记忆区供下一步计算使用。信息在短时记忆中大约只能保持 30 s，且短时记忆的存储能力也非常有限，约为 7±2 个信息单元（7±2 信息理论），这里一个信息单元可以是一个字母，或一个数字。由于短时记忆是以信息单元为单位来存储的，因此可以将信息组合成一个个有意义的单位以帮助人们记住复杂的信息。

George Miller 提出的 7±2 信息理论，对人机交互设计产生了重大影响，它使得许多交互设计人员坚信，界面上菜单的个数不能超过 7 个。7±2 信息理论提醒设计人员在进行交互设计时应尽量减少对用户记忆的需求，同时可以考虑通过将信息放置于一定的上下文中，减少信息单元的数量，减轻用户的记忆负担。

短时记忆中的信息经过进一步加工后成为长时记忆存储起来。长时记忆的信息容量几乎是无限的，它保存着人们可能会用到的各种事实、表象和知识。一般情况下，只有与长时记忆区的信息有某种联系的新信息才能进入长时记忆。因此在进行界面设计时，要注意使用线索引导用户完成特定任务，同时在追求独特的创新设计时应注重结合优秀的交互泛型。

习题

2.1　格式塔心理学中主要完形法则有哪几种？各自有什么特点？

2.2　人机交互过程中，经常利用的感知有哪几种？每种感知有什么特点？

2.3　记忆按内容、保持时间长短、有无明确目的、方法等不同分类方法，各自有哪些分类？

2.4　短时记忆有哪些特点？

2.5　注意有哪些功能？

2.6　注意有哪些品质？

2.7　思维可以从哪些角度进行分类？每种方法包含哪些内容？

2.8　形成正确再造想象的基本条件是什么？

2.9　什么是 7±2 信息理论？

第3章　人机交互模型

人机交互模型是对人机交互系统中的交互机制进行描述的结构概念模型。目前已经提出多种模型，如用户模型、交互模型、人机界面模型及评价模型等，这些模型从不同的角度描述了交互过程中人和机器的特点及其交互活动。人机交互模型是开发一个实用人机交互系统的基础。

3.1　人机交互框架模型

在人机交互领域的模型研究方面，较早提出的一个有影响的模型是 Norman 的执行-评估循环模型，如图 3-1 所示。在这个模型中，Norman 将人机交互过程分为执行和评估两个阶段，其中包括建立目标、形成意图、动作描述、执行动作、理解系统状态、解释系统状态与根据目标和意图评估系统的状态七个步骤。这个交互模型的建立，指出了交互过程中某些特点，有助于在概念上理解交互过程。但由于它完全以用户为中心，对于计算机系统而言仅仅考虑到系统的界面部分，因此是一个不完整的模型。

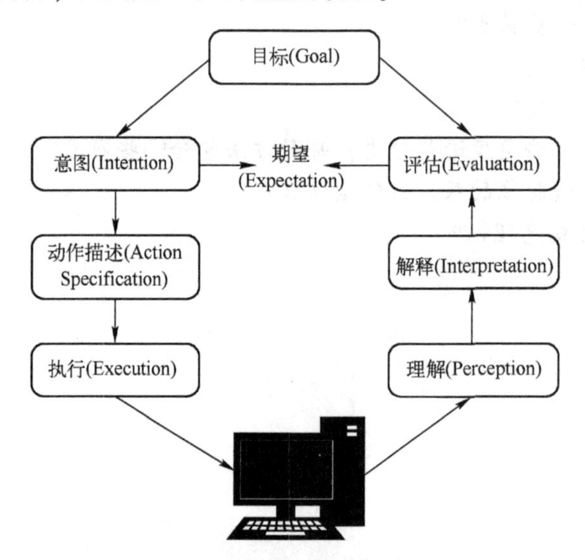

图 3-1　Norman 的执行-评估循环模型

Abowd 和 Beale 在 1991 年修正了 Norman 模型，修正后的 Norman 模型为了同时反映交互系统中用户和系统的特征，将交互分为系统、用户、输入和输出四个部分，如图 3-2 所示。

交互过程表现为信息在这四个部分之间的流动和对信息描述方式的转换上，该模型较好地反映了交互的一般特征。其中输入和输出一起形成人机界面。

在人机交互框架模型中，每一部分都有自己的描述语言，这些语言分别从各自的角度表达了应用的概念。系统语言是核心语言，描述了应用领域的计算特征；用户语言也叫任务语言，描述了领域中与用户意图表达相关的属性。

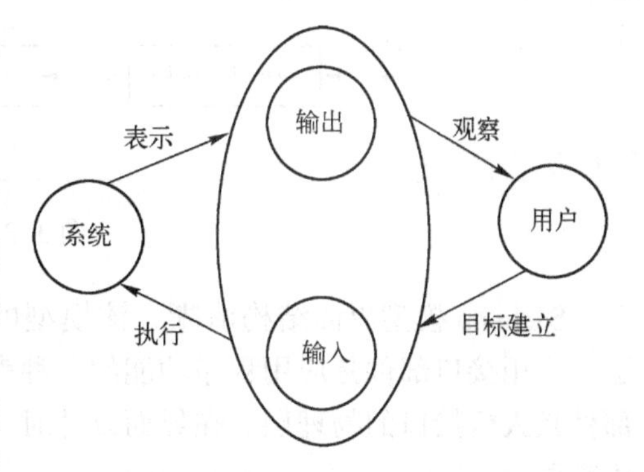

图3-2　修正后的Norman模型

一个交互周期中有目标建立、执行、表示和观察四个阶段，图中每一个有向弧线表示了这四个阶段，每一个阶段对应着一种描述语言到另一种描述语言的翻译过程。

一个交互周期从用户的目标建立阶段开始，用户以用户语言的形式在头脑中形成一个能达成该目标的任务，并将任务翻译成机器可以识别的“输入语言”；在执行阶段，“输入语言”被翻译成能被系统直接执行的一系列操作，即“核心语言”；在表示阶段，处于新状态下的系统将系统的当前值以“输出语言”的形式呈现出来，呈现出来的形式也是多种多样的，如字符、图形图像及语音等；在观察阶段，用户观察输出，将输出翻译为用户能够理解的“用户语言”表达的交互结果，与原目标进行比较和评价。在这四个阶段中，前两个阶段负责对用户意图的理解。用户的意图越容易表达，则计算机理解用户意图往往就越困难。为了使界面的表示更加宜人化，系统可根据所保存的用户行为模型、用户的经验模型，以及用户意图（上下文），提供相应的各具特色的人机交互界面。

3.2　人机界面模型

人机界面模型是人机界面软件的程序框架，它从理论上和总体上描述了用户和计算机的交互活动。随着人机界面功能的增长，人机界面的设计也变得复杂，交互式应用系统中界面代码占70%以上。人机界面模型主要任务有任务分析模型、对话控制模型、结构模型和面向对象模型等。

任务分析模型基于所要求的系统功能进行用户和系统活动的描述和分析；对话控制模型用于描述人机交互过程的时间和逻辑序列，即描述人机交互过程的动态行为过程；结构模型从交互系统软件结构观点来描述人机界面的构成部件，它把人机交互中的各因素，如提示符、错误信息、光标移动、用户输入、确认、图形及文本等有机地组织起来；面向对象模型是为支持直接操作的图形用户界面而发展起来的，它可以把人机界面中的显示和交互组合成一体作为一个基本的对象，也可以把显示和交互分离为两类对象，建立起相应的面向对象模型。

3.2.1　人机界面结构模型

Seeheim模型是一种界面和应用明确分离的软件结构，该结构于1985年在德国的Seeheim举行的国际人机界面管理系统研讨会上首先提出。该模型分为应用接口部件、对话控制部件和表示部件三个部件，如图3-3所示。

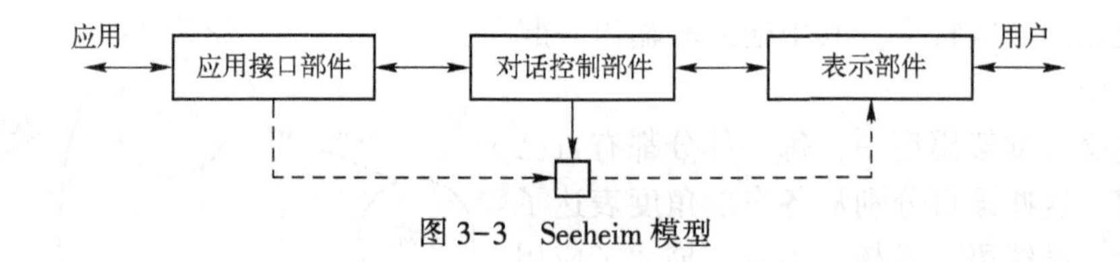

图 3-3 Seeheim 模型

Seeheim 模型界面结构清晰，该模型的三个逻辑部件都有不同的功能和不同的描述方法。应用接口部件是应用程序功能的一种表示；对话控制部件是人机接口的主要部件；表示部件是人机接口的物理层。在界面设计时，这三个部分可以对应于词法、语法及语义的三个语言层次。

Seeheim 模型已广泛用于用户界面软件设计中，适合界面与应用程序分别执行的场合，不支持直接操作的语法与语义要求，因此对于直接操作的图形用户界面不适用。

Arch 模型是 1992 年在 Seeheim 模型基础上提出来的，由领域特定部件、领域适配器部件、对话部件、表示部件和交互工具箱部件五部分组成，如图 3-4 所示。

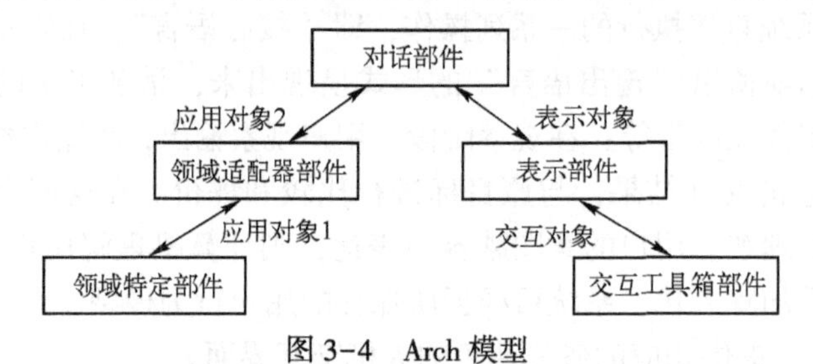

图 3-4 Arch 模型

交互工具箱部件是实现与终端用户的物理交互；表示部件是协调对话部件和交互工具箱部件之间的通信；对话部件负责任务排队；领域适配器部件是协调对话部件和领域特定部件之间的通信；领域特定部件是控制、操作及检索与领域有关的数据。图 3-4 显示了部件之间传输的对象模型，在领域特定部件中，应用对象 1 采用的数据及操作所提供的功能与用户界面无法直接联系；在领域适配器部件，应用对象 2 采用的数据及操作所提供的功能与用户界面无关；表示对象是控制用户交互的虚拟对象，含有为用户显示的数据以及用户产生的事件；交互对象用来实现与用户交互有关的物理介质的方法。

在 Arch 模型中，可以对各个部件的功能进行不同的定义，对于提供快速图形输出及复杂的语义反馈具有一定的局限性。

结构化用户界面模型都是基于对话独立性原则，交互系统的设计大体分为对话部件和计算部件两部分。提供较强的语义反馈，是结构化的界面模型支持直接操作图形用户界面的一个关键所在。

3.2.2 面向对象的用户界面交互模型

常见的面向对象的用户界面交互模型包括 MVC 模型、PAC 模型、PAC-Amodeus 模型、LIM 模型和 YORK 模型等。

MVC 模型是 1983 年提出的面向对象的交互式系统概念模型，该模型是在 Smalltalk 编程语言环境下提出来的，由控制器、视图和模型三类对象组成，如图 3-5 所示。模型表示应用对象的状态属性和行为；视图负责对象的可视属性描述；控制器是处理用户的输入行为并给控制器发送事件。

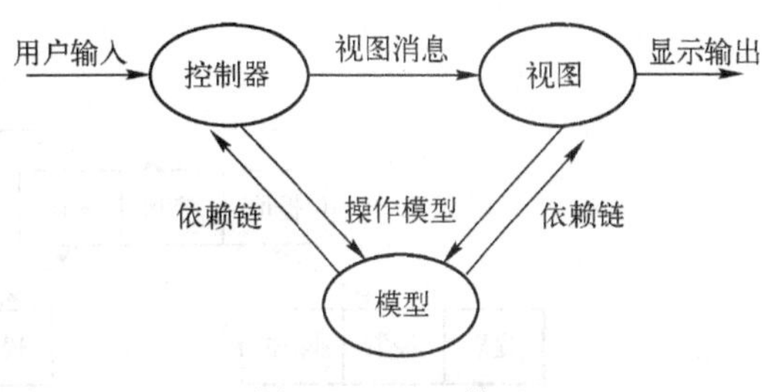

图 3-5　MVC 模型

视图代表用户交互界面，随着应用的复杂性和规模性的增加，界面的处理也变得具有挑战性。一个应用可能有很多不同的视图，MVC 设计模式对于视图的处理仅限于视图上的数据采集和处理。

模型负责业务流程/状态的处理以及业务规则的制定。业务流程的处理过程对其他层来说是透明的，模型接收视图请求的数据，并返回最终的处理结果。业务模型的设计是 MVC 最主要的核心，模型包含完成任务所需要的行为和数据。

控制器将模型映射到界面中。控制器处理用户的输入，每个界面有一个控制器。它是一个接收用户输入、创建或修改适当的模型对象并将其修改结果在界面中体现出来的状态机。控制器决定哪些界面和模型组件在某个给定的时刻应该是活动的，负责接收和处理用户的输入，来自用户输入的任何变化都被从控制器送到模型中。

MVC 的目的是增加代码的重用率，减少数据的表达、数据描述和应用操作的耦合度，同时也使得软件的可靠性、可修复性、可扩展性、灵活性以及封装性大大提升。由于数据和应用分开，在新的数据源加入和数据显示变化的时候，数据处理也会变得更简单。

MVC 的优点如下。

1）可以为一个模型在运行的同时建立和使用多个视图。

2）视图与控制器的可接插性。允许更换视图和控制器对象，而且可以根据需求动态的打开或关闭，甚至在运行期间进行对象替换。

3）模型的可移植性。因为模型是独立于视图的，所以可以把一个模型独立地移植到新的平台工作。

MVC 模型也有不足之处，主要表现如下。

1）增加了系统结构和实现的复杂性。对于简单的界面，严格遵循 MVC，使模型、视图与控制器分离，会增加结构的复杂性，并可能产生过多的更新操作，降低运行效率。

2）视图与控制器间过于紧密连接。视图与控制器是相互分离但又却是联系紧密的部件，如果视图没有控制器的存在，其应用是很有限的。

3）视图对模型数据的低效率访问。依据模型操作接口的不同，视图可能需要多次调用才能获得足够的显示数据。

PAC 模型是 Coutaz 于 1987 年提出的一种叫作多智能体的交互式系统概念模型，如图 3-6 所示。

垂直流表示对象之间的通信，水平流表示一个对象内部不同方面之间的通信。陈述用于定义用户在输入和应用的输出行为；提取对应于功能的语义信息，实现应用要完成的功能；控制负责对话控制、维护、表示和提取的一致性。不同 PAC Agent 的“陈述、提取和控制器”不同，最顶层的 PAC 用于实现交互系统中与应用有关的功能。PAC 模型和 MVC 模型之间有以下四个重要的区别。

1）PAC 模型中的 Agent 将应用功能与陈述、输入和输出行为封装在一个对象中。

2）PAC 模型用一个独立的控制器来保持应用语义与用户界面之间的一致性。

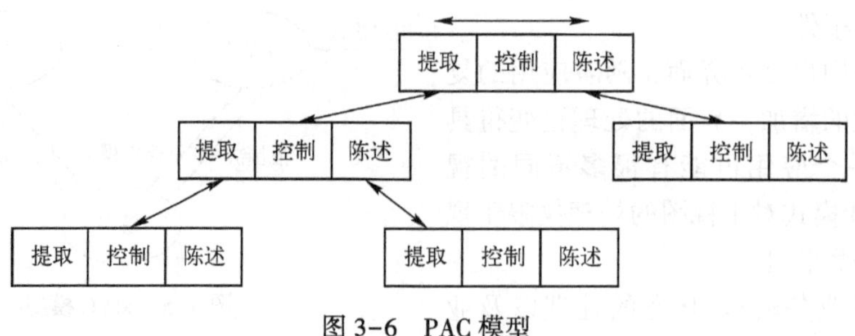

图 3-6 PAC 模型

3）PAC 模型没有基于任何一种编程环境。

4）PAC 模型将控制器独立出来，更加符合 UIMS 的设计思想，可以用来表示用户界面不同的功能部分。

用户和系统的交互循环过程开始于用户在一个控制器上的动作。MVC 模型具有两个特征，其一是在对话独立的前提下，允许语义和其视图直接相互通信；其二是将人机和交互处理与输出显示部分分离。

3.3 用户概念模型

用户概念模型是一种用户能够理解的系统描述，它使用一组集成的构思和概念，描述系统应该做什么、如何运作及外观如何等。人机系统设计的首要任务是建立明确的、具体的概念模型。

概念模型设计有两种方法，一种是根据用户的需要和其他需求去规划产品，了解用户在执行日常任务时做些什么，例如，用户主要是收集信息、编辑文档、记录事件、与其他用户协调以及参与其他活动；决定哪种交互方式能最好地支持用户的实际需要，提出一些实际可行的方案。另一种方法是选择一个界面比拟，比拟是用户熟悉的或者容易理解的知识去解释不熟悉的、难以理解的问题，例如，“桌面”和“搜索引擎”就是大家都熟悉的两个界面比拟。

概念模型可以分为基于活动的概念模型和基于对象的概念模型两大类。

活动类型的概念模型包括指示、对话、操作与导航、探索与浏览等活动类型。

指示概念模型描述的是用户通过指示系统应该做什么来完成自己的任务，例如，用户可向某个系统发出指示，要求打印文件。在 Windows 和其他 GUI 系统中，用户则使用控制键，或者鼠标选择菜单项来发出指令。指示概念模型的优点是支持快速、有效的交互，因此，特别适合于重复性的活动，用于操作多个对象，例如重复性的存储、删除、组织文件或邮件。

对话概念模型是基于“人与系统的对话”模式设计的，它与“指示”类型的模型不同。“对话”是一个双向的通信过程，其系统更像是一个交互伙伴，而不仅仅是执行命令的机器，最适合用于那些用户需要查找特定类型的信息，或者希望讨论问题等方面的应用。实际的“对话”方式可采用各种形式，如电话银行、订票、搜索引擎和援助系统。其主要的好处是允许用户（尤其是新手）以一种自己熟练的方式与系统交互。但“对话”式的概念模型可能发生“答非所问”的误会。

操作与导航概念模型利用用户在现实世界中积累的知识来操作对象或穿越某个虚拟空间，例如，用户通过移动、选择、打开、关闭及缩放等方式来操作虚拟对象；也可以使用这些活动的扩展方式，即现实世界中不可能的方式来操作对象或穿越虚拟空间，例如，有些虚拟世界允许用户控制自身的移动，或允许一个物体变成另一个物体。

探索与浏览概念模型的思想是使用媒体去发掘和浏览信息，网页和电子商务网站都是基于这个概念模型的应用。

以上各种模型的活动并不是相互排斥的，它们可以并存。例如，在对话的同时也可以发出指示，在浏览的同时也可以定位环境。但是，这些活动都有不同的属性，而且其界面的开发方法也不同，如指示类型可以采取如输入命令、从视窗或触摸屏选择菜单项、发出声音命令以及按下按钮等多种交互形式；对话类型可以采用语音或者键入命令；操作与导航类型用于用户具备操作和导航的能力，能够穿越某个环境或者某些虚拟对象场合；探索与浏览类型用于系统为用户提供结构化的信息，并允许用户自己摸索和学习新的东西，而不必向系统发问的场合。

对象类型的概念模型是基于对象的模型。这类模型要更为具体，侧重于特定对象在特定环境中的使用方式，通常是对物理世界的模拟。例如“电子表格”就是一个非常成功的基于对象的概念模型。基于对象的概念模型有“界面比拟”和“交互范型”。

“界面比拟”是采用比拟的方法将交互界面的概念模型与某个（或某些）物理实体之间存在着的某些方面的相似性体现在交互界面设计中。“界面比拟”将人们的习惯或熟知的事物同交互界面中的新概念结合起来，“桌面”和“电子表格”既可以归类为基于对象的概念模型，同时也是界面比拟的例子。

交互范型（Interaction Paradigm）是人们在构思交互设计时的某种主导思想或思考方式。交互设计领域的主要交互范型就是开发桌面应用——面向监视器、键盘和鼠标的单用户使用等。随着无线、移动技术和手持设备的出现，已开发出各种新的交互范型。这些交互范型已经超越“桌面”。如无处不在的计算技术、渗透性计算技术、可穿戴的计算技术及物理/虚拟环境集成技术等。

3.4 GOMS 预测模型

目标操作方法和选择行为（Goal Operator Method Selection，GOMS）模型是人机交互领域最著名的预测模型，是用于分析交互系统中用户复杂性的建模技术，主要被软件设计者用于建立用户行为模型。它采用“分而治之”的思想，将一个任务进行多层次的细化，通过目标（Goal）、操作（Operator）、方法（Method）以及选择规则（Selection Fule）四个元素来描述用户行为，如图 3-7 所示。

目标是用户执行任务最终想要得到的结果。它可以在不同的抽象层次中定义，如“编辑一篇文章”，高层次的目标可以定义为“编辑文章”，低层次的目标可以定义为“删除字符”，一个高层次的目标可以分解为若干个低层次目标。

操作是任务分析到最底层实现的行为，是用户为了完成任务所必须执行的基本动作，如双击鼠标左键、按下回车等。在 GOMS 模型中它们是原子动作，不能再被分解。一般情况下，假设用户执行每个动作需要一个固定的时间，并且这个时间间隔是与上下文无关的，如单击一下鼠标按键需要 0.20 s 的执行时间，即操作花费的时间与用户正在完成什么样的任务或当前的操作环境没有关系。

方法是描述如何完成目标的过程。一个方法本质上来说是一个内部算法，用来确定子目标序列及完成目标所需要的操作。如在 Windows 操作系统下关闭一个窗口有三种方法：可以从菜单中选择 CLOSE 菜单项，可以使用鼠标单击右上角的“X”按钮，也可以按〈ALT+F4〉。在 GOMS 中，这三个子目标的分解分别称为 MOUSE-CLOSE 方法和 F4 方法。图 3-8 给出 GOMS 模型中关闭窗口这一目标的方法描述。

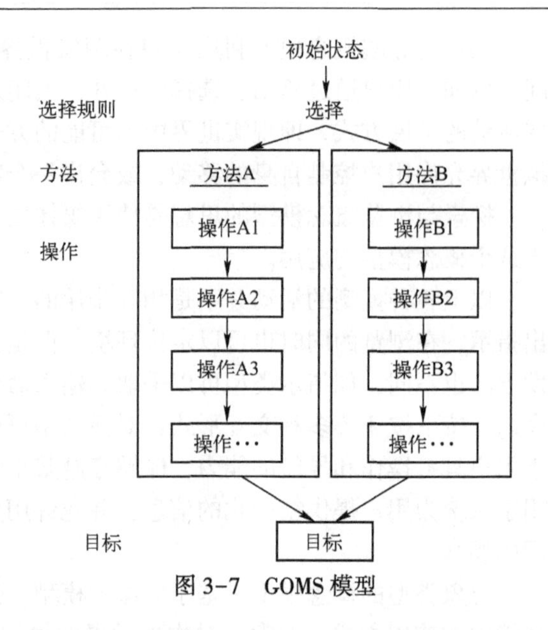

图 3-7　GOMS 模型

```
GOAL: CLOSE-WINDOW
[select GOAL: USE- MOUSE-CLOSE-METHOD
MOVE-MOUSE-TO-WINDOW-HEADER
POP-UP-MENU
CLICK-OVER-CLOSE-OPTON
GOAL: USE-ALT-F4-METHOD
PRESS-ALT-F4-KEYS]
```

图 3-8　关闭窗口行为描述实例

选择规则是用户要遵守的判定规则，以确定在特定环境下所使用的方法。当有多个方法可供选择时，GOMS 中并不认为这是一个随机的选择，而是尽量预测可能会使用哪个方法，这就需要根据特定用户、系统状态及目标细节来预测。例如，一个名为 Smith 的用户，在一般情况从不使用〈ALT+F4〉方法来关闭窗口，但在玩游戏时需要使用鼠标，而使用鼠标不方便关闭窗口，所以需要使用〈ALT+F4〉方法。GOMS 对此种选择的规则描述如下：

用户 Smith：

Rule1：Use the MOUSE-CLOSE-METHOD unless another rule applies

Rule2：If the application is GAME，select ALT-F4 METHOD

下面给出一个基于 GOMS 的完整实例，这是一个任务 EDITING 的 GOMS 描述，描述了使用文字编辑器对文档进行编辑修改的操作，如图 3-9 所示。注意这里子目标和选择规则的使用，在 3.5 节中介绍的击键层次模型中是不存在的。

结合上例来简要介绍一下 GOMS 模型的应用。这里主要介绍任务的描述与分解过程，具体如下。

1）选出最高层的用户目标。实例中 EDITING 任务的最高层目标是 EDIT-MANUSCRIPT。

2）写出具体的完成目标的方法，即激活子目标。实例中 EDIT-MANUSCRIPT 的方法是完成目标 EDIT-UNIT-TASK，这也同时激活了子目标 EDIT-UNIT-TASK。

3）写出实现子目标的方法。这是一个递归的过程，一直分解到最底层操作时停止。从

```
GOAL: EDIT-MANUSCRIPT
    GOAL: EDIT-UNIT-TASK…repeat until no more unit tasks
        GOAL: ACQUIRE-UNIT-TASK
            GOAL: GET-NEXT-PAGE…if at end of manuscript page
            GOAL: GET-FROM-MANUSCRIPT
        GOAL: EXECUTE-UNIT-TASK…if a unit task was found
GOAL: MODIFY-TEXT
        [select: GOAL: MOVE-TEXT*…if text is to be moved
                 GOAL: DELET-PHRASE…if a phrase is to be deleted
                 GOAL: INSERT-WORD] …if a word is to be inserted
        VERIFY-EDIT
```

图 3-9 任务 EDITING 的 GOMS 描述实例

实例的层次描述中可以了解到如何通过目标分解的递归调用获得子目标的方法。如目标 EDIT-UNIT-TASK 分解为 ACQUIRE-UNIT-TASK 和 EXECUTE-NUIT-TASK 两个子目标，并通过顺序执行这两个子目标的方法完成目标 EDIT-UNIT-TASK。然后通过递归调用，又得到了完成目标 ACQUIRE-UNIT-TASK 的操作序列，这样这层目标也就分解结束；而目标 EXECUTE-UNIT-TASK 又得到了子目标序列，因此还需要进一步分解，直到全部成为操作序列为止。

从上面的实例可以看出，当所有子目标实现后，对应的最高层的用户目标就得以实现。属于同一个目标的所有子目标之间可以存在多种关系，而对 GOMS 表示模型来讲，一般子目标之间是一种顺序关系，即目标是按顺序完成的，但如果子目标用"select:"限定，如上例中 MODIFY-TEXT 目标的实现，则多个子目标（或方法）之间是一种选择关系，及多个子目标只完成一个就可以了。对 GOMS 来讲，可以根据用户的具体情况通过选择规则进行设定。如果没有相应的规则，则一般根据用户的操作随机选择相应的方法。

GOMS 作为一种人机交互界面表示的理论模型，是人机交互研究领域内少有的几个广为人知的模型之一，并被称为最成熟的工程典范，该模型在计算机系统的评估方面也有广泛应用，并且一直是计算机科学研究的一个活跃领域。

GOMS 模型也有其特点。其主要的优点是能够相对容易地对不同界面或系统进行比较分析，并已被成功地应用于很多不同系统之间的比较。其中，最著名的是 Emestine 项目。该项目的目的是确定研究人员分析操作员使用原来系统执行任务的情况，从中搜索各种经验数据，然后使用相同的任务集对新系统进行 GOMS 分析，再把两类数据相比较。

GOMS 模型也有其局限性。首先，从它的表示方法来看，一旦某个子目标由于某种错误而异常终止（这种错误可能是用户选择错误，也可能是操作错误，甚至是系统错误等），导致子目标无法正常实现，那么系统将无法处理。这是由于 GOMS 假设用户完全按一种正确的方式进行人机交互，缺乏对错误处理过程的清晰描述。实际上，即使是专家用户也可能犯错。更为重要的是，它没有考虑系统的初学者和偶尔犯错误的中间用户，而人机交互的目标就是要使系统对最大数量的用户可用，因此需要进一步拓展该模型的表示能力以支持这种错误处理。其次，GMOS 方法很难预测普通用户的具体表现，因为存在许多不可预测因素，如用户的个体差异、疲劳、精神压力、学习效应、社会和机构因素等。例如，大多数用户不是按顺序执行任务，而是同时进行多项任务，并且需要处理各种中断，如与其他人交谈等。第三，GOMS 预测模型只能预测可能的行为，适用于比较不同执行方式的有效性，尤其适合于分析简单、明确的任务。若大多数用户的操作方式是不可预测的，则不能使用这种方法评估系统的实际应用情况。

从上面的描述中可以看出，GOMS 对任务之间的关系描述过于简单，只有顺序关系和选择关系。事实上人物之间的关系还有很多种，这也限制了它的表示能力。另外选择关系通过非形式化的附加规则描述，实现起来也比较困难。

除此之外，由于 GOMS 把所有的任务都看作是面向目标的，从而忽略了一些任务所要解决的问题本质以及用户间的个体差异，它的建立不是基于现有的认知心理学，故无法代表其真正的认知过程。

GOMS 的理论价值不容忽视，但由于存在上述局限，还需要对其进行一定程度的扩展，并结合其他的建模方式，以更好地应用于人机交互领域。

3.5 击键层次模型

击键层次模型（Keystroke Level Model，KLM）可对用户执行情况进行量化预测，能够比较使用不同策略完成任务的时间。量化预测的主要好处是便于比较不同的系统，以确定何种方案能最有效地支持特定任务。

1. 击键层次模型的内容

Card 等人在 KLM 上施加的约束是 KLM 只能应用到一个给定的计算机系统和一项给定的任务。同时，与 GOMS 模型类似，KLM 的应用要求任务执行过程中不出现差错，并且完成任务的方法事先已经确定。也就是说，KLM 能够用来预计任务差错执行的时间。

KLM 由操作符、编码方法和放置 M 操作符的启发规则组成。以下对它们进行详细介绍。

（1）操作符

操作符定义见表 3-1。在开发击键层次模型的过程中，Card 等人分析了许多关于用户执行情况的研究报告，提出了一组标准的估计时间，包括执行通用操作的平均时间（如按键、单击鼠标的时间）、其他交互过程的平均时间（如决策时间、系统响应时间等）。考虑到用户不同的打字技能，所列的时间为平均时间。

表 3-1 KLM 中各种操作符的执行时间

操作符名称	描　述	时间/s
K	按下一个单独按键或按钮	0.35
	熟练打字员（每分钟键入 55 个单词）	0.22
	一般打字员（每分钟键入 40 个单词）	0.28
	对键盘不熟悉的人	1.20
	按下〈Shift〉键或〈Ctrl〉键	0.08
P	使用鼠标或其他设备指向屏幕上某一位置	1.10
P_1	按下鼠标或其他相似设备的按键	0.20
H	把手放回键盘或其他设备	0.40
D	用鼠标画线	取决于画线的长度
M	做某件事的心理准备（例如做决定）	1.35
R(t)	系统响应时间——仅当用户执行任务过程中需要等待时才被计算	t

依据表 3-1，首先列出操作序列，然后累加每一项操作的预计时间，即可对某项任务的执行时间进行预测。

（2）编码方法

Card 等人描述的编码方法用来定义如何书写包含在任务中的操作符。例如，对执行 DOS 下的“ipconfig”命令的操作符序列，使用普通表达形式的编码如下：

MK[i]K[p]K[c]K[o]K[n] K[f] K[i] K[g]K[回车]

此外，他们还定义了一个简略编码方式。同样针对上述命令，使用简略编码方式的编码为

M9K[ipconfig 回车]

对一个平均技能的打字员来说，使用两者编码计算的执行任务执行时间都是

$$(1.35+9\times0.28)\ \mathrm{s}=3.87\ \mathrm{s}$$

又如，在 Microsoft Windows 10 操作系统下单击网络连接图标，然后在弹出的菜单中选择修复选项。假定当前用户的手放在键盘上，则这一任务的 KLM 编码为

H[鼠标]MP[网络连接图标]P_1[右键]P[修复]P_1[左键]

这个任务的执行时间为$(0.40+1.35+2\times1.1+2\times0.2)\ \mathrm{s}=4.35\ \mathrm{s}$。

上面两个例子假设用户开始执行任务时的位置为命令行界面或者图形用户界面。这两个例子表明基于键盘的 DOS 命令比基于菜单的方法高效。

又如，使用字处理器（如 MS Word）在英语句子“Running through the streets naked is normal.”中插入单词“not”，使之成为“Running through the streets naked is not normal.”。为了计算任务时间，需要考虑用户会怎么做。假设用户已经阅读了这个句子并准备修改。首先，用户需要考虑应选择何种方法，这是一个思维操作（M）。接着，准备使用鼠标，这是一个复位操作（H）（即伸手触及鼠标）。接下来的步骤依次是：把光标定位在单词“normal”之前（P），单击鼠标（P_1），把手从鼠标移至键盘（H），考虑需要输入哪些字符（M），输入字母“n”“o”和“t”（3 次 K），再键入“空格”（K）。

上述操作过程使用普通表达形式的编程如下：

MH[鼠标]P[normal]P_1H[键盘]MK[n]K[o]K[t]K[空格]

当时间由许多部分组成时，快捷的方法是把相同的操作组织在一起，即使用简略表达形式。在上例中，可以采用以下计算方法：

$$2M+2H+P+P1+4K=(2.70+0.80+1.10+0.20+0.88)\ \mathrm{s}=5.68\ \mathrm{s}$$

对在句子中插入一个单词而言，5 s 似乎太长，尤其是对于熟练打字员。在计算之后重新检查决策是一个好办法。人们可能会想，为什么在输入字母 n、o、t 之前要进行思维准备，而在执行其他操作之前不需要这个过程呢？这个思维准备是否必要？或许根本就不需要。那么如何确定是否需要在具体操作之前引入一个思维过程呢？

确定哪些操作之前需要引入一个思维过程是使用击键层次模型的主要难题。在某些情况下，思维过程是很明显的，尤其当任务涉及决策时，但在其他情况下就未必存在。另外，正如用户的打字速度可以不同，他们的思维能力同样也存在差异，这可能引起 0.5 s 甚至超过 1 min 的误差。先选择类似的任务进行测试，把预测时间和实际执行时间进行比较有助于克服这些问题。此外，也必须确保决策方法是一致的，即在比较两个原型时，应对每一个原型使用相同的决策方法。

(3) 放置 M 操作符的启发规则

表 3-2 所列启发规则为认知操作符的管理方法，可基于此确定 M 操作符的使用数量。

表 3-2 放置 M 操作符的启发规则

以编码所有的物理操作和响应操作为开端。接着使用规则 0 放置所有的候选 M 操作符，然后循环执行规则 1~4，并对每一个 M 操作判断是否应该删除	
规则 0	在所有 K 操作符前插入 M 操作符，要求 K 操作的值不能是参数字符串（如数字或文本）的一部分。在所有对应于选择命令（非参数）的 P 操作符前放置 M 操作
规则 1	如果某个操作符前的 M 操作完全可以由 M 之前的操作符预测，则删除 M（如 PMK-PK）
规则 2	如果一串 MK 组成的字符串是一个认知单元（如一个命令的名字），则删除第一个 M 以外的所有 M
规则 3	如果 K 是一个冗余的终结符（如紧跟在命令参数终结符后面的命令终结符），则删除 K 之前的 M
规则 4	如果 K 是常量字符串（如一个命令）的终结符，则删除 K 之前的 M。如果 K 是变量字符串（如参数字符串）的终结符，则保留 K 之前的 M

2. 击键层次模型的局限型

正如 Card 等人的初衷，KLM 高度关注人机交互方面，其目的是为执行标准任务的时间进行建模。但 KLM 没有考虑到错误、学习型、功能性、回忆、专注程度、疲劳及可接受性等问题。不过 Card 等人也指出，虽然 KLM 没有考虑用户出错的情况，但是如果知道弥补方法，KLM 同样可以预测执行弥补任务的时间。

对 KLM 的后续研究丰富了模型，并将感知、记忆和认知加入原始的 6 个操作符中，从而增加了 KLM 作为设计工具的建模能力。Olson 等总结了 KLM 操作符的扩展集合，见表 3-3，表中所列时间为多项研究成果的平均数。

表 3-3 击键层次模型操作符的扩展集合

操　作	用时/μs	操　作	用时/μs
击　键	230	击　键	230
将鼠标对准目标	1500	检索记忆	1200
用手拿鼠标	360	心理准备	70
感知	100	选择一种方法	1250
眼睛扫视	230		

3. 击键层次模型的应用

John 和 Kiers 提供了一些关于现实世界中 KLM 支持交互设计的研究案例。这些案例的范围很广，如施乐公司将 KLM 作为代理用户来比较系统的性能，贝尔实验室用 KLM 来确定数据库检索的有效方法。在鼠标驱动的文本编辑和查号工作站案例中，KLM 在其交互设计的早期阶段为用户性能评估提供了有效、准确的模型。

(1) 鼠标驱动的文本编辑应用

在 Xerox Star 研发过程中，仅有几种基于鼠标的文本选择机制，每种机制需要的鼠标按钮数也不同。设计者主要考虑减轻对鼠标的学习压力，并希望尽可能减少鼠标按钮的数目，同时希望能够为专家用户提供足够的鼠标功能。

由于当时鼠标是一种新型设备，还不存在真正的专家用户，这就增加了在多个设计方案中做决定的困难性。研究者将 KLM 计算得到的数据作为专家用户的使用数据，并将新用户使用鼠标过程中获得的经验数据和从 KLM 计算执行相同任务得到的数据进行比较，从而解决了不存在真正专家用户的困难。因此，设计者在新用户的学习能力和提供给专家用户的功能之间进行权衡。

(2) 查号工作站

1982 年，贝尔实验室“人因工程”（Human Factor）小组的成员使用 KLM 分析了操作员对贝尔系统查号工作站的使用流程，以获得对流程效率的实验数据。当时普遍的想法是使用尽可能少的输入，并从存储用户姓名和电话号码的数据库中得到尽可能多的结果。这种想法被称为“少量输入、大量结果”。但是通过分析当时数据库并提取一组标准查询，然后应用参数化的 KLM 计算这组标准查询的时间，最终证明当时的想法是错误的。KLM 阐明了查询过程中的输入数与查询返回结果之间的折中，最终使得查号操作员的查询输入变得相对较长。

3.6 动态特性建模

3.6.1 状态转移网络

状态转移网络（State Transition Network，STN）用于描述用户和系统之间的对话已经有很多年的历史，它的第一次使用可以追溯到 20 世纪 60 年代后期，在 20 世纪 70 年代后期被开发为一种工具。STN 可被用于探讨菜单、图标和工具条等屏幕元素，还可以展示对外围设备的操作。状态转移网络最常用的形式是状态转移图（State Transition Diagram，STD）。状态转移图是有向图，图中的节点表示系统的各种状态，图中的边表示状态之间可能的转移。

STN 中的状态（用圆圈表示）之间通过转移（用带方向箭头的线段表示）互相连接，转移被事件（转移线段上的标记）触发。同时 STN 中有开始状态和结束状态两个状态。这两个状态是 STN 的起始和终止，它们可以与系统其他部分相连接。图 3-10 为一个状态转移图示例。

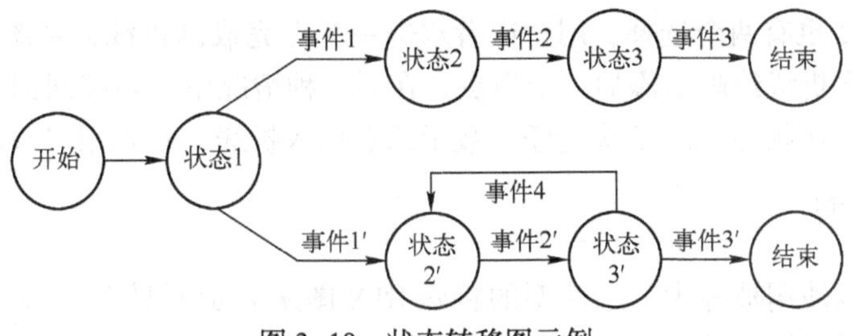

图 3-10　状态转移图示例

STN 既适合表达用户选择顺序的操作，也适合表达循环操作。在图 3-10 中，事件 1 使用户从状态 1 到状态 2，事件 4 使用户从状态 3′到状态 2′。STN 还可以表示手柄、鼠标等外围设备的操作。这样可以帮助设计者确定设备在应用中是否合适，还可以指导用于新型界面中指点设备的开发。

假设一个简单的鼠标画图工具有一个菜单，其中有两个选项：“Circle”（画圆）和“Line”（画线），状态转移网络（STN）如图 3-11 所示。如果选择 Circle，可以对平面上的两个点进行单击，第一个点是圆的圆心，第二个点在圆的圆周上。在单击第一个点之后，系统在这个点和当前鼠标位置之间画了一条“橡皮筋”直线，在单击第二点之后，画出圆。“Line”选项对应画折线的功能，也就是说，用户可以选择平面上任意数量的点，系统用直线连接这些点，最后一个用鼠标的双击表达。系统再一次在相继两个鼠标点位置之间用“橡皮筋”连接。

图中每个圆圈表达一个系统可能的“状态”。如状态 Menu 表示系统正在等待用户选择 Circle 或 Line 的一种状态，Circle 1（2）表示用户进入选择圆心后正在等待确定圆周上一个点的状态。

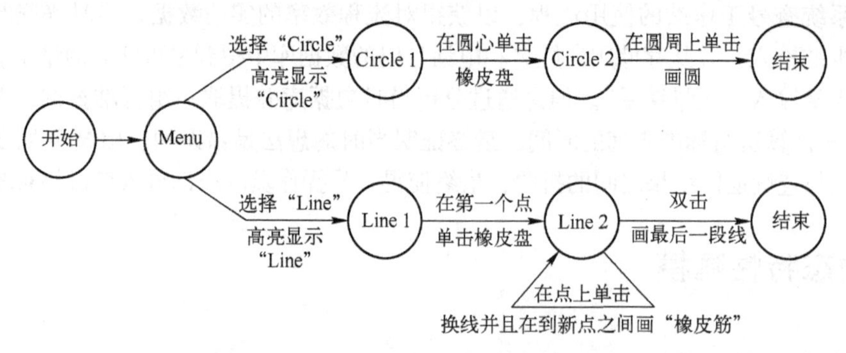

图 3-11 鼠标画图工具的状态转移网络

状态之间的箭头叫作转移。这些转移用触发转移的用户动作以及系统的响应作为标记。如状态 Circle 1 是系统等待用户选择圆心的状态。如果用户选择了一个点，系统转移到状态 Circle 2，并且系统在随后的鼠标位置和圆心之间画出一条“橡皮筋”直线。从这个状态，用户可以单击另一个点，随后系统画出一个圆，转移到了结束状态。从这里可以看出，STN 能够表达用户动作和系统相应的顺序。

在状态 Circle 1 的时候，用户没有其他选择，仅有一个跟随的状态，对应选择一个点。而在某些状态，用户有几个选择。例如，在状态 Menu，用户可以选择“Circle”，这样系统转移到状态 Circle 1；用户可以选择“Line”，这样系统转移到状态 Line 1。也就是说，STN 能够描述用户的选择。

在状态 Line 2 也有两个选择，用户或者双击一个点完成画折线，系统转移到结束状态；或者单击一点，在折线绘画中添加一个新点。在后一种情况中，转移回到了状态 Line 2，这样继续迭代，系统在状态 Line 2 接受任意数量的点加入折线，直到用户双击一个点为止。

3.6.2 三态模型

指点设备可以使用被称为三态模型的特殊 STN 图来表示所具有的特殊状态，即跟踪运动、拖动运动和无反馈运动。

无反馈运动（S0）：某些指点设备的运动可以不被系统跟踪，如触摸屏上的笔和手指，一段无反馈运动后，指点设备可以重新位于屏幕上的任意位置。

跟踪运动（S1）：鼠标被系统跟踪，鼠标被表示为光标位置。

拖动运动（S2）：通过鼠标拖放，可以操作屏幕元素。

三态模型能够揭示设备固有的状态和状态之间的转移。交互设计者使用设备的三态模型帮助确定任务和设备的相互关系，并为特定的交互设计选择合适的 I/O 设备，不具有特定任务所需状态的设备在设计过程中的初期就被排除在外。

鼠标的三态模型如图 3-12 所示。用户可以拖动鼠标，系统会跟踪鼠标的运动并通过更新光标反映鼠标的位置和运动的速度，这是状态 1，即跟踪状态。如果光标处在一个文件的图标上，这时用户可以按下鼠标键（Windows 平台下是鼠标左键）并移动鼠标，文件夹图标会在屏幕范围内被拖动，这是状态 2，即拖动状态（拖动通常会跟随着鼠标松开动作，鼠标键松开后图标会重新处于光标所在的位置）。鼠标的放置操作使模型返回到跟踪状态。拖动状态到跟踪状态之间的动作被定义为拖放操作。

触摸板的三态模型如图 3-13 所示。当用户的手指不接触触摸板时，系统不会跟踪手指的运动，这是状态 0，即范围之外（Out of Range，OOR）。当手指接触到触摸板时，系统开始跟踪手指运动。因此，触摸板包括状态 0 到状态 1 的相互转移。

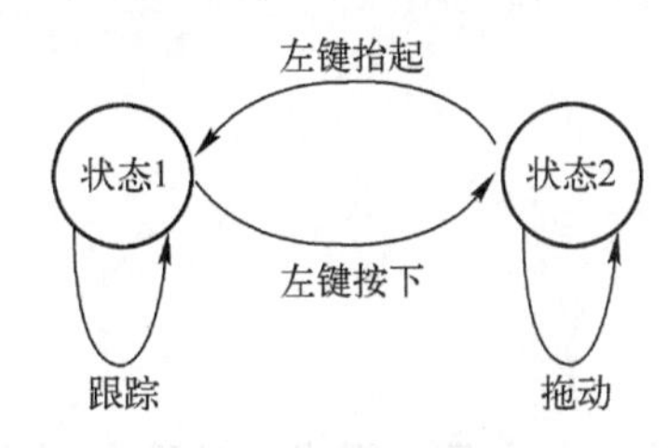

图 3-12　鼠标的三态模型

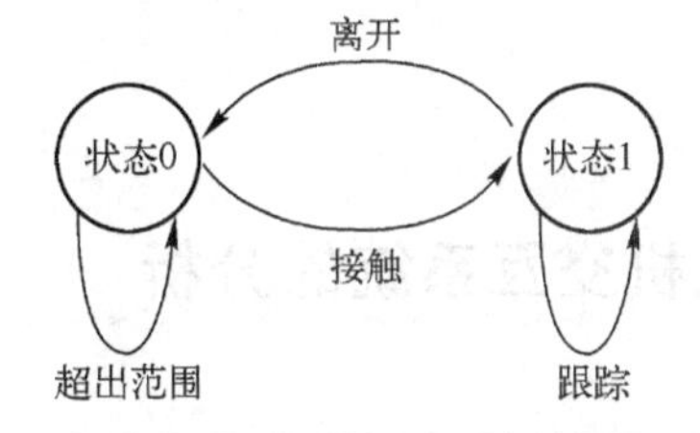

图 3-13　触摸板的三态模型

在没有其他组件配合（如用户使用另一只手按下某个按钮）的条件下，触摸板没有状态 2。由此可见，三态模型可以很清楚地表达对其他组件的配合要求。

现在考虑与图形输入相连接的手写笔或用于某些特定屏幕的光笔。手写笔或光笔可以离开屏幕自由地移动，并不影响屏幕上的任何对象，即状态 0。一旦用户将手写笔触到屏幕，手写笔的移动就会被跟踪，即进入状态 1。手写笔或光笔还可以选择屏幕上的对象，并且拖动它们在屏幕上移动，即进入状态 2。状态 2 可以通过多种方法实现，如压力敏感的笔尖或笔上嵌入的按钮等。因此手写笔或光笔可以认为是居于上述三个状态的设备。图 3-14 是手写笔的三态模型。

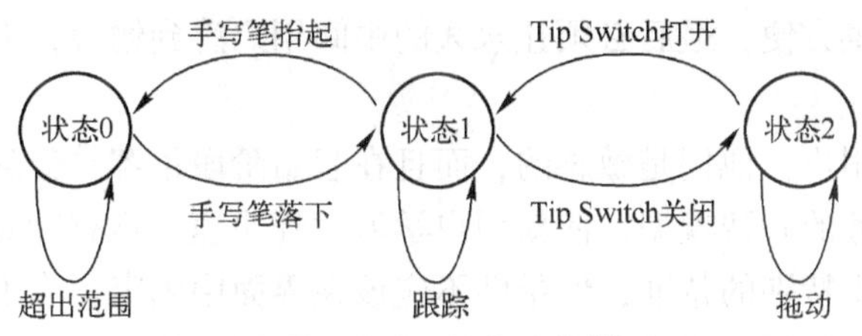

图 3-14　手写笔的三态模型

习题

3.1　Norman 的执行-评估循环模型包含哪七个步骤？

3.2　Seeheim 模型与 Arch 模型各自包含哪些组成部分？每个组成部分的功能是什么？

3.3　PAC 模型和 MVC 模型之间有哪些区别？

3.4　请用 GOMS 模型给出一个棋类游戏的任务描述。

3.5　若要在语句“Their input into the product design process is often limited to lists of requirements.”中添加单词“not”，使之变为“Their input into the product design process is not often limited to lists of requirements.”。应用击键层次模型对任务执行的时间进行预测（假定当前用户的手放在键盘上，同时通过鼠标进行插入位置的选取）。

3.6　请用状态转换图描述一个折线绘制过程，并按照状态设计模式给出具体实现过程。

第 4 章　人机交互系统的设计

4.1　人机交互系统的分析

人机交互系统设计项目的目标是更新或全新设计一个产品，需求的获取与对需求的分析是交互系统设计的第一个阶段。在这个阶段中，设计者需要弄明白用户需要什么样的产品。系统分析阶段需要了解产品的特性、用户的特性，需求的获取、分析和验证。

4.1.1　理解用户

交互产品的设计必须以用户为中心，要充分的理解用户的体验水平差异、年龄差异、文化差异及健康差异等。

(1) 体验水平差异

设计过程中，首先要考虑让初次体验的用户快速且愉悦地成为中间用户，其次为想成为专家用户的使用者提供方便，最后必须让永久的中间用户感到愉悦，因为他们的技能将稳定地处于中间层。

初次体验者即新用户，他们是敏感的，而且在起始阶段很容易受到挫折。设计过程中要充分反映用户关于任务的心智模型，使新用户学习过程快速且富有针对性；让新用户转变为中间用户需要程序提供特别的帮助，但帮助不应该在界面中固定，当不需要帮助服务时，这种帮助应该消失。有利的帮助服务主要有单个的指南工具、菜单等。单个的指南工具一般显示在对话框中，是交流大致情况、范围和目标的好工具。当用户开始使用这种工具时，对话框显示程序的基本目标和工具，告诉用户基本功能。虽然菜单执行较慢，但新用户也依赖菜单来学习和执行命令。菜单功能要彻底且详细，让用户放心。菜单项发起对话框应该是解释性的，且有方便的“取消”按钮。

专家用户应对需要计算机完成的工作任务和计算机系统都很精通，通常是计算机专业用户。专家用户持续而积极地学习更多的内容，以了解更多用户自身行动、程序行为和表现形式三者之间的关系。专家用户可能会经常探寻更加深奥的功能，并且经常使用其中一些功能。对于经常使用的工具集，不管该工具集有多大，他们要求都能快速访问。也就是说，专家用户需要几乎所有工具的快捷方式。专家用户欣赏更新的且更强大的功能，对程序的精通使他们不会受到复杂性增加的干扰。

中间用户是介于新用户与专家用户之间的群体，他们已经掌握了交互程序的意图和方位，不再需要解释，故他们更需要工具。工具提示是适合中间用户最好的习惯用法，它没有限定范围、意图和内容，只是用最简单的常用语言来告诉用户程序的功能，占用的视觉空间也最少。

中间用户知道如何使用参考资料，因此在线帮助工具是中间用户的极佳工具，他们通过索引使用帮助。中间用户会界定经常使用和很少使用的功能，他们通常要求将常用功能中的工具放在用户界面的前端和中心位置，容易记忆和寻找。

（2）年龄差异

个体认知能力的发展随年龄增长存在很大差异。成年之前认知能力发展的个体差异随年龄增加而减小，成年之后认知能力减退的个体差异性随年龄增加而增大。研究发现，人的认知能力在 20 岁以前是随着年龄的增长逐步达到顶峰，20 岁之后随着年龄的增长逐渐下降，60 岁以后认知能力发展的分离性有增大的趋势。

在针对老年人的交互设计中，最基本的通用设计原理仍然很重要，信息访问应采用多种方式，且必须利用冗余来支持不同访问技术的应用，应清楚、简单并且允许出错。此外，应该富有包容心，且相关训练的目标应针对用户当前掌握的知识和技能。

在设计技术方面，儿童与成人有不同的需求。他们不明白设计人员的专业词汇，也不能清楚、准确地表达自己的想法，因此为儿童设计充满挑战。在为儿童设计交互系统时，让儿童成为设计组的成员很重要。设计过程中，小组成员应用绘图和笔记技术记录他们观察到的事物，应用儿童熟悉的纸上原型能使成人与儿童一起在相同的立足点上参与建立和提炼原型设计。

儿童的能力与成人不同。例如，越小的儿童越难流畅使用键盘，因为他们的手眼协调功能没有完全发育成熟。基于笔的界面是一种有效、可供选择的输入设备。在为儿童设计应用界面时，允许有多种输入模式的界面对孩子们而言比键盘和鼠标更容易使用，通过文本、图形和声音等多通道呈现信息也将有效增强他们的体验。

（3）文化差异

文化差异同样会导致不同的交互需求。虽然年龄、性别、种族、社会等级、宗教和政治等都作为一个人的文化身份，但是这些并非都是与一个系统的设计有关。因此，如果要实行通用设计，可以抽出一些需要仔细考虑的关键特征，如语言、文化符号、姿势和颜色的应用。

规划和设计可以反映一种语言从左往右、从上往下读取，对不遵循这个模式的语言规则是不可使用的。例如，希伯来语是遵循自右向左、从上到下的书写习惯。

在不同的文化符号中符号有不同的含义。勾（√）叉（×）符号在一些文化中分别代表肯定和否定，而在另一些文化中它们的意义却改变了。设计中不能假设每个人都以同样的方式解释符号，应该保证符号可选择的意义对用户不产生问题或混乱。

在界面设计中经常使用颜色反映通用约定，如红色表示危险，绿色表示安全。但是，事实上，红色和绿色在不同的国家有着不同的含义，红色除表示危险外，还表示生命（印度）、喜庆（中国）和皇室（法国），绿色是丰收（埃及）、年轻（中国）的象征。虽然给出颜色通用的解释很困难，但是通过冗余为同样的信息提供多种形式，可以支持和阐明特定颜色的指定意义。

（4）健康差异

桌面、万维网和移动设备的灵活性使得设计人员有可能为有残疾的用户提供特殊服务。

在美国，康复法案 508 条款的修正案要求联邦部门确保雇员和公众对信息技术的访问，包括计算机和网站。康复法案 508 条款在网站详细说明了视力障碍、听力障碍和行动能力障碍用户的指南，其内容包括鼠标或键盘的替代物、颜色编码、字体大小设置、对比度设置、图像的替代文本和万维网特征。文本到语音的转换可以帮助视力障碍用户接收电子邮件或阅读文本文件。听觉障碍的用户主要通过视觉获得信息，图形界面交互能增强用户的体验感。对于身体受到损伤的用户，特别是使用键盘、鼠标等输入识别困难的用户，可采用语音输入或采用眼球跟踪来控制鼠标。

4.1.2 任务分析

层次任务分析法（Hierarchical Task Analysis，HTA）是一种描述目标及其下位目标（Sub-goals）层次体系的方法，提供了通用的目标或任务分析描述框架，通常用于分析人类要完成的目标或者机器系统要完成的任务，同时提供了多种表示方式，且能够表示下位目标之间的多种时序关系。

HTA 中的 3 个最重要的原则如下。

1）任务由操作和操作指向的目标组成。

2）操作可分解为由下位目标定义的下位操作。

3）操作和下位操作之间的关系是层级关系。

Annett 将 HTA 的使用过程主要分为以下 9 个步骤，这 9 个步骤也体现了上述 3 个原则，从作为目的的最高层出发，限定分析范围，扩大信息途径；再描述了下位目标；最后对不同层次之间的关系进行规定，给出分析的终止条件等。

1）定义分析目的。

2）定义系统边界。

3）通过多种途径获取信息。

4）定义系统目标和下位目标。

5）缩减下位目标数量。

6）连接目标和下位目标，并定义下位目标的触发条件。

7）当分析满足目的时，停止再次定义下位操作。

8）使用专家法提高分析效度。

9）对分析进行修订。

以图书馆目录服务为例，“借书”这项任务可分解为以下子任务：“访问图书馆目录”“根据姓名、书名、主题等检索”“记录图书位置”“找到书架并取书”，最后是“到柜台办理借阅手续”。这一组任务和子任务的执行次序可以有变化，这取决于读者掌握了多少有关这本书的信息以及对图书馆、书库的熟悉程度。图 4-1 概况了这些子任务，也说明执行这些任务的不同次序。图中的缩进编排格式体现了任务和子任务间的层次化关系。执行次序中的编号对应于步骤编号。例如，执行次序 2 说明了 2 中的子任务顺序。

也可使用方框-连线图示表示 HTA，图 4-2 即为图 4-1 的图形表示，它把子任务表示成带有名称和编号的方框。图中的竖线体现了任务之间的层次关系，不含子任务的方框下有一条粗横线。图中也在竖线边上注明了执行次序。

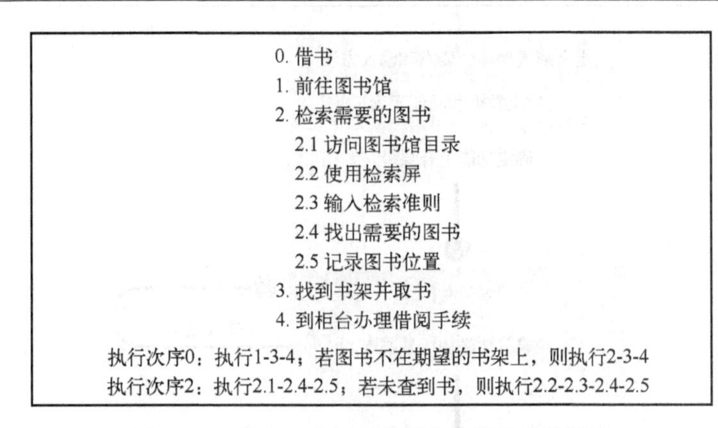
0. 借书
1. 前往图书馆
2. 检索需要的图书
2.1 访问图书馆目录
2.2 使用检索屏
2.3 输入检索准则
2.4 找出需要的图书
2.5 记录图书位置
3. 找到书架并取书
4. 到柜台办理借阅手续
执行次序0：执行1-3-4；若图书不在期望的书架上，则执行2-3-4
执行次序2：执行2.1-2.4-2.5；若未查到书，则执行2.2-2.3-2.4-2.5

图 4-1 “借书”的层次化任务分析的文字描述

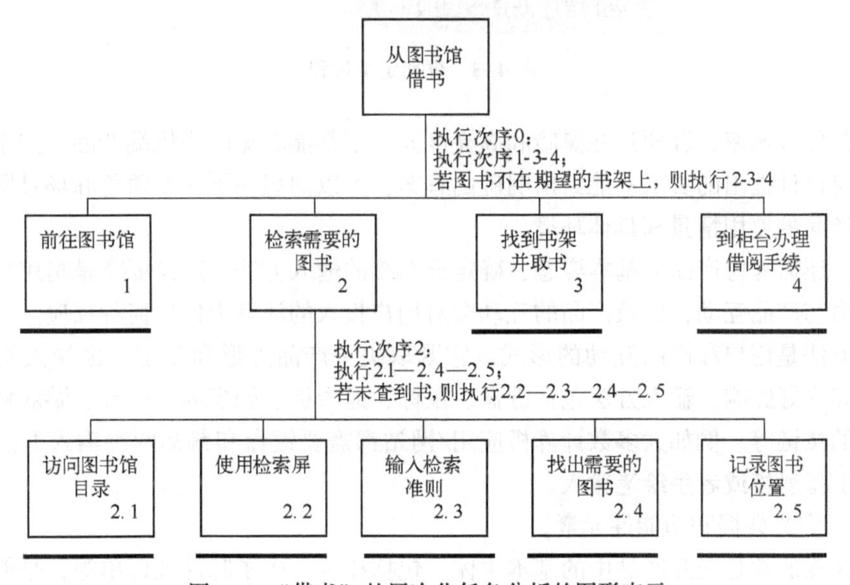

图 4-2 “借书”的层次化任务分析的图形表示

4.2 人机交互系统的设计框架及策略

4.2.1 设计框架

设计框架定义了用户体验的整个结构，包括底层组织原则、屏幕上功能元素的排列、工作流程、产品交互、传递信息的视觉和形式语言、功能性和品牌识别等，包括交互框架、视觉设计框架和工业设计框架。交互框架设计（Interaction Framework）指交互设计师利用场景和需求来创建屏幕和行为草图，简单地说就是绘制界面交互线框图。

Allan Cooper 提出的交互框架不仅定义了高层次的屏幕布局，同时定义了产品的工作流、行为和组织。它包括 6 个主要步骤，如图 4-3 所示。

Step1：定义形式要素、姿态和输入方法。

形式要素指在产品设计前期考虑要设计什么样的产品，是高分辨率屏幕上显示的 Web

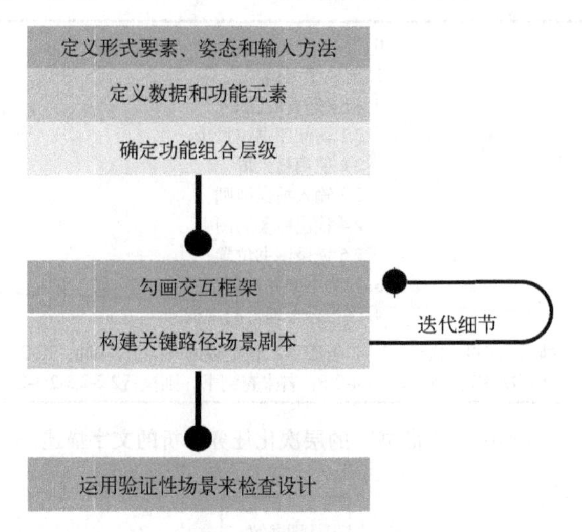

图 4-3　框架定义过程

应用，还是低分辨率、轻便且在黑暗和高亮度光线下都能看见的手机端产品。如果产品的特点和约束对设计提出的要求不能给出明确的答案，可以回想一下人物角色和场景剧本，以便能够理解产品的使用情景和具体环境。

此外，还需考虑产品的基本姿态，确定该系统的输入方法。产品姿态是指用户会投入多大的注意力与产品互动，以及产品的互动会对用户投入的注意力做出何种反应。

输入方法是用户和产品互动的形式。它既取决于产品外形和姿态，也受人物角色的态度、能力和喜好影响。输入方法包括键盘、鼠标、拇指板、触摸屏、声音、游戏杆、遥控器以及专门的按键等。例如大多数计算机应用/网站都需要键盘和鼠标两种输入方法，而 iPad 通常是用手指触摸或者手绘笔输入。

Step2：定义数据和功能性元素。

数据元素通常是交互产品中的基本主体，包括相片、电子邮件及订单等，是能够被用户访问和操作的基本个体。对数据元素进行分类十分关键，因为产品的功能定义通常与其有关。此外，数据之间的关系也很重要，有时一个数据对象包含其他数据对象，有时不同数据对象之间还存在更密切的关系。

功能元素是对数据元素的操作及其在界面上的表达。一般来说，功能元素包括对数据元素操作的工具，以及输入或者放置数据元素的位置。通过将功能需求转换到功能元素，会使设计变得更加清晰。情景场景剧本就是设计者想要给用户带来的整体体验的载体，而设计者让体验者变得真实和具体。

Step3：确定功能组合层级。

在获得了顶级功能和数据元素后，可以对定义的高层次功能和数据元素按照重要性进行分组，并决定它们的层次。元素分组是为了更好地在任务中和任务间帮助促进人物角色的操作流程。分组过程中需要考虑的因素包括哪些元素需要大量的屏幕空间，哪些元素是其他元素的容器，应如何安排容器来优化流程，哪些元素应该组合在一起等。例如，若容纳对象的容器之间存在比较关系或需要放在一起使用，则应该是相邻的；如果是表达多个步骤的对象通常也要放在一起，并且遵循一定的次序。同时，分组过程中还要考虑一定的产品平台、屏幕大小、外形尺寸和输入方法的影响。

Step4：勾画交互框架。

勾画大致的交互框架。勾画的最初阶段，界面的视觉应该简单。Allan Cooper 提出了“矩形图阶段”，它使用粗略的矩形图表达并区分每个视图，可以为每个矩形进行标注，用来说明或描述一个分组或元素如何影响其他分组或元素。交互界面的可视化首先应该简单，每个功能组或容器方框的名称和描述表示不同区域之间的关系，如图 4-4 所示，草图中每个视图对应于窗格、控件（如工具栏）和其他顶层容器的粗糙矩形区域。

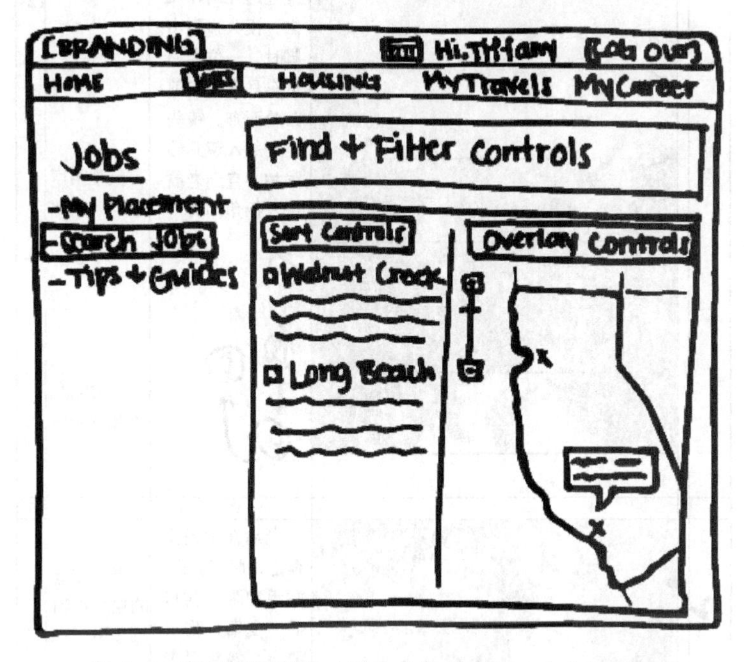

图 4-4　交互框架草图（图片来自［Cooper et al 2014］）

Step5：构建关键路径场景剧本。

关键路径场景描述角色如何使用交互框架词汇与产品进行交互。这些场景描绘了人物角色通过界面的主要途径，其重点在任务层。例如，在电子邮件应用程序中，关键路径活动包括查看和撰写邮件，而不是配置新的邮件服务器。这些场景通常从上下文场景演变而来，但是在这里具体描述了角色与组成交互框架的各种功能和数据元素的交互。随着向交互框架添加越来越多的细节，迭代关键路径场景，可以更加明确地反映用户操作和产品响应周围的这些细节。

与面向目标的上下文场景不同，关键路径场景更加面向任务，侧重于上下文场景中广泛描述和暗示的任务细节，并提供每个关键路线的走查。如果需要的话，还可以使用低保真草图序列的故事板来描述关键路径场景剧本，可以详细地描述解决方案如何帮助角色实现目标，如图 4-5 所示。这种故事板技术是从电影制作和漫画中借鉴而来的，在这种技术中，用相似的过程来计划和评估创意，而不必处理拍摄实际电影的成本和劳力。用户和产品之间的每个交互可以描绘在一个或多个框架或幻灯片上。通过它们的推进为相互作用的一致性和流动提供了现实的检查。

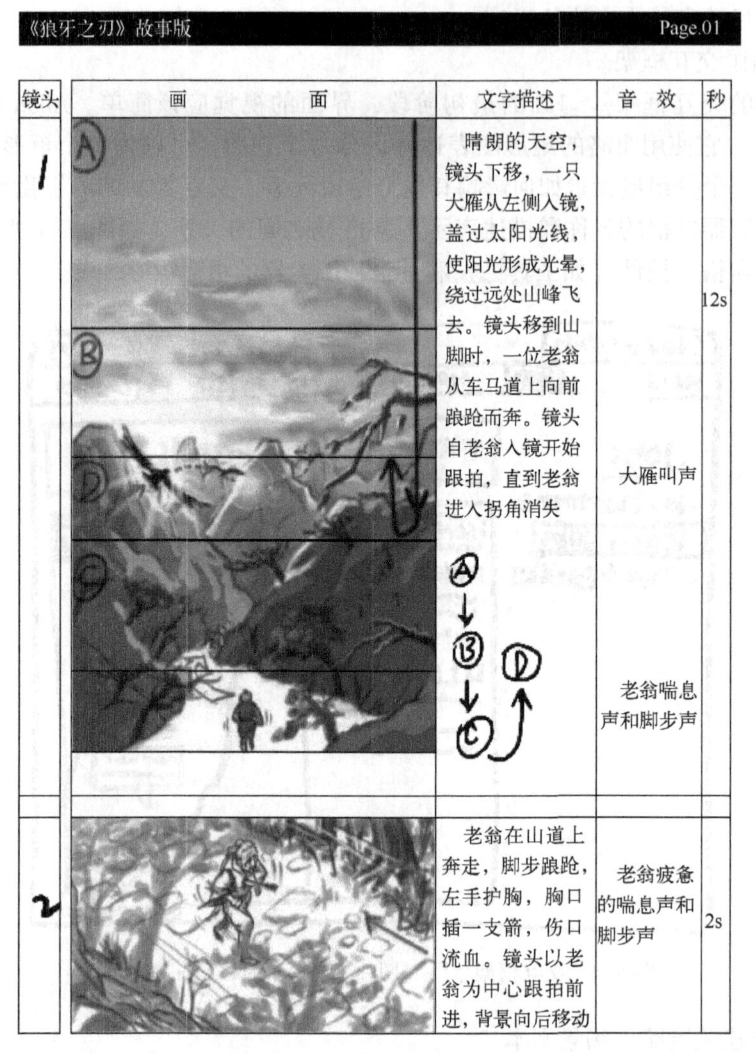

《狼牙之刃》故事版 Page.01

镜头	画面	文字描述	音效	秒
1		晴朗的天空，镜头下移，一只大雁从左侧入镜，盖过太阳光线，使阳光形成光晕，绕过远处山峰飞去。镜头移到山脚时，一位老翁从车马道上向前踉跄而奔。镜头自老翁入镜开始跟拍，直到老翁进入拐角消失	大雁叫声 老翁喘息声和脚步声	12s
2		老翁在山道上奔走，脚步踉跄，左手护胸，胸口插一支箭，伤口流血。镜头以老翁为中心跟拍前进，背景向后移动	老翁疲惫的喘息声和脚步声	2s

图 4-5 《狼牙之刃》故事板

Step6：运用验证性场景来检查设计。

在创建了关键路径故事板之后，把重点转移到不太频繁使用和不太重要的交互上，通过验证性场景，指出设计方案的不足，并根据需要进行调整。应该按照以下顺序处理三个主要类别的验证场景。

Step6. 1：关键路径的替代剧本。关键路径的替代剧本是沿着人物角色决策树的某个点从关键路径分离的替代或分岔点的交互。这些可能包括常见的异常情况、较少使用的工具和视图，以及基于二级角色的目标和需求的变化或其他情况。

Step6. 2：必须使用的场景剧本。必须使用的场景剧本是指必须要执行，但又不经常发生的动作，如清空数据库、升级设备等请求都属于这个类别。

Step6. 3：边缘情形使用的剧本。边缘情形使用的剧本指的是非典型情形下一些产品必须要有却又不太常用的功能，例如用户 A 想添加两个同名的联系人，就是一个边缘情境场景。

Allan Cooper 框架定义过程不一定是线性的，但可以允许循环往复，特别是 Step3~5 有可能随设计者思维方式的改变而改变。

4.2.2 设计策略

做产品设计，至少需要从管理人员、工程师和用户三个角度去思考。对于大多数用户而言，简单的产品更加容易使用。根据 Giles Colborne 的交互设计策略，其目的就是让软件产品变得简单，提高大多数用户的用户体验。Giles Colborne 的交互设计策略主要包括删除、组织、隐藏和转移。

所谓删除，就是删除所有不必要的，直到不能再删除为止。不是功能越多的产品就是好的产品，好产品的判断不依据产品功能的多和少。往往删除一些不重要的、不常用的、杂乱的特性或许能让产品经理专注于把有限的、重要的问题解决好。

删除时应该遵循的原则包括以下几点。

1）删除那些可有可无的界面元素，可以减轻用户的负担，让用户专心去完成自己的任务。

2）删除过多的选择，因为过多的选择会影响用户的决策，有限的选择，用户反而更喜欢。

3）删除让用户分心的内容，让用户注意力保持集中。

4）删除多余的选项，选择聪明的默认值。产品主要是为主流用户服务，主流用户不追求产品的功能齐全和完美。

5）清除错误是检阅用户体验的一个方面，这里的清除错误是指尽量减少用户碰到各种不必要的系统提示，因为在一定程度上，这些没必要的系统提示影响了用户的体验。

6）删除视觉混乱的元素。

7）删减文字。多余的文字浪费用户的时间，删除文字有利于将重要的内容呈现在用户面前，消除分析满屏幕内容的烦恼，用户对自己看到的内容更有自信。

总之，删除策略的核心就是删除那些分散用户注意力的因素，聚焦于产品的核心功能。

组织，即按照有意义的标准将产品的某些界面元素或功能划分成组。组织有多种方式，主要包括通过分块、围绕用户行为、确定清晰的分类标准、字母表与格式、时间和空间、网格布局、大小和位置、分层和色标以及按照用户期望路径等方式对产品界面元素或功能进行组织。根据格式塔心理学原理，一个经典建议是把界面元素组织到“7±2”个块中，但也有不少的心理学家认为人类的瞬间存储空间大约只有 4 块。所以唯一可以肯定的是分块越少，用户的负担就越轻。

隐藏，是指把非核心功能隐藏在核心功能之后，避免分散用户的注意力，也就是将不常用的功能隐藏在常用功能背后。隐藏策略的应用，在一定程度上可能会给用户带来体验上的障碍。所以，要知道哪些功能适合隐藏策略。一般情况下，那些主流用户不常用但是又不能缺少的功能应该隐藏，诸如事关细节、选项和偏好（系统设置）以及特定地区的信息等。

隐藏策略应用过程中需要做到：隐藏一次性设置和选项；隐藏精确控制选项，但专家用户必须能够让这些选项始终保持可见；不可强迫或寄希望于主流用户使用自定义功能，不过可以给专家提供这个选项；巧妙地隐藏或彻底隐藏，适时出现。

转移，是指将一部分功能转移到另一个产品上，以达到让当前产品更简约的目的。因为有些功能在 A 平台上实现比较复杂，转移到 B 平台上可能实现起来并不会那么难。例如微信中的发现功能，这个功能不适合于 PC 端，那么就需要把类似这样的功能转移到移动端设备上。

转移可以是从一个平台转移到另一个平台，也可以是从一个组件转移到另一个组件。那么，这就需要某一个组件具备多种用途或功能，把相似的功能绑定在一起，不失为简化设计的良策。

4.3 图形用户界面设计思想

人机交互界面设计所要解决的问题是如何设计人机交互系统，以便有效地帮助用户完成任务。在以用户为中心的设计中，用户是首先被考虑的因素。

图形用户界面是最常见，也是最常用的交互方式。图形用户界面是基于图形方式的人机交互界面。由于引入了图标、按钮和滚动条技术，大大减少了键盘的输入，提高了交互效率。基于鼠标和图形用户界面的交互技术极大地推动了计算机技术的普及。基于视觉、语音、手势及肢体等新的交互通道、设备和交互技术，使用户利用多个通道以自然、并行、协作的方式进行人机对话，通过整合来自多个通道的、精确的或模糊的输入来捕捉用户的交互意图，提高了人机交互的自然性和高效性。

图形用户界面设计主要包含了桌面隐喻（Desk Metaphor）、所见即所得（What You See Is What You Get，WYSIWYG）和直接操作（Direct Manipulation）三个重要的思想。

桌面隐喻是指在用户界面中用人们熟悉的桌面上的图例清楚地表示计算机可以处理的能力。在图形用户界面中，图例可以代表对象、动作、属性和其他概念。对于这些概念既可以用文字也可以用图例来表示。虽然用文本表示某些抽象概念有时比用图例表示要好，但是好的图例比文本更容易辨识，图例占据较少的屏幕空间，有的图例具有一定的文化和语言独立性，可以提高目标搜索的效率。

桌面隐喻的表现方法有很多，可以是静态图标、动画和视频。目前流行的图形用户操作系统大多采用静态图标的方式，如 Windows 操作系统用磁盘的图标表示存盘操作，用打印机的图标表示打印操作等。这样的表示方法直观易懂，用户只需要单击图标就可以完成相应的操作。

桌面隐喻可以分为三种，一种是隐喻本身就带有操作对象，称为直接隐喻，如 Word 绘图工具中的图标，每种图标分别代表不同的图形绘制操作；另一种隐喻是工具隐喻，如磁盘图标隐喻存盘操作、用打印机图标隐喻打印操作等，这种隐喻设计简单、形象直观，应用也最为普遍；还有一种为过程隐喻，通过描述操作的过程来暗示操作，如 Word 中的撤销和恢复图标。图 4-6 显示了 Word 工具栏中的三种桌面隐喻的示例。

所见即所得使得用户在视图中所看到的文档与该文档的最终产品具有相同的样式，也允许用户在视图中直接编辑文本、图形或文档中的其他元素。目前大多数图形编辑软件和文本编辑器都具有所见即所得界面，如 Office 系列的办公软件以粗体显示的文本打印出来仍然是粗体。

直接操作可以分为传统的直接操作和扩展直接操作。传统直接操作是指可以把操作的对

图 4-6　三种桌面隐喻示例

象、属性、关系显式地表示出来，用光笔、鼠标、触摸屏或数据手套等指点设备直接从屏幕上获取形象化命令与数据的过程。直接操作的对象是命令、数据或者对数据的某种操作。

扩展直接操作包括虚拟现实、增强现实和其他有形且可触摸的用户界面。虚拟现实把用户放在沉浸式环境中，正常环境被呈现人工世界的头盔显示器遮挡；数据手套允许用户指点、选择、抓取和导航。增强现实让用户处在正常环境中，但添加了透明覆盖物，其上有建筑物的名称或者隐藏对象的可视化等信息。有形且可触摸的用户界面给予用户物理对象来操作，目的是操作界面，例如，虚拟实验中把实验试剂按照要求混合，使之呈现物理或化学效果。

直接操作具有如下特性。

1）直接操作的对象是动作或形象的隐喻。这种形象隐喻应该与其实际内容接近，使用户能通过屏幕上的隐喻直接想象或感知其内容。

2）用指点和选择代替键盘输入。用指点和选择代替键盘输入有两个优点：一是操作简便，速度敏捷；二是不用记忆复杂的命令，这对专业用户很重要。

3）操作结果立即可见。由于用户的操作结果立即可见，用户可以及时修正操作，逐步往正确的方向前进。

4）支持逆向操作。用户在使用系统的过程中，不可避免地会出现一些操作错误，通过逆向操作，用户可以很方便地恢复到出现错误之前的状态。

4.4　可视化设计

当设计人员不能创建适当的直接操作策略时，菜单选择、表格填充及对话框等工具就成为有吸引力的选择。设计人员以现成的用户接口部件作为素材在用户界面上布置可视构件，是设计过程的一个组成部分。在大多数情况下，设计人员必须在大量构件中选择最合适的构件来实现最终界面。可供选择的构件包括标准可视构件和针对特别应用领域或环境的定制构件。本部分仅介绍窗口、菜单、对话框、工具栏及常用构件的组成和设计要点。

4.4.1　窗口和菜单

现代 GUI 也被称为 WIMP，其由窗口（Window）、图标（Icon）、菜单（Menu）和指点设备（Pointer）组成。当然，还有其他类型的组件，如按钮和复选框。

GUI 是窗口化的接口，它们使用称为窗口的矩形框表示一个应用组件或一个文件夹中的内容。窗口可被认为是一个容器，例如一个文件窗口可能包含了文件内容，它们可能是文字也可能是图形元素，甚至是两者的结合。主应用程序窗口可能包含多个这样的文件窗口以及其他组件，如画板、菜单和工具栏。窗口内有时也可以包含一些嵌套的容器。

窗口实例状态有最大化窗口、最小化窗口和还原窗口 3 个状态。

1）最大化窗口：最大化窗口占据整个屏幕，它允许用户看到窗口中的内容，并且每个当前打开的应用在任务栏都有对应的按钮。最大化窗口是用户最喜欢的方式，因为它充分利用了屏幕空间大小，并且用户可以利用任务栏进行各个程序之间的切换，各个程序之间的复制和粘贴操作也相当方便，但在各程序之间不能进行拖放操作。

最大化窗口下，由于其他窗口完全被活动的窗口遮挡，用户并不能通过单击该窗口成为当前活动的窗口，所以需要一种在各个窗口之间切换的方法。通常的做法是单击这个窗口在任务栏的按钮。

2）最小化窗口：如果一个窗口暂时不使用，但在不长的时间之后又会被使用，则该窗口可被最小化。最小化窗口被缩放成一个小的按钮或图标并且被放置到桌面某个特定的位置。在最小化窗口状态下，只需单击按钮，就可以返回其前一种状态，不管是最大化状态还是原始状态。

3）还原窗口：窗口被还原到以前的大小。在此状态下，窗口可以调整大小并且可与其他窗口堆叠在可还原或可调整大小的状态，窗口有三种表示风格：可以平铺到整个屏幕，可以层叠，也可以被随意放置，相互之间重叠。

平铺窗口是多个窗口完全占据了整个屏幕，系统窗口管理器分配每个窗口的大小及在屏幕上的位置，使得所有窗口在屏幕上都是可见的，并给每个窗口都保留了自己的标题栏和工具栏。这种方式会消耗大量屏幕空间，并且使窗口变得较小，限制了内容的可视性。

平铺窗口允许用户在窗口之间拖放某些对象。相比复制到粘贴板，获取目标窗口，再粘贴到新文件夹的方法，拖放操作是较直接的方法。

重叠窗口的位置及大小由用户确定，并且每个窗口将维持其大小和位置直到用户做出新的调整。这种表示风格允许用户看到窗口中的一部分内容，除非窗口完全被其他窗口遮挡。当前活动窗口在其他窗口的上方，当单击任何一个窗口时，该窗口成为当前活动窗口。

相比平铺窗口，重叠窗口既允许拖放操作，且更有效地使用了屏幕空间。然而，当大多窗口同时被打开时，重叠窗口将变得比较复杂。

层叠窗口是一种特殊的窗口重叠表现风格。窗口被操作系统的窗口管理程序以对角线偏移的形式重叠放置。类似于重叠方式，层叠方式也能较好地有效利用屏幕空间，但用户很难对窗口的位置和大小进行控制。

菜单已经成为窗口环境的标准特征，它们的操作方式、编辑方式、位置和结构也已经标准化。由于用户期望使用标准化菜单，设计者应当努力满足用户的期望，使得用户可以很容易地找到需要的工具。

现代 GUI 的标准菜单包括文件、开始、插入、设计和视图等，如图 4-7 所示的 Word GUI 菜单。

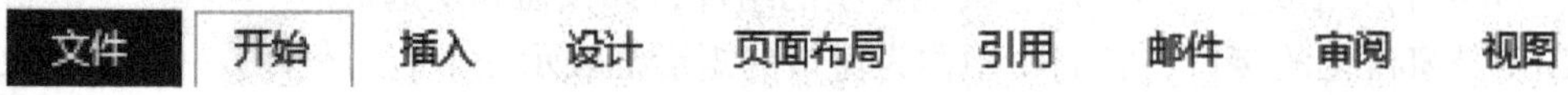

文件 开始 插入 设计 页面布局 引用 邮件 审阅 视图

图 4-7 Word GUI 菜单

“开始”菜单对文件操作进行了分类，包括了编辑、字体、段落、样式及查找替换等。“插入”菜单包括了页面、表格、插图及媒体等功能。“设计”菜单包括了主题、文档格式及页面背景等功能。

设计菜单时应遵循以下原则。

1）菜单应该按语义及任务结构来组织，同时用户认为应该在一起或者在实际操作中经常被一起使用的菜单项最好放在一起，较少关联或完全不关联的菜单项不应该放在同一个菜单里。

2）合理组织菜单接口的结构与层次，使菜单层次结构和系统功能层次结构相一致。通常来说，菜单太多或太少都表明菜单结构有问题。太少的菜单可能意味着菜单中包含较多的功能，并导致接下来的菜单项太长或层次太深；太多的菜单会导致功能分类较多从而使用户感到迷惑，并难以找到完成任务所需要的功能。通常，好的菜单设计结构会在菜单栏上布置3~12个菜单，而6~9个菜单可以满足大多数软件的需求。程序窗口最大化时的菜单栏宽度可作为一个最佳的上限。实践证明，广而浅的菜单树优于窄而深的菜单树。

3）菜单及菜单项的名字应符合日常命名习惯或者反映出应用领域和用户词汇。菜单名应能清楚地表明其中包含的菜单项，菜单项的名字也能反映其所对应的功能。

4）菜单选项列表既可以是有序的也可以是无序的，菜单项的安排应有利于提高菜单选取速度。可以依据使用频度、数字顺序、字母顺序及逻辑功能顺序等原则来组织菜单项顺序，频繁使用的菜单项应当置于顶部。

5）为菜单项提供多种选择路径，以及为菜单选项提供快捷方式。菜单接口的多种选择途径增加了系统的灵活性，使之能适应不同水平的用户。菜单选择的快捷方式可加速系统的运行。

6）为增加菜单系统的可浏览性和可预期性，菜单项的表示应该符合一些惯例，以区分立即生效、弹出对话框及弹出层叠菜单等情况。

7）应该对菜单选择和单击设定反馈标记。例如，当移动光标进行菜单选择时，凡是光标经过的菜单项应提供亮度或其他视觉反馈标识；选择菜单项经用户确认无误后，用户使用显式操作来选取菜单项。对选中的菜单也应该给出明确的反馈，如为选中的菜单项加边框，或者在前面加“√”符号等。对当前状态下不可能使用的菜单选项也应给出可视的按钮，如用灰色显示。

菜单快捷键允许菜单选项通过键盘访问。这个功能对视觉上有缺陷的用户十分重要，并且也是有经验的用户推荐使用的。Galitz 针对菜单快捷键的设计和使用提出了以下建议。

1）对所有的菜单选项都要提供一个辅助内存。

2）使用菜单选项描述的首个字母作为快捷键，在出现重复的情况下，使用首个字母后续的辅音。

3）在菜单中，对首个字符加下划线。

4）尽可能使用工业标准。

为了促进界面的国际化、标准化和规范化，Del Galdo 和 Nielsen 建议键盘的内存应当放置于键盘的固定位置，即无论键盘设置为何种语言，它们都应当一致地被放置在相同的实际键位置上。这种固定定位更易于为应用程序构建国际化的用户指南。正是由于这个原因，剪切、复制和粘贴的快捷键分别是〈Ctrl+X〉、〈Ctrl+C〉和〈Ctrl+V〉。用于复制的内存使用了英文单词“Copy”的首个字符，而“剪切”或“粘贴”命令并没有如此直接使用英文单词的首字母大写，仅仅是因为这些键的定位比较靠近。

4.4.2 对话框

对话框是一个典型的辅助性窗口。它叠加在应用程序的主窗口上，在对话中给出信息并要求用户输入，从而让用户参与进来。当用户完成信息的阅读或输入后，可以选择接受或拒绝所做出的改变。随后，再把用户交给应用程序的主窗口。

对话框通常有标题栏和关闭按钮，但没有标题栏图标和状态栏。对话框没有调节窗口大小句柄，也不能通过拖动窗口边框来调整大小。对话框的外观没有标准，但出现在对话框中的组件却有相应的标准。

对话框分为模态对话框和非模态对话框。模态对话框是最常见的类型，它又可以分为“应用模态对话框”和“系统模态对话框”。它冻结了它所属的应用，禁止用户做其他的操作，直到用户处理了对话框中出现的问题，即用户需要单击“确定”按钮或输入某些特定的数据后才可以使程序继续运行下去。对话框出现时，用户可以切换到其他程序进行操作，但如果用户访问同一进程的其他功能，应用系统会给出警示。由于模态对话框严格定义了自身的行为，因此很少被误解。但是模态对话框可能会导致用户停止当前的工作，或者导致正常工作流程中断。

非模态对话框的结构和外表与模态对话框相似，但是当非模态对话框打开时，用户仍旧可以访问应用程序的所有功能。虽然对话框的突然出现可能使用户分心，但用户并没有受到太大的影响。例如，微软 Office 中的 Excel、Word 等的查找和替换对话框就是典型的非模态对话框，它们允许在文本中查找内容，并进行编辑，在编辑过程中对话框仍然保持开放状态。

由于操作范围的不确定性，非模态对话框对用户而言是难以使用和理解的。用户更熟悉模态对话框，因其会在调用的瞬间为当前选择调整自己，而且它认为在其存在的过程中选择不会变化；相反，在非模态对话框存在的过程中，选择很可能发生改变。

对话框可用于不同的目的，如属性、功能及进度等。

属性对话框向用户呈现所选对象的属性或设置。属性对话框可以是模态的，也可以是非模态的。一般来说，属性对话框控制当前的选择，遵循的是“对象-动词”形式，即用户选择对象，然后通过属性对话框为所选对象选择新的设置。图 4-8 是字处理软件中的表格属性对话框。

功能对话框是最常见的模态对话框，用于控制如打印、插入对象或拼写检查等应用程序的单个功能。功能对话框不仅允许用户开始一个动作，而且也经常允许用户设置动作的细节。例如在许多程序中，当用户请求打印时可以使用打印对话框制定打印多少页、多少份、哪一台打印机打印输出，以及其他与打印功能相关的设置。图 4-9 是一个打印对话框例子，对话框上的“确定”按钮不仅用于确认所做的各项设置和关闭对话框，同时执行打印操作。

进度对话框由程序启动而不是根据用户请求启动。它向用户表明当前程序正在忙于某些内部功能，其他功能的处理能力可能会下降。通过某个应用程序启动了一个将要运行很长时间的进程，进度对话框必须清晰地指出它很忙，不过一切正常。如果程序没有表明这些，用户可能会认为程序很“粗鲁”，甚至会认为程序已经崩溃，必须采取某些激烈的措施。

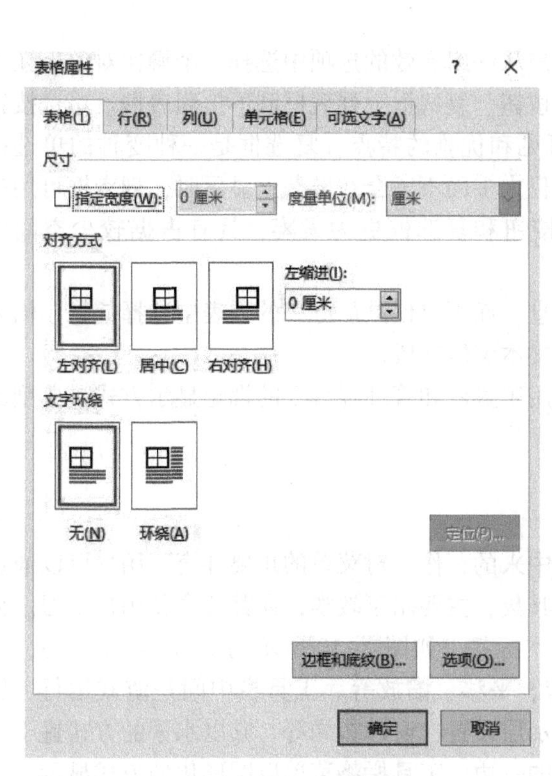

图 4-8　字处理软件中的表格属性对话框

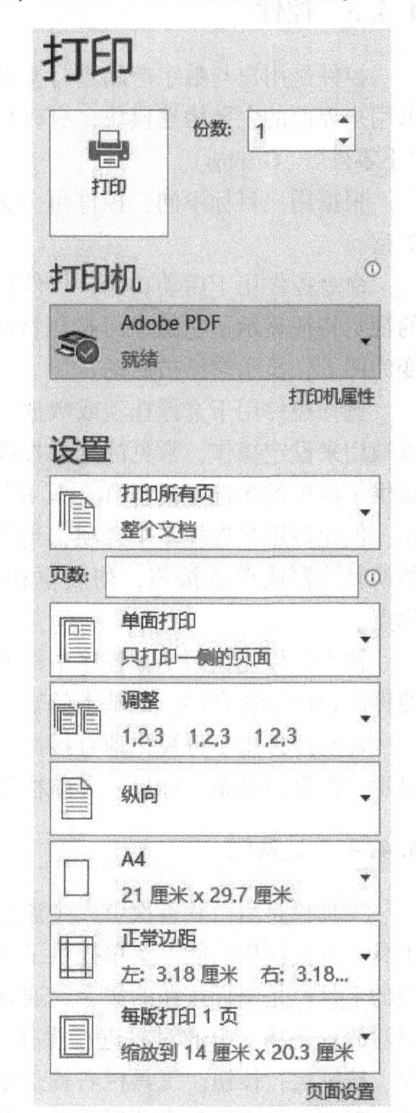

图 4-9　打印对话框

设计良好的进度对话框应包含如下 4 个任务。

1）向用户清楚地表明正在运行一个耗时的进程。

2）向用户清楚地表明一切正常。

3）向用户清楚地表明进程还需多长时间。

4）向用户提供一种取消操作和恢复程序控制的方式。

公告对话框和进度对话框一样，同样不需要请求，由程序自动启动。

对话框设计时应展现出明显的视觉层次，不仅需要按照主题的相似性进行视觉分组，还要按照阅读顺序的惯例布局。对话框使用时应该始终显示在最上面的视觉层。每个对话框都必须有一个标题来标示它的用途。每个对话框至少有一个终止命令控件，它被触发时会让对话框关闭或者消失。

4.4.3　控件

控件是用户与数字产品进行交流的屏幕对象，具有可操作性和自包含性。它们是创建图形用户界面的主要构建模块，有时也被称为“小部件”（Widget）、“小配件”（Gadget）或“小零件”（Gizmos）。

根据用户目标不同，控件可分为命令控件、选择控件、输入控件和显示控件4种基本类型。

命令控件用于启动功能，控件接受操作并立即执行。命令控件的习惯用法是按钮。按钮的视觉特征显示了它的“可按压特性”。例如当用户指向按钮并单击时，视觉上按钮从凸起变为凹下，显示它已被启动。

选择控件用于选择选项或数据，允许用户从一组有效的选项中选择一个操作对象，还可以被用来设定操作，常见的选择控件有单选按钮、复选框、列表框和下拉列表框。单选按钮提供了简单的多选一的操作，具有简单、可见和优雅的特点；复选框是一种变种的单选按钮，但允许用户选择多个选项，当选项的数目太多而不适合在屏幕上显示时，列表框可用来替换复选框或单选按钮，列表框相比单选按钮和复选框更为紧凑，具有占据较少空间的优点。

输入控件能让用户在程序中输入新的信息，而不仅仅是从已有的列表中选择信息。输入控件向程序传递名词，最基本的输入控件是文本编辑字段。

显示控件用于可视化地直接操作程序，用于显示和管理屏幕上的视觉显示方式，典型的显示控件有滚动条、标尺、导航栏及网格等。

4.4.4　工具栏

工具栏是由微软首次引入主流用户界面中来的，作为对菜单的重要补充，用户可以通过工具栏直接调用功能。菜单提供了完整的工具集，主要用于教学，尤其适合新用户学习。典型的工具栏是图标按钮的集合，通常没有文本标签，如图4-10所示的Unity3D工具栏，可以对放置于场景中的对象进行操作，如旋转、平移、缩放等。工具栏中间是游戏运行、暂停、按帧运行按钮。工具栏右侧是账户、显示层设置、窗口布局等。它以水平的方式置于菜单栏下方，或者以垂直的形式紧贴在主窗口的一边，工具栏将菜单以图形化的方式显示，它将图形化菜单以单行（列）的方式排列，且始终对用户可见。

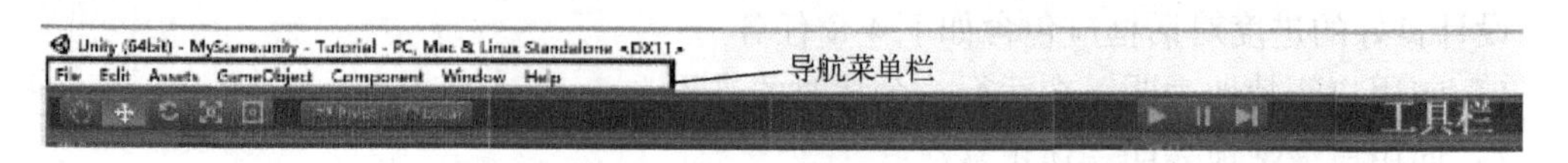

图4-10　Unity3D工具栏

工具栏的设计应该遵循如下原则。

1）良好的工具组织应以含义及其使用场合为基础。因为易于按类别或类型来区分工具，所以软件开发者常常依赖语义组织。但是有时即使一个分类集合很简单，用户理解仍然可能产生问题。工具太多会使用户感觉混乱并降低界面的可用性。经过进一步调整布局，将经常一起使用的工具放到一起，可以更好地实现对常见用例的有效支持。

2）寻找代表对象的图像要比寻找代表动作或关系的图像容易得多。代表垃圾桶、打印机的图片和图标比较容易理解，但是想用图片来表达“应用格式”“连接”“转换”等动作语义却十分困难。

3）适当禁用工具栏控件。如果不能用于当前选择，工具栏控件应该被禁用，一定不能提供模棱两可的状态。例如，如果图标按钮被禁止按下，控件本身应该变为灰色，使可用状态和禁止状态能明显区分。

习题

4.1　提出一些促进儿童和成人合作的方法，使得他们能融洽共处并且相互认同。

4.2　给出图书馆借书过程的 HTA 的文字描述和图形描述。

4.3　Allan Cooper 提出的交互框架包含哪几个步骤？它们的过程是怎样的？

4.4　Allan Cooper 提出的交互框架中确定分组过程需要考虑哪些因素？

4.5　用户界面设计的主要思想有哪些？

4.6　直接操作有哪些特性？

4.7　举例说明平铺窗口、重叠窗口和层叠窗口的应用场合。

第5章　人机交互系统的评估方法

评估是人机交互系统设计至关重要的环节，通过对系统进行评估和测试，以确保其表现能达到期望，并能满足用户的需求。

5.1　评估目标和原则

5.1.1　评估目标

评估的主要目标包括评估系统功能的方位和可达性、评估交互中用户的体验、确定系统可能存在的特定问题等。

首先，系统的功能性是非常重要的，系统功能性必须与用户的需求保持一致。换句话说，系统设计要能帮助用户执行他们期望的任务。这不仅包括具有合适的功能，也包括使用户能清晰地意识到需要执行任务的一系列行为，还包括系统的应用与用户对任务的期望相匹配。例如，一名文档整理员能够通过普通的邮寄地址获得客户的文档，因此计算机文件系统至少应提供同样的能力。同时，为了评估系统对任务的支持效率，这一层次上的评估也可能包括测试用户应用系统的能力。

除了依照系统的功能评估系统设计外，评估用户的交互体验和系统对用户的影响也很重要。这包括系统易学性、可用性以及用户的满意程度等方面；也可能包括用户对系统的喜爱和情感回应，特别是对休闲和娱乐系统而言，这一目标就更为重要。与此同时，对那些用户的负荷已经过重的任务领域，还应考查系统对用于记忆的要求是否过重。

评估的最终目标是确定设计中是否存在特定的问题。当设计应用在具体环境中时，可能出现不期望的结果或使用户的工作产生混乱。当然，这与设计的功能性和可用性两个方面有关。因此，评估应特别关注问题产生的根本原因，然后对其进行更正。

交互式产品的种类繁多，需要评估的内容也各不相同。例如，Web 浏览器的开发人员希望了解自己的产品能否使用户更快地找到所需的信息；政府机关关注的是用计算机系统控制交通信号灯能否减少交通事故；玩具制造商想了解六岁儿童能否操作控制器，是否喜欢玩具的外观；生产手机外壳的公司关心的是青少年喜欢什么样的形状、大小和颜色；新型网络公司想知道市场对自己主页设计风格的反映等。

5.1.2　评估原则

根据软件可用性的定义，在对软件的交互性进行评估的过程中应该遵循如下原则。

1）最具权威性的交互评估不应该依赖于专业人员，而应该依赖于产品的用户。因为无论这些专业技术人员水平有多高，无论他们使用的方法和技术有多先进，最后起决定作用的都是用户对产品的满意程度。因此，对软件交互性能的评估主要由用户来完成。

2）交互评估是一个过程，这个过程早在产品的初始阶段就开始了。因此一个软件在设计时反复征求用户意见的过程应与交互评估的过程结合起来进行。在设计阶段反复征求意见的过程是评估的基础，不能取代真正的评估。但是如果没有设计阶段反复征求意见的过程，仅靠用户对产品的一两次评估，并不能全面反映出软件的可靠性。

3）软件的交互性能评估必须在用户的实际工作环境中进行。交互评估不能靠发几张调查表，让用户填写完后，经过简单的统计分析就下结论，而是必须在用户实际操作以后，根据其完成任务的结果，进行客观的分析和总结。

4）要选择有广泛代表性的用户。因为对软件可用性的一条重要要求就是系统应该适合绝大多数人使用，并让绝大多数人都感到满意。因此参加测试的人必须具有代表性，应能代表最广大的用户。

5.2 评估方法

在过去的几十年中，人机交互领域已经存在很多的人机交互系统可用性评估方法。Rosson 与 Carroll 把可用性评估方法分为分析性评估方法和经验性评估方法两类。Avouris 将可用性评估方法分为可用性诊查、可用性测试和可用性调查。本节从可用性测试、专家评审法和可用性调查三个方面描述。

5.2.1 可用性测试

可用性测试法是非常重要的一类经验性研究，因为这类方法观察的对象是真正的用户。可用性测试可分为实验室可用性测试、现场观察法和放声思考三种方法。

1. 实验室可用性测试

让用户在实验室进行的可用性测试通常关注于具体的现象，通过观察用户如何使用被测系统界面来发现确定的问题。但是，如何确定用户的操作与真实世界的情况是相符的，选取什么样的测试任务才是合适的，甚至是否选取了不适当的用户，这些可靠性和有效性问题是可用性测试法始终需要面临的挑战。

实验室测试指的是在专门为可用性测试而安装配置的固定设备环境下进行的测试。不同实验室的场地设计和布局有很大的不同。图5-1是其中具有代表性的可用性观察实验室的布局。这里通常有一个或几个测试区，用户在测试区使用被测试的系统进行测试，还有一个或几个观察区，用于工作人员监视和观察测试情况。为了避免干扰测试对象，观察区和测试区应该分开。实验室里必须配备计算机和操作平台以保证测试的基本条件，根据需要还可以配备特殊软件来捕捉和监视键盘、鼠标以及屏幕的活动。观察区中除了配备计算机外还应该有监视器、视频合成器、录音/录像设备及其他事件记录与分析的设备，该类设备主要用于记录测试过程以备事后分析。

实验室测试的好处在于它提供了可控的和一致性的软件评估环境。在这一环境下，对不同测试结果、不同用户、不同系统进行比较会比较容易，也更能说明问题。

实验室观察的优点是能使研究人员更好地分离多个可能的因素，从而得出更准确的研究

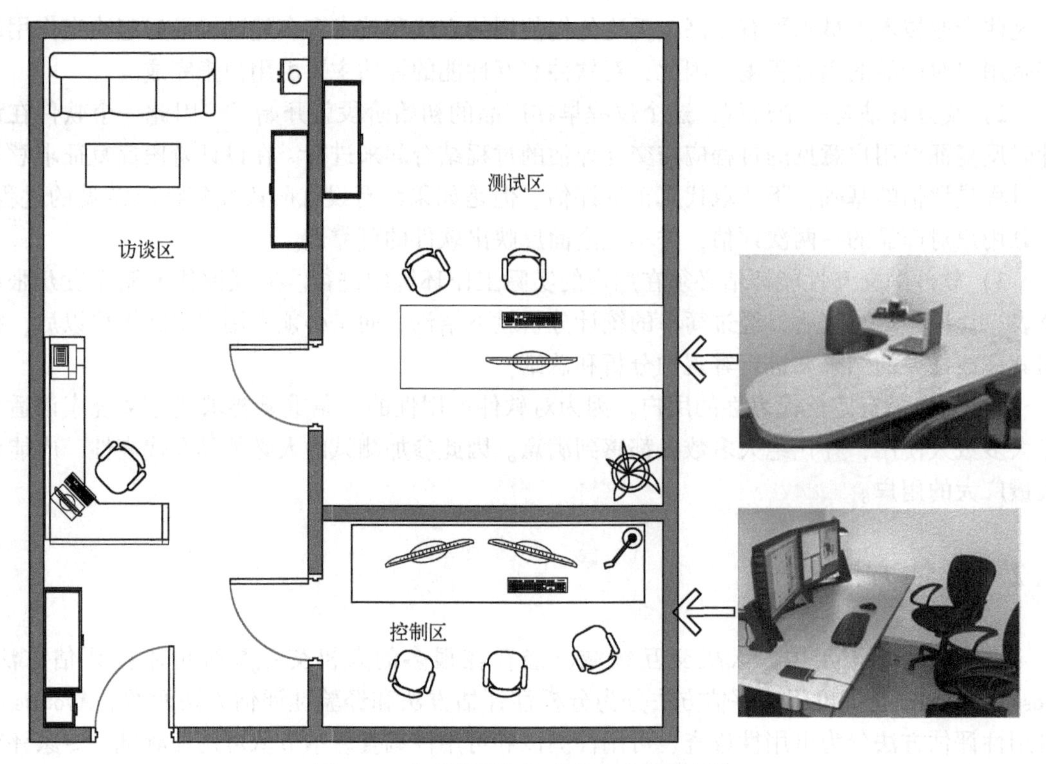

图 5-1 典型的可用性观察实验室的布局

结果。而缺点是用户将来真正使用软件的环境很可能与实验室的状况有很大不同，因此那些与使用环境有关的可用性问题很难在实验室被发现，这正是现场观察的长处。

2. 现场观察法

现场观察法是发现与使用环境有关的问题的最佳手段。以针对超市收银系统设计的观察为例，如果正在设计一款用于大型超市的收银系统，那么先到沃尔玛、永辉等超市的收银台前观察，观察收银员的工作环境。通过观察，可能会很容易地发现以下现象。

1）工作环境十分嘈杂。

2）收银员一般站着操作。

3）工作压力大，必须快速准确为每一位顾客结账，否则很快就有顾客在后面排长队。

4）某些顾客可能在结算时放弃某些已经扫描的商品。

5）某些顾客在结算过程中发现有漏选的商品，于是先把已经扫描的东西放下，又回到卖场继续选购商品。

6）某些商品条码不清晰，扫描不起作用，需要收银员手动输入商品信息。

因此，由上面的现象可以看出，收银系统的操作效率要非常高，才能使收银员快速地完成各种常用操作，并尽可能预防各种操作失误的发生。最后，屏幕上的信息显示要一目了然，让收银员可以轻松、正确地识别出各种信息。

Sharp 等总结了在进行现场观察时需要执行的步骤，具体包括以下内容。

1）明确初步的研究目标和问题。

2）选择一个框架用于指导现场观察活动。

3）决定观察数据的记录方式，是使用笔记、录音、摄像，还是三者结合。

同时，Sharp 等也总结了在进行现场观察时需要注意的问题，具体包括以下内容。

1）在评估之后，为了通过研究细节，确保正确理解了各种现象，以及发现记录中的含糊之处，应尽快与观察者或被观察者共同检查所记录的笔记和其他数据内容。

2）在记录和检查笔记的过程中，应区分个人意见和观察数据，并明确标注需要进一步了解的事项。在现场观察过程中，数据的收集和分析工作在很大程度上是并行的。

3）在分析和检查观察数据的过程中，应适当调整研究重点。经过一段时间的观察，应找出值得关注的现象并逐步明确问题，用于指导进一步观察。

4）努力获得观察对象的认可和信任。应花一些时间与观察对象培养良好的合作关系，安排固定的时间、场所进行会面也有助于增进彼此的了解。观察者应避免只关注用户组中容易接近的那些人，而应注意小组内的每一位成员。

5）谨慎处理敏感问题（如观察地点等）。例如在观察便携式家用通信设备的可用性时，在客厅、厨房等地观察通常是可行的。观察者应做到随和、通融，确保观察对象感觉舒适。

6）注重团队合作。通过比较不同评估人员的记录，能得到更为可信的数据。

7）应从不同的角度进行观察，避免只专注于某些特定行为。许多单位人员的组织结构基本是层次化的，包括最终用户、业务人员、产品开发人员和经理等。从不同的层次进行观察，将有不同的发现。

在进行现场观察时，观察人员自始至终应尽量保持安静，目的是让用户感觉不到观察人员的存在，以便能反映用户的日常工作状态。观察者对被观察者的影响取决于观察类型和观察技巧。观察方法的有效性主要取决于数据记录方式和后续数据分析的效果。

3. 放声思考法

放声思考法也称为边做边说法，是一种非常有价值的可用性工程方法。在进行这种测试时，用户一边执行任务一边大声地说出自己的想法，采用这种方法能够发现其他测试方法不能发现的问题。实验人员在测试过程中一边观察用户一边记录用户的言行举止，使得实验人员能够发现用户的真实想法。但是这也要求实验人员在进行测试之前明确测试目的，对于不同的测试目的，实验人员在测试过程中扮演的角色是不同的。

采用放声思考法能够得到最贴近用户真实想法的第一手资料，但是这种方法也有缺点，那就是用户在边做边说时很容易口是心非，所以实验人员不仅要记录用户说的话，还要分析用户说话时执行的任务及采取的行为，以分析用户感觉有问题的那些内容产生的原因。

5.2.2　专家评审法

1. 启发式评估法

启发式评估法是由 Jakob Nielsen 和他的同事开发的非正式可用性检测技术，它对评估早期的设计很有用处。同时，它也能够用于评估原型、故事板和可运行的交互式系统，是一种灵活而又相当廉价的方法。应用启发式评估的具体方法是专家使用一组称为启发式原则的可用性规则作为指导，评定用户界面元素（如对话框、菜单、导航结构及在线帮助等）是否符合这些原则。

与其他技术相比，启发式评估因为不涉及用户，所以面临的实际限制和道德问题较少，成本较低，不需要特殊设备，而且较为快捷，因此又被称为“经济评估法”。

启发式评估的主要过程见表 5-1。

表 5-1 启发式评估的主要过程

阶 段	步 骤
准备 （项目指导）	a）确定可用性准则 b）确定由 3~5 个可用性专家组成的评估组 c）计划地点、日期和每个可用性专家评估的时间 d）准备或收集材料，让评估者熟悉系统的目标和用户。将用户分析、系统规格说明、用户任务和用例情景等材料分发给评估者 e）设定评估和记录的策略。是基于个人还是小组来评估系统，指派一个共同的记录员还是每个人自己记录
评估 （评估者活动）	a）尝试并建立对系统概况的感知 b）温习提供的材料以熟悉系统设计。按评估者认为完成用户任务时所需的操作进行实际操作 c）发现并列出系统中违背可用性原则的位置。列出评估注意到的所有问题，包括可能重复之处。确保已清楚地描述了什么，在何处发现
结果分析 （组内活动）	a）回顾每个评估者记录的每个问题。确保每个问题能让所有评估者理解 b）建立一个亲和图（又称 KJ 法或 A 型图解法），把相似的问题分组 c）根据定义的准则评估并判定每个问题 d）基于对用户的影响，判断每组问题的严重程度 e）确定解决问题的建议，确保每个建议基于评估准则和设计原则
报告汇总	a）汇总评估组会议结果。每个问题有一个严重的等级、可用性观点的解释和修改建议 b）用一个容易阅读和理解的报告格式，列出所有出处、目标、技术、过程和发现。评估者可根据评估原则来组织发现的问题。一定要记录系统或界面的正面特性 c）确保报告包括了向项目组指导反馈的机制，以了解开发团队是如何使用这些信息的 d）让项目组的另一个成员审查报告，并由项目领导审定

注：KJ 法的创始人是日本东京人文学家川喜田二郎，KJ 是他的姓名（KAWAJI）的英文缩写。

关于问题严重性的评价尺度，可以按 5 级或 3 级来评定，见表 5-2。

表 5-2 可用性问题的严重程度分级

5 级制	0：辅助，违反了可用性原则，但不会影响系统的可用性，可以修正 1：次要，不常发生，用户容易处理，较低的优先级 2：中等，出现较频繁，用户较难克服，中等优先级 3：重要，频繁出现的问题，用户难以找到解决方案，较高优先级 4：灾难性，用户无法进行他们的工作，迫切需要在发布前修正
3 级制	0：辅助的或次要的，造成较小的困难 1：造成使用方面的一些问题或使用户受挫，不可能解决 2：严重影响用户的使用，用户会失败或遇到很大的困难

2. 步进评估法

步进评估法是从用户学习使用系统角度来评估系统的可用性。使用系统过程中，用户往往不是先学习帮助文件，而是习惯于直接使用系统，在使用的过程中进行学习。步进评估法主要是用来发现新用户使用系统时可能遇到的问题，特别适用于没有任何用户培训的系统，例如为公众设计的网站。用户使用这样的系统时，必须通过在对用户界面的使用过程中学习如何使用系统。

步进评估法认为，用户使用系统前会对他们所要完成的任务有一个大致的计划。完成每一个任务的过程有以下三步。

第一，用户在界面上寻找能帮助完成任务的行动方案。

第二，用户选择采用看起来最能帮助完成任务的行动。

第三，用户解读系统的反应，并且从中估计完成任务的进展。

步进评估法就是由评审员在使用计算机的每一个交互过程中模拟以上三个步骤。模拟的过程以以下三个问题为基础。

问题一：对用户来说，正确的行为在用户界面上是否明显可见？

问题二：用户是否会把他想做的事和行为的描述联系起来？

问题三：在系统有了相应反应后，用户是否能够正确地理解系统的反应？也就是说，用户是否能够知道他做了一个正确或错误的选择？

步进评估法发现的可能性问题也往往集中在以上三个方面，任何得到否定答案的部分就是问题的所在。在使用步进评估法之前应该准备以下信息。

1）对系统或模型的描述。不需要完全的描述，但应该尽量详细。有时，仅仅是改变用户界面元素的布置就会起到很大的作用。

2）对用户使用系统所完成任务的描述。任务应该具有代表性，是大多数用户想要完成的。

3）用来完成任务的详细行动步骤。

4）描绘用户的背景，使用系统的经验及对系统的认识。

在进行步进评估时，评估记录是非常重要的。虽然目前没有一个标准的记录表，但评估人员应该把以上四个方面的信息以及评估的时间、评估人员信息记录下来。对于每一个用户行为的步骤，都应该用一张单独的表格记录模拟过程中三个问题的答案。任何一个否定的答案代表一个潜在的可用性问题，评审人员可以对可用性问题进行更详细的描述，并且估计其危害性和发生频率。这些信息都将帮助设计人员更好地按重要性顺序解决相应的问题。

5.2.3 可用性调查

以用户为中心的设计、参与式设计等概念是可用性工程方法论中经常强调的主题，所以对产品可用性进行全方位的研究最简单直接的方法就是询问用户的观点，这是可用性调查法的最基本特征。在诸多可用性调查中，问卷调查、访谈和焦点小组都是常用的方法，它们都是针对一系列问题向用户提问并记录下用户的回答。

1. 问卷调查

在软件推出后，可以使用可用性问卷调查来收集用户的实际使用情况，了解用户的满意度和遇到的问题，并利用收集到的信息，不断改进和提高软件的质量和可用性。调查问卷需要认真设计，可以是开放式的问题，也可以是封闭式的问题，但必须措辞明确，避免有可能误导的问题，以确保收集的数据有较高的可信度。常见的可用性问卷包括用户满意度问卷、软件可用性测量目录、计算机系统可用性问卷等。

问卷调查的执行过程包括用户需求分析、问卷设计和问卷实施及结果分析。

用户需求分析设定软件的质量目标，准确描述质量目标，通过用户调查，了解用户在使用方面的切实感受。可以定义一些通用的可用性质量因素，如对于桌面系统而言，可用性涉及兼容性、一致性、灵活性、可学习型、最少的行动、最少的记忆负担、知觉的有限性及用户指导八个方面；也可进行用户会谈获得用户需要的产品特征。

根据用户需求分析进行问卷的设计，需要遵循的原则：从用户的角度出发，问题要精确、概括，避免二义性；可以采用的问卷类型包括事实陈述、用户填写意见及用户对事物的态度等；问题的形式可以采用单项选择、多项选择、李克特量表及开放式问答题等形式。

其中李克特量表需要用户对问题给出数量级的评价，如图 5-2 所示。这种问题的答案是一个两级化的量表，通常量表的低端代表一个否定的答案，高端代表肯定的答案；用户凭自己的认识或感觉选择合适的分值，一般将可选分值个数设置为奇数，这样持中性意见的用户可以选择中间值的答案；而开放式问答题允许用户用文字自由地描述，从而可以广泛地收集意见。

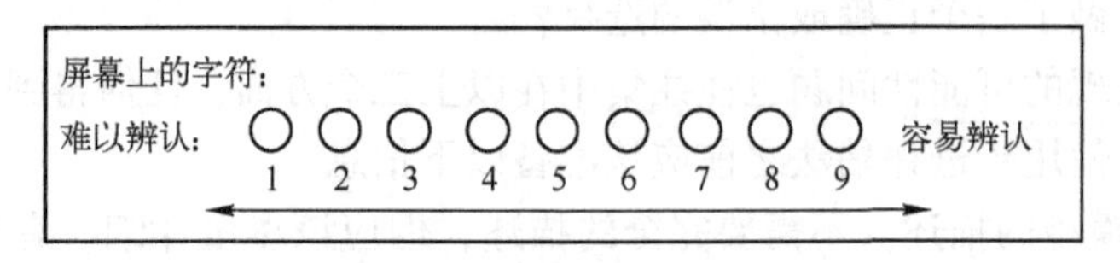

图 5-2 李克特量表问题示例

问卷调查采用抽样调查、针对性调查及广泛调查等方式。可以采用发放调查表、电子邮件及网页等实施方式。结果分析主要是对调查收集到的数据采用统计方法进行分析、归纳，从而得到有用的信息。

对于收集回来的调查表进行统计分析，即通过问卷得出结论。首先要对问卷检查，剔除那些明显不符合要求的反馈问卷；最好能够借助软件或电子表格帮助进行数据统计和分析。

对不同类型的问题，分析方法也不同。对于选择题，可统计不同选项所占的百分比；对于李克特量表问题，需要统计每个问题的平均得分和标准差等；对于开放式问题，则需要对答案进行归纳、分类和总结。

2. 访谈和焦点小组

访谈可视为“有目的的对话过程”。它与普通对话的相似程度取决于待了解的问题和访谈的类型。

在设计访谈问题时，应确保问题简短、明确，也应该避免询问过多的问题。在开展访谈时，可借鉴的指导原则如下。

1）避免使用过长的问题，因为它们不便于记忆。

2）避免使用复合句，应把复杂的问题分解为独立的简单问题。

3）避免使用可能使用户感觉尴尬的术语或他们无法理解的语句。

4）避免使用诱导性的问题。

5）尽可能保证问题是中性的，避免把自己的偏见带入问题。

Fontana 等人把访谈的类型分为非结构式（或开放式）访谈、结构式访谈、半结构式访谈和集体访谈。前三类的命名根据受访者是否严格按照预先确定的问题进行访谈，最后一类是围绕特定论题进行的小组讨论，访问人作为讨论的主持人。

（1）非结构式访谈

非结构式访谈又称为非标准化访谈、深度访谈或自由访谈。它是一种无控制或半控制的访谈，事先没有统一问卷，而只有一个题目或大致范围或一个粗线条的问题大纲。由访谈者与受访者在这一范围内自由交谈，具体问题可在访谈过程中边谈、边形成、边提出，对于提问的方式和顺序、回答的记录、访谈时的外部环境等，也没有统一要求，可根据访谈过程中的实际情况做各种安排。非结构式访谈的最主要特点是弹性和自由度大，能充分发挥访谈双方的主动性、积极性、灵活性和创造性。但访谈调查的结果不宜用于定量分析。

(2) 结构式访谈

结构式访谈又称为标准化访谈，结构式访谈是一种定量研究方法。这种访谈的访问物件必须按照统一的标准和方法选取，一般采用概率抽样。访问的过程也是高度标准化的，即对所有被访问者提出的问题、提问的次序和方式，以及对被访者回答的记录方式等是完全统一的。为确保这种统一性，通常采用事先统一设计、有一定结构的问卷进行访问。通常这种类型的访问都有一份访问指南，其中对问卷中有可能发生误解问题的地方都有说明。

结构式访谈的优点如下。

1）访问结果方便量化，可做统计分析，它是统计调查的一种。与自填问卷相比，结构式访谈能够控制调查结果的可靠程度。

2）回收率高。一般的结构式访谈回收率可以达到 80%以上，而且回收了的问卷其应答率也高。

3）应用范围更广泛，可以自由选择调查物件，也能问一些比较复杂的问题，并可选择性地对某些特定问题做深入调查，因而大大扩展了应用的范围。

4）能在回答问题之外对被访问者的态度行为进行观察，因此可获得自填问卷无法获得的有关访问物件的许多非语言信息。

结构式访谈的缺点如下。

1）与自填式问卷相比，结构式访谈费用高，时间长，因而往往使调查的规模受到限制。

2）对于敏感性、尖锐性或有关个人隐私的问题，它的效度也不及自填式问卷。

(3) 半结构式访谈

半结构式访谈结合了结构式访谈和非结构式访谈的特征，它既使用开放式的问题，也使用封闭式的问题。访问人应该确定基本的访谈问题以保证一致性，即同每一位受访者讨论相同的问题。

(4) 集体访谈

集体访谈是类似于公众座谈会的一种集中收集信息的方法。一般由组织的一名或几名调查员与公众进行座谈，以了解他们的意见和看法。集体访谈法是一种了解情况快、工作效率高、经费投入少的调查方法，但对调查员组织会议能力的要求很高。另外，它也不适用于调查某些涉及保密、隐私、敏感性的问题。

集体访谈法的优点是了解情况快，工作效率高；人多见识广；集思广益，有利于把调查与研究结合起来，把认识问题与探索解决问题的办法结合起来；简便易行，可适用于文化程度较低的调查对象，有利于与被调查者交流思想和感情，有利于对访谈过程进行指导和控制等。但与个别访问相比较，集体访谈法的缺点是无法完全排除被调查者之间社会心理因素的影响，有些问题不宜于集体访谈，占用被调查者的时间较多。

焦点小组是集体访谈的一种形式，是由一个经过训练的主持人以一种半结构的形式与一个小组的被调查者交谈，主持人负责组织讨论。焦点小组座谈法的主要目的是通过倾听一组从调研者所要研究的目标市场中选择来的被调查者，从而获取对一些有关问题的深入了解。这种方法的价值在于常常可以从自由进行的小组讨论中得到一些意想不到的发现。

进行问卷调查时，用户可以在不需要研究人员在场的情况下独立填写问卷，而访谈和焦点小组则需要有一名采访者或主持人。一般来说，访谈和焦点小组所花费的时间比问卷调查要多，得到的数据也是定性的，分析时会受研究人员主观因素的影响。如果最终目的是获得确切的数据，那么问卷调查的方法会更好一些。有时也会将这几种方法结合起来使用。

习题

5.1 实验室观察与现场观察各有哪些优缺点？

5.2 观察后与用户进行访谈的目的是什么？

5.3 作为访谈主持人，有哪些需要注意的事项？

5.4 结构式访谈有哪些优点？

5.5 为什么要开展集体访谈，它有哪些优点和使用场合？

第6章　新型人机交互设备

在用户需求和科技进步双重驱动下，人机交互技术发生了从鼠标、多点触控到体感技术的三次革命。目前新型人机交互设备主要是指以自然人机交互为目标的体感交互设备。

体感交互设备是通过嵌入、有线或无线等方式连接到数字设备的装置，通过捕获和感知，接收人的肢体动作或语音等信息，完成信号转换，达到对设备控制和操作的目的。比如游戏体感设备是连接到游戏主机上的机器，它通过感应器接收玩家的肢体动作或语音信息，并把肢体动作或语音信息转换成控制信号，从而完成游戏的操作控制。游戏体感设备突破了传统意义上的游戏模式，让玩家可以丢掉手中的游戏控制手柄，即不通过直接接触的方式来进行交互，通过体感设备与游戏形成互动。所以当玩家在玩游戏时，除了要动手，还要动手臂、脚、膝盖、腰，甚至臀部。当玩家向左右移动或跳跃时，体感设备会处理这些动作，然后转换成游戏中角色的动作。这样的游戏方式，增加了玩家的游戏角色融入感，并且让玩家全身运动起来，给玩家带来健康身体的积极因素。图6-1展示了电视体感游戏。

图6-1　电视体感游戏

最早的体感交互设备是跳舞毯，如图6-2所示。玩家根据听到的音乐和屏幕中不断出现的指示箭头，在跳舞毯上的箭头区域踩踏与屏幕中出现的相同箭头，根据节拍控制踩踏节奏，并让身体舞动来完成跳舞游戏。跳舞毯使用一个拥有传感器的毯子作为输入设备，巧妙地将娱乐和健身结合在一起，通过跳舞作为载体，抛弃了传统跳舞软件只能通过鼠标键盘输入控制的单一方式。尽管跳舞毯将玩家限制在跳舞毯上面，仍然不能彻底摆脱输入设备，但为后来的体感游戏开发提供了参考。现在的跳舞毯已经能实现与主机的无线连接，品种多样，比如瑜伽跳舞毯、健身操跳舞毯及MTV跳舞毯等。

目前在人机交互领域，越来越多的大型公司将精力聚焦在体感设备研发上，因此体感交互设备研发正进入一个飞速发展的时代。目前主流的体感交互设备有微软的Kinect、任天堂的Wii、索尼的PSVR等。本章重点介绍Kinect、Leap Motion、Emotiv Epoc和Oculus Rift等体感交互设备。

a) b) c) d)

图 6-2 各种功能跳舞毯

a）跳舞机 b）无线跳舞毯 c）瑜伽跳舞毯 d）健身跳舞毯

6.1 Kinect 设备介绍及应用

6.1.1 Kinect 概述

Kinect 是微软公司 2009 年在美国 E3 展会上公布的作为微软 Xbox360 的一种外部设备。Xbox360 的体感设备 Kinect 可追踪用户动作，根据追踪到的动作数据建立用户的数字骨架，让用户动作反映在游戏角色中，所以用户不需要手持体感设备就可以玩游戏。2010 年，微软推出具有图像信息、深度信息和语音识别功能的 Kinect 传感器。此时，Kinect 不仅仅是一个简单的摄像机，它整合了具有革命性的 3D 图片识别与视频捕捉技术，具有即时动态捕捉、影像辨识、麦克风输入、语音辨识及社群互动等功能。随着其硬件技术的不断提升，它最终发展成体感交互的产品。Kinect 的出现彻底让人们向往这种体感交互方式的自然交互理念，使玩家乐于采用这种自然交互方式进行游戏，并与其他玩家交流。该设备的详细介绍和使用方法将在后续章节的实例部分展示。

Kinect 的核心部件 PrimeSensor 使用的是 PS1080 系统级芯片，PrimeSensor 设备采用了

Light Coding 技术，因此 Kinect 提供了更为强大的人机交互方式。Light Coding 是用光源照明对需要测量的空间编码，它的光源打出去的并不是一幅周期性变化的二维图像编码，而是一个具有三维纵深的“体编码”，这种光源叫作激光散斑（Laser Speckle），它是当激光照射到粗糙物体或穿透毛玻璃后形成的随机衍射斑点。这些散斑具有高度的随机性，而且会随着距离的不同变换图案，即空间中任意两处的散斑图案都是不同的。只要在空间中打上这样的结构光，整个空间就都被做了标记，把一个物体放进这个空间，只要看看物体上面的散斑图案，就可以知道这个物体在什么位置了。当然，在这之前要把整个空间的散斑图案都记录下来，所以要先做一次光源的标定。标定的方法是每隔一段距离，取一个参考平面，把参考平面上的散斑图案记录下来。假设规定的用户活动空间是距离电视机 1~4 m 的范围，每隔 10 cm 取一个参考平面，那么标定下来就需要保存 30 幅散斑图像。进行测量的时候，拍摄一幅待测场景的散斑图像，将这幅图像和已保存的 30 幅参考图像依次做互相关运算，这样会得到 30 幅相关度图像，而空间中有物体存在的位置，在相关度图像上就会显示出峰值，把这些峰值一层层叠在一起，再经过一些插值，就会得到整个场景的三维形状。

Kinect 一共有 3 个摄像头，中间一个是 RGB 摄像头，用来获取 640×480 的彩色图像，每秒钟最多获取 30 帧图像；两边的是两个深度传感器，左侧的是红外摄像头，右侧的是红外接收器，用来检测玩家的相对位置。Kinect 的两侧是一组四元麦克风阵列，用于声源定位和语音识别；下方还有一个带内置电动机的底座，可以调整俯仰角，其整体结构如图 6-3 所示。

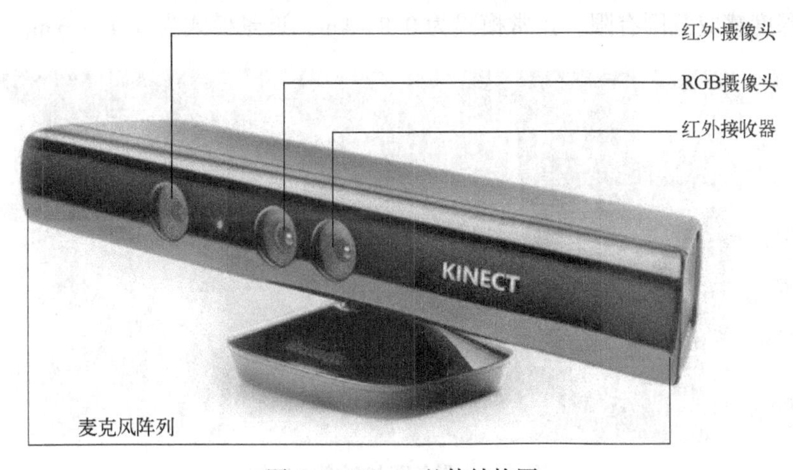

图 6-3　Kinect 整体结构图

Kinect 包括的核心芯片主要有立体声 ADC 与麦克风前置放大器（Wolfson Stereo ADC with Microphone Preamp），Fairchild N-channel PowerTrench MOSFET，NEC USB 2.0 Hub Controller（USB 2.0 集线器控制器），Unidentified SAP Package Chip，Camera Interface Controller（摄像头控制芯片），Hynix 512 MB DDR2 SDRAM，Analog Devices CMOS Rail-to-Rail Output Operational Amplifier（CMOS 运算放大器），TI 8-bit、8-channel Sampling A/D Converter，Allegro Low Voltage Stepper and Single/Dual Motor Driver（低功率步进器和单/双直流电动机驱动器），ST 8 MB NV Flash Memory（8MB 闪存），Marvell SoC Camera Interface Controller AP102（附带摄像头接口控制器的 SoC），PrimeSense PS1080 Image Sensor Processor（SoC 成像传感器处理器，PrimeSense 的核心芯片），TI USB Audio Controller（音频控制器），KionixKXSD9 Accelerometer（三轴加速度，测量是否水平，计算偏移用于补偿）等。

Kinect 包含麦克风阵列、红外投影机、红外摄像头、仰角控制电动机、USB 线缆及彩色摄像头等关键部件，其功能如下。

1）麦克风阵列，从 4 个麦克风采集声音，同时过滤背景噪声，可定位声源。

2）红外投影机，主动投射近红外光谱，照射到粗糙物体或者穿透毛玻璃后，光谱发生扭曲，会形成随机的反射斑点（称为散斑），进而能被红外摄像头读取。

3）红外摄像头，分析红外光谱，创建可视范围内的人体、物体的深度图像。

4）仰角控制电动机，可编程控制仰角的电动机，用于获取最佳视角。

5）USB 线缆，支持 USB 2.0 接口，用于传输彩色视频流、深度流及音频流等。必须使用外部电源，传感器才能充分发挥其功能（Kinect 的功率达到了 12 W，而普通 USB 一般是 2.5 W）。

6）彩色摄像头，用于拍摄视角范围内的彩色视频图像。

该传感器的优点是可以获得三大类原始数据信息，包括深度数据流、彩色视频流及原始音频数据，分别对应骨骼跟踪、身份识别、语音识别功能。它最出色之处莫过于其深度图像信息，如图 6-4 所示，右边图片就是深度图像。深度图像只和像素点与传感器的距离有关，这里的效果是距离传感器越近的像素点颜色越浅，当然也可以给不同深度的数据赋予其他颜色。通过物体的深度数据可以将人和其他物体区别开，进而能够实现人体骨骼跟踪、动作识别等功能。不足的是该传感器摄影机影像的刷新频率为 30 fps，代表着动作传递会有 33 ms 延时，而且深度感应范围有限，正常模式为 0.8～4 m，近景模式为 0.4 ～ 3 m。

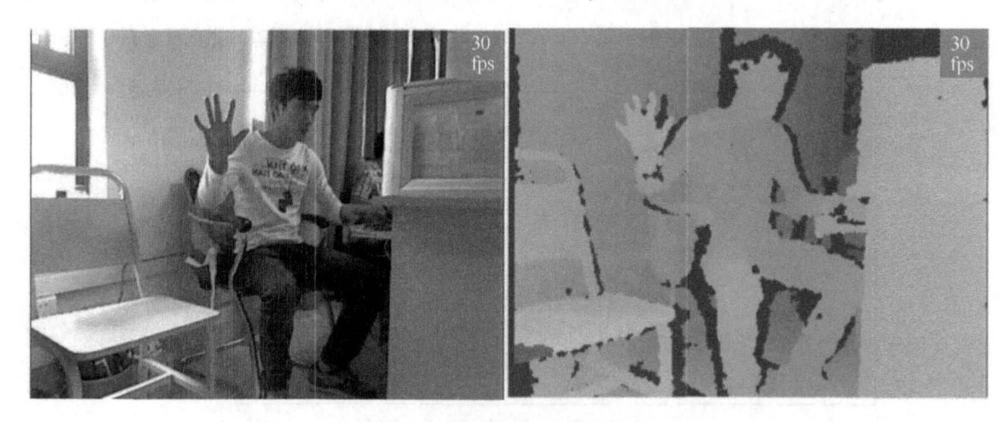

图 6-4 彩色图与深度图比较

Kinect for Windows v1 是微软 2012 年发售的，因为它可以很方便地取得 Depth（深度）和 Skeleton（人物姿势）等信息，被全世界的开发者和研究人员关注，其外观造型如图 6-5 所示。

Kinect v1 的深度传感器，采用光编码（Light Coding）技术（光编码技术是以色列的 PrimeSense 公司的深度传感器技术，于 2013 年被苹果公司收购），读取由红外线照射到物体上形成的衍射图案，通过图案的亮度变化来取得深度信息。为此，深度传感器分为投射红外线图案的红外投影仪（左）和读取图案的红外摄像头（右）。深度传感器中间还搭载了彩色摄像头。

Kinect for Windows v2 是微软 2014 年发售的，在硬件和软件上做了很大的提升，其外观造型如图 6-6 所示。

Kinect v2 预览版的深度传感器，采用的是 Time of Flight（TOF）的方式，通过投射的红

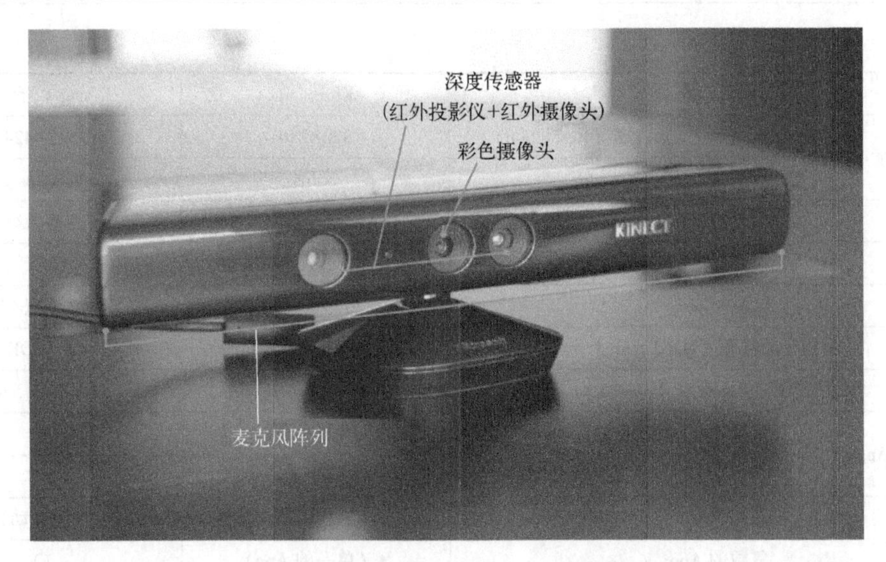

图 6-5　Kinect for Windows v1 外观造型

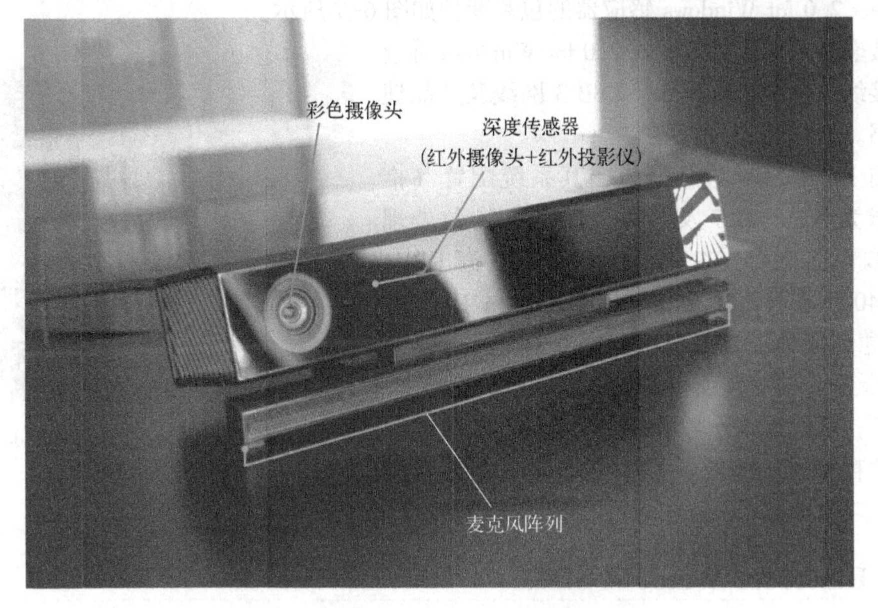

图 6-6　Kinect for Windows v2 外观造型

外线反射后返回的时间来取得深度信息。深度传感器看不到外观，彩色摄像头旁边是红外摄像头（左）和投射脉冲变调红外线的投影仪（右）。微软过去收购过使用 TOF 方式处理深度传感器技术的公司，且使用了这种技术，不过没有详细的公布。

表 6-1是 Kinect v1 和 Kinect v2 预览版的传感器的配置比较。

表 6-1　Kinect v1 和 Kinect v2 预览版的传感器的配置比较

配　置		Kinect v1	Kinect v2 预览版
颜色（Color）	分辨率（Resolution）	640×480	1920×1080
	fps	30fps	30fps

（续）

配　　置		Kinect v1	Kinect v2 预览版
深度（Depth）	分辨率（Resolution）	320×240	512×424
	fps	30fps	30fps
人物数量（Player）		6 人	6 人
人物姿势（Skeleton）		2 人	6 人
节点（Joint）		20 节点/人	25 节点/人
手的开闭状态（Hand State）		△（Developer Toolkit）	○（SDK）
检测范围（Range of Detection）		0.8~4.0 m	0.5~4.5 m
角度（Angle）（Depth）	水平（Horizontal）	57°	70°
	垂直（Vertical）	43°	60°
Tilt Motor		○	×（手动）
复数的 App		×（单一的 App）	○

Kinect 2.0 for Windows 感应器的包装套件如图 6-7 所示。

包装套件组成包括 Kinect 2.0 for Windows 感应器及连接线、电源与电源线、USB 3 网线及产品使用说明书。

图 6-7　Kinect 2.0 for Windows 感应器的包装套件

使用 Kinect 2.0 进行开发，其系统配置（推荐）要求为 Windows 7 及其以上版本，64 位处理器，4 GB 以上内存，i7 的 3.1 GHz 或更高 CPU，Intel HD4000 及其以上显卡，ATI Radeon HD5400 系列或更高版本，USB 3.0（Intel or Renesas 芯片），外接显卡时必须支持 Windows 8。

注意：笔记本式计算机使用电池的时候可能会换到低功耗模式，降低了 CPU 的性能，需要禁用 CPU 的低功耗模式。

6.1.2　Kinect for Windows SDK

Kinect for Windows SDK 主要具有骨骼追踪、深度摄像头及音频处理等功能。

骨骼追踪：对在 Kinect 视野范围内移动的一个或两个人进行骨骼追踪，可以追踪到人体上的 20 个节点（一般是 24 个节点）。此外，Kinect 还支持更精确的人脸识别。

深度摄像头：利用“光编码”技术，通过深度传感器获取到视野内的环境三维位置信息。这种深度数据可以简单地理解为一张利用特殊摄像头获取到的图像，但是其每一个像素的数据不是普通彩色图片的像素值，而是这个像素的位置距离 Kinect 传感器的距离。由于这种技术是利用 Kinect 红外发射器发出的红外线对空间进行编码的，因此无论环境光线如何，测量结果都不会受到干扰。

音频处理：它与 Microsoft Speech 的语音识别 API 集成，使用一组具有消除噪声和回波的四元麦克风阵列，能够捕捉到声源附近有效范围之内的各种信号。

Kinect for Windows SDK 是一系列类库，它让开发者能够将 Kinect 作为输入设备开发各种应用程序。Kinect for Windows SDK 只能运行在 32 位或者 64 位的 Windows 7 及以上版本的操作系统上，第二代 Kinect 系统架构如图 6-8 所示。

获得原始数据后对数据进行坐标空间的映射。这里涉及三个空间，分别是相机空间、深度图像空间和彩色图像空间。

1）相机空间指的是 Kinect 使用的 3D 空间坐标。其右手法则的坐标系如图 6-9 所示。在Unity 中使用的是左手坐标系。

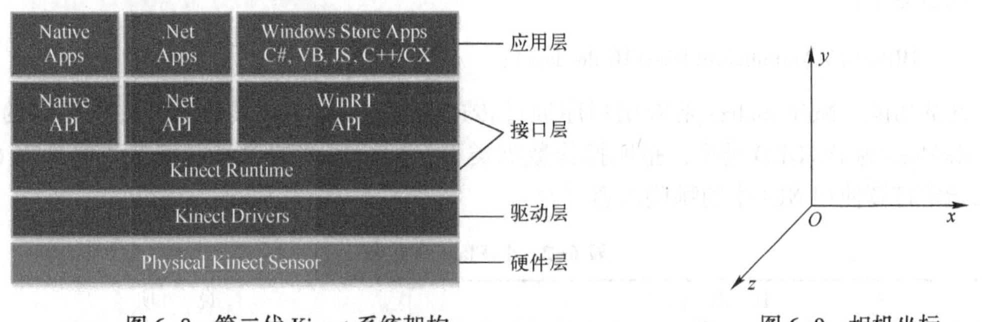

图 6-8 第二代 Kinect 系统架构　　图 6-9 相机坐标

坐标原点（$x=0$, $y=0$, $z=0$）位于 Kinect 的红外相机中心，x 轴方向为顺着 Kinect 的照射方向的左方向，y 轴方向为顺着 Kinect 的照射方向的上方向，z 轴方向为顺着 Kinect 的照射方向，坐标单位为 m。

2）深度图像空间用来描述深度图片上的位置。x 代表列，y 代表行，(x,y) 表示深度图上的一个像素坐标。(0,0)对应于图片的左上角，而(511,423)代表着图片的右下角。通常会用深度图来得到一个点云，这种情况下就要用到深度图像空间到相机空间的反投影。注意如果一个点一个点地去反投影，这样开销太大，所以这里推荐使用 MapDepthPointsToCameraSpace、GetDepthFrameToCameraSpaceTable 这样的函数。

如果还想知道深度图上每个像素对应的红外强度值，可以直接从红外图像中读取相同坐标位置的像素，因为深度图和红外图都是一个传感器得到的。如果还想得到深度图上每个像素对应的彩色值，就会用到 Coordinate mapping 类来获得彩色图上对应的像素位置。

3）彩色图像空间。首先要知道在 Kinect 上，彩色相机是和红外相机有一定平移距离的，它们观察的视角也就不相同，再加上深度图和彩色图的分辨率不同，因此得到的图像也就不能按像素直接对应。类似深度图像空间，x 代表列，y 代表行，(x,y) 表示深度图上的一个像素坐标。(0,0)对应于图片的左上角，而(1919,1079)代表着图片的右下角。

Coordinate mapping 类主要将 3D 相机坐标空间中的坐标投影到 2D 的深度图中，或从深度图中反投影到相机坐标空间；找到深度图和彩色图中对应的像素位置。

6.1.3 Kinect SDK API 函数

SDK 提供了丰富的类库及工具帮助开发者使用 Kinect 接收的数据，这些数据是对真实世界事件的感应和反馈。Kinect 及相关类库与开发者应用程序的关系如图 6-10 所示。

任何想使用微软提供的 API 来操作 Kinect，都必须在所有操作之前，调用 NUI 的初始化函数，下面就常用的 Kinect API 函数进行介绍。

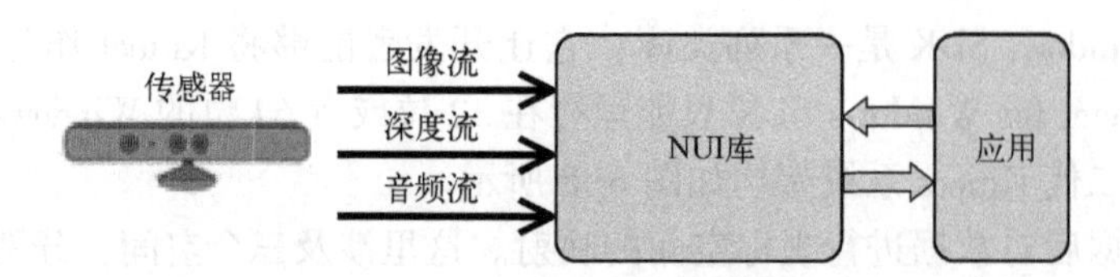

图 6-10 Kinect 及相关类库与开发者应用程序的关系

1. NUI 初始化函数 NuiInitialize( )

函数原型：

```
HRESULT NuiInitialize(DWORD dwFlags);
```

函数功能：NuiInitialize 是应用程序通过传递给 dwFlags 参数具体值，进行相应的初始化；dwFlags 为 DWORD 类型，指明操作数据类型，即标志位的含义。该参数值见表 6-2，用来指定打算使用 NUI 中的哪些内容。

表 6-2 dwFlags 参数值

标 志 位	说 明
NUI_INITIALIZE_FLAG_USES_DEPTH_AND_PLAYER_INDEX	使用 NUI 中的带用户信息的深度图数据
NUI_INITIALIZE_FLAG_USES_COLOR	使用 NUI 中的彩色图数据
NUI_INITIALIZE_FLAG_USES_SKELETON	使用 NUI 中的骨骼追踪数据
UI_INITIALIZE_FLAG_USES_DEPTH	仅使用深度图数据

以上 4 个标志位，可以使用一个，也可以用“|”操作符将它们组合在一起。例如同时使用带用户信息的深度图、用户骨骼框架和彩色图。

```
HRESULT hr = NuiInitialize(NUI_INITIALIZE_FLAG_USES_DEPTH_AND_PLAYER_INDEX | NUI_
INITIALIZE_FLAG_USES_SKELETON | NUI_INITIALIZE_FLAG_USES_COLOR);
```

注意：NuiInitialize 是应用程序通过传递给 dwFlags 参数具体值，来初始化 Kinect 设置，如果要对某种数据类型进行操作，NUI 初始化函数标志位中必须指定该数据类型，然后才能调用相应 API 函数对相应数据进行操作。例如，要调用 NuiImageStreamOpen 类的函数，初始化的时候就应指定 NUI_INITIALIZE_FLAG_USES_COLOR 类型，否则 NuiImageStreamOpen 函数就不能打开彩色数据了。一个应用程序对应一个 Kinect 设备，必须要调用此函数一次，并且也只能调用一次。

2. NuiShutdown( ) 函数

函数原型：

```
VOID NuiShutdown();
```

函数功能：该函数用于释放对 Kinect 设备的控制权。

3. 打开对 NUI 设备的访问通道函数

函数原型：

```
HRESULT NuiImageStreamOpen (NUI_IMAGE_TYPE eImageType,
NUI_IMAGE_RESOLUTION eResolution,
```

```
DWORD dwImageFrameFlags_NotUsed,
DWORD dwFrameLimit,
HANDLE hNextFrameEvent,
HANDLE * phStreamHandle);
```

函数功能：该函数用于打开对 NUI 设备彩色数据流和深度数据流的访问通道。

eImageType 是 NUI_IMAGE_TYPE 枚举类型的值（对应 NuiInitialize 中的标志位），用来详细指定要创建的流类型。比如要打开彩色图，则使用 NUI_IMAGE_TYPE_COLOR。

eResolution 是一个 NUI_IMAGE_RESOLUTION 枚举类型的值，用来指定以什么分辨率打开 eImageType 中指定的图像类别。彩色图 NUI_IMAGE_TYPE_COLOR 支持 NUI_IMAGE_RESOLUTION_1280x1024 和 NUI_IMAGE_RESOLUTION_640x480 两种分辨率；深度图 NUI_IMAGE_TYPE_DEPTH 支持 NUI_IMAGE_RESOLUTION_640x480、NUI_IMAGE_RESOLUTION_320x240 和 NUI_IMAGE_RESOLUTION_80x60 三种分辨率。

dwImageFrameFlags_NotUsed 是保留参数，暂无意义，任意给定一个值即可。

dwFrameLimit 指定 NUI 运行时环境将要打开的图像类型建立几个缓冲。最大值是 NUI_IMAGE_STREAM_FRAME_LIMIT_MAXIMUM（本书使用版本为 4），对于大多数程序来说，该值为 2 就足够了；hNextFrameEvent 是用来手动重置信号是否可用的事件句柄（event），该信号用来控制 Kinect 是否可以开始读取下一帧数据。

phStreamHandle 指定一个句柄的地址。函数成功执行后，将会创建对应的数据访问通道（流），并且让该句柄保存这个通道的地址。也就是说，如果现在创建成功，那么以后想读取数据，就要通过这个句柄。

4. NuiSkeletonTrackingEnable 函数

函数原型：

```
HRESULT NuiSkeletonTrackingEnable(m_hNextSkeletonEvent, Flag);
```

函数功能：该函数用来设置 Skeleton Stream 跟踪标志位。

m_hNextSkeletonEvent 是事件句柄，Flag 参数的取值见表 6-3。

表 6-3　Flag 取值

Flag 取值	说　明
NUI_SKELETON_TRACKING_FLAG_ENABLE_IN_NEAR_RANGE	近景
NUI_SKELETON_TRACKING_FLAG_ENABLE_SEATED_SUPPORT	坐姿，只有头、肩、手臂 10 个节点
flag&~(NUI_SKELETON_TRACKING_FLAG_ENABLE_SEATED_SUPPORT)	站姿，有标准的 20 个节点
0	默认值

5. WaitForSingleObject 函数

函数原型：

```
WaitForSingleObject(nextEvent, INFINITE);
```

函数功能：等待新的数据，新数据到达后触发事件变成有信号状态。

nextEvent 是事件句柄；INFINITE 是等待事件变成信号状态时间，单位为 ms，INFINITE

值表示直到事件变成有信号状态，该函数返回 0。

6. NuiImageStreamGetNextFrame( )函数

函数原型：

```
HRESULT NuiImageStreamGetNextFrame(
HANDLE hStream, DWORD dwMillisecondsToWait,
CONST NUI_IMAGE_FRAME * * ppcImageFrame);
```

函数功能：从流数据获得 Frame 数据，返回值为 S_OK 表示成功，否则失败。hStream 是 NuiImageStreamOpen 函数打开数据流时的输出参数，即流句柄，彩色数据对应彩色流句柄，深度数据对应深度流句柄。

dwMillisecondsToWait 是延迟时间，以 μs 为单位的整数。当运行环境在读取之前，会先等待这个时间。

ppcImageFrame 指定一个 NUI_IMAGE_FRAME 结构的指针，当读取成功后，该函数会将读取到的数据地址返回，保存在此参数中。ppcImageFrame 包含了很多有用信息，包括图像类型、分辨率、图像缓冲区及时间戳等。

Kinect 融合功能是通过对从多个角度获取到的深度影像数据进行融合，来重建物体的单帧光滑表面模型。当传感器移动的时候，照相机的位置以及姿势信息被记录下来，这些信息包括位置和朝向。由于知道了每一帧图像的姿势以及帧与帧之间的关联，多帧从不同角度采集的数据能够融合成单帧重建好的定点立方体。这时可以想象下，在空间中的一个巨大的虚拟立方体，里面是现实世界的场景。当移动传感器的时候，深度数据信息被不断加入。

第一步，深度影像数据的转换。SDK 将 Kinect 中获取的原始深度帧数据转换为以 m 为单位的浮点数据，紧接着对该数据进行优化，通过获取摄像头的坐标信息，将这些浮点数据转换为和 Kinect 摄像头朝向一致的点云数据。这些点的表面情况通过使用 AlignPointClouds 函数获取。

第二步，计算全局摄像头的姿势信息，包括摄像头的位置和朝向，通过使用交互型的配准算法在摄像头移动时不断获取其姿势，这样系统始终知道当前摄像头相对于起始帧时摄像头的相对姿势。Kinect Fusion 中有两种配准算法。一种是 NuiFusionAlignPointClouds，它用来将从重建对象计算得来的点云与从 Kinect 深度影像数据中获取的点云进行配准，或者单独地使用比如对同一场景的不同视场角的数据进行配准；第二种是 AlignDepthToReconstruction，该算法在对重建立方体进行处理时能够获得更高精度的追踪结果。但是对于场景内移动的物体该算法可能不够健壮，如果场景中的追踪被中断，那么需要将摄像头的位置和上一次的摄像头位置对齐才能继续进行追踪。

第三步，将从已知姿势摄像头产生的深度影像数据融合为代表摄像头视野范围内的景物的立方体。这种对深度数据的融合是逐帧连续进行的，同时通过平滑算法进行了去噪，也处理了某些场景内的动态变化，比如场景内添加或者移除了小的物体等。随着传感器的移动从不同的视场角度观察物体表面，原始影像中没有表现出来的任何隔断或者空白也会被填充。随着摄像头更接近物体，通过使用新的更高精度的数据，物体表面会被持续优化。

最后，从传感器视点位置对重建立方体进行光线投射，重建的点阵云能够产生渲染后的三维重建立方体。

Kinect Fusion 对物体的追踪仅仅使用 Kinect 传感器产生的深度数据流。这种追踪主要依赖深度影像数据中不同位置，深度数据有足够的深度差异，因此它能够将看到的数据融合以及计算传感器的不同位置差异。如果将 Kinect 对准一个平整的墙面或者有很少起伏变化的物体，那么追踪可能不会成功。场景中物体分散时效果最好，所以在使用 Kinect Fusion 对场景进行追踪时如果出现追踪失败的情况，不妨试着对场景内的物体进行追踪。下面介绍与 Kinect 融合功能相关的函数。

7. DepthToDepthFloatFrame 函数

函数原型：

```
public void DepthToDepthFloatFrame(
Windows StoreDepthImagePixel[ ] depthImageData,
FusionFloatImageFrame depthFloatFrame,
float minDepthClip,
float maxDepthClip,
bool mirrorDepth);
```

函数功能：该函数将无符号短型深度影像数据帧格式转换为浮点型深度影像数据帧格式，它代表物体距离 Kinect 传感器的距离，处理好的数据存储在预分配的 depthFloatFrame 中，参数中 depthImageData 和 depthFloatFrame 的大小必须一致，该函数在 GPU 上运行。depthImageData 是从 Kinect 传感器获取的深度影像原始数据；该函数处理好的数据存储在预分配的 depthFloatFrame 中返回；minDepthClip 表示最小深度阈值，小于该值时都会设置为“0”；maxDepthClip 为最大深度阈值，大于该值时都被设置为“1000”；mirrorDepth 是布尔型，表示是否对深度数据进行镜像处理。

注意：最小/最大深度阈值可以用来对输入的数据进行处理，比如可以排除某些特殊的物体，将这些物体排除在三维重建之外。

8. ProcessFrame 函数

函数原型：

```
public bool ProcessFrame(
FusionFloatImageFrame depthFloatFrame,
int maxAlignIterationCount,
int maxIntegrationWeight,
Matrix4 worldToCameraTransform);
```

函数功能：该函数用来对每一帧经过 DepthToDepthFloatFrame()函数处理后的深度影像数据进行进一步处理。如果在 AlignDepthFloatToReconstruction 阶段追踪产生错误，那么接下来的 IntegrateFrame 阶段就不会进行处理，相机的姿势也保持不变。该函数支持的最大图像分辨率为 640×480。depthFloatFrame 参数中保存经 DepthToDepthFloatFrame 函数处理后的深度影像数据。maxAlignIterationCount 为配准过程中的迭代次数，该参数用来表示对齐相机追踪算法的迭代次数，最小值为 1，值越小时计算速度更快，但是设置过小会导致配准过程不收敛，从而得不到正确的转换。maxIntegrationWeight 用来控制深度影像融合的平滑参数，值过小会使得的图像具有更多的噪点，但是物体的移动显示得更快，消失得也更快，因此比较适合动态场景建模；值过大使得物体融合得更慢，但是会保有更多的细节，噪点更少。worldToCameralTransoform 参数为最新的相机位置。

注意：如果该方法返回 true，则表示处理成功，如果返回 false，表示算法在对深度影像数据对齐的时候遇到问题，不能够计算出正确的变换。一般地，可以分别调用 AlignDepth-FloatToReconstruction 和 IntegrateFrame 这两个函数，从而可以对更多的细节进行控制，但是，ProcessFrame 速度可能更快，该方法处理成功之后，如果需要输出重构图像，则只需要调用 CalculatePointCloud 函数，然后调用 FusionDepthProcessor. ShadePointCloud 函数即可。

9. AlignDepthFloatToReconstruction 函数

函数原型：

```
public bool AlignDepthFloatToReconstruction(
FusionFloatImageFrame depthFloatFrame,
int maxAlignIterationCount,
FusionFloatImageFrame deltaFromReferenceFrame,
out float alignmentEnergy,
Matrix4 worldToCameraTransform);
```

函数功能：该函数用来将深度影像数据帧匹配到重构立方体空间，并由此计算出当前深度数据帧的摄像头的空间相对位置。相机追踪算法需要重构立方体，如果追踪成功，会更新相机的内部位置。该函数支持的最大分辨率为 640×480。

depthFloatFrame 参数中保存经 DepthToDepthFloatFrame 函数处理后的深度影像数据；maxAlignIterationCount 与 ProcessFrame 函数中的参数含义相同；deltaFromReferenceFrame 表示配准误差数据帧，是一个预先分配的浮点影像帧，通常存储每一个观测到的像素与之前的参考影像帧的对齐程度，可以用来产生彩色渲染或者作为其他视觉处理算法的参数，比如对象分割算法的参数，这些残差值被归一化到-1～1 的范围内，代表每一个像素的配准误差程度，如果合法的深度值存在，但是没有重构立方体，那么该值就为 0，表示完美地对齐到重构立方体上，如果深度值不合法，就返回 1，如果不需要这个返回信息，直接传入 null 即可；alignmentEnergy 表示配准精确程度，0 表示完美匹配；worldToCameraTransform 表示此刻计算得到的相机位置，通常该变量通过调用 FusionDepthProcessor. AlignPointClouds 或者 Windows StoreAlignDepthFloat ToReconstruction 这两个函数获得。

注意：该函数如果返回 true 则表示对齐成功，返回 false 则表示算法在对深度影像数据对齐的时候遇到问题，不能够计算出正确的变换。

10. CalculatePointCloud 函数

函数原型：

```
public void CalculatePointCloud(
FusionPointCloudImageFrame pointCloudFrame,
    Matrix4 worldToCameraTransform);
```

函数功能：该函数通过光线跟踪算法计算出视点下的点云数据。pointCloudFrame 是一个固定的图像大小，图像越大，计算所耗费的资源就越多，预先分配的点云数据帧，通过对重建立方体进行光线投射得到的点云数据进行填充；worldToCameraTransform 表示相机视点的位置，用来表示光线投射的位置。

注意：这些点云信息可以被用作 FusionDepthProcessor. AlignPointClouds 或者 FusionDepthProcessor. ShadePointCloud 函数的参数，从而产生可视化的图像输出。

11. CalculateMesh 函数

函数原型：

```
public Mesh CalculateMesh(int voxelStep);
```

函数功能：CalculateMesh 函数用于返回重构场景的几何网络模型。该函数从重建立方体输出一个多边形立体表面模型。voxelStep 是采样步长，采样步长设置得越小，返回的模型就越精致。

6.1.4 Kinect 应用举例

下面以利用 Kinect SDK API 读取彩色图形的步骤为例。

第一步，基本设置。

1）在 vs2010 项目中，需要设置 C++目录。

包含目录中加入$(MSRKINECTSDK)\inc，库目录中加入$(MSRKINECTSDK)\lib，MSRKINECTSDK 是环境变量，正确安装 MS Kinect for Windows SDK 后，会在计算机中的环境变量中看到。

2）添加特定库。

除了指定目录外，还需要在链接器中设置附加依赖项，填入 MSRKinectNUI. lib。

3）头文件。

为了使用 NUI 中的 API，首先要包含 MSR_NuiApi. h。

```
#include "MSR_NuiApi. h"
```

还要保证已经包含了 Windows. h。

```
#include <Windows. h>
#include "MSR_NuiApi. h"
```

否则 MSR_NuiApi 中很多根据 Windows 平台定义的数据类型及宏，都不能使用微软提供的 API 来操作 Kinect，它们都必须在所有操作之前，调用 NUI 的初始化函数。

第二步，初始化 NUI。

现在初始化 NUI，本程序只读取彩色图。

```
HRESULT hr = NuiInitialize(NUI_INITIALIZE_FLAG_USES_COLOR);
    //这是一种处理返回值的方式
    if(FAILED(hr))
    {
        cout<<"NuiInitialize failed"<<endl;
        return hr;
    }
    //这是另一种处理返回值的方式
```

```
if(hr == S_OK)
{
    cout<<"NuiInitialize successfully"<<endl;
}
```

这里准备了两种对 NuiInitialize 返回值进行处理的代码，推荐使用后者。

NuiInitialize 返回值必须是 S_OK 才可以让程序继续下去，只需对返回值判断是否等于 S_OK即可。

第三步，打开对 NUI 设备访问的通道。

```
//初始化 NUI
HRESULT hr = NuiInitialize(NUI_INITIALIZE_FLAG_USES_COLOR); /* 指定要访问彩色图信息 */
if( hr != S_OK )
{
  cout<<"NuiInitialize failed"<<endl;
  return hr;
}
HANDLE h1 = CreateEvent( NULL, TRUE, FALSE, NULL ); /* 创建读取下一帧的信号事件句柄 */
HANDLE h2 = NULL;
//用来保存彩色图通道(流)句柄
//打开彩色图数据流,并用 h2 保存该流的句柄,以便于以后读取
hr = NuiImageStreamOpen(
NUI_IMAGE_TYPE_COLOR,NUI_IMAGE_RESOLUTION_640x480,0,2,h1,&h2);
if( hr != S_OK )
{
  switch(hr)
  {
  case E_POINTER:
  cout<<"The value of phStreamHandle is NULL,please check it"<<endl;
  break;
  case E_INVALIDARG:
  cout<<"The value of dwFrameLimit is outside the range from 1- NUI_IMAGE_STREAM_FRAME_
LIMIT_MAXIMUM"<<endl;
  break;
  //……
  }
  cout<<"Could not open image stream video"<<endl;
  return hr;
}
```

第四步，读取彩色图数据。

```
//读取一帧:
```

```
const NUI_IMAGE_FRAME * pImageFrame = NULL;
hr = NuiImageStreamGetNextFrame( h2, 0, &pImageFrame );
if( hr != S_OK )
{
cout<<"Get Image Frame Failed"<<endl;
return hr;
}
```

如果没有遇到错误，则 Kinect 就捕获了一幅画面，并将该画面的信息保存在 NUI_IMAGE_FRAME 结构中，即 pImageFrame 指向该结构的地址。

应用程序必须调用 NuiImageBuffer：ockRect 方法，来获取当前帧中与图形有关的缓冲（可以指定 1~4 个缓冲区）。

```
KINECT_LOCKED_RECT LockedRect;
pTexture->LockRect( 0, &LockedRect, NULL, 0 );
```

LockedRect 对象用来保持图像，LockedRect 的数据类型是 KINECT_LOCKED_RECT 结构类型，该结构只包含两个成员。

```
INT   Pitch;     //图像中一行数据的大小(字节)
void * pBits;   //用来存储所有像素点的数组地址
```

第三步指定的分辨率是 640×480，即 307 200 个像素点全都被保存在 LockedRect->pBits 的数组中，每个像素点的颜色信息都是以 32 位 RGB 形式存储的。

用 pTexture 的成员 BufferLen 来验证数组大小的有效性。

```
cout<<"当前帧图像占用内存"<<pTexture->BufferLen<<"字节"<<endl;
```

读取彩色图像素信息。

```
BYTE * pBuffer = (BYTE *) LockedRect.pBits;
//显示 x200y400 位置上的像素信息
pBuffer += (200+399 * 640) * 4;
printf("x:200 y:400 坐标处的像素颜色:r:%d g:%d b:%d\n",pBuffer[2],pBuffer[1],pBuffer[0]);
```

到此为止，单个点都会读取了，那么从头遍历到结尾，只需要一个嵌套循环而已。

```
BYTE * pBuffer = (BYTE *) LockedRect.pBits;
for (int y = 0; y < 480; ++y)
{
  const BYTE * pImage = pBuffer;
  for (int x = 0; x < 640; ++x)
  {
  //第 y 行第 x 列像素的信息
  //pImage[3] A
  //pImage[2] R
  //pImage[1] G
  //pImage[0] B
```

```
      //注意:如果直接 Paint 到 DC 上,还是考虑用离屏界面 memory DC
        pImage+=4;//每读取完一个像素,向后移动到下一个像素点
      }
      pBuffer += 640 * 4;
    }
```

第五步，释放 NUI。

初始化以后，在继续其他深入获取 NUI 设备的数据之前，先了解一下如何关闭程序与 NUI 之间的联系。

```
VOID NuiShutdown();
```

这个函数在程序退出时，都应该调用一下。如果程序暂时不使用 Kinect，就放开对设备的控制权，好让其他程序可以访问 Kinect。

注意：开发过程中，如果使用 OpenGL 的 glut 库，那么不要在 glMainLoop()后面调用 NuiShutdown()函数，应该在窗口关闭以及任意执行了退出代码的时刻调用它。

6.2 Leap Motion 设备介绍及应用

Leap Motion 可以检测并跟踪手、手指和类似手指的工具，可以在高精确度和高跟踪帧率下工作。它可以实时获取手、手指和工具的位置、手势和动作。Leap Motion 的可视范围是一个倒金字塔，塔尖在设备中心，可工作范围在设备前方的 2.5 cm~0.6 m。

Leap Motion 采用了右手笛卡儿坐标系，如图 6-11 所示。返回的数值都是以真实世界的 mm 为单位。原点在 Leap Motion 控制器的中心，x 轴和 z 轴在器件的水平面上，x 轴和设备的长边平行，y 轴是垂直的，以正值增加形式向上。距离计算机屏幕越远，z 轴正值不断增加。Leap Motion 各物理量的单位见表 6-4。

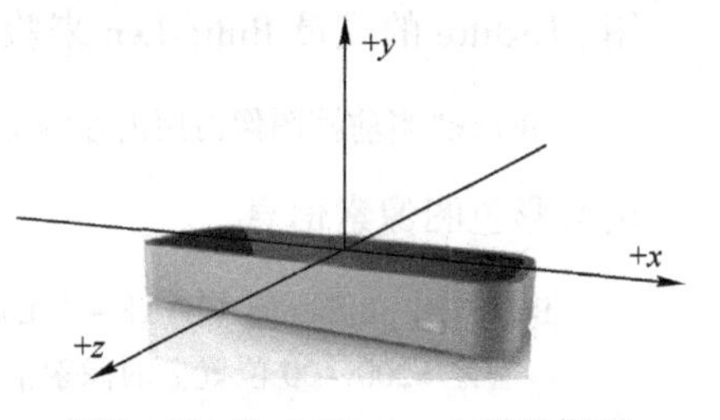

图 6-11 Leap Motion 右手坐标系

表 6-4 Leap Motion 物理量单位

名 称	单 位
距离	mm
时间	μs（除非另有说明）
速度	mm/s
角度	(°)

6.2.1 运动跟踪数据

由于 Leap Motion 在它的可视范围内跟踪手、手指及工具，因此它提供更新数据集或数据帧。每帧数据包含手、手指或工具等跟踪对象数据（表 6-5），也包含识别出的手势和场景中的运动因素。Leap Motion 为检测到的手、手指和工具或手势分配一个唯一的 ID 标识符。只要这个实体一直存在于设备可视范围内，这个 ID 标识符就保持不变。如果追踪目标

丢失或者失而复得，Leap Motion 将重新分配一个 ID。

表 6-5　追踪数据列表

名　称	描　述
hand	手，所有的手
Pointables	有端点的对象，如手、有端点的工具
Fingers	所有的手指
Tools	所有的工具
Gestures	所有手势的开始、结束或某个对象的更新

Pointables、Fingers 和 Tools 是具有端点的列表，它们包含了任何在数据帧检测出的有端点的对象。可以通过访问手的列表获取手中物体的信息。需要注意的是，如果用户的手只在 Leap Motion 的视野中出现一部分，那么手指或者工具都无法与手关联。

帧运动主要包括位移、旋转及尺度变化等。例如，如果把双手同时移动到 Leap Motion 的左侧视野，则发生了位移变化；如果扭动双手，好像旋转一个球，则发生了旋转；如果将双手靠近或者远离，则发生了缩放（尺度）变化。

通过比较当前帧和历史帧判断是否有帧运动信息产生。描述帧运动的属性见表 6-6。

表 6-6　帧运动属性

属性名称	描　述
旋转坐标（Rotation Axis）	描述坐标旋转的方向向量
旋转角度（Rotation Angle）	相对于旋转坐标（笛卡儿坐标系）的顺时针方向的旋转角度
旋转矩阵（Rotation Matrix）	旋转的矩阵变换
缩放因子（Scale Factor）	描述膨胀和收缩的因子
位移（Translation）	描述线性运动的向量

Leap Motion 提供了跟踪 API，其类别及功能见表 6-7。每类中包含很多 API 函数，详细内容读者可以阅读 Leap Motion 提供的文档。

表 6-7　API 类别及其作用

名　称	描　述
Connecting to the Controller	连接 Leap Motion 控制器
Tracking Model	使用跟踪数据
Frame	获得跟踪数据
Hands	跟踪手对象
Fingers	跟踪手指或工具
Gestures	手势识别
TouchMulation	应用虚拟平面
Motions	应用手势因素
Coordinate System	从 Leap Motion 到应用坐标转换
Camera Images	从 Leap Motion 传感器访问原始图像
Serializing tracking data	使用框架序化 API 保持和加载跟踪数据

Leap Motion 的 API 提供一系列被称为帧对象的快照运动追踪数据。追踪数据的每一帧都包含实体位置和其他在快照中被检测到实体的信息。

可以使用 Controller 类中的 frame( )方法获取一个帧对象，代码如下。

```
if( controller.isConnected( ) )                    //控制器已经连接
{
        Frame frame = controller.frame( );          //最新帧
        Frame previous = controller.frame(1);       //前一帧
}
```

frame( )函数使用一个历史参数表示要返回多少帧。最先的 60 帧保存在历史缓冲区中。

6.2.2 手模型

手模型提供关于被检测手的标识 ID、位置、运动方式和其他特征信息，也包括手指或者手上的工具以及与手关联对象的信息。

Leap Motion API 提供大量与手有关的信息，但其不能确定每一帧的所有属性。

手对象提供一些属性来反映一只被检测到手的物理特征，见表 6-8。

表 6-8 手的属性

名　称	描　述
手掌坐标（Palm Position）	在 Leap Motion 的坐标系下，手掌中心的坐标以 mm 为单位被衡量
手掌速率（Palm Velocity）	手掌的运动速度，单位为 mm/s
手掌法线方向（Palm Normal）	与手掌所形成的平面的垂直向量，向量方向指向手掌内侧，如图 6-12 所示
方向（Direction）	由手掌中心指向手指的向量，如图 6-12 所示
球心（Sphere Center）	可以适合手掌内侧弧面的一个球心
球半径（Sphere Radius）	当手形状变化时，球半径跟着变化，如图 6-13 所示

方向和手掌法线方向是在 Leap Motion 坐标系下，描述手的方向的向量，如图 6-12 所示。手掌标准垂直于手掌往外，方向朝着手指方向。

球心和球半径描述了一个球，这个球满足手掌的曲率，正好可以被手掌握着，如图 6-13 所示，当手卷曲时，球变小。

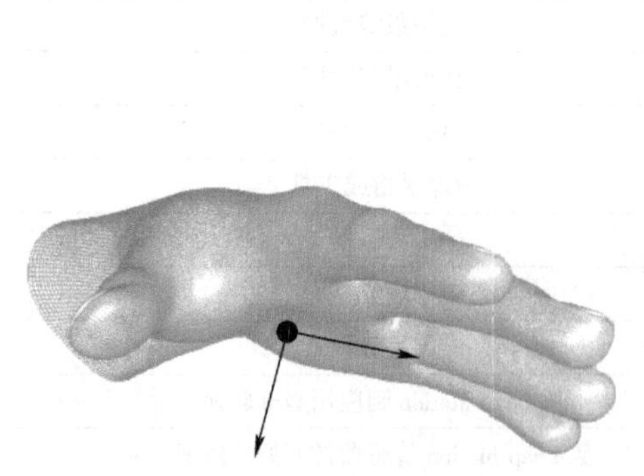

图 6-12　方向和手掌法线方向

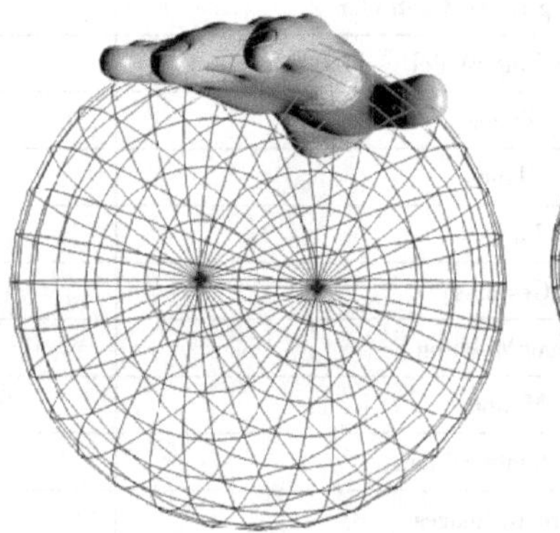

图 6-13　球半径

手对象还提供了一些用于描述手运动的属性。Leap Motion 分析与手关联的手指、工具的位移、旋转和缩放等手的运动。例如，将手绕着 Leap Motion 运动，会产生位移；张开、扭曲和倾斜手，可以产生旋转；将手势或者工具对着 Leap Motion 靠近或远离，可以产生缩放。

手的运动是通过当前帧与历史特定帧对比得到的。描述手运动的属性有旋转坐标（Rotation Axis）、旋转角度（Rotation Angle）、旋转矩阵（Rotation Matrix）、缩放因子（Scale Factor）及位移（Translation）等。

Leap Motion 不但检测和追踪视野范围内的手指，也追踪工具。其通过形状对手指类似物体进行分类。一个工具相对于手指来说更长、更细、更直。在 Leap Motion 模型里，手指和工具的物理特征被抽象到一个端点对象中。手指和工具属于尖端对象，该类对象的物理特征包括长度（Length）、宽度（Width）、方向（Direction）、尖坐标（Tip Position）及尖点速率（Tip Velocity）等，其描述见表 6-9，尖坐标与方向如图 6-14 所示，指尖上的点是尖坐标，指针是尖方向，图 6-15 是工具，这类工具比手指更长、更细和更直。

表 6-9　尖端对象属性

属性名称	描　述
长度	物体的可视长度，即从手长出来的部分
宽度	物体的平均宽度
方向	一个单位朝向向量，方向与物体指向相同
尖坐标	在 Leap Motion 坐标系下，尖的位置
尖点速率	尖的运动，单位为 mm/s
触摸距离	在虚拟触摸平面中归一后的距离
触摸区域	当前尖端和虚拟触摸平面的关系

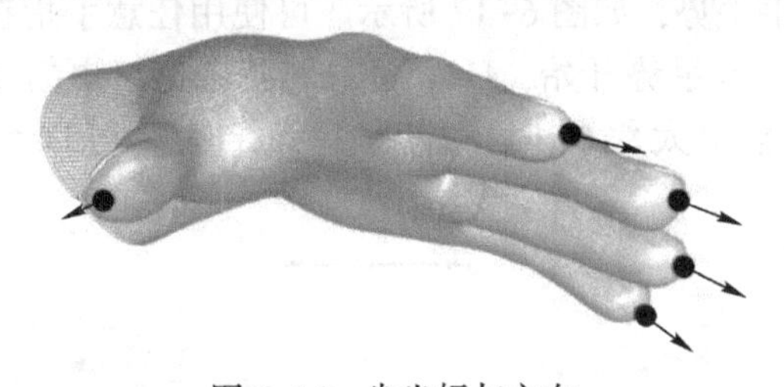

图 6-14　尖坐标与方向

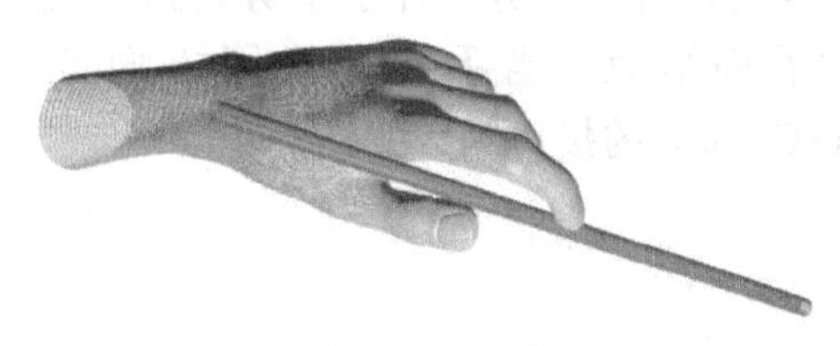

图 6-15　工具

通过手对象中特定手，获取与手关联的手指和工具。下面的例子说明如何从帧中获取尖端对象和基本访问属性的方法。

```
Leap::Pointable pointable = frame.pointables().frontmost();
Leap::Vector direction = pointable.direction();                    //方向
float length = pointable.length();                                 //长度
float width = pointable.width();                                   //宽度
Leap::Vector stabilizedPosition = pointable.stabilizedTipPosition(); //稳定位置尖坐标
Leap::Vector position = pointable.tipPosition();                   //尖坐标
Leap::Vector speed = pointable.tipVelocity();                      //尖点速率
```

```
float touchDistance = pointable.touchDistance();                    //触摸距离
Leap::Pointable::Zone zone = pointable.touchZone();                 //触摸区域
```

获得尖端对象后可以将其转换为手指或工具子类，此时需要使用手指或工具构造函数，代码如下。

```
if (pointable.isTool())
{
    Leap::Tool tool = Leap::Tool(pointable);
}
else
{
    Leap::Finger finger = Leap::Finger(pointable);
}
```

如果需要计算手指的基本位置，可以使用指尖位置和朝向得到，代码如下。

```
Leap::Vector basePosition = -pointable.direction() * pointable.length();
basePosition += pointable.tipPosition();
```

6.2.3 手势

Leap Motion 把特定的运动模式识别为手势，可以猜测用户的意图或指令，能识别到的运动模式有圈、挥动、按键点击和屏幕点击。

Leap Motion 可以识别手指在空中以圆的方式运动，返回一个圈手势，如图 6-16 所示，可使用任何手指和工具画圈。圈手势是持续的，一旦这个手势开始，Leap Motion 就会持续更新状态直到停止。但手指或者工具远离了轨迹或者运动太缓慢，圈手势则终止。可在圈手势 CircleGesture 的接口函数参考中了解更多的信息。

Leap Motion 把手指的线性运动识别为挥手手势，如图 6-17 所示。可使用任意手指在任意方向上做挥手手势。挥手手势是持续的，一旦手势开始，Leap Motion 就会持续更新状态直到手势结束。当手指变换了方向或者运动太缓慢时，挥手手势结束。可以参考 SwipeGesture 的接口函数文档。

图 6-16 食指的圈手势

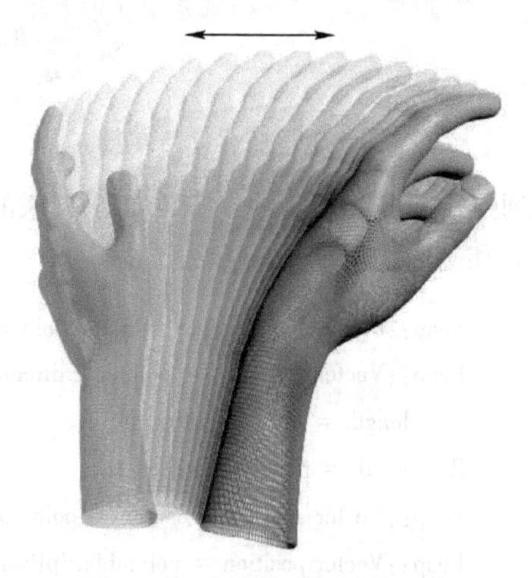

图 6-17 一个水平挥手的手势

Leap Motion 识别按键点击和向前的屏幕点击。它把一个快速的、往下一根手指或工具的运动识别为一个按键手势，如图6-18所示，食指的按键手势，类似按下键盘的按键点击模式。按键点击手势是离散的。Leap Motion 也可以把一个手指或者工具做一个快速的、朝前的点击识别为一个屏幕点击手势，像触摸一个与使用者垂直的屏幕，如图6-19所示，食指的屏幕点击手势，向前点击或把手推向前产生一个屏幕点击。点击手势是离散的，只有一个独立的手势对象会被添加到点击手势。可以参考 ScreenTapGesture 的接口函数得到更多的信息。

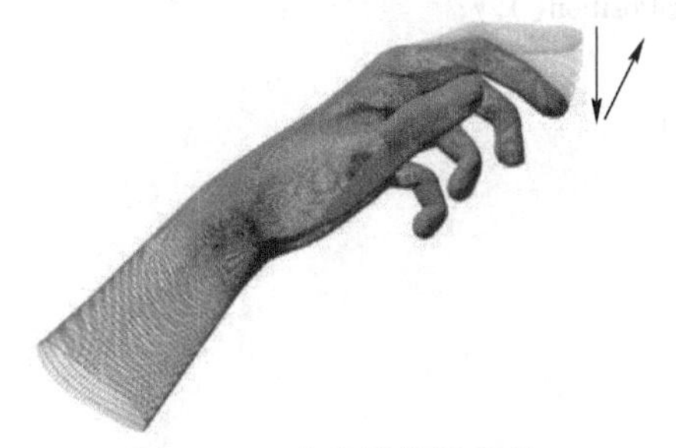

图6-18　食指的按键手势

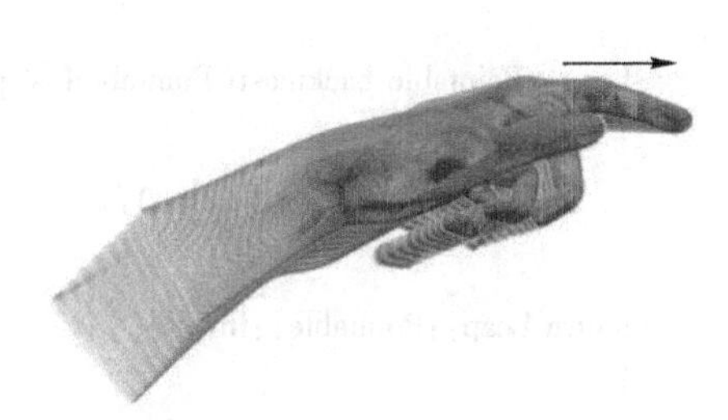

图6-19　食指的屏幕点击

Leap Motion 把一个运动识别为一个手势模式，它把手势对象加入帧中。如果手势重复数次，Leap Motion 会把更新手势对象不断添加到随后的帧中。画圈和挥手的手势都是持续的。Leap Motion 为程序在每帧中持续更新这些手势。点击是离散的手势。Leap Motion 把每次点击作为独立的手势对象报告。

6.2.4　追踪手、手指和工具

手、手指和工具是 Leap Motion 的基本追踪实体，Leap Motion 的 API 定义了一个可以表示每个基本追踪到的物体的类。

帧对象提供了一个可以访问手、手指和工具的列表。指尖和工具都是尖端物体，并且它们可以被同时放入尖端列表 PointableList 中，或者分别使用手指列表 FingerList 和工具列表 ToolList。手对象提供访问手指和工具的途径。

列表类都拥有近似的结构。它们被设计成向量形式矩阵并且支持迭代器，不能移除或者改变从 Leap API 接收的列表中的成员变量，但可以组合列表中的同一个类型的对象。

例如，对某一个列表使用迭代器代码如下。

```
for(HandList::const_iterator hl = handList.begin(); hl != handList.end();)
                        std::cout << *hl << std::endl;
```

手、尖端物体、手指和工具列表基于在 Leap 坐标系统下的相对位置，定义了额外的函数来获取列表中的成员变量。这些函数包含 leftmost()、rightmost()和 frontmost()。下面的代码片段说明了这些函数的使用方法。

```
Leap::Finger farLeft = frame.fingers().leftmost();
Leap::Finger mostForwardOnHand = frame.hands()[0].fingers().frontmost();
Leap::Tool rightTool = frame.tools().rightmost();
```

下面是一个较复杂的例子，是计算一个包含检测到的所有尖端物体箱子的矩形体。该例子定义了它自己的函数来获取顶部、底部和后方的尖端。

```
float left = frame. pointables( ). leftmost( ). tipPosition( ). x;
float right = frame. pointables( ). rightmost( ). tipPosition( ). x;
float front = frame. pointables( ). frontmost( ). tipPosition( ). z;

float back = backmost(frame. pointables( )). tipPosition( ). z;
float top = topmost(frame. pointables( )). tipPosition( ). y;
float bottom = bottommost(frame. pointables( )). tipPosition( ). y;


Leap::Pointable backmost(PointableList pointables)
{
   if(pointables. count( ) = = 0)
   {
return Leap::Pointable::invalid( );
}
   Leap::Pointable backmost = pointables[0];
   for(int p = 1; p < pointables. count( ); p++)
   {
      if(pointables[p]. tipPosition( ). z > backmost. tipPosition( ). z)
       backmost = pointables[p];
   }
       return backmost;
 }

Leap::Pointable topmost(PointableList pointables)
{
   if(pointables. count( ) = = 0)
return Leap::Pointable::invalid( );
   Leap::Pointable topmost = pointables[0];
   for(int p = 1; p < pointables. count( ); p++)
   {
      if(pointables[p]. tipPosition( ). y > topmost. tipPosition( ). y)
          topmost = pointables[p];
   }
       return topmost;
 }

Leap::Pointable bottommost(PointableList pointables)
{
   if(pointables. count( ) = = 0)
return Leap::Pointable::invalid( );
   Leap::Pointable bottommost = pointables[0];
   for(int p = 1; p < pointables. count( ); p++)
   {
```

```
        if(pointables[p].tipPosition().y < bottommost.tipPosition().y)
            bottommost = pointables[p];
    }
    return bottommost;
}
```

手类描述了一个被 Leap 追踪到的物理形式的手。一个手对象提供了访问它自己尖端（手指）的列表，以及一个描述手的坐标、朝向和运动的属性。可以从一帧中获取手对象。

```
Leap::Frame frame = controller.frame();
Leap::HandList hands = frame.hands();
Leap::Hand firstHand = hands[0];
```

或者，如果从前一帧中获知 ID。

```
Leap::Hand knownHand = frame.hand(handID);
```

还可以通过它们在帧中相对位置获取手对象。

```
Leap::Frame frame = controller.frame();
Leap::HandList hands = frame.hands();
Leap::Hand leftmost = hands.leftmost();
Leap::Hand rightmost = hands.rightmost();
Leap::Hand frontmost = hands.frontmost();
```

注意，leftmost()和 rightmost()函数仅仅区分哪只手是最右侧或者最左侧，不区分是左手还是右手。

一只手被通过它的坐标、朝向和运动得以描述。手的坐标是通过手掌坐标属性得到的，是以 Leap Motion 为原点，mm 为单位的手掌中心三维坐标的向量。手的朝向由方向和手掌垂直面这两个向量给出。方向是从手掌中心指向手指方向，手掌垂直面是指向手掌外侧，垂直于手的平面。手的运动通过运动速度属性给出，它是一个描述手在毫米每秒的瞬时运动的向量；还可以获得运动因子，它可以描述一只手在两帧间的位移、旋转和缩放值的变化。

下面的代码描述了如何在一帧中获取一个手对象和它的基本属性。

```
Leap::Hand hand = frame.hands().rightmost();
Leap::Vector position = hand.palmPosition();
Leap::Vector velocity = hand.palmVelocity();
Leap::Vector direction = hand.direction();
```

可以通过列表或仅仅通过之前帧的 ID 获取与手关联的手指和工具。

通过列表方法获取与手关联的手指和工具代码如下。

```
Leap::PointableList pointables = hand.pointables();
Leap::FingerList fingers = hand.fingers();
Leap::ToolList tools = hand.tools();
```

通过之前帧 ID 方法获取与手关联的手指和工具代码如下。

```
Leap::Pointable knownPointable = hand.pointable(pointableID);
```

为了获取手指或者工具在 Leap 视野的相对位置，可以使用匹配列表类中的 rightmost、leftmost 和 frontmost 函数。

```
Leap::Pointable leftPointable = hand.pointables().leftmost();
Leap::Finger rightFinger = hand.fingers().rightmost();
Leap::Tool frontTool = hand.tools().frontmost();
```

注意，这些函数都是相对于 Leap Motion 原点位置的，而不是手的位置。

使用手的方向和垂直向量，可以计算出手的朝向角度。向量类定义了俯仰 Pitch 旋转（围绕 x 轴旋转）、左右 Yaw 旋转（围绕 y 轴旋转）和平面 Roll 旋转（围绕 z 轴旋转），代码如下。

```
float pitch = hand.direction().pitch();
float yaw = hand.direction().yaw();
float roll = hand.palmNormal().roll();
```

注意，roll 函数仅仅提供使用垂直向量时的预判角度。

通过手的参照帧获取在手上的手指坐标可以让手指在空间上进行排序，并且可以简单地分析手指的坐标。可以使用 Leap 矩阵类构建一个转换矩阵来转换手指坐标和方向坐标。这种方法使得 x 轴沿着手侧面，而 z 轴指向前方，y 轴与手掌平面平行。

```
Leap::Frame frame = leap.frame();
for(int h = 0; h < frame.hands().count(); h++)
{
Leap::Hand leapHand = frame.hands()[h];
Leap::Vector handXBasis =
  leapHand.palmNormal().cross(leapHand.direction()).normalized();
    Leap::Vector handYBasis = -leapHand.palmNormal();
    Leap::Vector handZBasis = -leapHand.direction();
    Leap::Vector handOrigin =  leapHand.palmPosition();
    Leap::Matrix handTransform =
Leap::Matrix(handXBasis, handYBasis, handZBasis, handOrigin);
    handTransform = handTransform.rigidInverse();

    for(int f = 0; f < leapHand.fingers().count(); f++)
    {
        Leap::Finger leapFinger = leapHand.fingers()[f];
        Leap::Vector transformedPosition =
 handTransform.transformPoint(leapFinger.tipPosition());
        Leap::Vector transformedDirection =
 handTransform.transformDirection(leapFinger.direction());
```

```
            // Do something with the transformed fingers
        }
    }
```

6.2.5 触摸仿真

Leap Motion 的 API 提供了在应用中可以进行仿真的信息。触摸信息是通过尖端类提供的。其定义了一个自适应的触摸平面，如图 6-20 所示，可以将它与应用中的二维元素结合在一起，把粗糙的平面旋转到与 xOy 平面平行，根据用户的手指和手的位置动态调整。用户的手或者工具从前方到达虚拟平面，Leap API 通过触摸平面地带和到触摸平面的距离这两个值报告与平面相关的信息。

触摸地带是 Leap Motion 软件识别是否把尖端悬浮在触摸平面，是穿透触摸平面还是相对于屏幕较远（或者指向错误的方向）。地带包含“悬浮”“触摸”和“无”。触摸地带的转换根据触摸距离变换有一定滞后。这个滞后用于避免突然和反复的变换。只有当尖端在悬浮和触摸地带时，触摸距离才是有效的。这个距离是归一到[-1,+1]的数值。当一个尖端物体第一次进入悬浮地带，此时触摸距离为+1，而当距离不断减少到 0，意味着尖端物体接近触摸平面。但尖端物体穿入平面，距离变为 0。因为尖端物体继续往触摸地带推进，距离不断趋近但不会超过-1。可以使用地带数值，根据悬浮还是触摸来决定更新界面元素的实际状态，还可以使用距离，根据是否靠近平面进一步改变界面元素。例如，当手指在控制体上并且在悬浮地带，可以让控制体高亮显示，并且依据用户接近控制体的距离程度，改变光标形态。

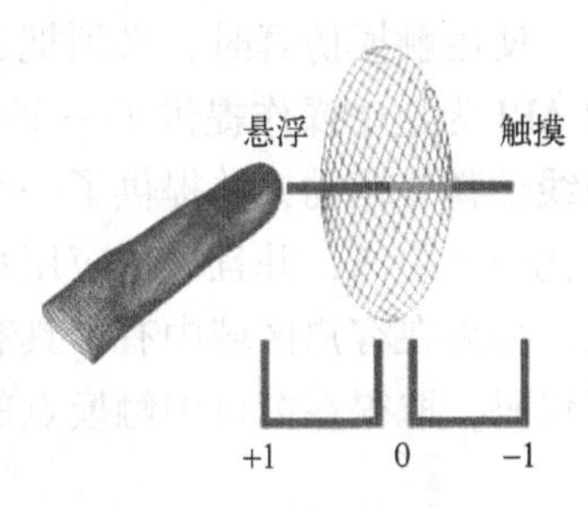

图 6-20　虚拟触摸平面

作为触摸仿真 API 的一部分，Leap Motion 为尖端物体提供了一个额外的相对于标准坐标的稳定坐标。Leap Motion 使用自适应滤波器来稳定这个位置，可以平滑和降低运动，最终使得它在屏幕上小区域内更容易地与用户交互。运动越缓慢平滑效果也越强，这样用户可以调整距离并且更容易触碰到特定的点。

触摸地带通过尖端类的 touchZone 属性描述。这些地带一共有下面三个状态。

#NONE：尖端距离触摸屏幕太远，大于触摸的距离范围，或者它指向反方向的用户。

#HOVERING：尖端物体的顶端已经到达悬浮地带，但不被认为是触摸。

#TOUCHING：尖端到达了虚拟平面内。

下面的代码片段说明如何取回最前面手指的地带标识。

```
Leap::Frame frame = leap.frame();
Leap::Pointable pointable = frame.pointables().frontmost();
Leap::Pointable::Zone zone = pointable.touchZone();
```

触摸距离是通过尖端类的 touchDistance 属性描述的。这个距离范围是+1～-1，对应手指移向和穿过虚拟触摸平面。这个距离没有物理意义，但却是 Leap Motion 认为靠近触碰的程度。

下面的代码段说明如何取出最前端手指的触摸距离。

```
Leap::Frame frame = leap.frame();
Leap::Pointable pointable = frame.pointables().frontmost();
float distance = pointable.touchDistance();
```

稳定坐标是通过尖端类的 stabilizedTipPosition 属性描述的。这个位置根据标准 Leap Motion 坐标系统参照得出，但是具有一个上下文相关大量数据的滤波器，所以很稳定。

下面的代码片段描述了如何得到最前端手指的稳定位置。

```
Leap::Frame frame = leap.frame();
Leap::Pointable pointable = frame.pointables().frontmost();
Leap::Vector stabilizedPosition = pointable.stabilizedTipPosition();
```

使用触摸仿真时，必须把 Leap Motion 的坐标空间转化到应用的屏幕空间。Leap Motion 的 API 为这个操作提供了一个交互盒子类（IneractionBox）。这个类描述 Leap Motion 视野中的线性物体运动，并提供了一个把物体范围中的坐标归一化到[0,1]范围内的方法。可以归一化一个距离，并且根据应用尺寸，把结果坐标进行缩放，来获取一个在应用中的坐标。例如，如果在客户区域中有个具有 windowWidth 和 windowHeight 两个度量的窗口，可以使用以下代码，取得在窗口中触摸点的二维像素坐标。

```
Leap::Frame frame = leap.frame();
Leap::Finger finger = frame.fingers().frontmost();
Leap::Vector stabilizedPosition = finger.stabilizedTipPosition();
Leap::InteractionBox iBox = leap.frame().interactionBox();
Leap::Vector normalizedPosition = iBox.normalizePoint(stabilizedPosition);
float x = normalizedPosition.x * windowWidth;
float y = windowHeight - normalizedPosition.y * windowHeight;
```

下面以触点为例，使用触摸仿真来显示所有在应用窗口下检测到的尖端物体。这个例子使用了触摸地带设置点的颜色，使用触摸距离设置 alpha 数值，使用了交互盒子类把稳定的顶点位置映射到应用窗口中，如图 6-21 所示。

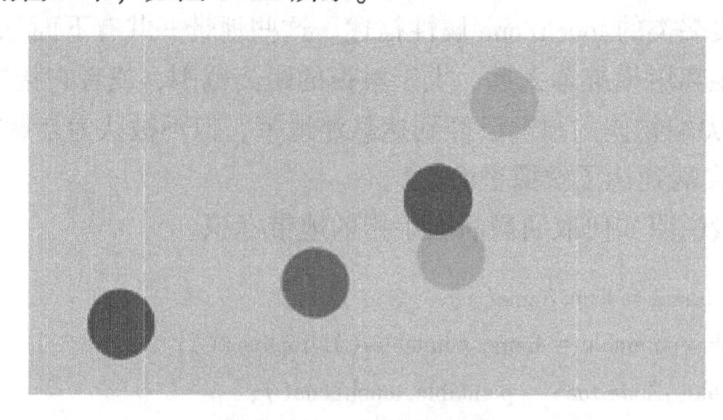

图 6-21 触摸点例子

```
//用 Cinder 库创建绘画的应用窗口
#include "cinder/app/AppNative.h"
#include "cinder/gl/gl.h"
```

```
#include "Leap.h"
#include "LeapMath.h"

using namespace ci;
using namespace ci::app;
using namespace std;

class TouchPointsApp : public AppNative
{
  public:
        void setup();
        void draw();
  private:
     int windowWidth = 800;
     int windowHeight = 800;
     Leap::Controller leap;
};

void TouchPointsApp::setup()
{
     this->setWindowSize(windowWidth, windowHeight);
     this->setFrameRate(120);
     gl::enableAlphaBlending();
}

void TouchPointsApp::draw()
{
     gl::clear(Color(.97, .93, .79));
     Leap::PointableList pointables = leap.frame().pointables();
     Leap::InteractionBox iBox = leap.frame().interactionBox();

     for(int p = 0; p < pointables.count(); p++)
     {
          Leap::Pointable pointable = pointables[p];
          Leap::Vector normalizedPosition =
 iBox.normalizePoint(pointable.stabilizedTipPosition());
          float x = normalizedPosition.x * windowWidth;
          float y = windowHeight - normalizedPosition.y * windowHeight;

          if(pointable.touchDistance() > 0 && pointable.touchZone() != 
 Leap::Pointable::Zone::ZONE_NONE)
          {
               gl::color(0, 1, 0, 1 - pointable.touchDistance());
```

```
            }
            else if(pointable.touchDistance() <= 0)
            {
                gl::color(1, 0, 0, -pointable.touchDistance());
            }
            else
            {
                gl::color(0, 0, 1, .05);
            }
            gl::drawSolidCircle(Vec2f(x,y), 40);
        }
    }

CINDER_APP_NATIVE(TouchPointsApp, RendererGl)
```

6.3 Emotiv Epoc 设备介绍及应用

6.3.1 Emotiv Epoc 概述

Emotiv Epoc 意念控制器是美国加州旧金山的神经科技公司研发的附有电极的神经头盔（Neuroheadset），使用者戴上它后，只需起心动念便可以操控面前的计算机，透过意志和情感控制电玩游戏角色动作。Emotiv Epoc 于 2008 年游戏设计者大会上首度亮相，并于 2008 年末正式发布。

Emotiv Epoc 运用贴在皮肤表面的非植入性电极获取脑电波（EEG），感测并学习每个使用者大脑神经元电信号模式，读取使用者大脑对特定动作产生的意识，以先进软体进行分析解读，其后转化成计算机或游戏机能理解的信息，解读其意念、感觉与情绪，再无线传输到计算机，在荧幕上复制出同样的动作，不但能让游戏中的虚拟人物模仿玩家的面部表情，也能使玩家运用意念让虚拟人物在游戏中移动指定物品。

Emotiv Epoc 有 16 个感测器，一方面紧贴头皮感测神经信号，一方面将信号传输给计算机，如图 6-22 所示。

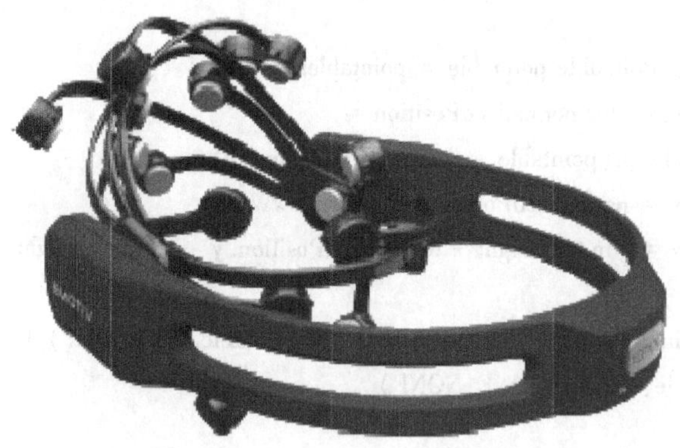

图 6-22　Emotiv Epoc 整体结构

Emotiv Epoc 的主要参数见表 6-10。Emotiv Epoc 在佩戴过程中要按照设计公司的要求放置电极，经过细心的位置调整之后才可以采集到高质量的脑电信号，并且在脑电采集过程中应尽量减小头部的运动幅度。Emotiv Epoc 通过专用的 2.4 GHz 的无线网可以连接计算机、平板计算机和智能手机。

表 6-10　Emotiv Epoc 参数表

名　称	描　述
通道数量	14（不包含 CMS/DRL 引用，P3/P4 位置）
通道名称	AF3，F7，F3，FC5，T7，P7，O1，O2，P8，T8，FC6，F4，F8，AF4
采样方法	顺序采样，单 ADC
采样频率	128SPS（内部 2048 Hz）
分辨率	14 位 1LSB = 0.51 μV（16 位 ADC，2 位仪器噪声丢弃）
带宽	0.2~4.5 Hz，数字陷波滤波器在 50 Hz 和 60 Hz
滤波	内置数字第五阶辛克滤波器
动态范围（输入参考）	8400 μV（pp）
耦合模式	AC 耦合
连通性	2.4 GHz 频段专有无线
能量	锂粒子聚合物
电池寿命	12 h
阻抗测量	使用专利系统的实时接触

通过带有兼容 USB 接口的软件狗，计算机可以接收 Emotiv Epoc 采集的脑电信号。

Emotiv Epoc 头盔是一个高分辨率、多通道、可移植的用于实际研究应用的系统。许可测试平台软件接收来自神经耳机和专有软件工具包的原始数据，这些工具包包含 API 和检测库：心理命令、性能指标与情绪状态、面部表情。

性能指标和情绪状态套件实时监控用户的情感状态，交互中它使用一个附带的维度，并允许计算机通过这个维度响应用户的情绪。特征可以根据用户的感觉进行转换。合适的音乐、场景照明和效果能提高用户的实时体验。由于用户的精神状态可以被监控，因此可以制定和调整难度以适应各种情况。该套件可以与眼球跟踪设备等输入设备相结合，以获得来自神经学应用的整体用户体验的实时反馈。套件的自适应接口可以监控用户实时的参与、无聊、兴奋、沮丧和默想。

面部表情套件使用 Emotiv Epoc 测量的信号来实时解释玩家的面部表情。它通过让角色栩栩如生来提供互动的自然增强，当用户微笑时，他们的化身甚至可以在他们意识到自己的感受之前模仿表情。虽然人工智能现在可以自然地对用户做出反应，但直到现在，人类也只是在方式上做到了。

心理命令套件读取并解释用户的思想和意图。用户可以用他们思想的力量操作虚拟或真实的物体，首次让魔法和超自然力量的幻想成为现实。

实时显示的 Emotive 耳机数据流包括 EEG、接触性能、FFT、陀螺仪显示、无线分组采集/丢失显示、标记事件及耳机电池水平。定义定时标记（包括屏幕上的按钮和已定义的串行端口事件）并将其插入数据流。标记定义能被保存和重新加载，标记被存储在 EEG 数据文件中，以实时和回放的模式显示。

EEG 的显示功能包括 5 s 滚动时间窗口（图表记录器模式）、所有或选定的通道显示、自动或手动缩放（单独通道显示模式）、可调通道偏移（多通道显示模式）及同步标记窗口等，如图 6-23 所示。

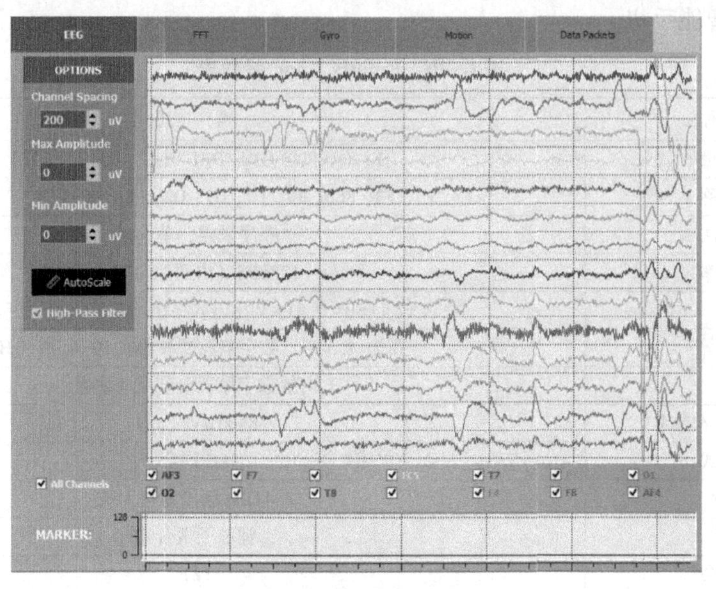

图 6-23 EEG 显示窗口

在 FFT 中，主要展示的操作包括选定通道、所有或选定的通道显示、调节采样窗口大小（以样本为单位）、调节更新率（以样本为单位）、DB 模式（功率或振幅计算）及 FFT 窗口方法等。其中 FFT 窗口方法包括预定义的（Hanning、Hamming、Hann、Blackman、Rectangle）方法、预定义和自定义子带直方图显示方法（dDelta、Theta、Alpha、Beta、θ、α、β、自定义频带）。如图 6-24 所示。

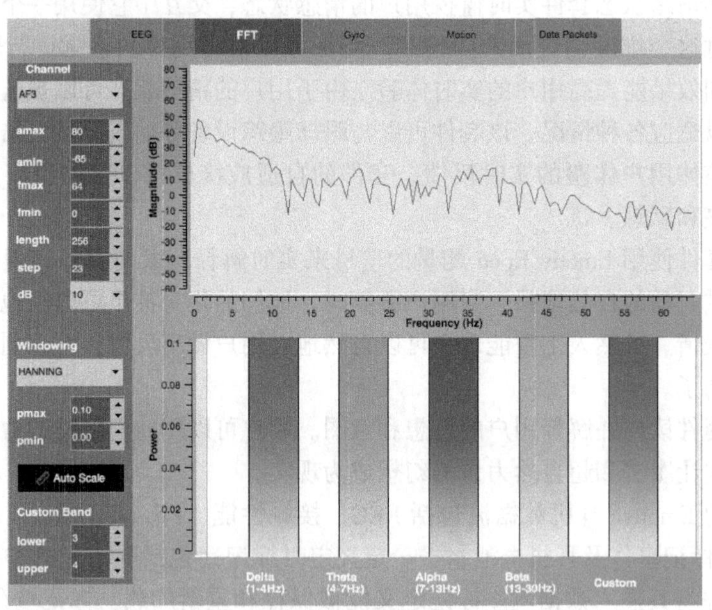

图 6-24 FFT 显示

陀螺仪显示窗口展示的功能包括 5 s 滚动时间窗口（图表记录器模式）、x 和 y 的偏转、数据显示包等，如图 6-25 所示。其中数据包显示计数器输出的 5 s 滚动图、丢失数据包的累计计数和验证无线传输链路的数据完整性，如图 6-26 所示。

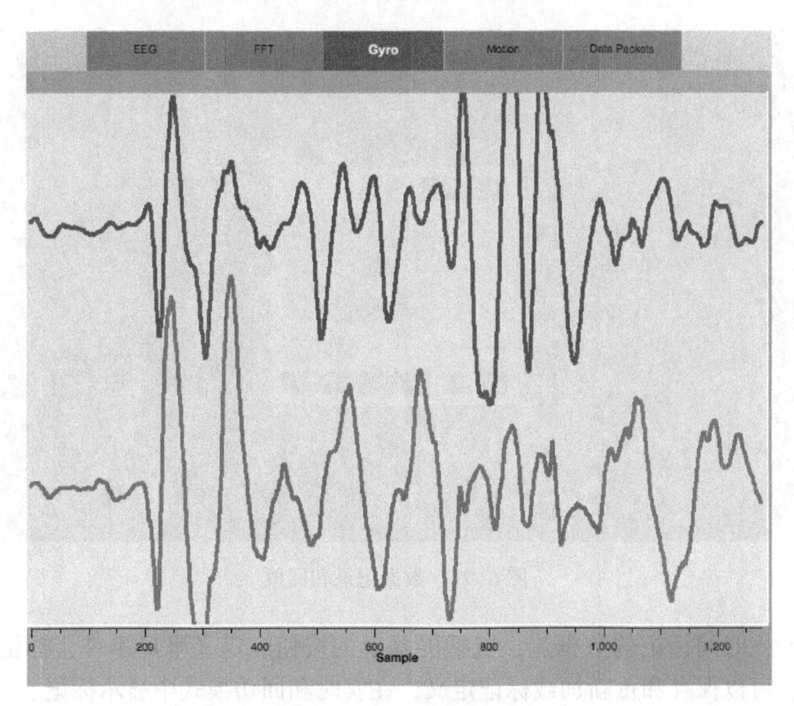

图 6-25　Gyro 显示窗口

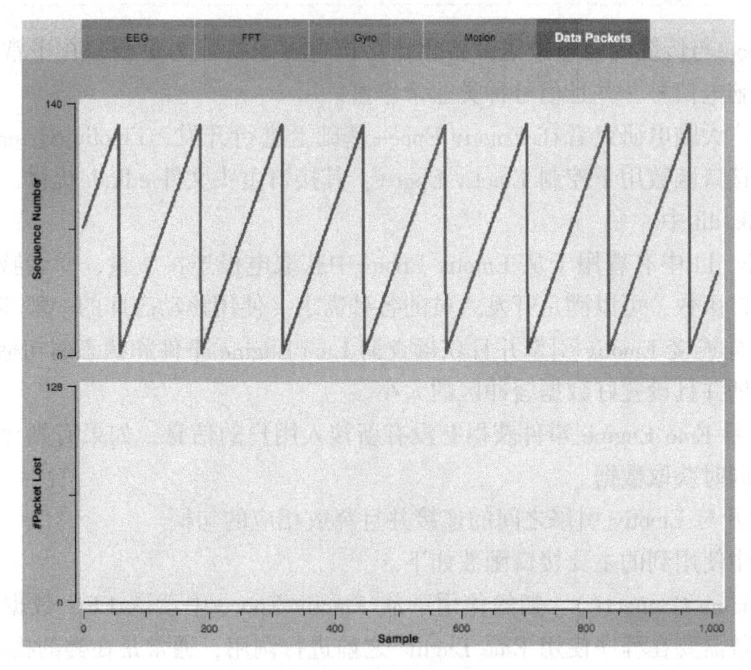

图 6-26　数据包显示

数据文件以二进制 EEGLAB 格式记录和重放，数据记录与回放窗口中的功能有完全可调滑块、播放、暂停及退出等控制按钮，该窗口可在实时或回放模式下显示文件地址、主题标识、记录标识、日期和记录开始时间等标记，如图 6-27 所示。

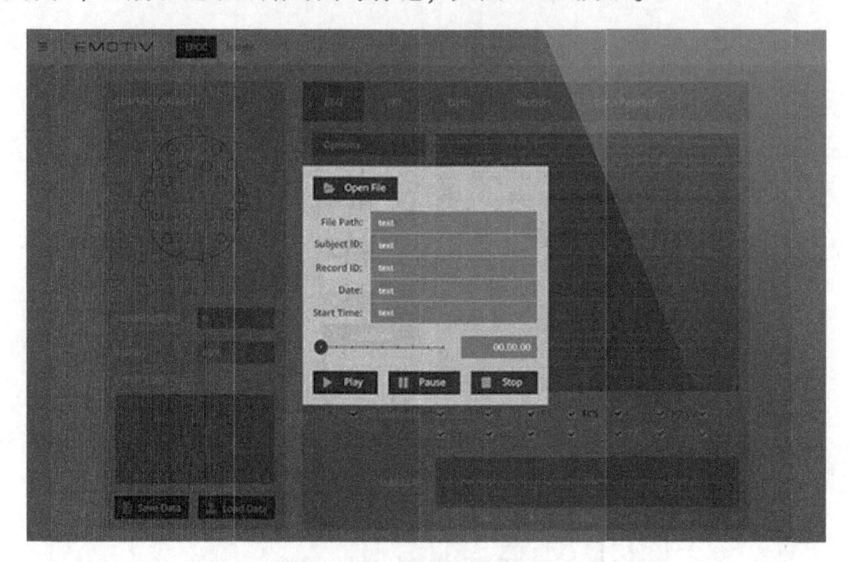

图 6-27 数据记录和回放

定义和插入时间标记的数据流，包括屏幕上的按钮、定义串口事件，标记存储在 EEG 数据文件里，可以保存和重新加载标记定义，在实时和回访模式中显示标记。

6.3.2 Emotiv Epoc SDK

Emotiv Epoc 与传统的脑电采集设备相比，抗电磁干扰能力更强，在平常的条件下就可以得到很好的脑电信号，并且信号种类非常丰富。

为了方便广大脑电研究者在 Emotiv Epoc+基础上进行开发，Emotiv Systems 公司为开发提供了丰富的接口函数用于控制 Emotiv Epoc+，其接口由头文件 edk. h 提供，相关实现则封装在动态库 edk. dll 中。

动态库 edk. dll 中有着用于从 Emotiv Epoc+中获取电极连接质量、原始脑电信号，保存日志文件等接口函数，可以满足开发人员的各种需求。使用该动态库的一般步骤如下。

Step1：首先连接 Emotiv 引擎并且获得查询 Emo Engine 事件和状态的句柄；其次，获得采集数据的句柄并且设置好数据缓冲区的大小。

Step2：查看 Emo Engine 事件获得有没有新接入用户的信息，如果有则允许采样，并且更新数据句柄同时获取数据。

Step3：断开与 Emotiv 引擎之间的连接并且释放相应的句柄。

上述步骤中使用到的主要接口函数如下。

1）EE_Engine Connect()：初始化用于从 Emotiv Epoc+中读取 EEG 数据的 Emo Engine 的实例。该函数需要在程序使用 Emo Engine 之前进行调用，通常是在类的构造函数中进行。

2）EE_EmoEngin Event Create()：该函数返回一个可以保存一个配置文件字节流的内存句柄，该句柄可以被调用方重复使用以检索随后的配置文件字节。

3）EE_EmoStateCreate( )：该函数返回一个指向内存的句柄，该内存块可以存放 Emo State，而且该句柄可以被其调用者反复调用以查看下一个 Emo State。

4）EE_DataCreate( )：该函数返回一个存储数据的句柄，该句柄可以被调用者反复使用以检索下一个数据。

5）EE_DataSetBufferSize InSec(secs_float)：该函数用于设置 edk 内部数据缓冲区的大小，而缓冲区的大小将决定调用 EE_Data Update Handle( )函数防止数据丢失的频繁程度。

6）EE_Engine Get Next Event(e Event)：该函数用于检索下一个 Emo Engine 事件。

7）EE_Emo Engine Event Get Type(e Event)：该函数返回已经被 EE_Engine Get Next Event 检索到的一个事件的类型。

8）EE_Emo Engine Event Get User Id(e Event, &user ID)：该函数用于为事件 EE_User Added 和 EE_User Removed 检索用户 ID。

9）EE_Data Acquisition Enable(user ID, true)：该函数用于控制从 Emo Engine 获取数据，默认是处于关闭状态。

10）EE_Data Update Handle(0, h Data)：该函数用于更新存储数据的句柄，使其指向最近一次调用得到的新数据。

11）EE_Data Get Number Of Sample(h Data, &n Samples Taken)：该函数用于获取存储在数据句柄中数据的个数。

12）EE_Engine Disconnect( )：当程序不再使用 Emo Engine 时，应当调用该函数断开其与 Emo Engine 之间的连接，通常是在类的析构函数中进行。

13）EE_Emo State Free(e State)：该函数可用于释放被一个 Emo State 句柄引用的内存空间。

14）EE_Emo Engine Event Free(e Event)：该函数用于释放被一个事件句柄引用的内存空间。

6.4 Oculus Rift 设备介绍及应用

6.4.1 Oculus Rift 概述

Oculus Rift（见图 6-28）是一款虚拟现实头戴式显示器，为用户提供沉浸式虚拟现实体验，戴上头盔后用户感受的不再是显示器，而是另外的一个世界。Oculus Rift 主要包含透镜和显示屏，依靠两个凸透镜和两块各自成像的显示屏，目的是让两只眼睛看到的图像各自独立分开，大脑再经过处理后便形成了立体视觉。Oculus Rift 有两块分辨率为 1080×1200 的显示屏，帧率可达到每秒 90 帧，给用户提供了平滑流畅的画面，110°的可视角度能覆盖用户全部的视野范围。同时配有惯性传感器如加速计、陀螺仪等，可以对用户头部的位置、方向等产生实时的感知，并对应用户的变化调整显示画面的视角，使用户的游戏沉浸感大幅提升。

目前 Unity3D 针对 Oculus 的开发已经提供了很多官方插件，便于开发者使用。开发者只需在 Unity3D 项目中导入插件包，在主面板的“File”→“Build Setting”→“Player Setting”中勾选 Virtual Reality Supported 选项。此时运行 Oculus SDK（Oculus Home），将 Oculus 头戴

显示器和红外摄像头连接在主机上，运行 Unity，即可在头戴显示器中观看到 Unity 中的场景，并且视野可随头部移动同步改变。通过以上步骤即可完成 Oculus Rift 在 Unity3D 中的集成。

图 6-28 Oculus Rift 头戴显示器和红外摄像头

6.4.2 Oculus Rift 技术

Oculus Rift 技术包括很多，如渲染技术、追踪、移动/动作等。这里主要介绍渲染技术和追踪。

Oculus Rift 的渲染技术主要有屏幕分辨率、渲染分辨率以及动态渲染替身等指标。

使用渲染技术时要注意 Rift 的屏幕分辨率，特别针对精细的细节内容，要确保文本足够大且清晰以便阅读，避免使用厚度较小的对象，避免在使用者会集中注意力的地方使用华丽的纹理。

Oculus Rift 是一款针对游戏而设计的头戴式显示器，它具有两个目镜，两个目镜的分辨率均可达到 640×800，即常说的标清模式。如果在双眼视觉达到二合一的情况下，Oculus Rift 的分辨率就能达到 1280×800。随着显示技术的提高，Oculus Rift 及其未来的型号将提供更高清的体验。

由于单个像素是可见的，所以就产生了被称作“纱窗效应”的现象，即图像看起来被黑色网格图案覆盖（见图 6-29）。这个图案实际是像素之间的空隙，导致了锯齿和远处对象的细节损失。虽然较高的分辨率会稍微缓解“纱窗效应”，但当前显示技术下的像素密度尚不能将它彻底消除。

由于 Rift 拥有 1280×800 的显示分辨率，但一个使用标准投影方式渲染的场景在显示之前，必须经过变形处理来抵消透镜的影响。需要注意投影和变形处理过程使得图像在不同位置改变了像素密度，尤其对图像边缘进行了挤压变形（然后透镜将图像边缘展开再展示给使用者的眼睛），从而将 Rift 有限的分辨率集中使用在图像中心这个最需要视觉细节的范围内。这意味着要想使用标准的线性投影方式渲染一个 3D 场景，从图像中心匹配 Rift 的像素密度，这个标准场景通常需要比 Rift 的物理显示范围大很多。

SDK 可以处理大部分的细节，但要注意 Rift 硬件的物理分辨率和场景渲染目标的尺寸是没有直接关系的。例如，在眼距 10 mm、横向视场 100°的情况下，要从中心匹配 Rift 的显示像素密度，需要每只眼 910 像素宽，即一共 1820 像素宽的图像，比 1280 像素的物理显示尺寸要宽得多，这就是透镜变形图像方式的直接结果。渲染目标过大对某些显卡来说可能出现性能问题，而丢帧会带来不好的虚拟现实体验，所以开发时可以选择降低分辨率来提升性能表现。与其降低发送到 Rift 的视频信号的分辨率，不如降低用于渲染场景的纹理分辨率，然后作为变形处理过程的一部分，根据需要按比例增加或减小。这将在提高性能的同时保留尽可能多的视觉保真度。

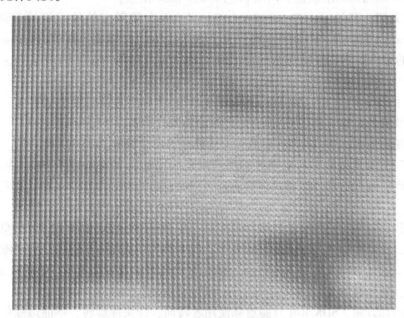

图 6-29 “纱窗效应”现象

动态渲染替身方法可减少两次渲染整个场景的计算负担（每只眼各一次)。通过将场景各部分渲染到纹理，可以使大部分的渲染工作只进行一次，随后分别在左右眼图像中使用同一个纹理渲染一个多边形。作为一个整体，替身被立体地放置在离眼睛正确的距离，但替身或本身的内部都没有变化。可见这项技术最适合在距摄像机一定的距离地方应用（至少 6 m)，才不会注意到替身内部缺乏深度变化。

采用该方法可以作用于大片的普通风景以及非连续的对象上，只要确定替身部分之间的接合部即可。

Oculus SDK 使用一个排字处理来展示帧和处理失真。要达到 Rift 的目标，需要渲染场景到一个或两个渲染纹理，并传递这些纹理进 API。Oculus 运行时处理失真渲染，GPU 同步、帧定时和帧展示到 HMD。

SDK 渲染主要包括三个步骤：初始化、设置帧处理及关闭。

首先进行初始化。初始化 OculusSDK 和创建一个 ovrSession 对象，接着计算期望视场（FOV）和基于 ovrHmdDes 数据的纹理大小，最后分配纹理交换链（ovrTextureSwapChain）对象，用于代表眼缓冲。有一个 API 特殊方式：调用 ovr_CreateTextureSwapChainDX 为 Direct3D 11/12 创建纹理交换链或调用 ovr_CreateTextureSwapChainGL 为 OpenGL 创建纹理交换链。

其次是设置帧处理。使用 ovr_GetTrackingState 和 ovr_CalcEyePoses 计算基于帧定时信息且需要视图渲染的眼姿势；为每个眼睛执行渲染，渲染是在当前纹理之内，当前纹理交换链应用是使用 ovr_GetTextureSwapChainCurrentIndex( ) 和 ovr_GetTextureSwapChainBufferDX( ) 或 ovr_GetTextureSwapChainBufferGL( ) 函数来获得。渲染纹理完成后，应用希望更新并调用 ovr_CommitTextureSwapChain( ) 函数，将每层的数据放进相关的 ovrLayerEyeFov、ovrLayerQuad 或 ovrLayerDirect 结构中。应用随后建立一个指向这些结构的指针列表，然后应用建立一个 ovrViewScaleDesd 结构来请求数据和调用 ovr_SubmitFrame 函数。

最后为关闭。调用 ovr_DestroyTextureSwapChain 去销毁交换纹理缓冲，调用 ovr_DestroyMirrorTexture 去销毁一个镜像纹理。为了销毁 ovrSession 对象，调用 ovr_Destroy。

Rift 上的传感器能收集使用者头部水平转动、左右倾斜、上下摆动等信息并进行位置跟踪。

在 SDK 的演示中使用头颈模型（Head Model）代码模板调整镜头的转向，通过优化引擎的渲染管线降低延迟，使用 OculusVR 的预测追踪代码进一步降低延迟。

在转向追踪方面，Oculus Rift 带有一个陀螺仪、一个加速器和一个磁力针。使用“传感器融合算法”处理这些传感器信息，得到使用者头部的真实转向，并同步使用者在虚拟环境的视觉方向，通过这些传感器提供的数据可以精确追踪和还原水平运动、左右倾斜及上下摆动等动作。

为了将头部转动转化为镜头转动，建立一个头颈模型接收并解释传感器信息。该模型基于事实构建，头部在三个方向上的任意一个方向上旋转，类似于以脖子上靠近喉咙的位置为原点的旋转。这就意味着随着头部转动，视觉看到的图像也需要转动，才能生成运动视差，才有景深感，并比较舒适。

在位置追踪方面，SDK Rift 只能追踪使用者转向，即头部旋转，不能追踪位置变化。但是在三维空间里，一个实体有六个自由度（x、y、z 位置和沿着 x、y、z 转动），如果要充分理解它的姿态，需要知道它的转向和位置。在没有增加位置追踪硬件时，使用者只限于用鼠标或者游戏手柄调整位置信息，这样缺乏自然操作。Rfit 高版本支持即插即用的位置追踪。

延迟是使用者头部移动到新图像显示的时间差，包括了传感器反应、传感器数据融合、渲染、图像传达及显示器刷新的事件总和。延迟最小化是产生有沉浸并且舒适的虚拟现实体验的关键，而低延迟的头部追踪也是 Rift 区别于其他技术的关键。在游戏中越低的延迟，越能够给使用者提供舒适的沉浸感。一种降低延迟的方法是预测追踪技术，该技术不是通过降低“运动到显示”渲染管线的事件长度，而是利用渲染管线中的信息来预测使用者将会向哪里看。这样通过预测使用者转动后将会看到的那个地方，并提前局部渲染那部分环境，而不是传感器读取数据时使用者刚好看到的那部分环境，以此来补偿读取传感器数据到渲染后图形显示出来的延迟。

1. 硬件设备

（1）Oculus Rift

Oculus Rift 是一款虚拟现实头戴式显示器。它能够让使用者身体感官中“视觉”部分如同进入游戏中，使用者们能够身临其境，对画面的沉浸感大幅提升。尽管 Oculus Rift 还不完美，但它已经改变将来的游戏方式。Unity3D、Source 引擎、虚幻 4 引擎已经为开发者在技术方面提供官方支持，Oculus 已经将 Rift 应用到更为广泛的领域，而不局限于沉浸式游戏。Oculus Rift 双眼的视觉合并之后拥有 1280×800 的分辨率，Rift 具有两个目镜，每个目镜的分辨率为 640×800。Rift 可以接收 1080P 的画面输入，在眼镜中显示的实际分辨率仍旧是

1280×800 缩小后的画面。Oculus Rift 眼镜中配有惯性传感器如加速计、陀螺仪等，惯性传感器可以对使用者头部的位置、方向等产生实时的感知，并对应使用者的变化调整显示画面的视角。这使用户的游戏沉浸感大幅提升，就仿佛已经在这个虚拟世界当中完全融入。Oculus Rift 提供的是沉浸式虚拟现实体验。戴上头盔后用户看到的是整个世界，几乎感受不到显示器。近视人群也不会看不清画面，虽然使用 Rift 时无法佩戴眼镜，但是 Rift 团队为了照顾不同视力的人群，包含了 3 种规格的凸透镜在开发套件中，分别以 A Cup、B Cup 和 C Cup 命名产品规格。按照焦距分别对应于远视、正常视力和近视。Oculus Rift 设备如图 6-30 所示。惯性传感器对用户头部姿态信息的感知示意图如图 6-31 所示。

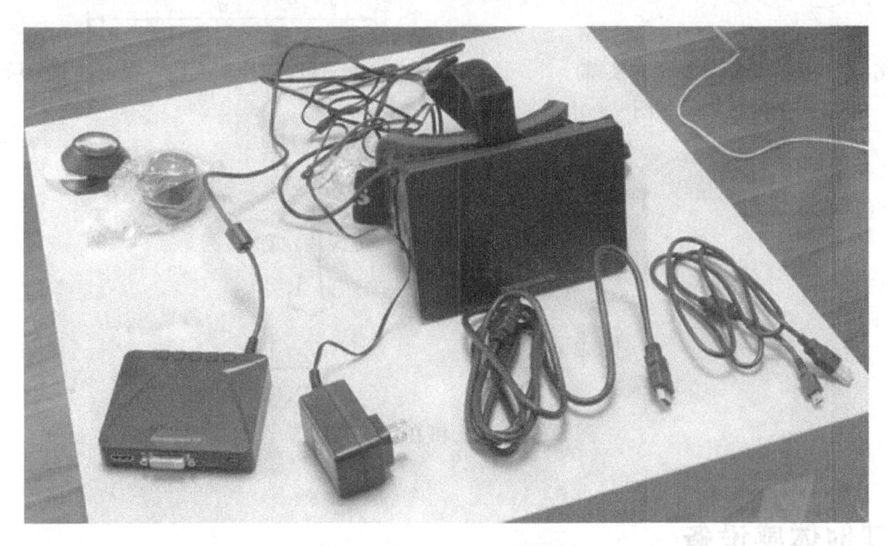

图 6-30　Oculus Rift 设备

（2）Oculus Rift 原理

Oculus Rift 能实现 110°视角。该设备的工作原理就是采用凸透镜将画面放大的原理。Oculus 眼镜镜片是球形畸变的，需要先将 PC 原始输出的图像经过特定算法进行“畸变的”变形处理，这样就可以抵消扩大视角范围造成的画面扭曲，否则凸透镜放大的屏幕上会产生失真。为了保证人视觉上拥有真实的沉浸感，让人体验到最真实的效果，在虚拟现实显示设备上的图像应当尽可能地覆盖人眼的视觉范围。在此前提下，Oculus 眼镜使用的虚拟显示设备设计为有特定球面弧度的镜片，相当于在眼前放了一个弧形的显示器，从而保证最大化地覆盖人眼的视觉范围。球面镜片扩大用户视野的原理和凸透镜的原理一样，其原理示意图如图 6-32 所示，凸透镜将原先长度为 x 的画面放大至 x'。

开启设备后，Oculus Rift 的左右显示器将出现看似重复的画面，画面边缘还带有扭曲。人的大脑是利用两眼看到的图像差异来感知视觉深度的，Oculus Rift 则是利用两个相互具有一定位移的虚拟摄像机代替用户的两只眼睛各提供一个视界。把双眼之间的距离称为内瞳距（IPD），把这两台摄影机的距离称为内置相机距离（ICD）。虽然 IPD 的变化差在 52~78 mm 不等，但基于 4000 名美国大兵的医学调查数据，基本可将这一距离的均值定为 63.5 mm，这个数值同样可以应用于 Oculus Rift 的轴间距（IAD）。轴间距是指 Oculus Rift 的两个镜片中心的距离。ICD 是应与用户 IPD 而不是 IAD 相匹配的，以便矫正用户的视界。ICD 和 IPD 的关系如图 6-33 所示，左右虚拟摄影机的距离应当等于用户内瞳距。

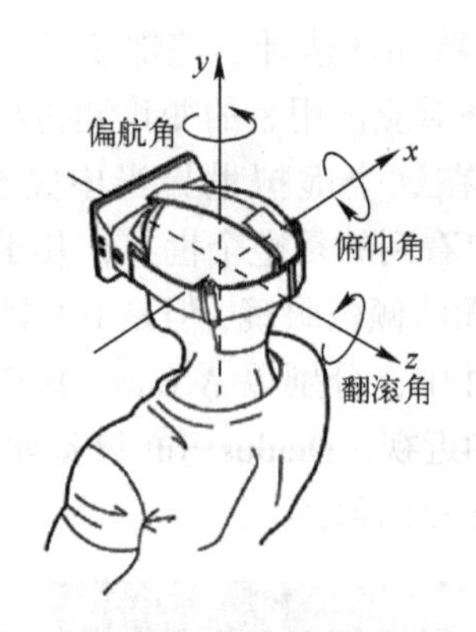

图 6-31 惯性传感器对用户头部姿态信息的感知示意图

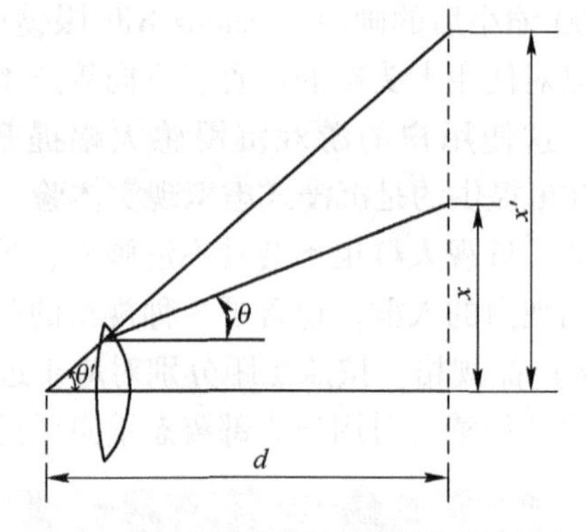

图 6-32 球面镜片扩大用户视野的原理示意图

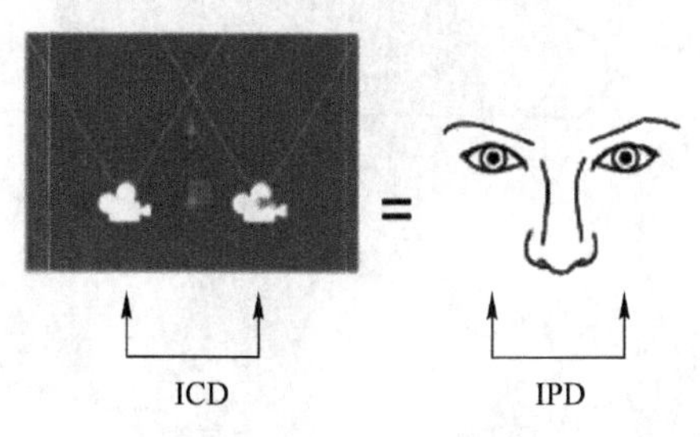

图 6-33 ICD 和 IPD 的关系图

6.5 其他体感设备

Wii 是任天堂公司 2006 年推出的家用游戏机。虽然体感设备在 Wii 之前已经出现了许多，但是 Wii 还是取得了巨大的成功，Wii 成功的原因是它的设计理念：它第一次将体感交互概念引入电视游戏主机中。Wii 加入身体操作的最主要目的，不是为了增加一种玩法，而是为了简化游戏操作。通过体感交互和家庭娱乐相结合的产品模式，Wii 成为非常受欢迎的家庭游戏机，上市第一年销量达 2000 万台。直到停产，Wii 的总销量超过 1 亿台。Wii 游戏主机的体感设备有动作捕捉功能，使得拥有 Wii 游戏机的用户对着电视机，挥舞着手中的体感交互控制器，能够完成运动或者健身游戏，如打高尔夫、保龄球等。Wii 为游戏业带来了巨大的革命——那就是体感游戏革命，加入了无学习成本的身体操作让游戏手柄按键少，操作简单，且控制性强，用户体验效果好，这是 Wii 能成功受到用户喜欢的真正因素。Wii 成功拓展了远超过去传统游戏市场规模的轻度用户群体，第一次令游戏产业意识到蓝海市场的庞大，极大地改变了从业者对传统游戏市场的认识，催生出了以轻度用户为目标的新游戏类型，如图 6-34 所示。

PlayStation 3（简称为“PS3”）是索尼计算机娱乐开发的家用游戏机，也是该公司推出的第三款电视游戏机，于 2006 年 11 月率先在日本发售。PlayStation 3 提供称为“Sony Entertainment Network”（最早称为 PlayStation Network）的整合网络游戏服务，使用蓝光光盘（Blu-ray Disc）作为主要的储存媒体，拥有与 PlayStation Portable（PSP）的链接能力。PS3 的体感设备采用摄像头拍摄图像并进行图像识别，用手柄来进行动作识别的方式操控游戏。

“PlayStation Move”是PS3专用的体感操作装置，除了通过摄像头进行三维空间定位，即通过拍摄捕捉平面位置，并根据顶端发光球体在摄像头视野中的大小来判断空间深度外，Move手柄中还集成了三轴加速度计、三轴陀螺仪以及地磁场传感器来增强定位和动作捕捉效果。Move手柄通过蓝牙2.0技术与主机进行通信，如图6-35所示。

图6-34　使用Wii玩棒球游戏图

体感车指的是电动平衡车，又叫思维车、摄位车等，分为独轮和双轮两类。根据“动态稳定”（Dynamic Stabilization）的基本原理，利用车体内部的陀螺仪和加速度传感器来检测车体姿态的变化，利用伺服控制系统精确驱动电动机进行相应的调整，以保持系统的平衡。体感车的功能包括出行代步、移动视频、移动拍摄、智趣玩件及App智趣体验等。如图6-36所示。

图6-35　使用PS3玩山地摩托车游戏图

图6-36　一种体感车产品图例

爱动体感运动机是深圳泰山在线科技有限公司联合泰山体育产业集团、中国科学院历经数年，耗资过亿研发出的全球领先的计算机视觉识别技术产品，是我国拥有完全自主知识产权的体感运动设备。爱动体感运动机的核心硬件是eyez计算机视觉识别器，它可以实时捕捉目标（用户）的空间位置和运动轨迹，以每秒60帧的速度，高速采集运动目标的信息，精确跟踪1 cm运动位移，根据运动模型精确反映运动的速度和加速度信息，全面地反映人体的运动特征，与动作模型库中的动作进行匹配，将目标（用户）的动作行为特征实时输出给相关系统，并在运动项目软件的控制下实现在线运动。

速位互动股份有限公司（CyWee）是一家互动娱乐技术及方案提供商，在3D体感互动、无线高清交互、影像捕捉识别等多个领域处于全球领先地位，致力于人机界面开发。CyWee 开发的手柄拥有 3D 互动控制技术，可应用于 3D 无线鼠标，或应用于游戏的 3D 无线控制器。它还拥有集 3D 互动控制技术与影像捕捉技术一体的辨识系统。CyWee 手柄实现了六轴动作感知，其两轴陀螺仪的芯片能够计算角速度，对弧线、旋转等复杂动作类型进行解码，这样就达到了 1∶1 的动作仿真。手柄插上 PC 的 USB 无线终端就可以联网玩游戏。CyWee 开发的游戏机跟任天堂 Wii 一样均可以在电视上玩，但主机的 3D 效果和游戏画面处理远超过 Wii，达到了 Xbox 的水平。

绿动体感运动机是联想控股成员企业联合绿动的产品。该公司致力于开发客厅网络冲浪与运动健身的家庭运动娱乐产品。绿动机核心理念是“健康、快乐、共享”，用肢体就能简单、直白地完成交互操作，这让从少儿到中老年人群，几乎所有家庭用户都可以通过绿动机，享受到客厅运动健身、在线高清电影、音乐及少儿教育等丰富多彩的家庭应用。绿动机的主要技术特色是通过 3D 全身交互，让用户可以脱离键盘、鼠标、遥控器这些控制设备，仅仅用手势和身体，就可以参与到健身运动以及多媒体网络娱乐活动、教育活动中来。

绿动机的主要功能是提供高清化的 3D 运动健身课程、少儿教育及在线阅读等教育服务功能，同时还支持本地和在线高清影视文件播放、海量照片存储、在线 K 歌及休闲迷你游戏等娱乐休闲功能。绿动机就是一台客厅运动计算机，它将运动设备与多媒体计算机两者的功能合二为一。

习题

6.1　目前市面上有哪些体感交互设备？各自有什么特点？

6.2　Leap Motion API 提供的手属性有哪些？

6.3　Leap Motion 可以识别手的哪些运动模式？

6.4　简述 Emotiv Epoc 的基本功能。

6.5　简述 Oculus Rift 的原理。

第7章　3DS MAX基础操作与应用

7.1　3DS MAX概述

3D Studio MAX，常简称为3DS MAX，是Discreet公司（现为Autodesk分公司）开发的基于PC系统的三维动画渲染和制作软件。其前身是基于DOS操作系统的3D Studio系列软件，在Discreet 3DS MAX 7后，正式更名为Autodesk 3DS MAX。它是一款功能强大的三维模型建模和三维动画设计的软件，在个人计算机PC端上使用。它的功能十分强大，是世界上最具有创造性的三维画制作和三维建模的软件之一。

3DS MAX软件为三维场景建模师、三维动画设计师及其他三维工作人员提供了一套全新的增强型迭代工作流、创意工具集和图形的加速核心，能够帮助用户极大地提高整体工作的效率。3DS MAX凭借其先进的建模和映射能力，以及先进的映射功能，让开发人员有足够的空间创造一个又一个更优秀的创意决策。3DS MAX软件渲染使输出图像的效率和质量、模型制作的速度得到极大的提高。3DS MAX软件有非常合理的界面和功能划分，可以按不同的组划分功能进行三维动画的制作，并以安排好的顺序来整合。

3DS MAX软件有很多种不同的建立虚拟三维模型的方法，不同的建模对象要用到不同的建模方法。3DS MAX软件建模的主要方法包括曲线方法、图形基本体建模、二维图形建模、NURBS方法、Mesh网格方法、Polygon多边形建模方法、面片建模方法及放样建模方法等。

1）图形基本体建模。使用图形基本体建模操作简单方便，只能够建立简单的模型，不适合复杂模型的建立。使用图形基本体建模有两种建模方法：创建三维模型标准体和创建三维模型的扩展基本体。使用者通过单击和移动鼠标创建对应的三维模型，在修改窗口中修改创建模型的系数。

2）二维图形建模方法。二维图形建模是比较常用的建模方法。该方法使用挤出、拉伸二维的模型等方法将平面图形变成三维模型。二维图形建模方法操作简单，有比较精确的数据和灵活的编辑方式，有效使用二维的线段、基本线框等创建规则和不规则的二维图形，然后挤出三维立体图形，能够创建出比较复杂且不规律的对象。

3）多边形建模方法。多边形建模（其英文为Polygon）是3DS MAX建模方法中最为重要的方法。多边形建模方法主要用于可编辑多边形。3DS MAX软件可以将三维模型作为多边形在不同的层级结构的点、线、面、元素等层级变换模型进行编辑。三角网格面片和可编辑多边形有很大区别：可编辑多边形的每个多边形都可以包含超过两个的边数和顶点数量；三角网格面片中每一个面片只能有三条边和三个顶点。Polygon建模方法通过使用大量的小多边形建立任何平面或者曲面。3DS MAX 中的多边形建模方法简单、容易掌握，使用该方法建立的模型可以充分利用建模人员的想象力，可以任意修改，任意变化，建立一个现实不存在的三维模型。

4）面片建模方法。面片建模方法（英文全称是 Patch）具体的制作方法：首先创建建模物体的拓扑线，然后使用 Surface 修改器将拓扑线生成面片，最后编辑面片对象，完成模型的制作。面片对象能够使用控制点的框架和连接切线来定义曲面，所以能够更为快捷准确地创建较为平滑的曲面。Surface 修改器基于样条线网络的轮廓生成面片曲面，会在三面体或四面体的交织样条线分段的任何地方创建面片。

5）放样建模方法是放样对象沿着第三个轴挤出的二维图形。可以从两个或多个现有样条线对象中创建放样对象。这些样条线之一会作为路径，其余的样条线会作为放样对象的横截面或图形。沿着路径排列图形时，3DS MAX 会在图形之间生成曲面，可以为任意数量的横截面图形创建作为路径的图形对象。该路径可以成为一个框架，用于保留形成对象的横截面。如果仅在路径上指定一个图形，3DS MAX 会假设在路径的每个端点都有一个相同的图形，然后在图形之间生成曲面。3DS MAX 对于创建放样对象的方式没有限制，可以创建曲线的三维路径，甚至三维横截面。使用“获取图形”在无效图形上移动光标的同时，该图形无效的原因将显示在提示行中。与其他复合对象不同，一旦单击复合对象按钮就会从选中对象中创建它们，而放样对象是在单击“获取图形”或“获取路径”后才会创建放样对象。

3DS MAX 是 Autodesk 公司推出的大型工具软件，广泛应用于人机交互、虚拟现实、电影电视后期特效、游戏、建筑设计、室内设计及工业设计等领域。本章主要以 3DS MAX 2018 为基础来介绍 3DS MAX 的主要特点、全新界面、操作方法以及 3DS MAX 有关概念、创建和基本管理操作。

该版本对系统的要求及安装方法与以前版本类似，安装软件时，根据操作系统的位数，选择与之配套的软件版本。下面以 64 位的 3DS MAX 2018 为基础对几个主要部分进行介绍和讲解。

高亮轮廓显示：物体较多的情况时，如何精准选择，是该版本为广大读者解决的一个重要方面，在默认状态时，鼠标靠近物体或选中，会显示不同的颜色轮廓，如图 7-1 所示。

图 7-1 切换选择

工作空间：在该版本中，推出新的设计工作区，能产生好的视觉效果，工具组更容易取用，更容易找到。可以以任务为基础，逻辑地放置物件、灯光、算图、建模与材质工具，可更快速、更容易地产生高质量的静态与动态画面，如图 7-2 所示。

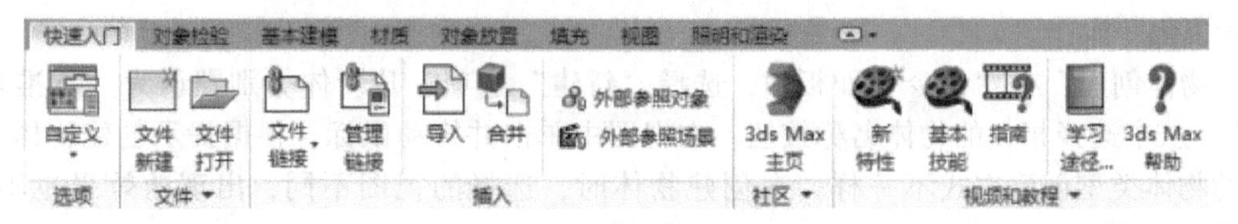

图 7-2　标准工作空间

建模方面：增加了自适应细分和图形创造界面（MCG）。自适应细分功能可以根据硬件设备和显示需要，有选择地进行开启和显示。该功能开启后，场景中近处的模型将更加细分显示，远离场景模型可以临时降低显示质量。选择物体，在命令面板修改选项中，添加“OpenSubdiv 控件”（自适应细分）命令，在参数运行模式中，选中“GPU 显示”单选按钮，并开启当前视图的“网格显示”。自适应细分开启后，可以看到物体近处与远处网格显示的区别。通过数量、分段和张力等参数的设置，可以实现精美的倒角效果。

图形创造界面（MCG）：它是一个可视化节点创建修改器，通过 MCG 可以创建一个新的插件，只需在图形界面的方式下，通过将参数节点、计算节点及输出节点连接起来，即可输出为一个 XML 文件或者其他元素打包成的 ZIP 文件，直接使用或者分享。执行脚本菜单或者打开 Max Creation Graph 命令，打开 MCG 界面，根据编辑工作的需要，可以添加编辑节点，并进行链接。按〈Ctrl〉键的同时移动图形框到现有路径上时，可以添加节点；按〈Alt〉键的同时，移动图形框，可以取消当前节点，如图 7-3 所示。

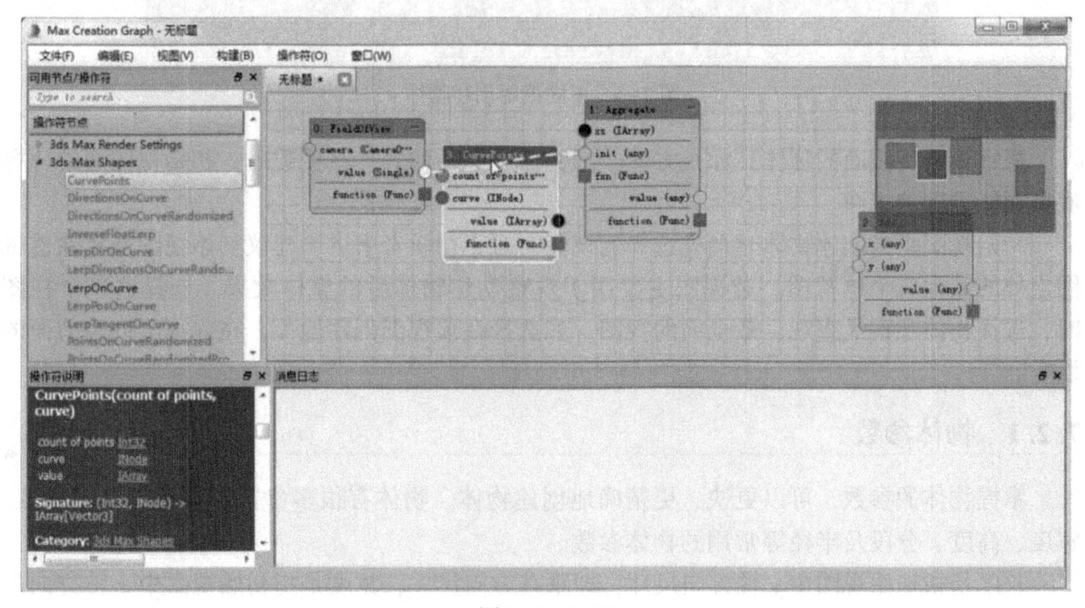

图 7-3　MCG

7.2　基础操作与应用

3DS MAX 软件中，物体的创建及编辑通常使用主工具栏和“命令”面板来进行，在“命令”面板的“新建”选项中，包含常用的几何体、图形、灯光、相机、辅助物体、空间扭曲和实用程序等。创建完成后，通过主要工具栏进行基本操作，如选择、移动、旋转、缩放及复制等操作。

物体创建：在“命令”面板中，选择“新建”选项，几何体类别默认为“标准基本体”，从中选择相关的物体名称按钮。在视图中单击并拖动鼠标，根据提示创建物体。不同的物体类型创建方式不一样。在创建物体时，选择的视图不同，出现的效果也不同，如图 7-4 所示。

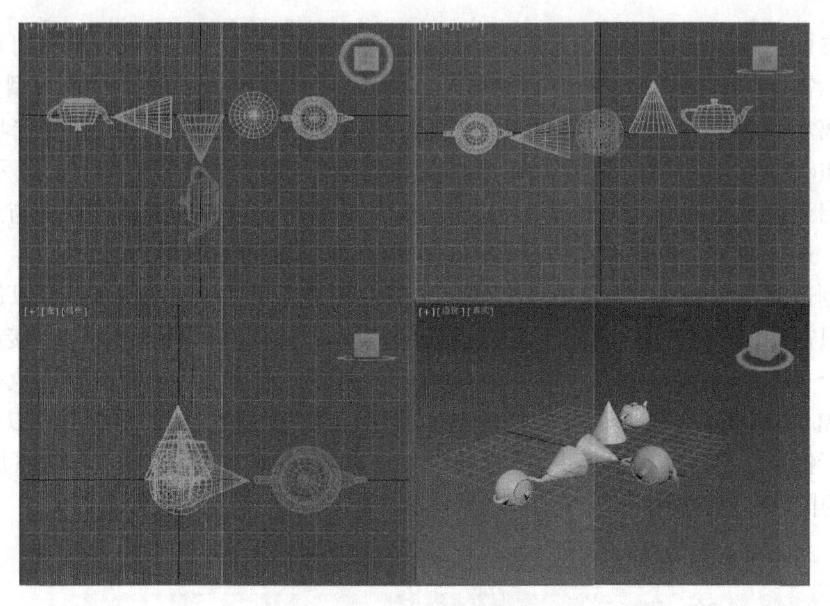

图 7-4　不同视图创建物体

通常具有底截面的物体，如长方体、圆锥体和圆柱体等，在创建时，初始视图通常选择底截面能看到的视图。

初始视图是指创建物体时最先选择的视图。对于初学者来讲，建议初始视图选择除透视图之外的其他三个单视图。透视图主要用于观察创建物体后的整体效果。选择这三个视图时，选择物体观察最直观、最全面的视图。如选择在顶视图创建地面，在前视图创建前面的墙等。

7.2.1　物体参数

掌握物体的参数，可以更快、更精确地创建物体。物体有很多参数，在此仅介绍长度、宽度、高度、分段及半径等常用的物体参数。

长度是指初始视图中 y 轴方向尺寸，即垂直方向尺寸；宽度是指初始视图中 x 轴方向尺寸，即水平方向尺寸；高度是指初始视图中 z 轴方向尺寸，即与当前 xOy 平面垂直方向的尺寸。

分段也称段数，用于影响三维物体显示的圆滑程度。物体模型在进行编辑时段数设置是否合理，也将影响物体显示的形状。

半径用于影响有半径参数的模型尺寸大小，如圆柱体、球体和茶壶等。

在 3DS MAX 中，参考坐标系有视图坐标系、屏幕坐标系及世界坐标系等，其中最常用的是视图坐标系和屏幕坐标系。坐标系 x、y 和 z 轴的方向通常是视图坐标系，即使用“选择并移动”工具选择物体时，在物体表面显示的坐标关系。

在实际的应用过程中，对“工具栏”上的功能使用频率较高。在正式学习建模前，先对其中部分功能进行介绍。

1）撤销与还原。在具体进行操作时，通常使用撤销与还原操作。默认最多可以进行 20 次场景撤销操作。执行“自定义”→“首选项”命令，在“常规”选项中设置场景撤销级别数。

2）暂存与取回。暂存功能与 Photoshop 软件中的“快照”功能类似，将当前的操作进行临时存储，方便快速还原到暂存过的状态。与“快照”工具不同的是，3DS MAX 中暂存只能存储一次，当再次执行暂存操作时，上一次存储过的状态将不能还原。暂存时，执行“编辑”→“暂存”菜单命令；取回时，直接执行“编辑”→“取回”菜单命令即可。

3）链接与绑定操作。可使用位于界面主工具栏的左上方按钮来操作。三个按钮分别为“选择并链接”“断开当前链接”和“绑定到空间扭曲”，通常用于制作动画。

4）选择对象。物体创建完成以后需要再次编辑时，通常需要先进行对象选择，再进行对象操作。选择对象操作，包括选择过滤器、单击选择及按名称选择等操作。

5）选择过滤器。设置过滤对象的类别，包括几何体、图形及灯光摄影机辅助对象等，从列表中选择过滤方式即可。在建模时，该过滤器使用相对较少。在进行灯光调节时，通常需要设置过滤类型为“灯光”，方便选择灯光并进行调整。

6）单击选择。其快捷键为〈Q〉，通过单击物体对象，实现选择操作。在单视图中被选中的对象，呈白色线框显示。

7）名称选择。其快捷键为〈H〉，通过物体的名称来选择物体。在平时练习时，物体可以不用在意名称；在正式制作模型时，创建的物体需要重新命名；彼此关联密切的物体模型，需要对其进行分组，方便进行选择和编辑操作。

按〈H〉键，出现“从场景选择”对话框。将光标定位在“查找”后面的文本框中，输入对象名称的首字或首字母，系统会自动选择一系列相关的对象。对象名称前有“[ ]”，表示该对象为“组”对象。通过界面上方的按钮，设置显示对象的类别，如几何体图形、灯光摄影机等。

在进行对象选择时，通常会使用相关的组合键。例如，全选〈Ctrl+A〉，反选〈Ctrl+I〉，取消选择〈Ctrl+D〉，加减选是按住〈Ctrl〉键的同时，依次单击对象以实现加选或减选。

8）框选形状。框选开头用于设置框选对象时，框选线绘制的形状。连续按〈Q〉键或单击后面的三角，可以从下拉列表中设置框选的形状。框选形状从上往下依次是矩形选框、圆形选框、多边形选框、套索选框和绘制选择区域等。

窗口/交叉用于设置框选线的属性。默认时框选的线条只要连接对象，即被选中。单击该按钮，框选的线条需要完全包括对象，才能被选中。

9）角度捕捉。其快捷键为〈A〉，根据设置的角度，进行捕捉提示。当设置为 30°时，在旋转过程中，遇到 30 的整数倍，如 30°、60°、90°或 120°时，都会锁定和提示。通常与“选择并旋转”工具一起使用。

10）3DS MAX 提供了多种复制对象的方法，如“变换复制”“阵列复制”“路径阵列复制”和“镜像复制”等。

变换复制：按住〈Shift〉键的同时，移动、旋转或缩放对象时，可以实现对象的复制操作。如图 7-5 所示，按住〈Shift〉键的同时，拖动“茶壶”对象，在弹出的对话框中设置克隆选项。

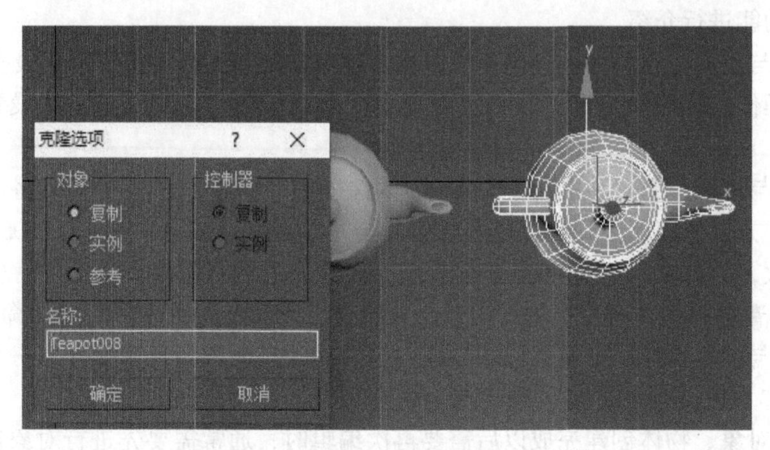

图 7-5 克隆选项

复制选项是生成后的物体与原物体之间无任何关系，适用于复制后没有任何关系的物体。

实例选项是生成后的物体与原体之间可相互影响。更改原物体将影响生成后的物体，更改生成后的物体将影响原物体。在进行灯光复制时，适用于同一个开关控制的多个灯光之间的复制。

参考选项中物体之间的关联是单向的，即原物体仅影响生成后的物体，反之无效。

副本数用于设置通过复制后生成的个数，不包含原来的物体。复制后物体总共的个数是指副本数加上原来物体的个数。

名称用于设置复制后物体的名称，可以实现经过复制后物体改名的操作。

阵列复制：通过“变换复制”的方法固然方便快捷，但是很难精确设置复制后物体之间的位置、角度和大小等方面的关系。通过阵列复制可以满足这一精确建模的要求。阵列复制可以将选择的物体进行精确的移动、旋转和缩放等复制操作。

在页面中创建物体模型，设置参数。选择要阵列的物体，执行“工具”→“阵列”命令，弹出“阵列”对话框，如图 7-6 所示。

增量用于设置单个物体之间的关系，如在移动复制时，每个物体与每个物体之间的位置关系。

总计用于设置所有物体之间的关系，如在移动复制时，总共 5 个物体，从第 1 个到最后 1 个物体之间总共移动 200 个单位。通过单击按钮来切换增量和总计参数。

对象类型用于设置复制物体之间的关系，分为“复制”“实例”和“参考”三个选项。

阵列维度用于设置物体经过一次复制后，物体的扩展方向，分为“1D”“2D”和“3D”，即“线性”“平面”和“三维”。2D 和 3D 所实现的效果，完全可以通过 1D 进行两次和三次的运算来实现。

预览是在单击该按钮后，阵列复制后的效果，可以在场景中选行预览。

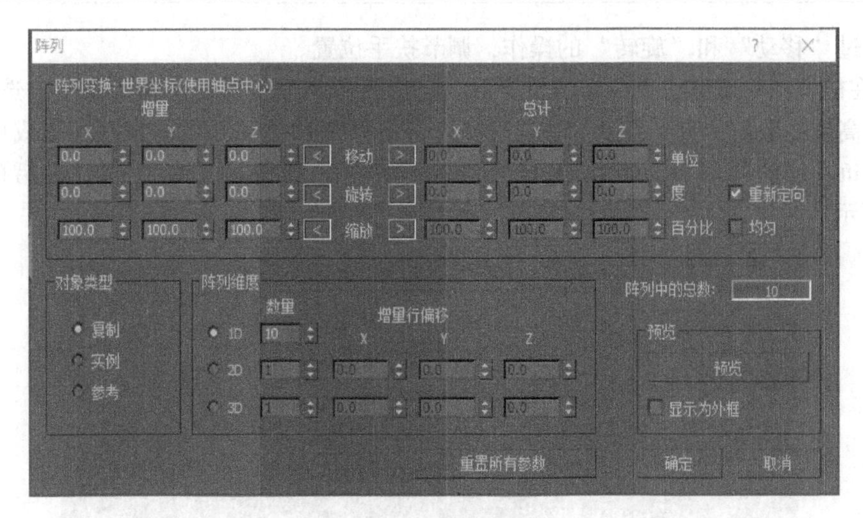

图 7-6　阵列复制

在 3DS MAX 2018 软件中，阵列工具默认时，记录上一次的运算参数。因此，再次使用阵列复制时，应根据实际情况决定是否单击该按钮。

例 7-1：使用阵列复制制作楼梯。

1）执行“自定义”→“单位设置”命令，将单位改为 mm。在顶视图中创建长方体，长度为 200 mm，宽度为 40 mm，高度为 25 mm，如图 7-7 所示。

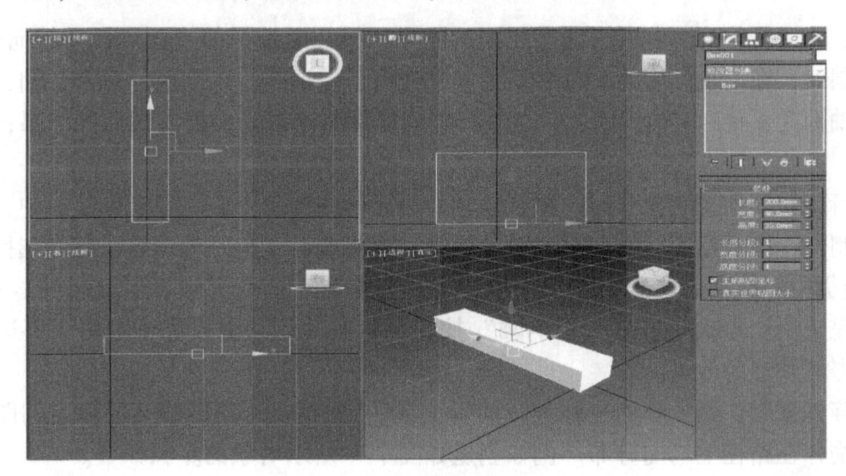

图 7-7　创建长方体

2）将操作视图切换为前视图，执行“工具”→“阵列”命令，在弹出的对话框中设置参数，对象类型选择“复制”，阵列维度选择 1D 并将其数量设置为“10”。

3）在顶视图中创建圆柱体，半径为 2 mm，高度为 70 mm，其他参数保持默认。按〈S〉键，开启对象捕捉，从捕捉方式中单击 2.5 维对象捕捉按钮，在对象捕捉选项界面中，选择“中点”选项，在前视图中调节圆柱与踏步的位置关系。

4）执行“工具”→“阵列”命令，参数保持与楼梯复制的一致。在弹出的界面中，直接单击“确定”按钮即可。

5）在左视图中创建圆柱体对象作为楼梯扶手，半径为 4 mm，高度约为 300 mm。在前视图中，通过“移动”和“旋转”的操作，调节扶手位置。

6）在前视图中调整扶手一端的位置后，在“命令”面板中切换到“修改”选项，根据需要更改高度的数值，直到合适为止。选择全部的栏杆和扶手对象，在左视图或顶视图中，按住〈Shift〉键的同时移动对象进行复制操作，得到楼梯两边的楼梯。最后的楼梯如图 7-8 所示。

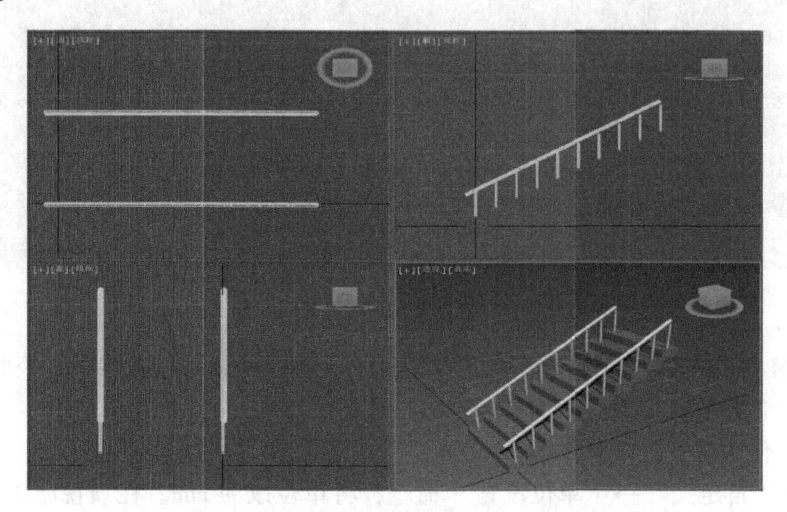

图 7-8 楼梯效果

注意，在进行陈列复制时，对于相同的结果，操作时选择的视图不同，轴向也会不同。即楼梯复制时，在前视图中为 x 轴和 y 轴；若选择了左视图，轴向为 y 轴和 z 轴，若选择了顶视图，轴向为 x 轴和 z 轴。因此，在进行阵列复制前，需要根据复制后的结果，选择视图和轴向。

在进行旋转阵列复制操作时，默认以轴心为旋转的控制中心。但实际建模中，在进行旋转阵列复制前，应根据实际需要更改对象的轴心。更改对象轴心的步骤是首先选择物体，在“命令”面板中切换到“层次”选项，单击“仅影响轴”按钮。其次在视图中，移动轴心，轴心移动完成后，再次单击“仅影响轴”按钮，将其关闭。更改完轴心后，再进行旋转阵列复制，得到预想的效果。

路径阵列复制：路径阵列也称为“间隔工具”，是指将选择的物体沿指定的路径进行复制，实现物体在路径上均匀分布。例如创建如图 7-9 所示对象的步骤如下。

首先创建需要分布的物体模型，使用“命令”面板“新建”选项，在视图中绘制二维图形作为分布的路径线条。其次选择球物体，执行“工具”→“对齐”→“间隔工具”命令或按〈Shift+I〉组合键，弹出“间隔工具”窗口，再次单击“拾取路径”按钮，在视图中单击选择路径对象，设置“计数”中的个数，设置对象复制类型，单击“应用”按钮，关闭窗口，完成路径阵列复制。

镜像复制：可以将选择的某物体，沿指定的轴向进行翻转或翻转复制，适用于制作轴对称的造型。选择需要镜像的物体，单击主工具栏中的“镜像”按钮，或执行“工具”→“镜像”命令，弹出“镜像：屏幕坐标”对话框，根据实际需要，设置参数，单击“确定”按钮，完成镜像操作。主要的参数有变换、几何体、镜像轴、偏移、克隆当前选择和镜像 IK 限制。变换是默认的镜像方式，可以对选择的物体实现镜像复制；几何体类似对选择的物体添加“镜像”编辑命令，实现物体自身的镜像；镜像轴是指在镜像复制时，物体翻转的方向，并不是指两个物体的对称轴；偏移是指镜像前后，轴心与轴心之间的距离；克隆当前选择用于设置镜像的选项；镜像 IK 限制用于设置角色模型。

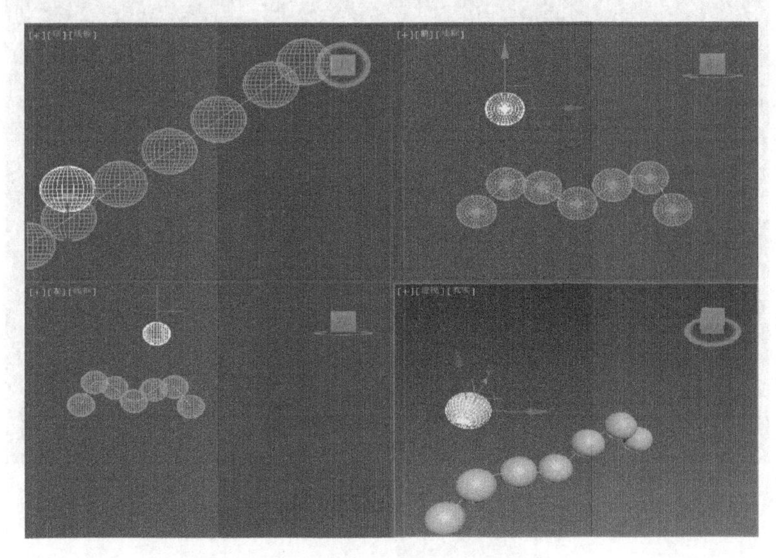

图 7-9　路径阵列复制效果

7.2.2　对齐

对齐工具的主要作用是通过 x 轴、y 轴和 z 轴，确定三维空间中两个物体之间的位置关系。使用对齐、对象捕捉和精确移动工具可以实现精确建模。因此，在基本操作中，对齐工具起了很重要的作用。

首先在 3DS MAX 场景中，创建球体和圆锥体两个对象。

其次选择球体，单击主工具栏中“对齐”按钮，或按〈Alt+A〉组合键，将鼠标靠近另外的物体，呈现变形和名称提示时单击，弹出“对齐当前选择”对话框。选择对齐位置为“X 轴”，当前对象为“中心”，目标对象为“中心”，单击“应用”按钮；选择对齐位置为“Y 轴”，当前对象为“最小”，目标对象为“最大”，单击“应用”按钮；选择对齐位置为“Z 轴”，当前对象为“中心”，目标对象为“中心”，单击“确定”按钮。完成对齐操作，结果如图 7-10 所示。

当前对象在进行对齐时首先选择的物体为当前物体。

目标对象选择了对齐工具后，再单击选择另外的物体。

最小选择对齐方式为最小，即 x 轴方向，最小为左侧；y 轴方向，最小为下方；z 轴方向，最小为距离观察方向较远的位置。

中心确定两个物体的中心对齐方式。

轴点确定两个物体的对齐方式以轴心为参考标准。

最大选择对齐方式为最大，与最小相反，即 x 轴方向，最大为右侧；y 轴方向，最大为上方；z 轴方向，最大为距离观察方向较近的位置。

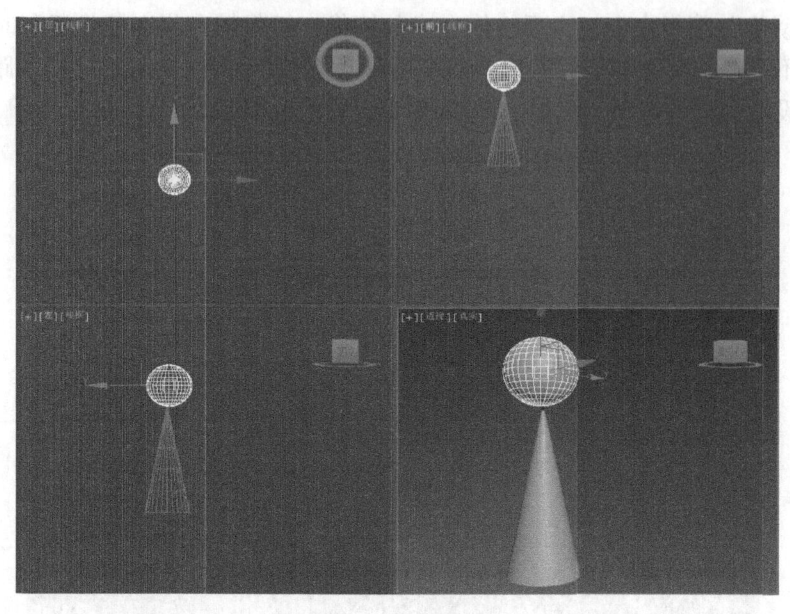

图 7-10 对齐效果

7.2.3 群组

在对模型物体进行编辑时，通常对组成某个模型的单个物体，执行“选择集”或“群组”操作。通过选择集操作，可以将多个物体临时建立起来，方便通过名称实现选择。通过群组操作，可以将多个模型组成集合，方便打开、编辑、添加和分离等操作。

在实际操作时，将经常用的多个模型进行群组，方便再次进行编辑。进行群组操作时，主要通过“组”菜单进行。选择菜单中的组编辑方式进行，组编辑菜单的操作有成组、解组、打开、关闭、附加、分离、炸开及集合等。

成组将选择的多个对象建立成组，方便选择和编辑；解组将选择的组对象分解成单一的个体对象；打开是将选择的组执行打开操作，方便进行组内对象编辑，组内对象编辑完成后，需要将组关闭；附加将选择的物体，附加到一个组对象中，与“分离”操作结果相反；炸开将当前组中的对象，包括单对象和组对象，彻底分解为最小的单个个体对象；由于群组是可以进行嵌套的，即可以将多个组再合成一个组。

7.3 编辑命令

在日常建模时，对现成物体对象实现的造型，可以直接通过命令面板中的标准基本体、扩展基本体等直接创建生成。对于在基本模型的基础上，添加部分编辑命令可以实现的造型，需要在选定的物体上添加三维编辑命令，制作符合要求的物体造型，在 3DS MAX 中，常见的编辑命令有很多，下面主要介绍二维命令和三维命令。

7.3.1 二维编辑命令

将闭合的二维曲线，沿截面的垂直方向进行挤出，生成三维模型，适用于制作具有明显横截面的三维模型。

选择已经编辑完成的图形对象，在“命令”面板“修改”选项中，单击下拉按钮，在下拉列表中选择“挤出”命令，设置参数。其中数量用于设置挤出方向的尺寸数据，影响当前图形挤出的厚度效果；分段用于设置在挤出方向上的分段数；封口用于设置挤出模型的上下两个截面是否进行封闭处理；变形用于在制作变形动画时，可以在运动过程中保持挤出的模型面数不变；栅格对边界线进行重新排列，从而以最少的点面数得到最佳的模型效果；输出用于设置挤出模型的输出类型，通常保持默认“网格”不变。

例 7-2：玻璃茶几。

1）在前视图中，创建矩形，长度为 500 mm，宽度为 1200 mm。

2）选择矩形右击，在弹出的快捷菜单中选择“转换为”→“可编辑样条线”命令，按数字〈2〉键，切换到“段”的编辑方式，将底边删除，按主键盘数字〈1〉键，在点的方式下，对上方两个角点进行“圆角”编辑。

3）右击，退出“圆角”命令，按数字〈3〉键，切换到“可编辑样条线”方式，选择线条执行“轮廓”操作，设置参数后退出轮廓命令，并退出可编辑样条线子编辑。在“命令”面板“修改”选项中，单击下拉按钮，在下拉列表中选择“挤出”命令，设置数量为 650 mm。

在顶视图中，参照茶几模型，创建长方体，作为玻璃茶几的中间隔层位置。后续添加材质，设置灯光，渲染出图，得到玻璃茶几模型，如图 7-11 所示。

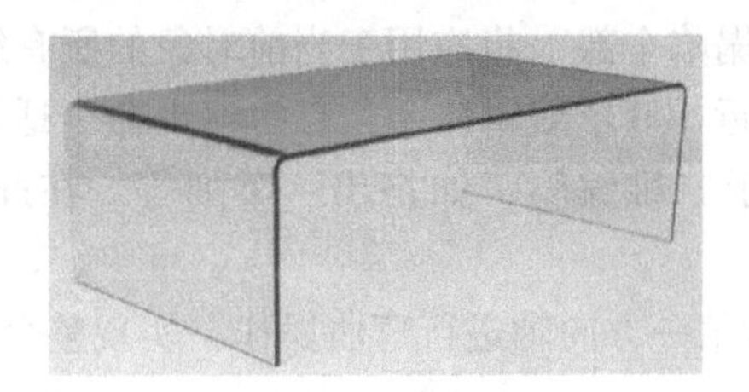

图 7-11　玻璃茶几

“挤出”编辑命令，适用于底截面绘制完成后，通过控制模型的高度，得出三维模型。一个三维模型，只要在合适的视图中创建横截面，即可通过“挤出”命令来实现。

7.3.2　三维编辑命令

通过“修改器”菜单或“修改器”面板，均可以为对象添加编辑修改命令，而通过“修改器”面板添加命令更方便。修改器包括修改器列表、修改器堆栈及修改命令参数等功能。

修改器列表为选中的对象添加修改命令，单击该按钮可以从打开的下拉列表中添加所需要的命令。当一个物体添加多个修改命令时，集合为修改器堆栈。堆栈列表中包含的命令或对象，可以随时返回到命令参数状态。

修改器堆栈用来显示所有应用于当前对象上的修改命令并对其进行管理，如复制、剪切、粘贴及删除编辑命令等操作，可以通过右击修改器堆栈中的命令进行操作。修改器堆栈的功能有锁定、显示、唯一、删除及配置修改器集等。

锁定堆栈是保持选择对象修改器的激活状态，即在变换选择的对象时，“修改器”面板显示的还是原来对象的修改器。此功能主要用于协调修改器的效果与其他对象的相对位置。一般保持默认状态。

显示最终效果默认为开启状态，保持选中的物体在视图中显示堆栈内所有修改命令后的效果，方便查看某命令的添加对当前物体的影响。

唯一指断开选定对象的实例或参考的链接关系，使修改器的修改只应用于该对象，而不影响与它有实例或参考关系的对象。若选择的物体本身就是一个独立的个体，该功能处于不可用状态。

删除命令，单击该功能按钮后，会将当前选择的编辑命令删除，还原到以前状态。

配置修改器集，此按钮用于设置“修改器”面板以及修改器列表中修改器的显示。

在日常使用过程中，可以在“修改器”选项中，将常用的编辑命令显示为按钮形式，使用时直接单击按钮，比从修改器列表中选择命令方便很多。单击“修改器”面板中的配置修改器集按钮，弹出“配置修改器集”功能界面，选择“显示按钮”命令，再选择“配置修改器集”命令，在弹出的界面中，从左侧列表中选择编辑命令，单击并拖动到右侧空白按钮中。若拖动到已有名称的按钮，则会覆盖编辑命令，通过“按钮总数”可以调节显示命令按钮的个数。

塌陷修改命令就是在不改变编辑命令结果的基础上删除修改器，使系统不必每次操作都要运行一次修改器的修改，以节省内存。编辑命令塌陷完成后，不能返回修改器堆栈的命令，再次更改参数。塌陷命令分为“塌陷到”和“塌陷全部”两种方式，“塌陷到”只塌陷当前选择的编辑命令，“塌陷全部”将应用于当前对象的所有编辑命令。

在 3DS MAX 中包含了近 100 个编辑命令，有的编辑命令适用于三维编辑，如弯曲、锥化等，有的编辑命令适用于二维编辑，如挤出、车削等。在此仅介绍常用的三维编辑命令——弯曲。

弯曲命令用于将对象沿某一方向轴进行弯曲操作，实现整个对象的弯曲效果。其弯曲的效果就如同手指的自然弯曲。

在顶视图中创建圆柱体对象，设置基本尺寸参数。选中圆柱体，按数字〈1〉键，直接切换到“命令”面板的“修改”选项，单击下拉按钮，在下拉列表中选择“弯曲”命令，其参数有角度、方向、弯曲轴、限制、上限及下限等。

角度用于设置物体执行弯曲操作后，上下截面延伸后构成的夹角角度。

方向用于设置物体弯曲的方向。在进行更改时，以 90 的倍数进行更改。

弯曲轴向用于设置物体弯曲作用的方向轴。对于选择的物体来讲，只有一个方向轴是合适的，以不扭曲变形为原则。

限制用于设置物体弯曲的作用范围。默认整个选择的物体都执行弯曲操作。通过限制可以设置弯曲命令影响当前选择对象的某一部分。

上限用于设置选择物体轴心 0 点以上的部分，受弯曲作用影响。

下限用于设置选择物体轴心 0 点以下的部分，受弯曲作用影响。设置上限或下限时，需要选中“限制效果”的复选框。

注意事项：在进行弯曲操作时，下限的部分通常为负数。在更改时，除了输入负数以外，还需要将修改器列表中“Bend”前的“+”展开，选择“Gizmo”，在视图中移动“Gizmo”位置，更改变换的轴心。

例 7-3：复式旋转楼梯。

1）在顶视图中创建长方体作为楼梯的踏步对象，长度为 300 mm，宽度为 40 mm，高度为 25 mm。在顶视图创建圆柱体作为楼梯栏杆，半径为 2 mm，高度为 70 mm。

2）切换前视图为当前视图，选择圆柱体对象，单击主工具栏中的“对齐”按钮或按〈Alt+A〉组合键，在前视图中进行对齐操作。

3）*x* 轴方向，设置当前对象和目标对象均为“中心”；*y* 轴方向，设置当前对象为“最小”，目标对象为“最大”；*z* 轴方向暂时不设置，直接在左视图移动位置即可。

4）在前视图中，同时选择长方体和圆柱，执行“工具”→“阵列”命令，在弹出的对话框中设置参数。

5）设置完参数后，单击“确定”按钮，生成楼梯踏步造型，如图 7-12 所示。

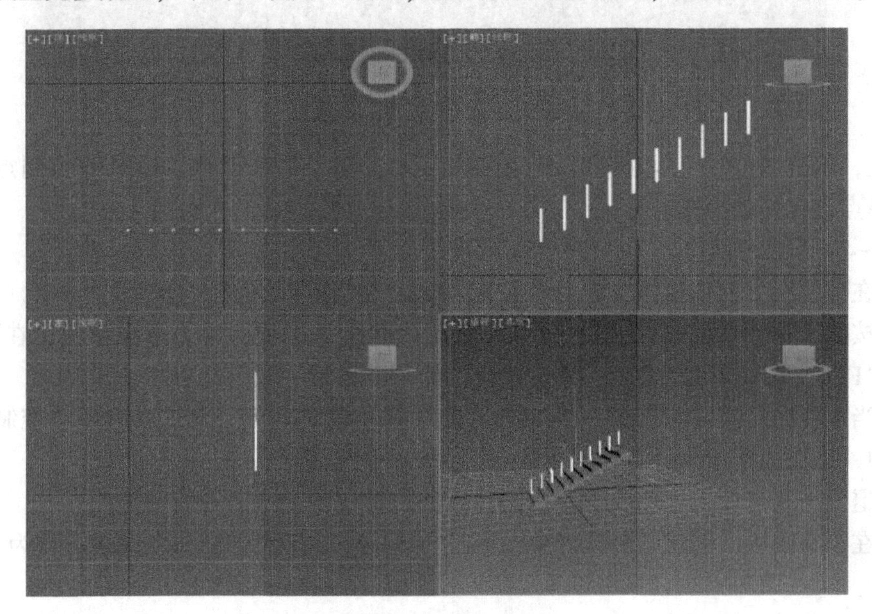

图 7-12　楼梯踏步造型

6）在左视图中创建圆柱体作为楼梯扶手，半径为 3 mm，高度约为 300 mm，高度分段为 30。在“命令”面板的“修改”选项中，添加“弯曲”命令，并设置命令参数。

7）在前视图中，通过“旋转”和“移动”等操作，调节扶手的位置。当圆柱体高度尺寸不够时，可以在“修改堆栈”中选择列表中的“Cylinder”，返回圆柱对象，更改高度参数。在左视图中，将扶手与已经绘制完成的栏杆造型进行 *x* 轴中心对齐。

8）在左视图中，选择栏杆和扶手对象，按住〈Shit〉键的同时移动对象，复制楼梯的另外一侧造型。选择所有物体，在“命令”面板中，添加“弯曲”命令，设置参数，生成旋转楼梯造型，如图 7-13 所示。

“FFD（自由变形）”命令是网格编辑中常用的编辑工具。根据三维物体的分段数，通过控制点使物体产生平滑一致的变形效果。“FFD（自由变形）”命令包括 FFD2X2X2、FFD3X3X3、FFD4X4X4、FFD（长方体）和 FFD（圆柱体）五种方式。

首先，在顶视图中创建长方体，单击“命令”面板“ 修改”下拉按钮，在下拉列表中选择选项中，单击“FFD（自由变形）”命令。

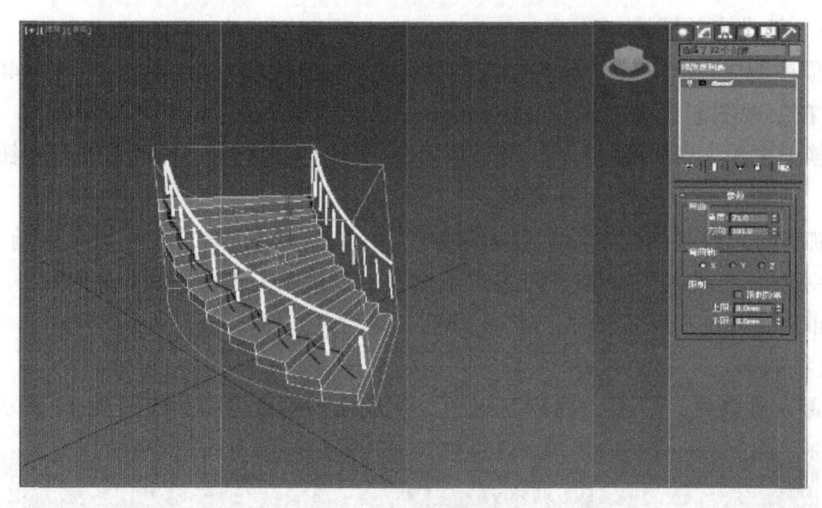

图 7-13　旋转楼梯造型

其次，单击“FFD（自由变形）”前的“+”按钮，将其展开，选择“控制点”，在视图中选择点进行移动操作。

例 7-4：苹果的制作。

1）在顶视图中创建球体对象，半径为 40 mm，其他参数保持为默认。

2）按数字〈1〉键，切换到“命令”面板“修改”选项，单击下拉按钮，在下拉列表中选择“FFD（圆柱体）”命令，单击参数中的“与图形一致”按钮。

3）当前视图切换为前视图，将 FFD（圆柱体）前的“+”展开，选择“控制点”，在前视图中，依次选择球体上面和下面的点，并向中间移动。

4）退出控制点编辑，单击下拉按钮，添加“锥化”命令，设置参数。

5）在顶视图中，创建圆柱体对象，半径为 2 mm，高度为 35 mm，高度分段为 10，作为苹果的柄。

6）在“修改”选项中，依次添加“锥化”命令和“弯曲”命令，生成弯曲的果柄效果。调节位置，得到最后效果，如图 7-14 所示。

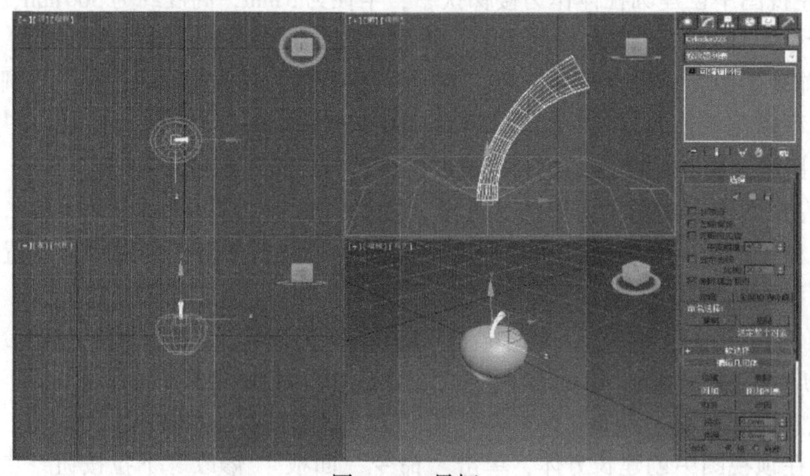

图 7-14　果柄

7）同时选中果柄与苹果对象，在顶视图中移动复制多个造型，分别调整不同苹果的摆放角度，生成苹果造型，如图 7-15 所示。

图 7-15　苹果造型

7.3.3　倒角

将选择的二维图形挤出为三维模型，并在边缘应用平或圆的倒角操作，通常用于标志和立体文字制作。下面以立体文字制作为例进行说明。

首先在前视图中创建二维文字图形。

然后在“命令”面板“修改”选项中，单击下拉按钮，在下拉列表中选择“倒角”命令，设置参数，如图 7-16 所示。

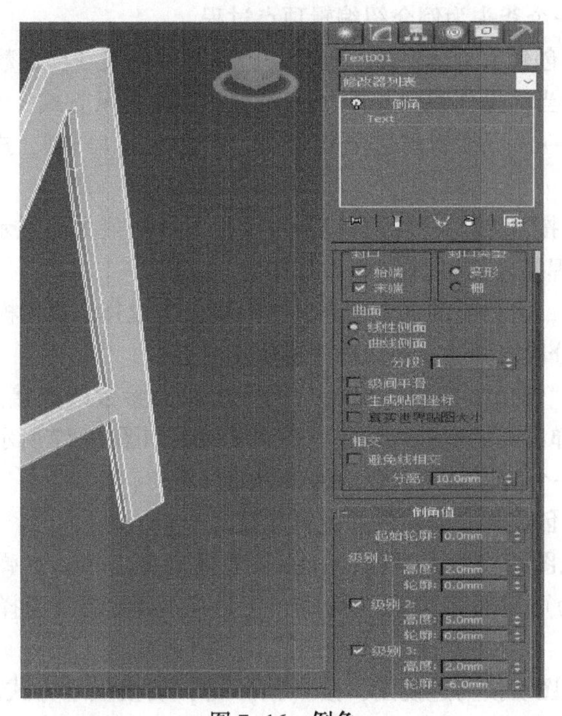

图 7-16　倒角

封口用于设置倒角对象是否在模型两端进行封口闭合操作。

曲面用于控制曲面侧面的曲率、平滑度和贴图等参数。

相交用于设置二维图形倒角后，通过“分离”数值，控制分离之间的距离，避免线相交。

级别 1、2、3 用于控制倒角效果的层次。“高度”用于控制倒角时挤出的距离，“轮廓”用于控制挤出面的缩放效果。

7.4 高级建模

在高级建模中，包括编辑定点、编辑边、编辑边界和编辑多边形等操作。

在三维物体模型中，顶点对象是分段线与分段线的交点，是编辑几何体中基础的子编辑方式。同时，通过点来影响物体的形状，比其他方式的影响形状更为直观。

编辑顶点的具体参数有移除、挤出、焊接、目标焊接、断开及切角等。

移除用于删除不影响物体形状的点。若该点为物体的边线端点，则不能进行移除操作。

挤出在点的方式下，执行“挤出”操作。单击“挤出”按钮，可以在弹出的界面中，设置挤出的高度和挤出基面宽度等参数。

焊接将已经“附加”的两个对象，通过点编辑进行“焊接”操作，与“断开”操作相反。

目标焊接将在同一条边上的两个点进行自动焊接。若两个点不在同一条边上时，不能进行目标焊接。

切角用于在选择边的基础上，进行切角操作。通过参数，可以生成圆滑的边角效果。

例 7-5：以制作一个斧头为例介绍编辑顶点过程。

1）在顶视图中，创建长方体对象，设置长方体相关的尺寸、参数和分段数。

2）将透视图改为当前操作视图，按〈F4〉键，切换显示方式。右击，在弹出的快捷菜单中选择“转换为”→“可编辑多边形”命令。按数字〈1〉键，进入点的子编辑，在前视图中调节点的位置。

3）在透视图中，按〈Alt+W〉组合键，将透视图执行最大化显示操作，单击“目标焊接”按钮，将点进行焊接。

4）用同样的方法，将另外的几个角点进行焊接，生成斧头最后模型。

两个顶点之间的分段线为边，由边的子编辑工具完成。

单击边编辑中的“焊接”按钮，保持与上一次相同参数的连接。单击“连接”按钮，在当前选择的边线处弹出对话框进行设置，得到其效果如图 7-17 所示。

例 7-6：以制作一个防盗窗为例介绍编辑边的过程。

1）在前视图中，创建长方体对象并设置参数。

2）将当前操作视图切换为左视图，选择长方体对象右击，在弹出的快捷菜单中选择“转换为”→“转换为可编辑多边形”命令，按数字〈1〉键，选择右上角的点并移动其位置。

3）将当前操作视图切换为透视图，按〈F4〉键，切换显示方式。按数字〈2〉键，切换到边的编辑方式，选中“忽略背面”复选框，在编辑几何体选项中，单击“切割”按钮，在透视图中手动连接边线。

4）按数字〈4〉键，切换到多边形方式，在透视图中旋转观察角度，按〈Q〉键，选择防盗窗后面的面按〈Del〉键，将其删除。

5）按数字〈2〉键，切换到边的编辑方式，按〈Ctrl+A〉组合键，选择全部边线。单击“利用所选内容创建图形”按钮，生成二维线条。

6）退出“可编辑多边形”命令后，选择刚刚生成的二维图形，设置其可渲染的属性，生成防盗窗造型，如图 7-18 所示。

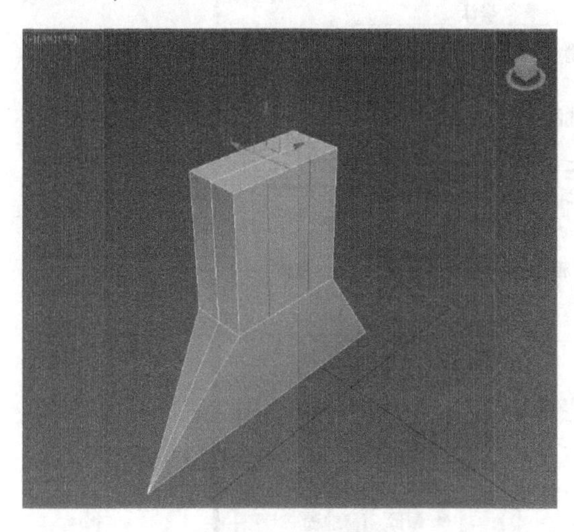

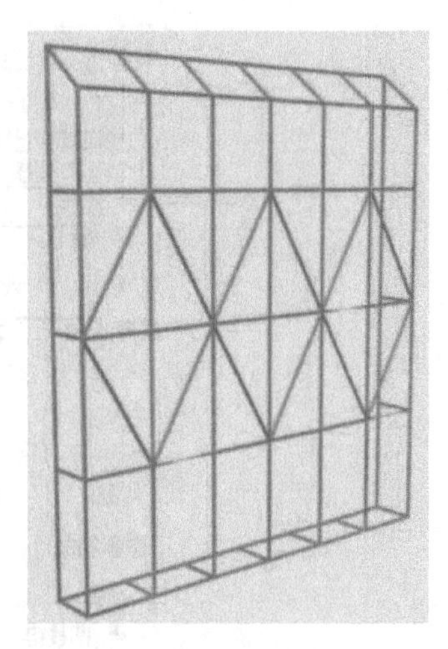

图 7-17　斧头效果　　图 7-18　防盗窗效果

编辑多边形命令中，对于多边形子编辑使用频率较高。有很多编辑命令是针对多边形子编辑方式进行的。

挤出用于对选择的多边形沿表面挤出，生成新的造型。同时选择多个且连续的多边形时，挤出的类型会有所不同。若选择单个面或不连续面时，挤出类型没有区别。

挤出类型用于设置选择表面在挤出时的不同方向。类型为“组”时，挤出的方向与原物体保持一致；类型为“局部法线”时，挤出的方向与选择的面保持一致；类型为“按多边形”时，挤出的方向与各自的表面保持一致。

倒角是用于对选择的多边形进行的“倒角”操作，类似于“挤出”和“锥化”的结合。在“挤出”的同时，通过“轮廓量”控制表面的缩放效果。

桥用于将选择的两个多边形进行桥连接。可以桥连接的两个面延伸后，需要在同一个面上。单击“桥”按钮，会弹出桥连接的对话框，根据需要进行设置。

7.5　常见贴图与透明材质

依附于物体表面的纹理图像，被称为贴图。贴图的主要作用是模拟物体表面的纹理和凹凸效果。还可以将贴图指定到贴图通道，实现材质的透明度、反射、折射以及自发光等材质基本特性。利用贴图不但可以为物体的表面添加纹理效果，提高材质的真实性，还可以用于制作背景图案和灯光的投影。3DS MAX 软件提供了大量的贴图类型，下面介绍常用的贴图和贴图通道。

7.5.1 常见贴图

常见的贴图包括位图贴图、棋盘格贴图、大理石贴图以及衰减贴图等。

位图贴图是最常用的贴图类型。3DS MAX 软件支持的图像格式包括 JPG、TIF、PNG 和 BMP 等，还可以将 AVI、MOV 等格式的动画作为物体的表面贴图。位图贴图参数如图 7-19 所示。

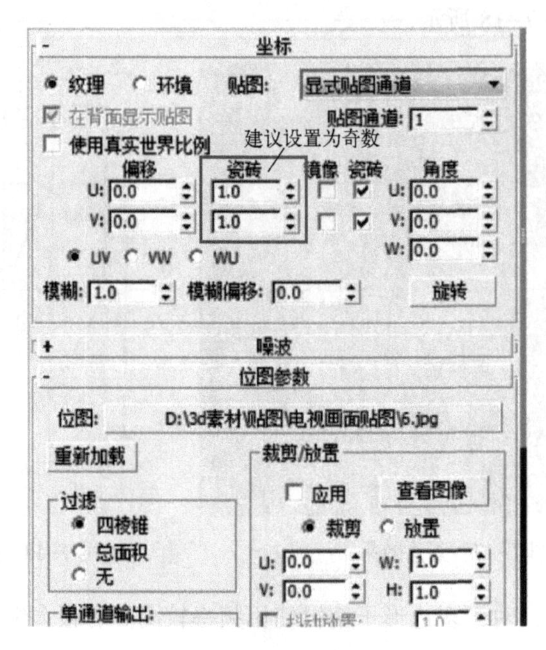

图 7-19 贴图参数

偏移用于设置沿着 U 向（水平方向）或 V 向（垂直方向）移动图像的位置。

瓷砖也称为平铺，用于设置当前贴图在物体表面的平铺效果。当瓷砖的数据为奇数时，平铺后的贴图在物体表面可以完整显示。

角度用于设置图像沿着不同轴向旋转的角度。通过更改 W 角度可调整贴图在物体表面的显示角度。

模糊用于设置贴图与视图之间的距离来模糊贴图。

模糊偏移为当前贴图增加模糊效果，与距离视图的远近没有关系，当需要柔和焦散贴图中的细节，以实现模糊图像时，需要选中该选项。

单击位图后面的按钮，可以在弹出的界面中，重新加载或选择另外贴图。默认时，显示当前贴图所在路径和文件名。

查看图像用于选取当前贴图的部分图像，作为最终的贴图区域。使用时，单击“查看图像”按钮，在弹出的界面中，根据需要，选择图像区域，关闭后，再次选中“应用”复选框即可。

例 7-7：以木地板贴图为例说明位图贴图的过程。

1）选择地面模型，按〈M〉键，选择空白样本球，单击工具行中的“材质编辑器”按钮，再单击“漫反射”后面的贴图按钮，在弹出的界面中，双击“位图”，选择需要添加的贴图。单击工具行中的“材质编辑器”按钮，在视口中，显示贴图效果。

2）设置贴图的“平铺”效果。尽量设置为奇数，贴图在物体表面可以完整显示。返回上一层级，展开“贴图”展卷栏，单击“反射”后面的按钮，在弹出的界面中，双击“光线跟踪”按钮，并返回上一层级，设置反射贴图的强度数量。

3）在贴图卷展栏中，单击“漫反射”后面的按钮并拖动到“凹凸”后面的按钮上，选择“实例”复制。设置凹凸的强度数量为“70”，使用默认灯光进行渲染，得到效果如图 7-20 所示。

图 7-20　木地板效果

棋盘格贴图用于实现两种颜色交互的方格图案，通常用于制作地板、棋盘等效果，在棋盘格图中，不适合用贴图替换方格的颜色。

大理石贴图可以生成带有随机颜色纹理的大理石效果，方便生成随机的“布艺”纹理，还可以添加到“凹凸”贴图通道中，实现水纹玻璃效果。可以设置大理石纹理之间的距离，数值越小，宽度越大。

衰减贴图可以产生从有到无的衰减过程，通常应用于反射、不透明贴图通道，如不锈钢材质反射的衰减。衰减类型用于设置衰减的方式，共有垂直/平行、朝向/背离、Fresnel（菲涅耳）、阴影灯光和距离混合等类型。垂直/平行是在与衰减方向相垂直的法线和与衰减方向平行的法线之间，设置角度衰减范围。衰减范围为基于平面法线方向改变 90°。朝向/背离是在面向衰减方向的法线和背离衰减方向的法线之间，设置角度衰减范围。Fresnel（菲涅耳）是基于折射率的调整，在面向视图的曲面上产生暗淡反射，在有角的面上产生较明亮的反射，产生类似于玻璃面上一样的高光。阴影灯光是基于落在对象上的灯光在两个子纹理之间进行调节。距离混合是基于近距离值和远距离值，在两个子纹理之间进行调节。

7.5.2　透明材质

首先在场景中创建构成场景的基本物体造型，如茶壶模型，给其赋白色陶瓷茶壶材质，选择垂直的长方体，给其赋透明玻璃材质。

在“命令”面板“新建”选项中，单击“灯光”按钮，切换到灯光类别，选择“目标聚光灯”，在视图中单击并拖动鼠标，添加灯光，选中“启用”复选框，类型为“光线跟踪阴影”。添加泛光灯作为辅助光源，设置倍增强度，渲染出图。

7.6 动画制作

动画制作过程中需要使用时间轴、动画控制区、关键帧及帧速率等工具与技术。

时间轴默认位于界面的下方，时间轴默认为 100 帧，通过“动画控制区”的“时间配置”按钮，可以设置时间轴和帧速率。动画的基础就是必须有时间，如果没有时间的变化，那么世界就是静止的，现实世界中的时间是不可以控制的，但是在三维软件里，可以自由地查看时间和编辑时间。动画控制区的主要作用是控制动画的播放、暂停和切换帧等相关操作，一般的位于界面的右下方。

关键帧的控制区域一般位于动画控制区的左侧，包括自动关键帧和手动关键帧。

在自动关键帧方式下，每移动一次时间轴会自动记录当前的状态，后续自动生成关键帧。在手动关键帧的方式下，在记录动画时，需要单击关键帧区的“钥匙”按钮。

帧速率就是控制每秒播放多少个画面，帧速率分为 NTSC、电影、PAL 和自定义四种设置，单击“动画控制区”的“时间配置”按钮，弹出“时间配置”对话框进行设置，将在 7.6.2 中对这四种设置进行介绍。

7.6.1 关键帧动画

关键帧通常是指关键帧动画，就是给需要动画效果的属性准备一组与时间相关的值，这些值都是在动画序列中重要的关键帧中提取出来的，而其他时间帧中的值，可以用这些关键值，采用特定的插值方法计算得到，从而达到比较流畅的动画效果。

要在 3DS MAX 中实现关键帧动画，通常需要满足以下条件。

1）关键帧的开关必须要开启记录，操作完成后要关闭关键帧。

2）时间轴上要有位置的变化，在不同的时间段里对当前场景中的操作要有所不同，若有关键帧，但不操作时，场景中的模型不会动。

3）设置合适的帧速率来控制动画的总体时间，动画时间通常以 s 为最小单位进行核计。

4）在不同帧时间上，必须让物体或角色出现不同的变化或者通过不同的属性值改变物体或角色的形态。

关键帧动画有手动关键帧与自动关键帧。

采用手动关键帧的方法制作动画的过程中，首先应该在场景中打开需要设置关键帧的模型。单击“关键帧控制区”的“设置关键点”按钮，此时当前视图的边缘出现环绕的红线。将底部的时间轴移动到指定位置处，单击“关键帧控制区”的钥匙形的按钮，对当前场景中的物体进行位置更改，如果时间轴不在指定位置，则按同样的方法，再次拖动时间轴，单击钥匙形的按钮，更改物体的位置，完成手动关键帧的记录。关键帧记录完成后，单击底部的“设置关键点”按钮，退出关键帧记录操作，单击“动画控制区”的播放按钮，查看具体的动画运动效果。

自动关键帧比手动关键帧要方便快捷一些，采用自动关键帧的方法制作动画实例的过程中，首先单击界面“关键帧控制区”的“自动关键帧”按钮，当前视图边缘自动呈现红色边框线。移动底部的时间帧位置，对场景中的物体进行位置更改，通过自动关键帧记录每一个物体位置的更改。再次单击“自动关键帧”按钮，退出关键帧记录，单击“动画控制区”的播放按钮，查看动画效果。

7.6.2　时间配置

时间配置用于设置当前动画的帧速率、时间轴上显示的单位、播放速度和动画长度等内容，是进行正式动画制作前需要设置的参数选项，通过时间配置功能选择 PAL 制式、NTSC 制式、电影或自定义的帧速率标准。

PAL（Phase Alterating Line）制式是电视广播中色彩编码的一种方法，是我国电视台使用的一种制式，它的帧速率标准是每秒 25 帧。除了北美、东亚部分地区使用 NTSC 制式，中东、法国及东欧采用 SECAM 制式以外，世界上大部分地区都采用 PAL 制式。

NTSC（National Television System Committee）制式，简称为 N 制，是 1952 年 12 月由美国国家电视系统委员会制定的彩色电视广播标准，是国外常用的一种制式标准，它的帧速率标准是每秒 30 帧。

电影的帧速率标准是每秒 24 帧，在一些专业术语上会说每秒 24 格。

自定义帧速率设置是可以实际要求自由设置帧速率，但一般不自己设置，因为通常自定义的帧速率是不符合播放标准的。

时间显示用于设置显示在时间轴上面的数字和单位，显示方式有“帧”“SMPTE”“帧：TICK”和“分:秒:TICK”。

帧显示方式是完全使用帧显示时间，这是默认的显示模式。单个帧代表的时间长度取决于所选择的当前帧速率，如在 NTSC 视频中，每帧代表 1/30 s。

SMPTE 方式是使用电影电视工程师协会格式显示时间，这是一种标准的时间显示格式，适用于大多数专业的动画制作。SMPTE 格式从左到右依次显示分、秒和帧，其间用冒号分隔开，如 2:16:14 表示 2 分、16 秒和 14 帧。

帧：TICK 方式是在当前方式下，使用帧和 3DS MAX 内部时间增量（称为“tick”）显示时间。每秒包含 4800 tick，所以，实际上可以访问最小为 1/4800 s 的时间间隔。

分:秒:TICK 是在当前方式下，以分（MM）秒（SS）和 tick 显示时间，其间用冒号分隔，如 02:16:2240 表示 2 分、16 秒和 2240 tick。

播放设置用于控制动画播放时的方式、速度以及方向等属性。

播放的方式包括实时、仅活动视口及循环等方式。实时选项开启时，可使当前视口播放跳过帧，与当前“帧速率”设置保持一致；禁用实时选项后，视口播放时将尽可能快地运行并且显示所有帧。仅活动视口是开启当前选项时，可以使播放只在活动视口中进行；禁用该选项后，所有视口都将显示动画，默认需要开启当前选项。循环用于设置动画播放是否循环，启用后，播放将反复进行，可以通过单击“动画控制”按钮或时间滑块渠道来停止播放，禁用后动画将只播放一次然后停止。

速度用于设置当前动画播放的速度，有五种播放速度可选择，1X 代表正常速度，2X 和 4X 代表快速播放多倍，1/4X 和 1/2X 代表慢播放。速度设置只影响在视口中的播放。默认设置为1X。

方向用于设置当前动画播放的方向或顺序，将动画设置为向前播放、反转播放或往复播放（向前然后反转重复进行）。该选项只影响在交互式渲染器中的播放，并不适用于渲染到任何图像输出文件的情况。只有在禁用“实时”选项后才可以使用这些选项。

动画长度选项根据动画制式和播放速度，来确定当前整个动画播放时所需要的时间，也是将来进行动画查看所用到的重要依据。

开始和结束时间：时间线长度在计算时通常都是从0帧开始的，结束时间可以根据需要的时间长度设置不同的时间帧。这个面板常用的就是更改结束时间这组数值。如果只查看30~60帧的重复播放效果，也可以改变开始时间为30，结束时间为60，这个时候用播放按钮就可以重复查看中间30帧的效果。

长度用于显示活动时间段的帧数。如果将此选项设置为大于活动时间段总帧数的数值，则将相应增加“结束时间”的帧数。

帧数用于显示当前动画的总帧数，即动画在进行渲染的帧数。该数值始终以动画总帧数长度再加上数字1的方式来显示。

当前时间用于显示当前时间滑块的帧数。调整此选项时，将相应移动时间滑块，视口中显示的当前帧将进行实时更新。

单击“重缩放时间”按钮后，打开“重缩放时间”对话框，调整当前动画的长度。

关键点步幅选项用于设置在启用关键点模式时所使用的方法。关键点步幅选择中的“使用轨迹栏”与其他选项互斥。当选中“使用轨迹栏”后，关键点模式能够遵循轨迹栏中的所有关键点，其中包括除变换动画之外的任何参数动画状态。要使其他控件可用，需要取消选中“使用轨迹栏”。

7.6.3 骨骼动画

骨骼动画是进行人物或角色动画的一个前提基础，通过骨骼的绑定，可以使角色更具有自然协调的运动方式。

骨骼动画是根据现实中的人体或动物骨骼模拟的运动动画，现实中骨骼是不能直接运动的，骨骼的运动是用肌肉驱动的，骨骼又带动躯体动画，而在数字软件中动画是可以直接控制骨骼来带动躯体动画的。

在3DS MAX中，骨骼的创建分为Bone骨骼、Biped骨骼和CATRige等方式，每种方式都有自己的特点和使用方法。

创建Bone骨骼：首先创建一个花朵模型，打开已经创建完成的花朵模型，在“命令”面板中，切换到“系统”选项，单击“骨骼”按钮，在前视图中沿着花朵创建骨骼，通过骨骼对象参数，调整骨骼的尺寸，生成最后的骨骼效果。

其次是蒙皮。选择花朵物体，执行“修改器”→“动画”→“蒙皮”菜单命令。在“命令”面板的“修改”选项中选择“蒙皮”命令，单击骨骼后面的“添加”按钮，按住〈Shift〉键，将骨骼添加进来。

第三是骨骼关键帧动画制作过程。为了选择骨骼方便，首先可以临时将花朵造型执行“冻结”操作，按住〈Ctrl〉键的同时，从上往下依次选择骨骼对象，按〈W〉键，通过主工具栏中的按钮更改骨骼中心，再单击“关键帧控制区”的“自动关键点”按钮，将时间轴滑块调整到0位置，在前视图中，通过旋转工具，调整其位置，再将时间轴调整到40帧位置处，向另外的方向旋转骨骼，最后将时间轴调整到80帧位置处，选择0帧位置的关键帧，按住〈Shift〉键，再将其拖动到80帧的位置就可以实现关键帧的复制操作。单击“动画控制区”的播放按钮，查看动画效果。

如果拟在不同的时间线上一直循环，需要通过曲线编辑器来实现。分别选择每一个骨骼，打开曲线编辑器，在弹出的界面中选择 x 轴、y 轴和 z 轴旋转，执行“编辑”→“控制器”→“超出范围类型”命令。在弹出的“参数曲线超出范围类型”对话框中，选择“循环”选项。单击“动画控制区”的播放按钮，查看动画效果，比前面的效果更加真实。

反向动力学（IK）和正向动力学（FK）在现实生活中是非常常见的运动规律。IK（反向运动）是通过计算父物体的位移和运动方向，从而将所得信息继承给其子物体的一种物理运动方式。也就是通过定位骨骼链中较低的骨骼，使较高的骨骼旋转，从而设置关节的姿势，它是根据末端子关节的位置移动来计算得出每个父关节的旋转，通常用于将骨骼链的末端“固定”在某个相对该骨骼链移动的对象上。FK（正向运动）是一种通过“目标驱动”来实现的运动方式，是带有层级关系的运动，根据父关节的旋转来计算得出每个子关节的位置。FK有种牵一发而动全身的感觉。IK和FK是组成人体运动的两种方式，做绑定的时候这两种运动方式需要配合使用，都需要做，具体请查阅人体动力学的相关知识，从而了解我们身体中的运动哪些行为属于IK，哪些属于FK。

下面以Biped骨骼为例，说明反向、正向动力学的应用。

创建FK骨骼：在“命令”面板的“新建”选项中，单击“系统”选项的“骨骼”按钮，所创建的骨骼默认时均为FK骨骼，即为正向动力学。FK骨骼是移动父级骨骼关节，可以带动子级骨骼关节；移动子级骨骼关节，父级骨骼关节不会改变。在创建骨骼完成后，右击，结束本次创建命令。

创建IK骨骼：其实是在子骨骼关节上添加了一个IK控制手柄，用IK控制手柄来实现子级骨骼关节控制父级骨骼关节的效果。IK骨骼创建通常有以下两种方法，一种是在创建骨骼对象时，选中参数中的“指定给子对象”和“指定给根”复选框。在场景中创建完成以后，在子级骨骼末端有一个十字的控制手柄，并且在父级端和子级端中间出现了一条线，这条线只有在选中IK控制手柄时才会出现。另一种方法则是首先在场景中创建正常的FK骨骼后，选择骨骼对象，执行“动画”→“IK解算器”→“IK肢体解算器”菜单命令，命令执行完成后，场景中出现一条虚线。然后单击骨骼的另外一个点，拾取完成后，转换为IK骨骼。

IK骨骼与FK骨骼可以相互转换。将IK转换为FK时，选择场景中IK骨骼的控制手柄，在命令面板中，单击“运动”选项，将“IK解算器”中的“启用”按钮关闭即可。若要将IK完成转换为FK时，除了将启用按钮关闭以后，还需要取消选中“IK设置FK姿势”复选框。

FK转换为IK是将“IK解算器”中的“启用”按钮再次单击选中以后，当前FK转换为IK。

7.6.4 CAT角色动画插件

CAT（Character Animation Toolkit）插件，为人体、动物、昆虫和机器人等提供了一个预设装备库。在使用CAT插件时，既可以新建CATRige，也可以直接加载符合要求的装备。通过CAT插件还可以随时将自定义CATRige另存为新预设，以供以后使用。此方法可在整个CAT中使用，加载最符合要求的预设，对此进行编辑以符合预期目标，然后将结果另存为新预设。

通过使用CAT，可以快速创建所需装备。CATRige包括内置IK和操纵简单的脊椎和尾部。通过高级手指或足趾控件，可以方便地定位手指和脚趾。默认情况下，将使用IK来创建腿，使用FK来创建手臂。可以对所有肢体骨骼进行分段，以便扭曲骨骼。分段扭曲权重通过样条线进行控制。

在使用CAT插件设置的同时，可调整CATRige大小，而不必中断K设置，创建动画层之后，便无法再调整大小，从而避免现有动画出现问题。

CAT动画创建包括加载CAT预设、CAT绑定、CAT蒙皮与权重等步骤。下面以创建一个人物为例说明创建过程。

1）加载CAT预设。首先是加载，对于CAT插件，需要通过加载的方式添加到当前场景中，方便使用骨骼布局、蒙皮等操作。在“命令”面板“新建”选项中，选择“辅助对象”选项，在下拉列表中选择“CAT对象”。单击“CAT父对象”按钮，在“CATRige加载保存”选项中选择要加载的装备。在场景中单击并拖动，将新的预设装备添加到场景中。其次是创建骨骼，在“命令”面板的“新建”选项中，单击“辅助对象”按钮，在下拉列表中选择“CAT对象”，单击“CAT父对象”按钮，在“CAT加载保存”选项中选择“无”，在透视图中单击并拖动，创建CAT对象。选择底部的“CAT对象”，在“命令”面板的“修改”选项中，单击“CAT加载保存”选项中的“创建骨盆”按钮，在视图中单击，创建中间的骨盆物体。选择骨盆对象后，在“命令”面板“修改”选项中，可以依次添加腿、手臂、脊椎、尾部、附加骨骼和其他装备对象（小道具、备件）等。

2）CAT绑定。通过对卡通模型进行CAT绑定操作，首先是创建骨盆，打开模型文件。为了方便查看骨骼与模型搭配关系，将模型的不透明度调为“5”。在“命令”面板的“新建”选项中，单击“辅助对象”按钮，在下拉列表中选择“CAT对象”，单击“CAT父对象”按钮，将底部的方式选择为“无”，在透视图中单击创建底部参数图形。选择父对象，在“命令”面板的“修改”选项中，单击“创建骨盆”按钮，场景中生成“长方体”的骨盆对象。

其次是创建腿，选择创建的“骨盆”对象，在“命令”面板的“修改”选项中，单击参数中的“添加腿”或其他部件按钮。在视图中单击并拖动，完成腿部对象创建，可以通过“移动”“旋转”等操作调整腿骨骼的位置；也可以选中“使用自定义网络”复选框，为当前的骨骼添加自定义网格对象。选择腿的末端脚踝对象，并添加一节骨骼对象作为脚，将手指数改为“1”。选择骨骼，在“命令”面板“修改”选项中，将骨骼数改为“2”。为此模型命名，将第一段骨骼命名为“脚”，第二段骨骼命名为“脚掌”，修改脚的位置，完成创建。选择骨盆对象，在“命令”面板“修改”选项中，单击“添加腿”按钮，系统自动匹配另外一条腿的造型，完成两条腿的创建。

第三是创建躯干。在场景中，选择骨盆对象，在“命令”面板“修改”选项中，单击“添加脊椎”按钮，将骨骼的默认数由“5”改为“4”即可，调整局部脊椎的位置。选择颈椎对象，对每一段骨骼进行命名，从下往上依次为胯部、腰部、腹腔和胸部。

第四是创建手臂和手。选择胸部骨骼，在“命令”面板“修改”选项中，单击“添加手臂”按钮。选择手臂末端的关节，将手指数改为“4”，当前模型只有 4 个手指对象，修改手臂与手指的位置和参数。再次选择胸部骨骼，单击“添加手臂”按钮，系统自动匹配生成另外的一只手臂和手造型。

第五是创建脖子和头部。选择胸部骨骼，单击“修改”选项中的“添加骨骼”按钮，添加两段“脊椎”造型，调整骨骼位置和大小。

3）CAT 蒙皮与权重。蒙皮就是让骨骼和物体绑定在一起的操作，权重就是让模型和物体更好地绑定在一起，符合逻辑与场景要求。

蒙皮：选择所有的骨骼对象，在主工具栏中将其添加到“选择集”，调整骨骼与模型的位置。选择卡通模型，在“命令”面板的“修改”选项中，添加“蒙皮”命令，单击“添加骨骼”按钮，弹出“选择骨骼”对话框，选择刚刚命名的选择集。单击“选择”按钮，完成骨骼添加。在移动骨骼时，发现模型对象已经完全匹配骨骼。对于部分穿帮的位置，需要通过权重来修改。

权重：权重的分配好坏直接影响动画的质量。选择模型中的衣服，在“命令”面板中，单击“编辑封套”按钮，此时骨骼的末端会显示有顶点的直线。选择需要调整胶囊形状内部和外部封套，调整封套来改变影响的范围，其中红色范围为影响到的区域。退出子编辑后，查看整体效果。激活参数中的“镜像模式”，单击“镜像模式”选项中的“镜像”按钮，将左、右两个手臂进行镜像操作。

权重调节：在激活封套模式下，单击底部的“顶点”选项，再单击“权重工具”按钮，弹出“权重工具”对话框，打开“绘制选项”，在当前模型中需要调整权重的位置单击并拖动，完成权重调节。

习题

7.1　使用 3DS MAX 制作湖中凉亭。湖边树木葱郁，湖水波浪涟漪，湖中小丘上有一座凉亭。制作结果要达到既秀丽又唯美的效果。

7.2　简述 CAT 动画创建过程。

7.3　在 3DS MAX 中，骨骼的创建分为哪几种方式？并简述其特点。

第8章 Unity3D 基础操作应用

8.1 Unity3D 特点与优势

Unity3D 是一个全面整合的专业游戏引擎，是 Unity Technologies 开发的一个多平台的综合型游戏开发工具。开发者可以使用 Unity3D 轻松创建建筑可视化、三维视频游戏及实时三维动画等。国内外很多虚拟现实设计师在近几年都愈发关注 Unity3D 软件。Unity3D 游戏软件在虚拟仿真技术领域具有高的可移植性，使用的渲染方式和软件架构方法与专业 Web3D 软件相似。

Unity3D 有多系统平台的支持功能。其编辑器集中拥有编辑地形功能、导入支持多种文件的功能、脚本编辑功能，还有强大的着色器、物理性质的控制等。Unity3D 作为一款强大的游戏引擎成为现在网页游戏和手机游戏的热门引擎，Unity3D 有着得天独厚的优势，它的稳定性和安全性是开发者的保障。

Unity 可由玩家轻松创建诸如三维视频游戏、建筑可视化及实时三维动画等类型互动内容的多平台的综合型游戏开发工具，是一个全面整合的专业游戏引擎。它类似于 Director、Blender Game Engine、Virtools 和 Torque Game Builder 等利用交互的图形化开发环境为首要方式的软件。其编辑器可运行在 Windows 和 Mac OS X 下，可发布游戏至 Windows、Mac、Wii、iPhone、WebGL（需要 HTML5）、Windows Phone 8 和 Android 平台，也可以利用 Unity Web Player 插件发布网页游戏，支持 Mac 和 Windows 的网页浏览。它的网页播放器也被 Mac Widgets 所支持。

Unity 主要有以下特点。

1）基于 Mono。Mono 是一个由 Xamarin 公司所主持的自由开放源代码项目，是一个非微软提供的跨平台的开源 .NET，项目不仅可以运行于 Windows 系统上，还可以运行于 Linux、FreeBSD、UNIX、OS X 和 Solaris，甚至一些游戏平台，例如 Playstation 3、Wii 或 XBox 360。

2）跨平台。Unity 可以在 Windows、Mac 和 Linux 平台进行编辑，然后可以发表到 20 多个平台。这样可以节省开发时间和学习成本，且生成应用的性能会低于源生的应用。另外，在写入文件的时候会受到限制。例如，想把截图得到的图片移动到设备的相册目录，这个功能仅靠 Unity 自身程序无法实现，必须依靠插件。

3）良好的生态系统。Unity 拥有不错的商城，不仅有各种资源，还有各种模板、例子及插件，可以通过直接购买成品或者半成品实现开发。这不仅可以提高开发效率和速度，而且对学习 Unity 有很大的帮助。

4）广泛的影响力。Unity 作为非常有影响力的一款引擎会得到更多的支持，比如近年热门起来的增强现实技术。很多增强现实的 SDK 提供方都提供了 Unity 插件的支持，而提供虚幻插件支持的明显就少很多。

Unity 项目的结构如图 8-1 所示，包括项目、场景、游戏对象、组件、资源以及其他文件等内容。

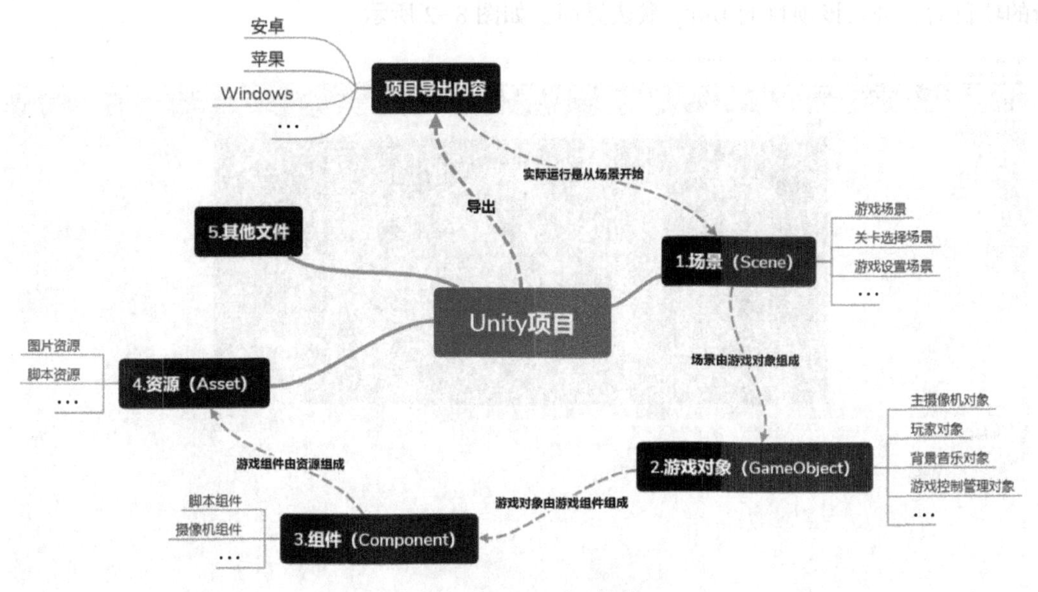

图 8-1　Unity 项目结构

项目（Project）包含了整个工程所有内容，表现为一个目录。

场景（Scene）是一个虚拟的三维空间，以便游戏对象在这个虚拟空间中进行互动，表现为一个文件。

游戏对象（GameObject）是场景中进行互动的元素，依据其拥有的组件不同而拥有不同的功能。

组件（Component）是组成游戏对象的构件。

资源（Asset）是项目中用到的内容，可以构成组件，也可以是其他内容。每个资源是一个文件。

Unity 项目的结构简单而言就是资源构成组件，组件构成游戏对象，游戏对象构成场景，场景构成项目，项目可以发布为不同平台的可运行的程序或应用。

Unity 可从 store. unity. com 下载。进入下载页面后，选取适当的版本下载。本部分主要介绍 Unity 5. 3. 6 版本的使用。

Windows 与 Mac 的安装类似，下面简要介绍 Windows 平台下的安装方法。

首先通过 Windows 的下载助手运行安装文件。

第二步，运行以后，会显示安装选项供选择，根据需要进行选择。

第三步，可以选择安装路径和是否保存下载下来的安装包。如果需要在其他计算机上安装，可以选择文件存放路径。

第四步，根据选项，下载并进行安装。

第五步，安装完毕。

如果是在 Windows 10 系统下安装 Unity3D，安装完成后可能会提示需要安装 . net framework 3. 5。

Mac 下安装和 Windows 下安装基本一致。

Unity 第一次运行需要注册账号后登录，获取相关插件，完成初次启动配置。创建一个新的项目后，进入该项目的 Unity 默认界面，如图 8-2 所示。

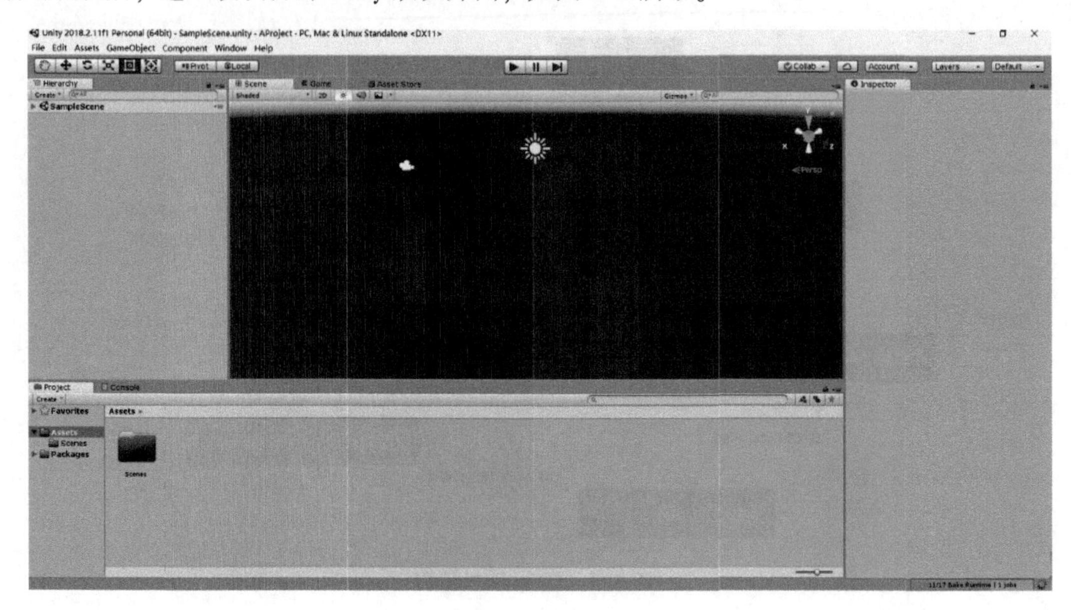

图 8-2 默认界面

8. 2 视图编辑器

Unity 的工作视图包括 Game、Scene、Hierarchy、Inspector、Project 及 Console 等视图。

Game（游戏）视图是对游戏进行预览的视图，如果没有错误，单击“开始”按钮即可预览当前游戏，如图 8-3 所示。

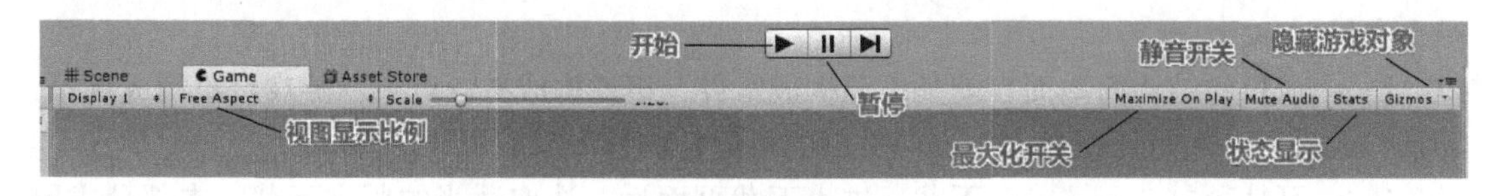

图 8-3 游戏视图

Scene（场景）视图是场景以 3D 的方式显示出一个场景里面的游戏对象，在这里还可以对游戏物体的位置、角度及大小等进行修改，主要的操作方式有旋转、缩放及居中飞行等。场景视图的其他辅助功能有渲染模式、场景切换、灯光开关及声音开关等，如图 8-4 所示，这些辅助功能不影响最终结果，只影响在场景视图中的显示效果，不对结果产生影响。

图 8-4　辅助功能介绍

Hierarchy（层级）视图以层级的方式显示出一个场景里面的游戏对象。父级游戏对象的位置、角度、大小会影响到其子级游戏对象，如图 8-5 所示。单击左边的三角符号可以展开或关闭子对象，右击可以新建游戏对象，可以通过拖动改变游戏对象的父子关系，双击一个游戏对象，会在 Scene 视图中居中显示该对象，在层级视图右击可以添加游戏对象。

Inspector（检视）视图显示选中的游戏对象所包含的组件，如图 8-6 所示。其中，Transform（变形）组件是每个游戏对象都拥有的组件。Position、Rotation、Scale 分别设置坐标、旋转角度、放大/缩小比例。

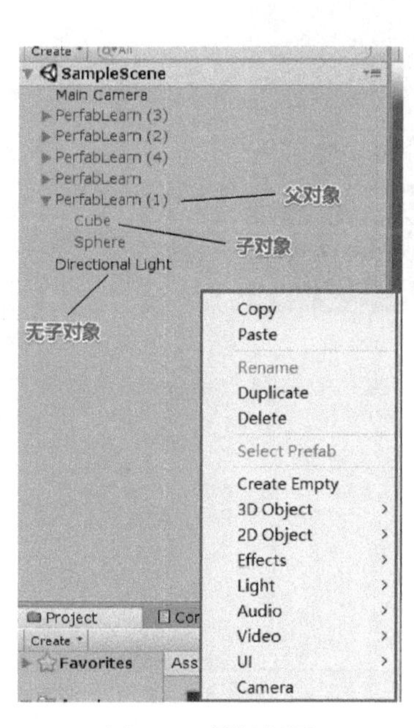

图 8-5　层级视图

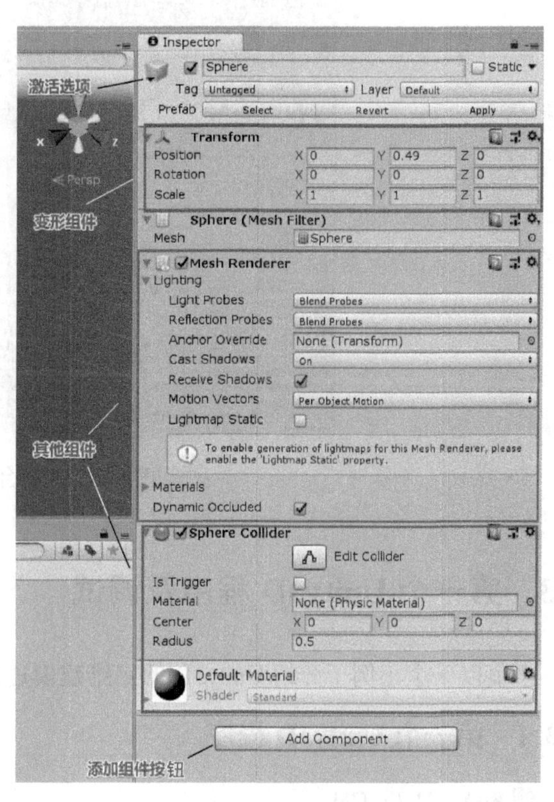

图 8-6　检视视图

Project（项目）视图显示的是整个项目的资源，它和操作系统中的文件夹是对应的，如图 8-7 所示。

资源列表里有一些特殊的目录，一定要注意。另外，文件夹命名尽可能规范，可以参考官方示例中文件夹的命名。在 Project（项目）视图右击，或者通过“Assets”菜单，可以添加资源并进行操作。

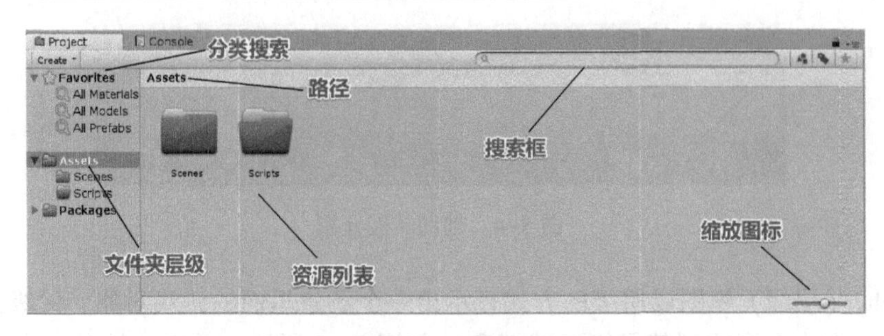

图 8-7 项目视图

Console（控制台）视图输出项目已有的错误（红色）、警告（黄色）和信息（白色）。如果控制台视图有无法清除的错误，游戏就无法被预览和打包，如图 8-8 所示。

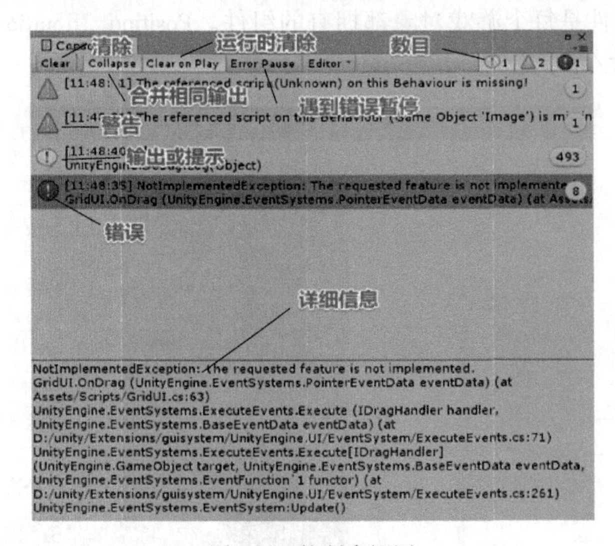

图 8-8 控制台视图

8.3 第一个 Unity3D 程序及调试

本节以一个小例子介绍 Unity3D 的三维建模过程。

8.3.1 第一个 Unity3D 程序

例 8-1：Hello Cube。

1）在模型对象区域的 Hierarchy（层次清单）栏中创建一个“Cube”（立方体），在 Inspector（监视）面板中修改它的 Position X、Y、Z 均为 0，如图 8-9 所示。

2）在项目资源管理器中创建一个 C#脚本，命名为 CubeControl。

3）在编辑期间，写入代码实现操作对象的移动。代码主要判断用户的按键操作，如果是上、下、左、右，则对指定的对象进行指定方向的移动。代码应该写在 Update 方法中，程序的每一帧都会调用 Update 方法，一秒默认 30 帧。具体实现代码如下。

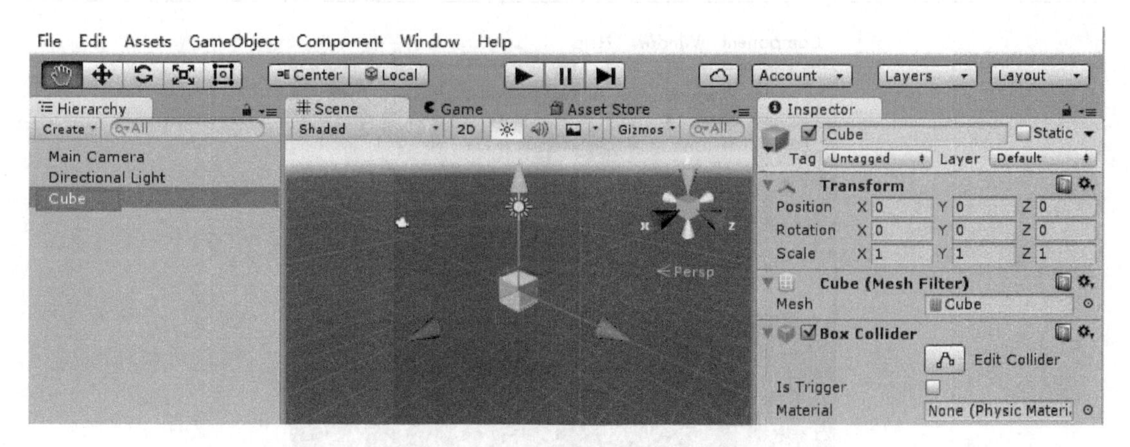

图 8-9　Cube 创建的 Position 修改

```
using UnityEngine;
using System. Collections;
public class NewBehaviourScript : MonoBehaviour {
    // Use this for initialization(初始化)
    void Start () {
    }
    // Update is called once per frame(每帧一次更新)
    void Update () {
        //键盘的上、下、左、右键可以旋转模型
        if(Input. GetKey(KeyCode. UpArrow))//上
        {
            transform. Rotate(Vector3. right * Time. deltaTime * 10);
        }
        if(Input. GetKey(KeyCode. DownArrow))//下
        {
            transform. Rotate(Vector3. left * Time. deltaTime * 10);
        }
        if (Input. GetKey(KeyCode. LeftArrow))//左
        {
            transform. Rotate(Vector3. up * Time. deltaTime * 10);
        }
        if (Input. GetKey(KeyCode. RightArrow))//右
        {
            transform. Rotate(Vector3. down * Time. deltaTime * 10);
        }
    }
}
```

4）预览结果。单击如图 8-10 所示的播放按钮，即可进入模拟器看到效果，这时可以按键盘上的上、下、左、右键，Cube 球体会随着按键翻转，第一个 Unity3D 程序完成。

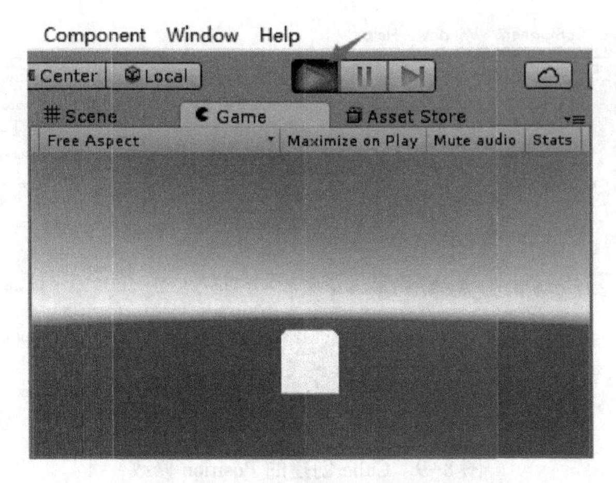

图 8-10 Hello Cube 运行效果

5）发布程序。Unity3D 具有强大的跨平台能力，它的项目可以发布为各种主流操作系统兼容的应用程序。通过选择“File”→“Build Setting”命令，即可进入发布设置窗口界面，进行发布。

8.3.2 调试程序

游戏开发过程中，不可避免地会出现错误，调试程序且发现其中的错误非常重要。下面主要介绍显示 Log 和设置断点两种常用的调试方法。

在 Unity 编辑器下方的 Console 窗口是用来显示控制台信息，如果程序出现错误，这里会用红色的字体显示出现错误的位置和原因，也可以在程序中添加输出到控制台的代码来显示调试结果。

```
Debug.Log("hello world");
```

运行程序，当执行到 Debug. Log 代码时，在控制台会对应显示出“hello world”信息。

Unity3D 自带的 Mono 脚本编辑器提供了断点调试功能，在程序中设置断点的方法如下。

1）使用 MonoDevelop 作为默认的脚本编辑器。在 Unity3D 中，选择“Edit”→“Preferences…”命令，将 External Tools 选项卡中的 External Script Editor 设置为 MonoDevelop（built-in），双击创建的脚本，如“CubeControl”，打开 MonoDevelop 编辑器。

2）在代码中按〈F9〉键设置断点。

3）在 MonoDevelop 的菜单栏选择“Run”→“Attach to Process”命令，选择 Unity Editor 作为调试对象，然后单击“Attach”按钮。

4）在 Unity 编辑器中运行游戏，当运行到断点时游戏会自动停止，这时可以在 MonoDevelop 中查看调试信息，然后需要按〈F5〉键越过当前断点才能继续执行后面的代码。

8.4 Unity3D 应用

8.4.1 摄像机

摄像机是观察场景的窗口，每个场景至少需要一台摄像机才能显示其中内容。一个场景中可以存在多台摄像机。例如，3D 游戏中，动态显示小地图，其中的一种方法就是添加一台从顶部垂直往下观看的摄像机，这样就能显示当前玩家的位置以及周围的环境和情况。

摄像机最常用的属性有“Culling Mask”“Projection”及“Depth”，如图 8-11 所示。

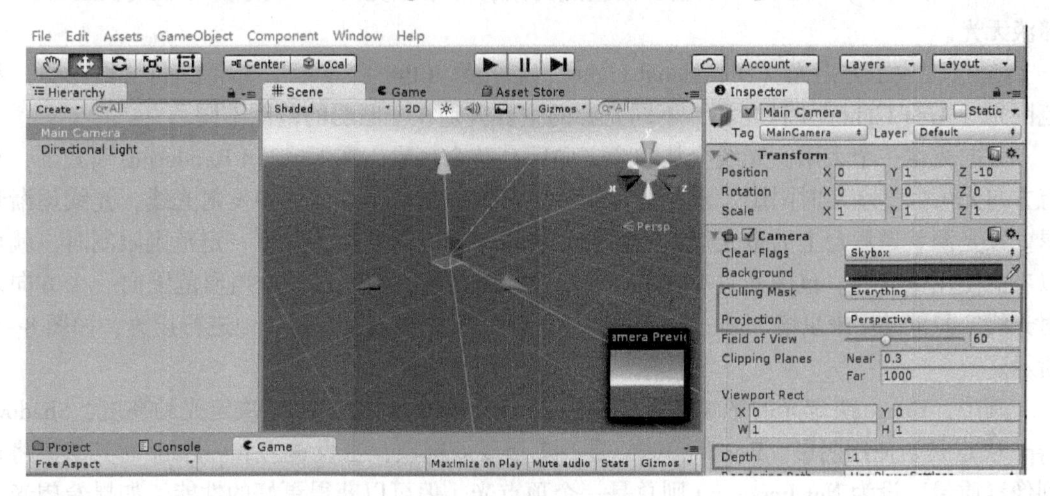

图 8-11　摄像机属性

Projection（投影）模式有两种：Perspective（透视）和 Orthographic（正交）。Perspective 模式下，物体近大远小，主要用在 3D 游戏下。Orthographic 模式下，物体不会因为远近而有大小的变化，主要用在 2D 游戏中。

Culling Mask 设置摄像机能够看到的对象。每个对象都有一个 Layer 属性，根据对象的 Layer 属性和摄像机的 Culling Mask 设置，可以决定该物体是否在摄像机中显示。

例如，添加一个方块，Layer 是 Water，再添加一个球体，Layer 是 Default。

在 MainCamera 的“Culling Mask”设置中，去掉 Water，这时候运行，无法看到方块，如图 8-12 所示。

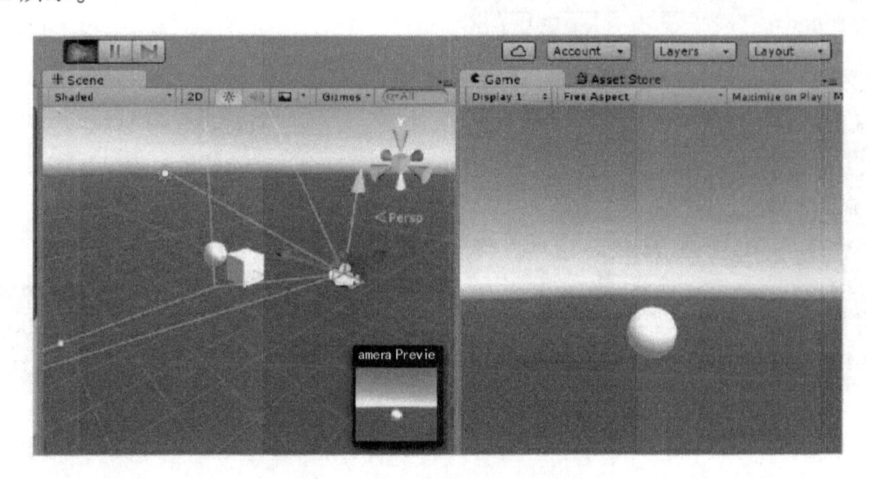

图 8-12　去掉 Water 运行效果

当一个场景中出现多台摄像机的时候，Depth 属性将决定显示的前后。

8.4.2 光影

在3D游戏中，光影是一项重要的组成元素，一个漂亮的3D场景如果没有光影效果将黯淡无光。

Unity提供了方向光（Directional Light）、点光源（Point Light）、Spot Light（聚光源）和范围光（Area Light）4种光源，不同光源的主要区别在于照明的范围不同。

方向光像一个太阳，光线会从一个方向照亮整个场景，在Forward Rendering模式下，只有方向光可以显示实时阴影。点光源像室内的灯泡，从一个点向周围发射光线，光线逐渐衰退。聚光源就像舞台上的聚光灯，当需要光线按某个方向照射，并有一定范围限制时，就可以考虑使用聚光源。范围光只有在Pro版本中才能使用，它通过一个矩形范围向一个方向发射光线，只能被用来烘焙Lightmap。这几种光源可以在Inspector窗口中进行设置，如图8-13所示。

其中，Range决定光的影响范围，Color决定光的颜色，Intensity决定光的亮度，Shadow-Type决定是否使用阴影。Render Mode是一个重要的选项，当设置为Important时其渲染将达到像素质量，设为Not Important则总是一个顶点光，但可以获得更好的性能。如果希望光线仅用于照亮场景中的部分模型，可以通过设置Culling Mask控制其影响的对象。

环境光是Unity3D提供的一种特殊的光源，它没有范围和方向的概念，会整体地改变场景亮度。环境光在场景中一直存在，在菜单栏选择“Window”→“Lighting”命令，在Scene选项下根据需要进行设置。勾选Fog复选框可以开启雾效果，通过设置Fog Color改变雾的颜色，设置Fog Density改变雾的浓度，如图8-14所示。

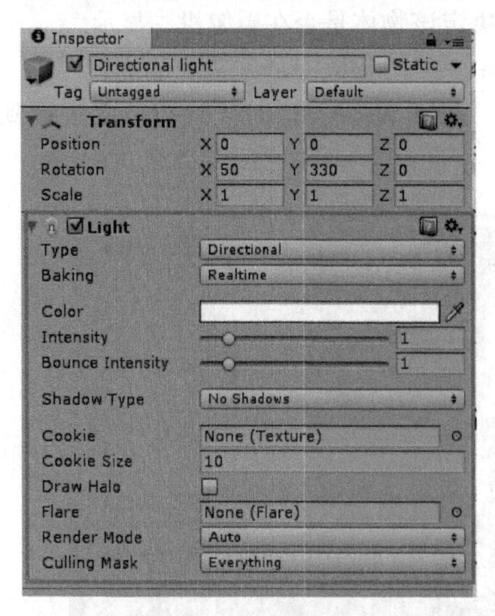

图8-13　设置光源

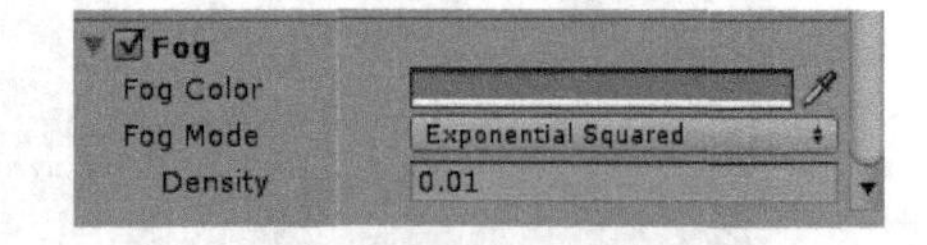

图8-14　设置环境光和雾

8.4.3 地形

地形（Terrain）是Unity3D提供的一个地形系统，主要用来表现庞大的室外地形，特别适合表现自然环境。下面通过一个实例说明地形的应用。

例 8-2：Unity3D 地形应用。

1）新建一个 Unity 工程，在 Project 窗口右击，选择“Import Package”→“Environment”命令，勾选 Environment 下的 Terrain Assets，然后单击 Import 导入 Unity 提供的标准 Terrain 模型、贴图素材，如图 8-15 所示。

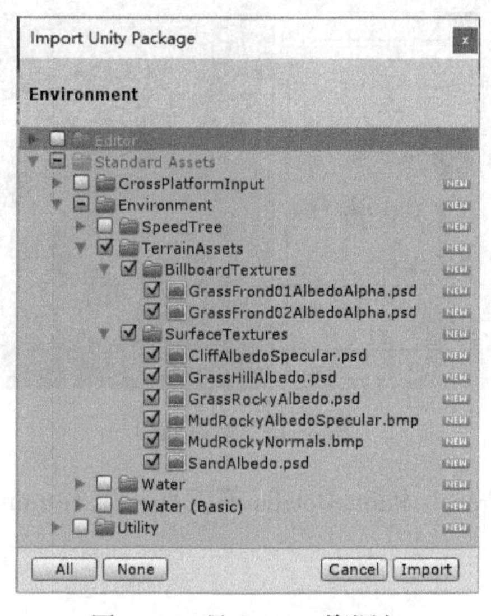

图 8-15　导入 Unity 资源包

2）通过 Inspector 窗口选择 Terrain 设置选项，调整 Terrain 大小，如图 8-16 所示。

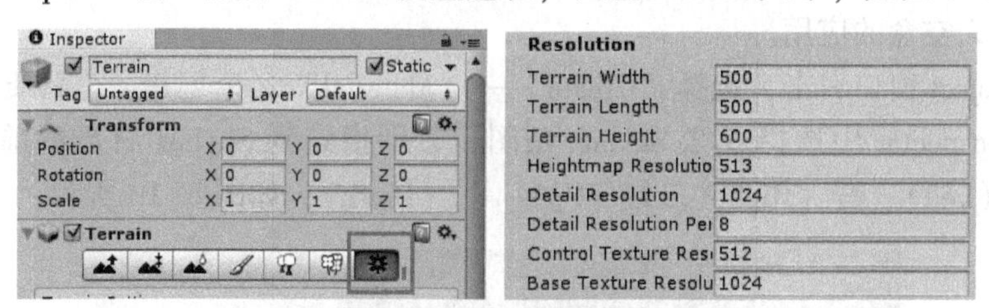

图 8-16　设置地形

3）在 Inspector 窗口选择 Raise 工具，设置 Brush Size 改变笔刷大小，设置 Opacity 改变笔刷力度，然后在 Terrain 上绘制拉起表面，若同时按住〈Shift〉键则会将表面压下。使用 Paint Height 工具可以直接绘制指定高度，使用 Smooth Height 工具可以光滑 Terrain 表面，如图 8-17 所示。

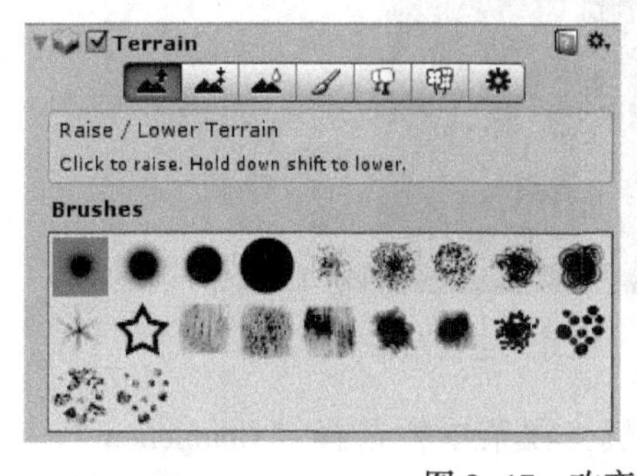

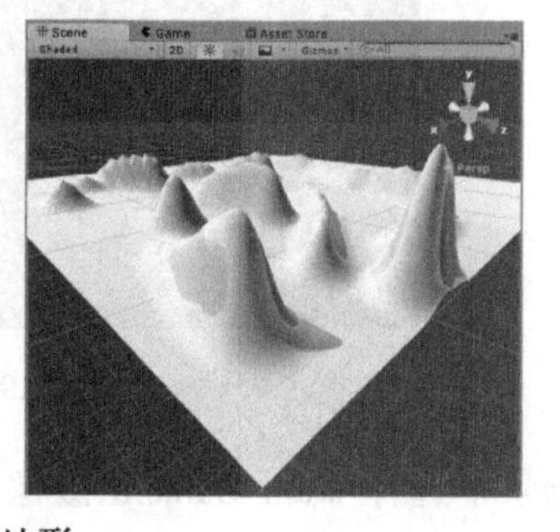

图 8-17　改变地形

4）选择 Paint Texture 工具，选择“Edit Textures…”打开命令窗口，为 Terrain 添加贴图，注意在 Title Size 中设置贴图大小，这个操作可以多次添加多张贴图。最后在 Texture 中选择需要的贴图，将贴图画到 Terrain 上，如图 8-18 所示。

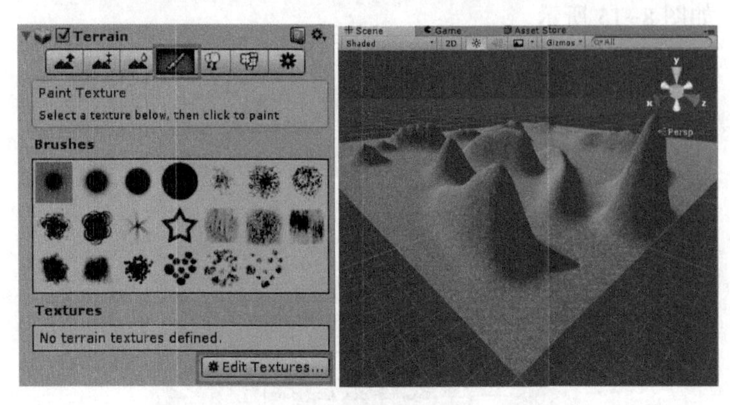

图 8-18　绘制贴图

5）还可以选择 Place Trees、Paint Details 等工具，为 Terrain 添加树、草等模型。

8.4.4　天空盒

Terrain 例子中完成一个地面，但缺少天空。在 Unity3D 中，可以使用 Skybox（天空盒）来实现天空的效果。下面在 Terrain 例子来说明天空盒的应用。

例 8-3：天空盒的应用。

1）在 Project 窗口右击，选择“Create”→“Material”命令创建一个材质，命名为 SkyMaterial，在 Inspector 中选择 6 张 Skybox 贴图，分别指定到 Skybox 材质的前（Front）、后（Back）、左（Left）、右（Right）、上（Up）、下（Down），如图 8-19 所示。

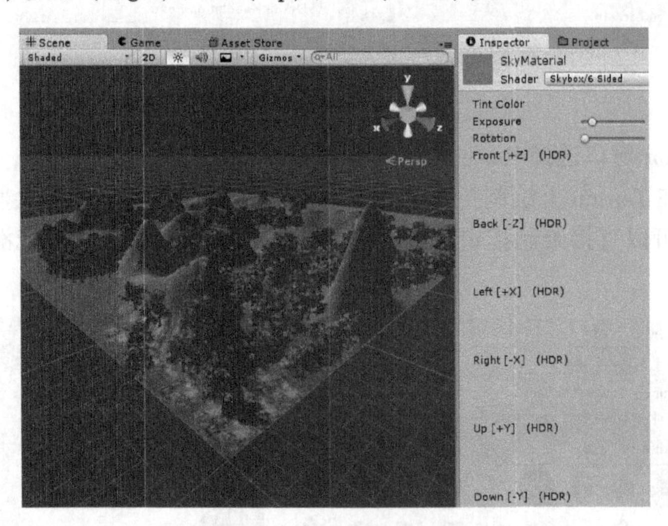

图 8-19　设置天空盒贴图

2）在场景中选择 Main Camera 摄像机，在菜单栏选择“Component”→“Rendering”→“Skybox”命令添加 SkyBox 组件，将 Clear Flag 设为 Skybox。将前面制作的 Skybox 材质

拖到 Custom Skybox 中，完成了 Skybox 的制作。

8.4.5　物理引擎

Unity3D 内部集成了 NVIDIA PhysX 物理引擎，可以用来模拟刚体运动、布料等物理效果，下面以实例说明物理引擎的应用。

例 8-4：物理引擎应用。

选取一个游戏对象，选择“Component”→“Physics”→“Rigidbody”命令，这样就添加了刚体组件，一旦给一个 GameObject 添加刚体组件，它就会受重力、碰撞等的反应，最典型的就是“脚下无地”则会坠落、和其他刚体碰撞会反弹以及无法进入等。地面用 Plane 加光照会更好。

1）创建项目，启动软件，创建一个新项目，也可以手工新增加一个新的 Sence，如图 8-20 所示。

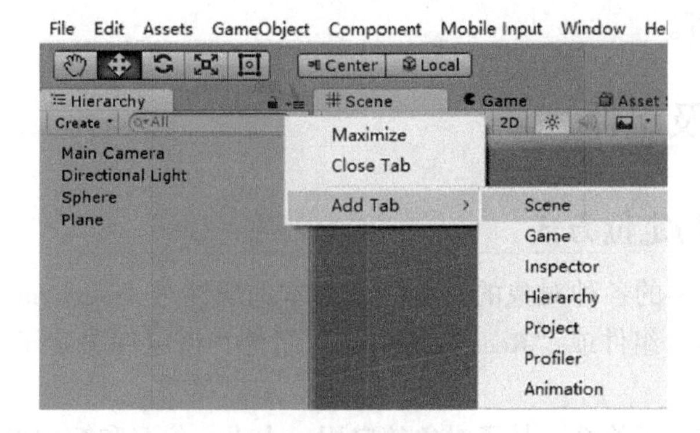

图 8-20　添加新 Sence

2）创建球体，选择“Create”→“3D Object”→“Sphere”命令，将 x、y、z 坐标均配置为 0。

3）设置球体为刚体，选中 Sphere，在 Component 上选择“Physics”→“Rigidbody”，此时在 Inspector 中可以看到属性窗口，将 Drag 设置为“1”。

4）设置球体材质。根据需要导入必要的包，将材质属性拖拽至球体上即可。

5）添加地面。在 Hierarchy 中选择“Create”→“3D Object”→“Plane”即可，单击工具栏“运行”按钮即可看到效果。

6）添加脚本并编写脚本内容。在 Update 增加以下内容。

```
if (Input.GetMouseButtonDown(0))
    {
        this.gameObject.GetComponent < Rigidbody > ( ) .AddForce ( Vector3.forward,
ForceMode.Impulse);
    }
```

8.4.6　动画系统

Unity3D 4.0 引入了 Mecanim 动画系统，主要提供了以下 3 个方面的功能。

1）针对人形角色提供一套特殊的工作流。

2）动画重定向的能力，可以非常方便地把动画从一个角色模型应用到其他角色模型之上。

3）提供可视化的 Animation 编辑器，可以方便地创建和预览动画片段，方便管理多个动画切换的状态。

Mecanim 动画系统主要的工作流程包括模型准备、角色设置及设置角色运动几个方面。

Unity 不能制作 3D 模型和进行骨骼绑定，这些需要在专业的建模软件中由美术进行制作，一般常用的建模软件有 3DS MAX、Maya、Cinema4D、Blender 及 Mixamo。当美术制作好了资源以后，只需要将这些资源导入 Unity3D 中使用即可；导入 Unity3D 的资源需要进行一些简单的设置，主要分为人形角色的设置和通用角色的设置两种；通过 Unity3D Mecanim 提供的各种工具对动画进行配置，使其可以正常播放，常用的 Mecanim 模块包括动画剪辑（Animation Clip）、动画状态机（State Machines）、混合树（Blend Tree）及动画参数（Animation Parameters）等。

8.5 游戏对象及组件

8.5.1 游戏对象与定位方式

游戏对象是场景中的各种对象的总称，最基本的属性是 Transform 组件，每个游戏对象都有一个“Transform”组件或“Rect Transform”组件，该组件决定了游戏对象在场景中的位置、角度和缩放。

游戏对象可以有父子关系，其子对象的启用、大小、位置和缩放以其上级的游戏对象为准。一个游戏对象被禁用的时候，其下的所有子游戏对象都被禁用。一个游戏对象的位置、大小和缩放受其父游戏对象影响。球体的位置虽然是（0，0，0），但是因为其父游戏对象的位置不在场景的（0，0，0）位置，所以球体位置也不在（0，0，0），而是以其父游戏对象的位置为坐标原点，如图 8-21 所示。

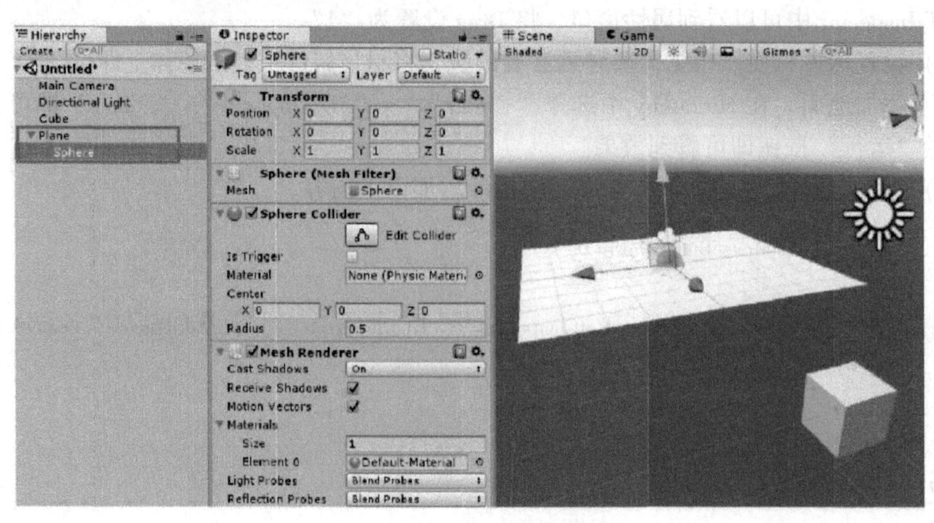

图 8-21 游戏对象位置设置

对象的定位方式有绝对定位和相对定位方式。绝对定位是以父对象的某个点作为定位参考，对象不会因为父对象的大小变化而改变，会始终保持大小不变。

相对定位是以父对象的某条线或区块为定位参考，对象会因为父对象的大小变化而改变。

8.5.2　预制件

预制件是将游戏对象的组合固定下来作为特殊的资源以便反复使用。

1）新建一个空的游戏对象，并添加一个球体和一个方块作为其子对象，如图 8-22 所示。

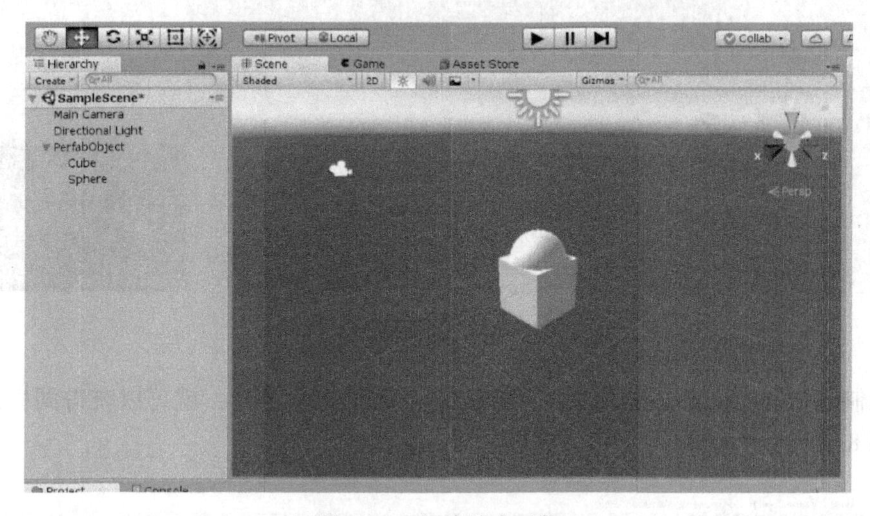

图 8-22　新建游戏对象

2）将游戏对象重新命名（这步可略过），如图 8-23 所示。

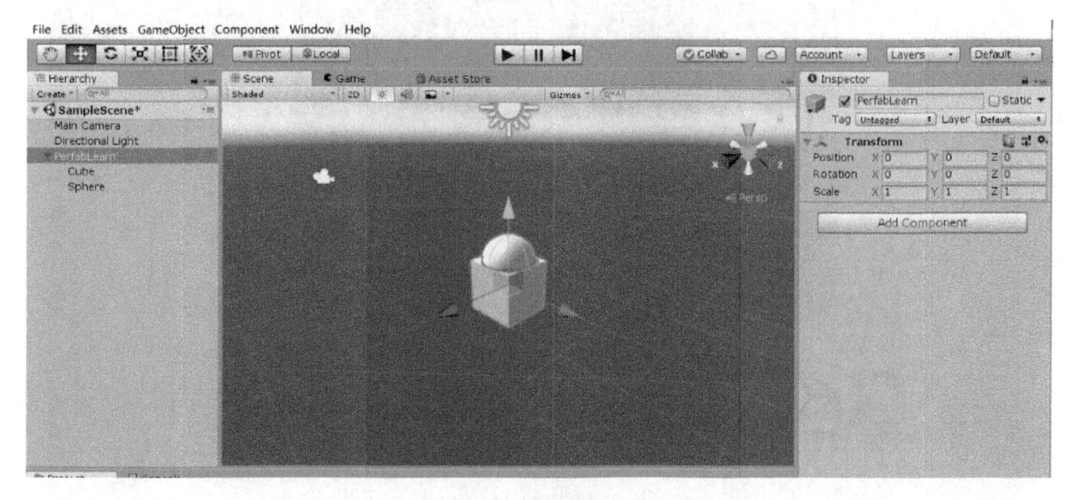

图 8-23　对象重命名

3）在 Hierarchy 窗口，选中游戏对象“Perfab Learn”，单击拖动到 Assets 窗口，就可以生成一个新的预制件，如图 8-24 所示。

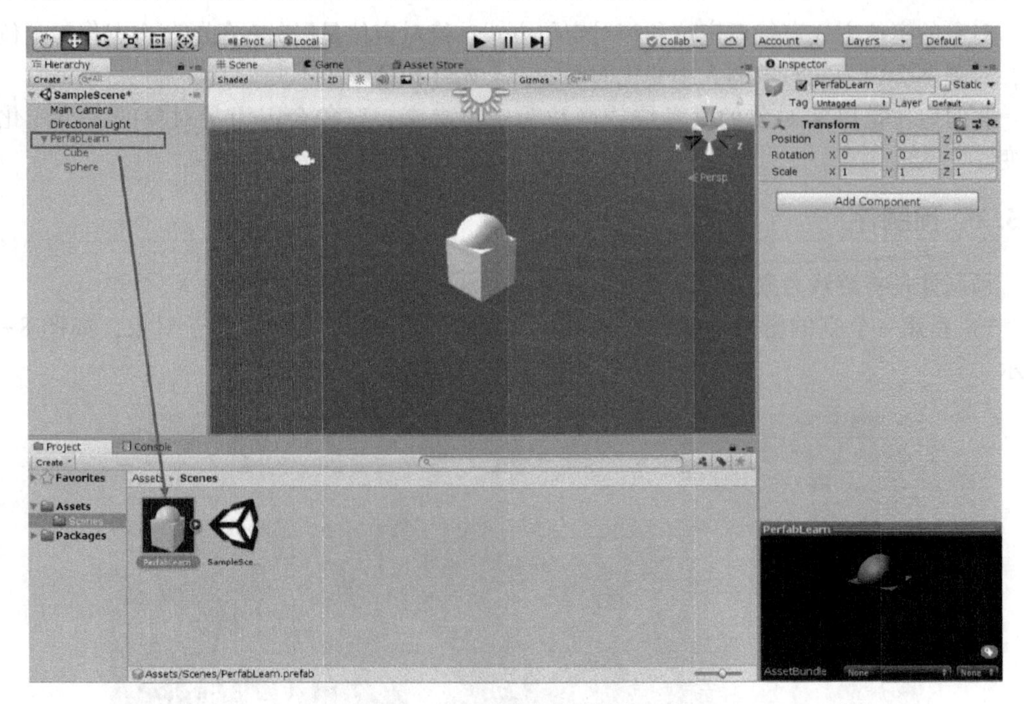

图 8-24　生成新的预制件

将预制件从 Assets 窗口拖入 Scene 窗口或者 Hierarchy 窗口，就可以获得同样的游戏对象，如图 8-25 所示。

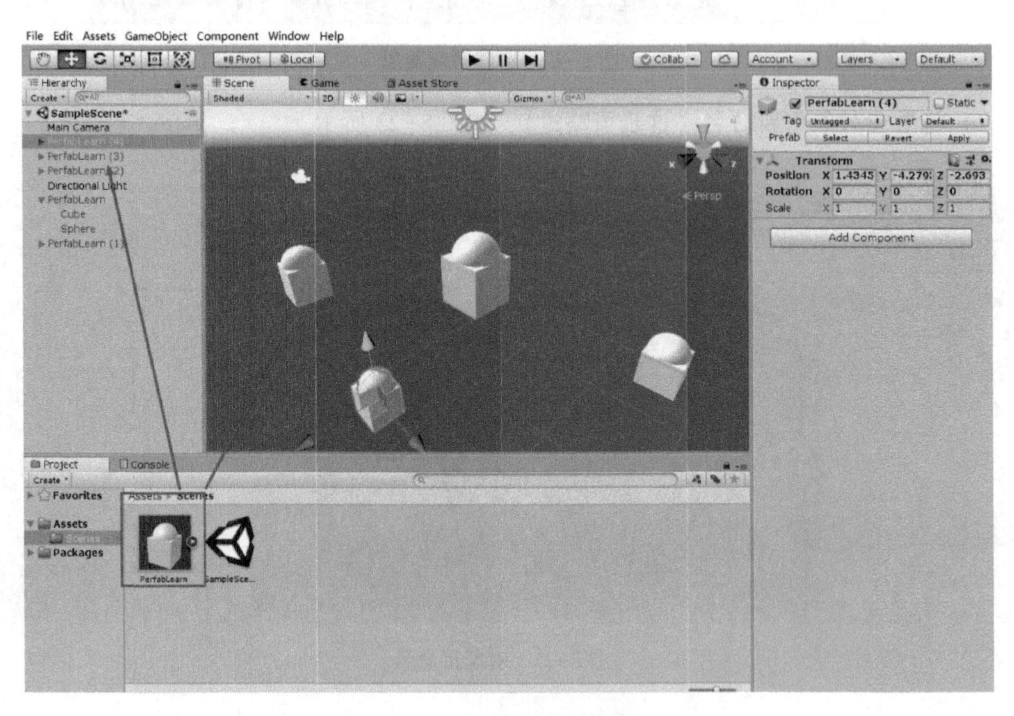

图 8-25　反复使用预制件

8.5.3　组件与 Unity GUI

游戏对象是由组件组成的，不同的功能组件组成了不同功能的游戏对象。在“Inspector”窗口单击“Add Component”，即可为游戏对象添加组件。如果是脚本组件，可以通过拖动的方法拖到游戏对象上。

Unity GUI 提供了常用的 UI，包括按钮、文本、文本框、滚动条及下拉框等。单击菜单命令“GameObject”→“UI”，选择需要添加的具体内容即可。Unity GUl 所有对象都需要在“Canvas”为根节点的游戏对象下，并且需要一个“EventSystem”对象。

8.5.4　Render Mode 显示模式

Render Mode 共有 Screen Space-Camera、Screen Space-OverLay 及 World Space 三种显示模式。

Screen Space-Camera 模式下需要一个 Camera（相机），这个相机的作用就是把它所投射获取到的界面当作 UI 界面。一般情况下，UI 界面只是一个二维平面，所以把相机的投影设置为 Orthographic，即正交投影；Culling Mask 设置为 UI，表示只显示与 UI 层相关的信息；接着再调整一下相机的 Size，让它的大小与 Canvas 的保持一致；最后再设置相机的 z 值，保证 Canvas 在相机之前即可。

ScreenSpace-Overlay 模式下的 Ul 会始终出现在 3D 物体的最前方。可以理解为 Unity 自动设置好了 UICamera，而且这个相机的 Depth 值是大于 100 的（相机能设置的最大 Depth 值为 100），所以永远显示在最前面。此模式 UICamera 的 z 值默认是-1000，所以 z 值只要大于-1000 并在 UICamera 的正交投影范围内，就有可能显示在 UI 界面上。

WorldSpace 模式是把 UI 当作三维物体来处理。

8.6　资源包的导入和导出

在 Unity3D 中，需要用到各种各样的资源文件，Unity3D 自身提供了一些标准资源，也可以使用外部资源，如 3DS MAX。

Unity3D 资源包导入导出：新建一个空的项目，单击菜单命令“Assets”→“Import Package”→“Custom Package”，选择打开 unitypackage 资源包文件，确认窗口会提示导入内容的情况，并且可以选择导入的内容。单击“Import”按钮即可导入。由“Assets”→“Explorer Package…”选中要导出的内容，导出内容并根据需要选择保存位置。

MAX 静态模型与动态模型导入：3DS MAX 是最流行的 3D 建模、动画软件，可以使用它来完成 Unity 游戏中的模型或动画，最后将模型或动画导出为 fbx 格式到 Unity 中。

8.7　综合实战——细胞战争

在人体中，被称之为安全卫士的人体白细胞每时每刻都在和病毒进行战争，看似正常运作的人体，其实内部暗流涌动。《细胞战争》讲述的就是玩家扮演病毒，攻击占领人体的正常细胞以获得资源，玩家需要面对的是来自人体白细胞的反击，并在有限的时间内占领全部目标 King 细胞。对象如图 8-26 所示。

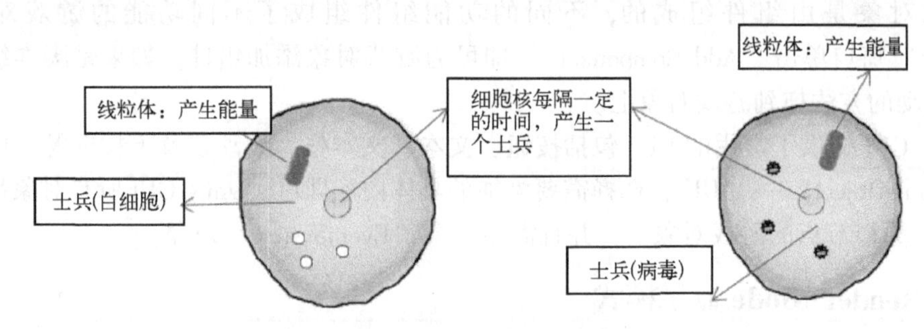

图 8-26　对象介绍

战斗发生场地的基本单位是细胞。细胞既是士兵的城池大本营，也是基本资源单位。对象包括细胞核、线粒体，细胞属性有生命值、士兵出生速度。

士兵包括病毒和白细胞。玩家只可以操控病毒，白细胞由系统控制。士兵的基本属性包括血量、攻击力及移动速度，行为有自由移动、AB 迁移及发射子弹攻击。

游戏场景包括游戏开始，场景里面有 10 个细胞，其中的一个细胞属于被病毒占领的细胞，细胞里面全是病毒。玩家需要在有限的时间内，操纵手中的病毒，运用策略去攻破全部正常细胞。

该游戏涉及技术有游戏时间倒计时、UI 按钮单击事件、士兵移动的实现及线粒体产生能量的动画等。游戏 UI 如图 8-27 所示。

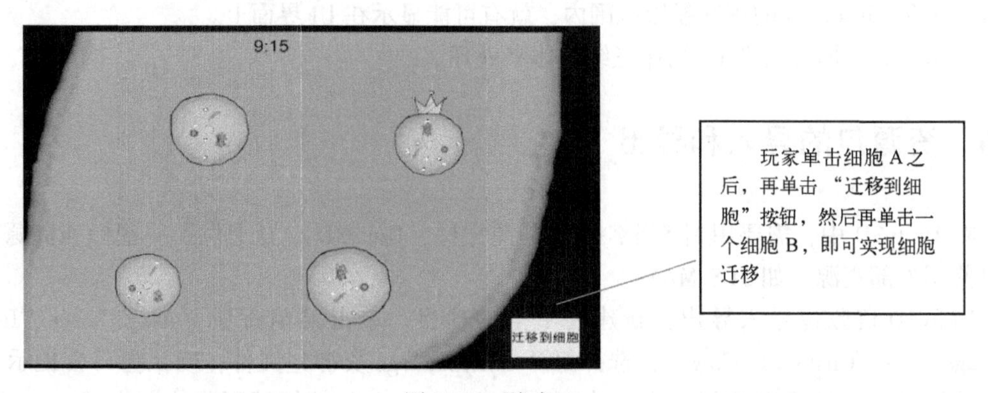

图 8-27　游戏 UI

1）游戏时间倒计时（InvokeRepeating 计时函数的用法）。在游戏的界面上，设置游戏时间的倒计时，可以用 InvokeRepeating 计时函数来实现。

Invoke 是延时调用函数，在用 Invoke 函数之前需要引入命名空间 using UnityEngine.Events。

Invoke("MethodName",2)，写在 C#脚本中，意为 2 s 之后调用一次 MethodName 方法。

InvokeRepeating("MethodName",1,2)，这个方法就是多次调用 Invoke，即理解为 1 s 后，每隔 2 s 调用 MethodName 方法。

CancelInvoke("MethodName")，取消 MethodName 方法的调用。

例如，实现游戏界面的 10 s 倒计时。首先在面板里面，右击|>UI|Text，作为 UI 上面显示秒的控件。然后，单击 Add Component，添加一个脚本 UI_Time. cs，编写以下脚本。

```
using System. Collections;
using System. Collections. Generic;
using UnityEngine;
using UnityEngine. UI;      //必须添加头文件,否则不能使用 Text 等 UI 控件
public class UI_Time : MonoBehaviour {
    public Text text_time;
    int m_time;
    void Start () {
        text_time. text = "10 秒";
        m_time = 10;
        InvokeRepeating("Time_Control",0,1f);
    }
     void Time_Control()
    {
        text_time. text = m_time+"秒";
        m_time--;
    }
}
```

最后一步，在面板里，把 Time 计时器拖到脚本的 Text_time 处。运行就可以看到 10 s 的倒计时。

2）UI 按钮单击事件。UI 里面，按钮是必不可少的控件，设计一个按钮，当单击了一次按钮，旁边有个 Text 控件显示单击效果。

第一步，在面板里，鼠标右击|>UI|Button，创建了一个按钮。

第二步，在面板里，鼠标右击|>UI|Text，创建了一个文本控件，作为显示单击效果。

第三步，单击 Button，添加控制脚本 Click_Contron. cs。

第四步，编写代码。

```
using UnityEngine;
using UnityEngine. UI;
public class Click_Control :MonoBehaviour {
    public Button m_but;
    public Text m_text;
    int click_num;
    void Start () {
        m_but. onClick. AddListener(Click_but);
        click_num = 0;
    }
     void Click_but()
```

```
        {
            click_num++;
            m_text.text = "你按了我"+click_num+"次";
        }
    }
```

最后一步，在面板里，将 Button 和 Text 拖到相应的位置。

运行效果如图 8-28 所示，单击了三次。

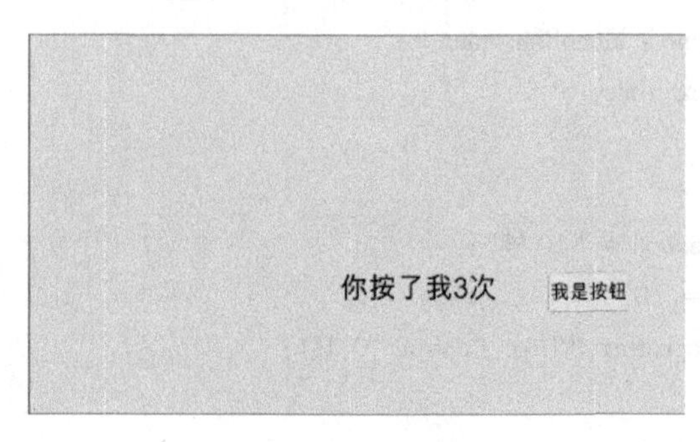

图 8-28 运行效果

3）士兵移动的实现（Vector3. MoveTowards 函数）。士兵需要自由地移动，那么可以采用 Vector3. MoveTowards 函数。

```
static functionMoveTowards(当前位置,目标位置,移动速度);
```

函数用法如下。

```
using UnityEngine;
using System.Collections;
public classYellowMove : MonoBehaviour {
    public intMoveSpeed = 10;
    Vector3 target;
    void Start () {
        target = new Vector3(20, transform.position.y, 20);
    }
    void Update () {
            transform.position = Vector3.MoveTowards (transform.position, target, MoveSpeed *
Time.deltaTime);
    }
}
```

4）线粒体产生能量的动画。在游戏中，伴随着某些游戏物体的产生，可以给它加入炫酷的特效，比如闪电划过，主角闪亮登场，爆炸特效后，产生了沙粒灰尘等。

在游戏中，有一个线粒体它会产生能量，于是可让它自身发电。首先，制作简单的动画。准备一系列连续的图，或者准备一张闪电的大图，并对其进行裁剪。其次，将准备的图片拖入场景，保存动画及其控制器，再拖入预制体中。最终的效果如图 8-29 所示。

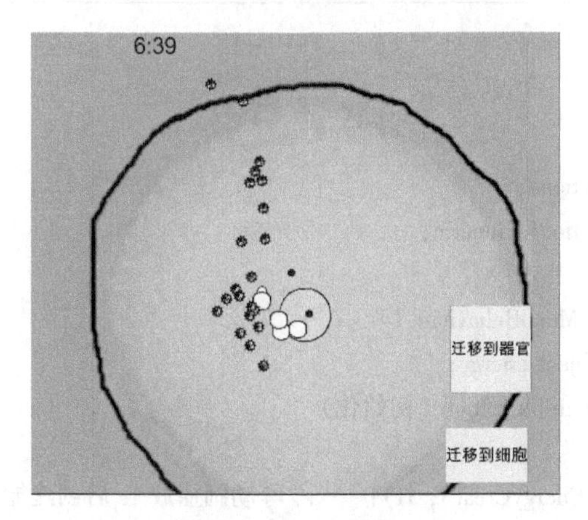

图 8-29 运行效果

```
//线粒体
using System. Collections;
using System. Collections. Generic;
using UnityEngine;
public class Mitochondrion :MonoBehaviour {
    private float timeInterval;                    //能量产生时间间隔
    private float energyLevel;                     //产生能量等级数值
    public GameObject energyBornEffect;
    private float counter;
    // Use this for initialization (初始化)
    void Start () {
        timeInterval = 3f;
        energyLevel = 10f;
        counter = 0f;
    }
// Update is called once per frame (每帧一次更新)
    void Update () {
        counter += Time. deltaTime;
        if (counter >=timeInterval)
        {
            EnergyGeneration();
            counter = 0;
        }
    }
    void EnergyGeneration()
    {
        GameObject _energyBornEffect = Instantiate(energyBornEffect,transform. position,Quaternion.
identity);
        _energyBornEffect. transform. parent = transform;
        _energyBornEffect. transform. localScale = new Vector3(2. 16f, 3. 5f, 3. 5f);
```

```
        }
    }
    //产生效果
    using System.Collections;
    using System.Collections.Generic;
    using UnityEngine;
    public class Born : MonoBehaviour {
        public GameObject energy;
        // Use this for initialization (初始化)
        void Start () {
            Invoke("EnergyCreat", 1f);        //等动画播放 1s 后创建能量图标
            Destroy(gameObject, 1f);          //在播放动画 1s 后销毁物体
        }
        void EnergyCreat()
        {
            GameObject _energy = Instantiate(energy, transform.position, Quaternion.identity);
            _energy.transform.localScale = new Vector3(0.05f,0.05f,0.05f);
            _energy.transform.parent = transform.parent;
        }
    }
    //能量(包含简单的移动效果)
    using System.Collections;
    using System.Collections.Generic;
    using UnityEngine;
    public class Energy :MonoBehaviour {
        private float moveSpeed = 0f;
        // Use this for initialization (初始化)
        void Start () {
            Destroy(gameObject,1.2f);
        }
        // Update is called once per frame (每帧一次更新)
        void Update () {
            moveSpeed += Time.deltaTime;
            Move();
            MorphologicChange();
        }
        void Move()
        {
            this.transform.Translate(Vector3.up * moveSpeed * Time.deltaTime,Space.World);
        }
        void MorphologicChange()
        {
          this.transform.localScale = new Vector3(1f+moveSpeed,1f + moveSpeed, 1f + moveSpeed);
```

```
            float colorIndex =moveSpeed / 1.2f;
            SpriteRenderer SR = this.GetComponent<SpriteRenderer>();
            SR.color = new Color(SR.color.r, SR.color.g, SR.color.b, colorIndex);
        }
    }
```

习题

8.1　在一个坡上放置一个带有物理属性的箱子，因为受重力影响，箱子将沿着路坡翻滚下来，并彼此产生碰撞。

8.2　构建一个起伏不平的地形并添加草、树等植物。

第9章 体感交互

9.1 体感交互概述

鼠标的发明使人机交互形式由命令行界面转变为图形用户界面。在此后的数十年中，新技术不断被引入人机交互领域，让用户与计算机之间的沟通方式变得更为自然和直观。这些新技术构成了一个新的技术体系，即体感交互技术。体感交互技术的发展，使人机交互进入一个新的时期，即人机交互方式开始从图形用户界面向自然交互界面发展。自然交互界面对用户来说是直观的、自发的、无须重新学习的人机交互方式。早在20世纪70年代，人们便开始探讨自然用户界面。它包括触摸屏、数据笔、可穿戴设备及实体传感装置等硬件技术，涵盖了图像识别、声音识别及信号处理等领域。自然交互界面配合用户现有的认知模式，能辨认出他们日常生活中惯用的姿势及身体活动，让用户利用本身的感知行为主导人机交互，由此产生了全新的人机交互范式——自然交互体感界面。这种基于体感交互而非依靠接触控制的界面能够建立一个更为直接的人机交互模式，用户不再需要掌握任何专门的控制技巧便能随意地进行人机交互。它突破了传统交互界面为用户带来的操控限制，用户不再需要改变自身的行为去迁就交互界面的操控，让用户及其身体姿势直接成为人机交互的界面本身，让用户获得更加强烈的真实感，从而有一种“身临其境”的感觉，为人机交互带来更具前景的发展方向。

9.1.1 体感交互的概念

体感交互是人机交互领域最近发展起来的一种交互方式。尽管对它的研究、开发和使用已经非常广泛，但是到目前为止对“体感交互”一词还没有明确统一的定义。本书在这里给出一个描述性定义，即体感交互是人借助数字设备和环境，使用肢体动作进行信息交换，实现对数字设备与环境进行“随心所欲”操控的一种人机交互方式。如果体感交互要完成对数字设备和环境的操控，必须利用体感技术，并借助体感交互软件和体感设备来实现。

9.1.2 体感交互技术概述

体感交互技术，顾名思义就是指利用人的身体作为人机交互的控制器，实现对计算机等数字设备进行控制的技术。它是一种集合各种技术为一体的高新技术，涵盖计算机科学、人体工程学和认知科学中的计算机图形学、移动交互、虚拟现实等技术领域，包括用户界面（User Interface，UI）、体验操作、动作操作、提示和交互方式等设计。虽然对体感交互技术的研究时间不短，但直到近年来实时深度摄像机技术与体感交互算法的日渐成熟，特别是Kinect的发布，才让体感交互技术显露出它在电子娱乐、互动教育、医疗辅助及机器视觉等应用中的巨大潜力。

1. 体感交互技术的应用

体感交互技术主要应用在家庭、家居、娱乐、教育、游戏、运动健康训练和康复、模拟驾驶、电子商务和舞台设计等领域。现阶段体感交互设计师和技术人员共同协作，对体感交互产品的开发和设计兼顾了产品本身的物理属性、性能的技术实现和用户操控性三方面需求，具体包括体感交互式产品界面的舒适感、交互方式的智能化等内容，其目标是实现产品和用户之间的“友好”互动。当然，为了让体感交互产品的用户体验更好，需要多学科协作，通过新的技术手段和设计方法来提升用户与产品之间的交互效率，提高用户对产品交互系统的认知效率，共同开发满足人们需要的体感操作互动产品。

2. 体感交互技术的分类

不同人体动作类型的动作在不同的应用范畴内对应不同的实现技术和反馈技术，见表9-1。

表9-1 体感交互技术的分类

应用范畴	实现技术		反馈技术	人体动作类型
	触觉技术	知觉技术		
桌面计算机系统 移动设备 普适计算 虚拟现实 增强现实 自适应技术 传媒通信 游戏 娱乐	鼠标 数据笔 触摸屏 实体传感装置 数据手套 可穿戴设备	计算机视觉 声音输入 遥感输入	图形显示 声音输出	指示手势 动作姿势 操作控制 信号控制 手语控制

体感交互的实现技术可以分为触觉技术和知觉技术。触觉技术是利用可触碰的实体输入设备识别并记录人体动作数据，然后将人体动作数据转化为操作信号，从而实现对计算机的控制。相对地，知觉技术则是指通过计算机视觉、声音输入、遥感控制等非实体触碰技术对人体动作进行识别。

9.1.3 体感交互软件简介

体感交互软件N-show是一款无须借助任何控制设备，让用户直接使用肢体动作与数字设备及环境互动，实现任意操控的智能软件。软件的核心在于它让计算机拥有精准有效的“眼睛”去观察人的动作，并根据动作来完成各种指令。体感交互软件自动将体感设备获得的动作模拟成Windows操作系统的鼠标和键盘操作事件，能够与拼接墙、广告机、电视墙、教育白板及智能电视机等数字标牌设备快速融合，成为体感操控设备，让日常的图片浏览、PPT演示、Flash游戏、动画、多媒体及桌面应用都可以轻松变成体感控制的软件。该软件是基于Windows系统的服务软件，开机自动启动后，通过体感设备模拟Windows操作系统的鼠标和键盘操作事件，让计算机瞬间变成体感控制。鼠标键盘事件包括鼠标移动、单击、双击、右击、键盘的上下左右箭头键盘操作等。N-show模拟鼠标键盘控制的实现方式：可以定义多个手势，对应多个鼠标键盘响应事件；可以全局定义鼠标键盘的响应事件，也可以根据单个应用程序的需求，自定义单个应用程序的鼠标键盘事件。每一个鼠标键盘事件都对应一个体感手势，从而通过完全自定义化的体感手势来操作，真正实现用体感交互代替鼠标键盘的交互。

9.1.4 体感交互硬件设备介绍

下面根据体感交互技术分类，按类分别介绍体感，交互的硬件设备。

1. 触觉技术类设备简介

触觉技术包括数据笔和鼠标、触感与压力感应输入、实体传感以及可穿戴设备等。

数据笔和鼠标作为鼠标的“先祖”，数据笔技术是最早被人类使用的体感交互技术之一。早在1963年Sutherland的SketchPad就使用了数据笔进行相关操作的尝试。鼠标与数据笔一样，都是一种指定屏幕上位置的技术。鼠标提供了一个更为直接的定位与点选体验。全世界第一只鼠标于1968年由Douglas Engelbart发明。从那时开始，经过数十年的发展，鼠标成为人机交互的主要工具之一。

触感与压力感应输入是以触感控制为主的输入方式，不再借助间接输入媒介鼠标进行人机交互的输入，而是采用更加简单快捷的人机交互方式——比如用手指直接触摸屏幕。触感交互技术广泛应用于计算机系统上，包括桌面屏幕、小型移动装置屏幕及大型的交互平面等。触摸屏技术诞生于1967年，当年英国马文镇皇家雷达研究所的研究员约翰逊（E. A. Johnson）发明了人类历史上第一块触摸屏。他设计的这块触摸屏笨重，却有着魔术般的效果：无论手指头点到哪里，屏幕就会在该处发出亮光。这是触摸屏的雏形。在其后的十几年中，触摸屏技术一直作为科技的前沿被研究与实践。其中典型的有：1970年，由CERN（European Council for Nuclear Research）的两位工程师发明了透明触控面板，并于1973年投入使用；1975年，一个美国人George Samuel Hurst发明了电阻式触控面板，并于1982年投入商用；1982年，多伦多大学的输入设备研究组提出了多点触控技术，开启了触摸交互技术的新篇章。时至今日，随着智能手机与平板计算机为代表的移动终端设备的兴起，触摸交互和鼠标键盘交互一样，已经成为人类与计算机最重要的交互技术，将在未来继续被更广泛地应用。

实体传感装置同样可以识别用户的动作。安装在实体装置的电子传感器可以把用户的动作转化为各种具操作性的交互信号。对于此类设备，市场上已有比较成熟的产品，如任天堂公司的Wii与索尼公司的PS3。这些技术都为用户提供了较为精准的空间定位能力，并通过各种传感器判断运动方向、加速度等参数，从而方便用户通过动作完成与计算机的交互。在大型沉浸式系统中使用电子传感器也可以把用户的动作转化为各种可操作性的交互信号。

可穿戴设备即直接穿或戴在身上，或是整合到用户的衣服或配件中的一种便携式设备。可穿戴设备不仅仅是一种硬件设备，更是通过软件支持以及数据交互、云端交互来实现强大的功能，可穿戴设备将会对我们的生活、感知带来很大的影响。可穿戴设备利用各种电子感应技术实现对人体动作的识别。电子感应技术的特点是透过磁电感应器去追踪空间、位置以及方向。这种磁电感应器是直接感应身体、手臂和手指活动的装置。MYO是一款由加拿大Thalmic Lab公司于2013年所研发的手势控制臂环。将MYO手势控制腕带佩戴在任何一条胳膊的肘关节上方，它能识别多达20种手势。该设备通过专用的感应器和六轴探测器瞬间测量肌肉的电活动，并将其转换成操作命令，使用蓝牙4.0的无线方式传输给电子设备，可以对设备进行如页面缩放、上下滚动等触屏操作，也可以玩电脑游戏、浏览网页、控制音乐播放及操控无人机等娱乐活动。

数据手套是一种多模式的人机交互硬件，通过软件编程，可进行虚拟场景中物体的抓取、移动及旋转等动作。数据手套按功能需要可以分为虚拟现实数据手套和力反馈数据手套。虚拟现实数据手套能够检测手指的弯曲，并利用磁定位传感器来精确地定位出手在三维空间中的位置。这种结合手指弯曲度测试和空间定位测试的数据手套也被称为“真实手套”，可以为用户提供一种非常真实自然的三维交互手段。力反馈数据手套借助数据手套的触觉反馈功能，使用户能够用双手“触碰”虚拟世界，并在与计算机制作的三维物体进行互动的过程中真实感受到物体的振动。触觉反馈能够营造出更为逼真的使用环境，让用户真实感触到物体的移动、振动等反应。

数据手套设有弯曲传感器。弯曲传感器由柔性电路板、力敏元件及弹性封装材料组成，通过导线连接至信号处理电路。在柔性电路板上至少设有两根导线，以力敏材料包覆于柔性电路板上，再在力敏材料上包覆一层弹性封装材料。柔性电路板留一端在外，以导线与外电路连接，把人手姿态准确实时地传递给虚拟环境，也能够把与虚拟物体的接触信息反馈给操作者，使操作者以更加直接、更加自然、更加有效的方式与虚拟世界进行交互，增强了互动性和沉浸感。

2. 知觉输入技术类设备简介

知觉输入技术包括计算机视觉、声音输入及遥感输入等。

计算机视觉是一门研究如何使机器“看”的科学，更进一步说，就是指利用摄影机和计算机代替人眼对目标进行识别、跟踪和测量等，并做图形处理，计算机将其处理成为更适合人眼观察或传送给仪器检测的图像。作为一个科学学科，计算机视觉研究相关的理论和技术试图建立能够从图像或者多维数据中获取“信息”的人工智能系统。这里的信息是指由Shannon 定义的，可以用来帮助做一个“决定”的信息。因为感知可以看作是从感官信号中提取信息，所以计算机视觉也可以看作是研究如何使人工系统从图像或多维数据中“感知”的科学。计算机视觉技术对体感交互具有重大影响。采用计算机视觉技术进行交互始于1975 年。当年，Myron Krueger 提出了“人工现实”（Artificial Reality）的概念，并发布了一个名为 VideoPlace 的“并非存在的一种概念化环境”的系统。系统中，用户面对投影屏幕，用摄像机摄取的用户身影轮廓图像与计算机产生的图形合成后，在屏幕上投射出一个虚拟世界，采用传感器采集用户的动作，来表现用户在虚拟世界中的各种行为。VideoPlace 是最早运用视频去进行姿势辨别的范例，这是由体感交互带来的全新交互体验。从那时起，人们对计算机视觉技术实现体感交互的技术研究从未间断，由于很多方法因为计算成本过高或鲁棒性过低而相对地缺乏实用性。直到近年来，研究者们提出了采用基于结构光三维成像技术实现基于计算机视觉的交互方法。这种方法通过往空间物体中投射特定的红外线结构光斑，重构出三维空间的深度图像，并能达到较高的传输速率以实现实时深度数据的采集。这项技术是微软传感器的核心技术，这项技术让低廉而高效的体感交互设备成为可能。

声音输入技术通过定位人体的某种动作产生的声音（如敲、拍等）实现与计算机的交互。这种输入技术具有一定的局限性，它对动作侦测的精确度不高，可识别的动作类型有限。然而，利用声音输入技术实现体感交互，可以把沉浸式系统中的声音因素加以使用，为体感交互方式提供更多的应用可能和更丰富的体验效果。

遥感是一种利用物体反射和辐射电磁波的固有特性，通过反射电磁波识别物体、物体存在环境以及环境条件的技术。遥感输入技术泛指通过各种传感器在不接触用户的基础上捕获用户动作数据的各种技术。早在 1995 年，在屏幕上放置一系列的电子传感器来感知用户的手指位置及动作，从而实现了类似于鼠标的操作。随着虚拟现实技术的不断发展，遥感装置将类似的手势识别功能带到了另一个高度。

9.2 体感交互系统设计实例

下面以两个体感交互系统设计实例展示体感交互系统设计与实现过程，帮助读者举一反三，从中学习体感交互系统分析、设计与实现过程中的思想和方法。

9.2.1 基于 Kinect 的智能管家系统设计与实现

智能家居行业在刚刚兴起的阶段，其技术仅仅停留在物联网层面，没有引入更加智能化的传感器。随着人机交互技术的发展和相应交互设备的出现，让人机交互和智能科技紧密结合的智能家居行业正在发展壮大，为用户带来了新的服务，重新定义了客户体验并拓展了市场需求，其广阔的市场价值将使其能广泛应用到酒店、别墅、居民社区、工厂、办公大楼、商业中心及大型场馆等各个领域，极大改变现有的生活方式。在一些西方发达国家，智能家居已经进入寻常百姓家，而中国的智能家居市场目前仍然处于较低的水平，或者说刚起步，所以市场前景和潜力很大。

本实例就是将智能人机交互与智能家居相结合，利用 Kinect 传感器制作了一套智能管家系统。该系统以一个可以自由移动的管家机器人为核心，该机器人具有自动避障、骨骼跟踪、动作识别及语音识别的能力，可以在家里自主巡逻、自动跟随用户、根据手势完成一些舞蹈动作，并可与用户进行简单的对话。用户使用该系统后，不需要遥控器、不需要平板计算机、不需要任何穿戴设备，只需要和它对话就可以实现对各种家电的控制，真正解放了人的双手。该系统可以帮助行动不便的残疾人灵活自如地控制智能家电，随时随地为用户提供个性化服务。本实例设计的核心理念如图 9-1 所示。

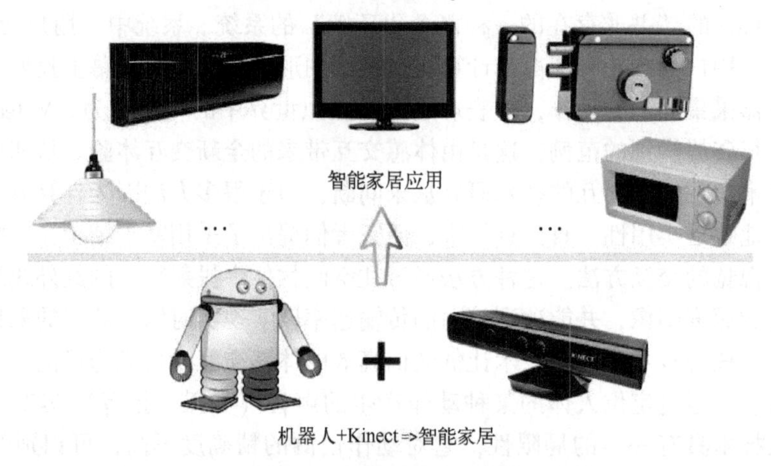

图 9-1 系统设计核心理念

本实例是基于 Windows +Kinect SDK v1.8 版本，采用 Visual Studio 2010 开发环境和 .NET4.0 Framework 架构的 WPF。WPF 提供了统一的编程模型、语言和框架，能够有效实现分离界面设计人员与开发人员的工作。它提供了全新的多媒体交互用户图形界面，能够有效提高开发效率。使用的编程语言为 C#。下面通过一个编写实例简单介绍该传感器的开发使用过程。

Kinect for Windows SDK 是一系列的类库。只有通过 SDK 的调用，开发者才能够将 Kinect 作为输入设备，完成各种应用程序的开发。它要求操作系统必须是 Windows 7 及以上。在安装 SDK 之前需要将该传感器与计算机断开，等 SDK 安装完成之后，再将 Kinect 通过 USB 接口与计算机相连，系统会自动为其安装驱动程序。驱动安装成功后传感器上面的指示灯会变成绿色。

创建一个 Kinect 项目，以下三个步骤是必须要做的。

Step1：创建一个 VS 项目。

Step2：添加 Microsoft. Kinect. dll 引用。添加方法为：鼠标右键→单击工程名→添加引用→. NET 选项卡，找到该引用项。

Step3：引入 Kinect 命名空间，即在 MainWindow. xaml. cs 文件中添加语句 using Microsoft. Kinect。

经过以上三步操作之后，便可以编写代码驱动传感器了。编写应用程序的第一步是探测和发现该传感器设备，在探测到传感器已经正确连接到计算机时，初始化该传感器，初始化成功后，该传感器就能产生各类数据，计算机就能够读取到这些数据。应用程序最开始需要用到的对象是 KinectSensor 对象，KinectSensor 对象是想要获取的包括彩色影像数据、景深数据和骨骼追踪等数据的源头。

传感器的初始化包括三个步骤。第一步必须将需要使用的数据流的状态设置为可用。每一种数据流都完全不同，所以在使用之前需要进行一系列的相关设置，但每一种类型的数据流都有一个使能方法，用该方法可以完成将数据流的状态设置为可用。第二步是确定应用程序如何使用产生的数据流。最常用的方式是使用 Kinect 对象的一系列事件。每一种数据流都有对应的事件，比如 ColorImageStream 对应 ColorFrameReady 事件。第三步是应用程序调用 KinectSensor 对象的 Start 方法，调用该方法后 frame-ready 事件就会被触发从而产生数据。如果想要停止传感器，可以使用 KinectSensor 对象的 Stop 方法，这样就会让 Kinect 停止产生任何数据。下面这段实例程序展示了初始化 ColorImageStream 数据流并在窗体上显示彩色图像的过程。

在 MainWindow. xmal. cs 中的 class MainWindow。Window 块作用域内添加 Kinect 编程实例代码，代码如下。

```
private KinectSensor Kinect;
private WriteableBitmap _ColorImageBitmap;
private Int32Rect _ColorImageBitmapRect;
private int _ColorImageStride;
private byte[ ] _ColorImagePixelData;
public KinectSensor Kinect
{
    get { return this. Kinect; }
    set
    {
        if (this. Kinect != value)
        {
```

```
                if (this.Kinect != null)
                {
                    UninitializeKinectSensor(this.Kinect);
                    this.Kinect = null;
                }
                if (value != null && value.Status == KinectStatus.Connected)
                {
                    this.Kinect = value;
                    InitializeKinectSensor(this.Kinect);
                }
            }
        }
    }
    public MainWindow()
    {
        InitializeComponent();
        this.Loaded += (s, e) => DiscoverKinectSensor();
        this.Unloaded += (s, e) => this.Kinect = null;
    }
    private void DiscoverKinectSensor()
    {
    KinectSensor.KinectSensors.StatusChanged += KinectSensors_StatusChanged;
    this.Kinect = KinectSensor.KinectSensors.FirstOrDefault(x => x.Status ==
                    KinectStatus.Connected);
    }
    private void KinectSensors_StatusChanged(object sender,StatusChangedEventArgs e)
    {
        switch (e.Status)
        {
            case KinectStatus.Connected:
                                    if (this.Kinect == null)
                                        this.Kinect = e.Sensor;
                                    break;
            case KinectStatus.Disconnected:
                                    if (this.Kinect == e.Sensor)
                                    {
                                        this.Kinect = null;
                                        this.Kinect=KinectSensor.KinectSensors.FirstOrDefault
                                            (x=>x.Status==KinectStatus.Connected);
                                        if (this.Kinect == null)
                                        {
                                        }
                                    }
```

```
                    break;
    }
}
//以上程序功能是发现和打开 Kinect 传感器设备,下面将获取数据并输出显示
private void InitializeKinectSensor( KinectSensor KinectSensor)
  {
    if (KinectSensor != null)
    {
      ColorImageStream colorStream = KinectSensor.ColorStream;
      colorStream.Enable();
      this._ColorImageBitmap = new WriteableBitmap(colorStream.FrameWidth,
      colorStream.FrameHeight, 96, 96, PixelFormats.Bgr32, null);
      this._ColorImageBitmapRect = new Int32Rect(0, 0, colorStream.FrameWidth,
            colorStream.FrameHeight);
      this._ColorImageStride=colorStream.FrameWidth * colorStream.FrameBytesPerPixel;
      ColorImageElement.Source = this._ColorImageBitmap;
      KinectSensor.ColorFrameReady += KinectSensor_ColorFrameReady;
      KinectSensor.Start();
    }
}
private void UninitializeKinectSensor( KinectSensor KinectSensor)
{
    if (KinectSensor != null)
    {
      KinectSensor.Stop();
      KinectSensor.ColorFrameReady-=new EventHandler<ColorImageFrameReadyEventArgs>
(KinectSensor_ColorFrameReady);
      }
}

void KinectSensor_ColorFrameReady(object sender,ColorImageFrameReadyEventArgs e)
{
    using (ColorImageFrame frame = e.OpenColorImageFrame())
    {
      if (frame != null)
      {
        byte[]pixelData = new byte[frame.PixelDataLength];
        frame.CopyPixelDataTo(pixelData);
        this._ColorImageBitmap.WritePixels(this._ColorImageBitmapRect,
          pixelData, this._ColorImageStride, 0);
        }
      }
}
```

此外，还要在 MainWindow. xmal 中注册窗体图像显示区域，即添加代码如下。

```
<Window x:Class="helloKinect1. MainWindow"
        xmlns="http://schemas. microsoft. com/winfx/2006/xaml/presentation"
        xmlns:x="http://schemas. microsoft. com/winfx/2006/xaml"
        Title="Hello_myKinect" Height="350" Width="525">
<Grid>
<Image x:Name="ColorImageElement"></Image>
</Grid>
</Window>
```

至此，第一个 Kinect 应用程序就编写完成了，运行程序可以看到窗体显示了彩色图像信息。

智能管家系统具有类似人类的感受、识别、推理和判断能力，可以根据外界条件的变化，在一定范围内自行做出反馈响应。该系统的核心是智能管家机器人，它以 Kinect 取代现有的传感器来完成机器人的听觉和视觉功能，在基于 Kinect 的语音和动作识别上添加更多的个性化语音和动作命令，用户可以用预定义的语音和动作命令向智能管家机器人发出信号。Kinect 作为智能管家机器人的视觉和听觉机构，将用户的指令捕获后发送给主控系统进行翻译转换，再由主控系统向智能家电设备发送控制信号，实现用语音控制智能家电的功能。智能管家机器人具有底层行走系统，可以对视野内的目标用户进行持续追踪，保持一定距离并跟随。它还可以帮助行动不便的残疾人、老人以及身高不够的小孩灵活自如地控制智能家电，随时随地为用户提供个性化服务。

智能管家系统利用 Kinect 传感器获得彩色图像数据、景深数据、骨骼数据和语音数据。通过对获得的图像数据和景深数据分析，可以检测前方障碍，通过串口发送控制命令给底层行走系统实现障碍自动规避；对骨骼数据分析可以探测到视野中的人物移动，可以实现人物跟踪，在此基础上分析人物关节点的变化过程可以实现动作识别功能；对语音数据进行分析可实现语音识别并控制智能家电，如电源开关等。智能管家系统的总体设计框图如图 9-2 所示。

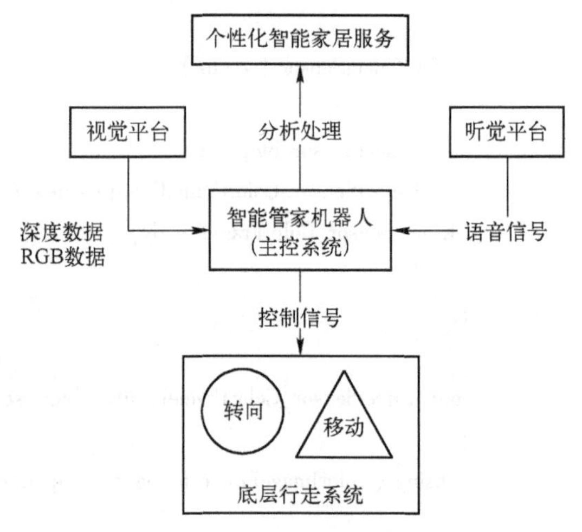

图 9-2 智能管家系统总体框图

系统的技术架构分为视觉/语音平台、主控系统、底层行走系统以及智能家电设备四大部分。视觉/语音平台是利用 Kinect 传感器采集视觉和语音信息，根据获取的信息分析外界环境，为下一步行动决策提供数据支持；主控系统负责接收视觉和语音平台的指令，进行指令翻译识别后控制智能家电和底层行走系统；底层行走系统包含驱动板、电源管理模块、电动机以及驱动轮，完成对视野内的用户保持一定距离并持续跟随，根据语音命令指示的方向进行转向和移动；个性化智能家居服务，能够接收无线信号的家电设备，通过接收主控系统发送的控制信号产生相应的动作，如开灯、关灯等。

底层行走系统采用具有 4 路 PWM（Pulse Width Modulatiion，脉宽度调制）输出的 AT-

MEGA16 单片机，通过串口与运行主控软件的计算机相连，通过判别计算机发来的命令指令控制行走系统前进、后退与转弯、360°自由旋转，并且可以调速。

由于 Kinect 传感器具有比较大的盲区，因此底层系统还使用了红外避障模块检测近处的障碍。如果在盲区内突然出现非常小的障碍物，会触发该单片机外部中断程序，从而实现紧急刹车。

本实例中智能家电控制器采用 STC51 单片机，配置了 WiFi 转串口模块，通过该 WiFi 转串口模块将单片机的串口数据发送出去，或者将接收到的数据转变为串口数据发送给单片机。管家机器人通过家庭路由网关直接发送命令给 WiFi 转串口模块，从而将命令发送给了智能家电控制器中的 51 单片机进行操作控制。例如，管家机器人接收到了开灯语音命令后，通过家庭路由网关向家电控制系统的 IP 地址发送开灯消息（该消息为一串字符串），51 单片机接收到正确的开灯消息后，通过 P1.0 口控制继电器开关，从而实现开关灯。

底层行走系统设计是物理系统的设计，此处不做描述，请参阅相关书籍，下面主要阐述主控系统软件开发、智能家电控制系统的设计与实现。

主控系统包含智能管家机器人的自主避障、人体跟踪、动作识别和语音识别四项基本功能。自主避障模块接收到正确的语音命令后，开启自主路径规划功能，利用深度和彩色摄像机获取室内环境，按照相应的图像识别算法判定当前范围内的障碍物，从而制定行走路线，实现规避障碍的功能；人体跟踪模块识别招手动作或者语音命令后，通过 Kinect 骨骼跟踪功能实现对用户的跟踪，并保持一段距离跟随移动；动作识别模块结合一系列算法，通过对骨骼数据的语义分析和状态集比较来实现对不同动作的识别；语音识别模块通过 Kinect 的麦克风阵列采集声音，与语音数据库的语音样本数据对比就实现了语音识别，配合语音合成功能，实现控制智能家电及简单的对话功能。

控制器终端采用 WiFi 无线控制方式传递语音控制命令信号，实现家电的开关功能。该控制器终端和智能管家机器人都连接到了家庭路由网关，管家机器人内部的嵌入式计算机通过家庭路由网关可以访问智能家电控制器，实现数据发送等功能。

目前能够实现自主避障的机器人有很多，算法也是层出不穷，本主控系统控制算法也借鉴了很多经典的算法。不同于普通的摄像头，Kinect 最出色的功能就是可以得到场景内的深度图像，也就是视野内的每一个像素点距离传感器的距离，因此这里的避障算法省去了复杂的图像处理，只根据景深数据就可以判断转向。

Kinect 传感器返回的深度数据精确到了 mm 级，每个深度数据都是一个 0~4000 的整数。在实际的图像处理中，为了提升数据遍历的速度及显示效果，该深度图像按照深度数据进行了分级表示，设深度数据为 h。经过多次实验，最终将深度数据确定为 6 级。0 级，$h=0$，无效数据，表示该距离在传感器视野范围之外，或 $h<0.8\,\mathrm{m}$，表示太近，或 $h>4\,\mathrm{m}$，表示太远，这时给深度图像着色为黑色；1 级，$0.8\,\mathrm{m}\leqslant h<0.900\,\mathrm{m}$，表示物体距离传感器非常近，这是种危险的障碍物，这时给深度图像着色为红色；2 级：$0.900\,\mathrm{m}\leqslant h<1.680\,\mathrm{m}$，表示物体距离传感器比较近，可以作为预测性判断，这时给深度图像着色为绿色；3 级，$1.680\,\mathrm{m}\leqslant h<2.000\,\mathrm{m}$，表示物体与传感器的距离处在安全距离内，这时给深度图像着色为蓝色；4 级，$2.000\,\mathrm{m}\leqslant h<3.200\,\mathrm{m}$，表示物体距离传感器比较远，这时给深度图像着色为浅蓝色；5 级，$3.200\,\mathrm{m}\leqslant h\leqslant 4\,\mathrm{m}$，表示物体与传感器距离很远，这时给深度图像着色为灰色。被着色的深度图像与实际场景的比较如图 9-3 所示。

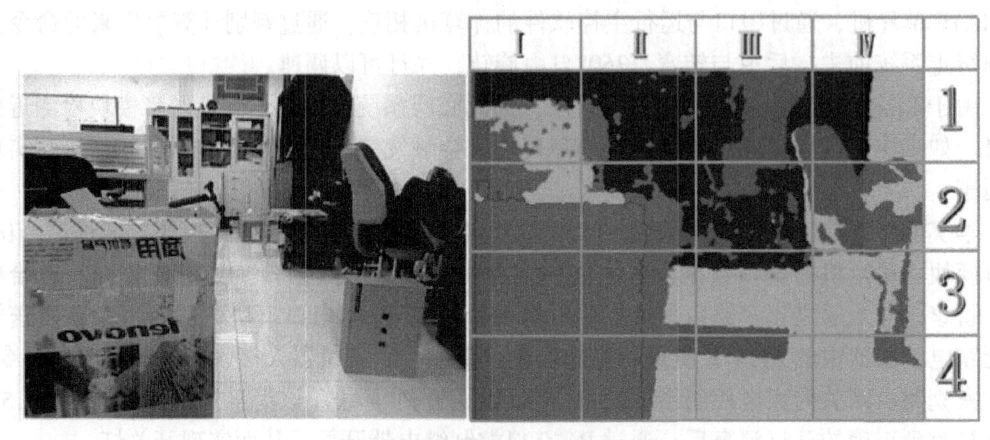

图 9-3 实际场景与深度图像分割

图 9-3 中实际场景（左）的深度图像（右）经过分割平均分成了 4 行 4 列的 16 个小块的区域。深度图像中，物体按照与传感器的距离由近及远分别被着色为红、绿、蓝、浅蓝、灰。在控制转向的算法中，占据主要的是Ⅱ、Ⅲ列的数据，表示视野的中间部分，这部分要足够宽，管家机器人才能通过。判断算法如下。

Step1：判断Ⅱ、Ⅲ列是否出现红色。如果没有转到执行 Step4，如果有红色，判断左转标志或者右转标志是否有置位，有置位则执行 Step3。

Step2：判断Ⅰ、Ⅱ列区域的红色面积之和与Ⅲ、Ⅳ列区域的红色面积之和的大小。如果Ⅰ、Ⅱ列区域大于Ⅲ、Ⅳ列区域，右转标志置位，否则左转标志置位，并开启定时器计时。

Step3：如果左转标志置位则以 30%的速度左转，否则以 30%的速度右转。如果定时器计时到了 4 s 则后退 0.5 s，交换左转、右转标志再执行 Step5。

Step4：以 50%的速度前进，清零左转标志、右转标志，关闭定时器。

Step5：控制流程结束，等待下一帧图像处理。

上述控制算法虽然简单，但是能够很好地控制管家机器人自主避障并规划路径。在执行一次左转或者右转命令以后都会沿着这一个方向转动，直到遇到前进路径以后才将标志位清零，这就很好地避免了管家机器人陷入左转一次右转一次的死循环。同时为了防止机器人陷入一个方向一直旋转的死循环，往一个方向旋转超过 4 s（实测 4 s 机器人正好旋转 360°）后会后退一点再往反方向旋转。旋转一圈都没有找到可以前进的路径说明有人故意挡住了出口，这时机器人左一圈，退一下，再右一圈，看起来像是很可爱的小动物在做游戏，增加了趣味性。

当然，该算法也存在缺点。从深度图像上可以看出，地面被当作了一般的物体，没有做专门的鉴别。在改进算法中可以根据每行数据与没有任何物体的模板数据进行比较，以区分地面和物体。当然这样的改进是以时间换可靠性，会增加处理时间。其次，在不同的地面上旋转 2 s 也不一定都是一周。改进算法可以运用电子罗盘来准确判断有没有旋转一周。

根据 Kinect 的深度信息提取出人体骨骼，利用 SDK 里面的骨骼跟踪引擎完成了骨骼提取的工作，通过骨骼跟踪引擎可以读取到用户的骨骼信息。该传感器最多可以同时获得 2 个用户的完整的骨骼信息，每个人的骨骼信息包含 20 个骨骼点的三维坐标信息。骨骼点的分布如图 9-4 所示。

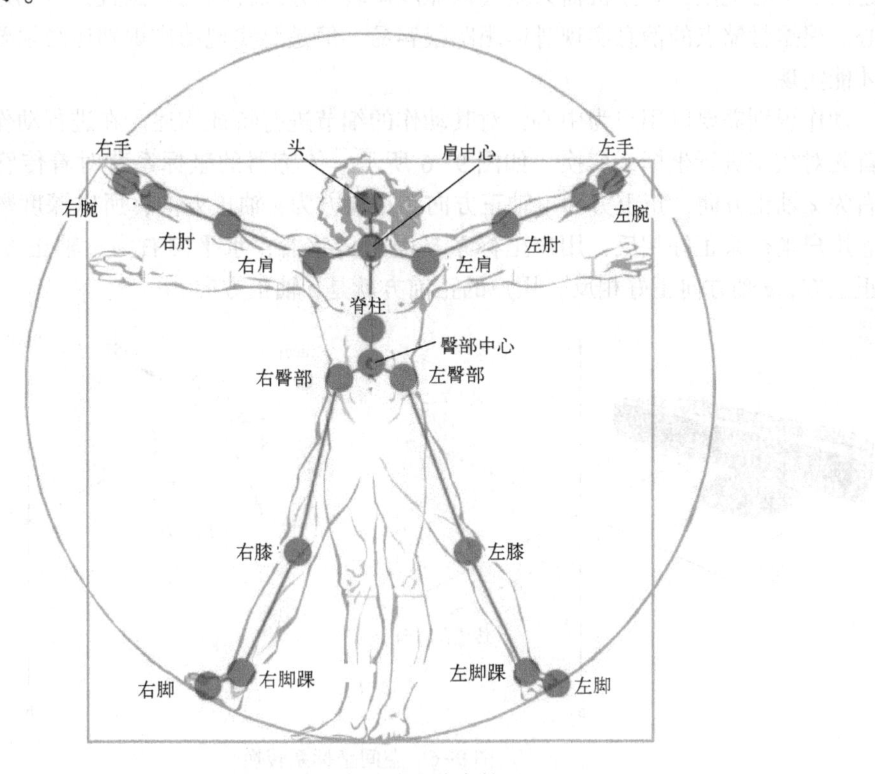

图 9-4 20 个骨骼点分布情况

除了图示的 20 个骨骼点外，每个用户还有一个表征用户位置的 position 点，该点会随着用户移动位置而变化。如果用户没有移动，只是改变姿势，则该点不会变化，根据这个点的信息实现了人物跟踪的功能，用户跟踪范围如图 9-5 所示。

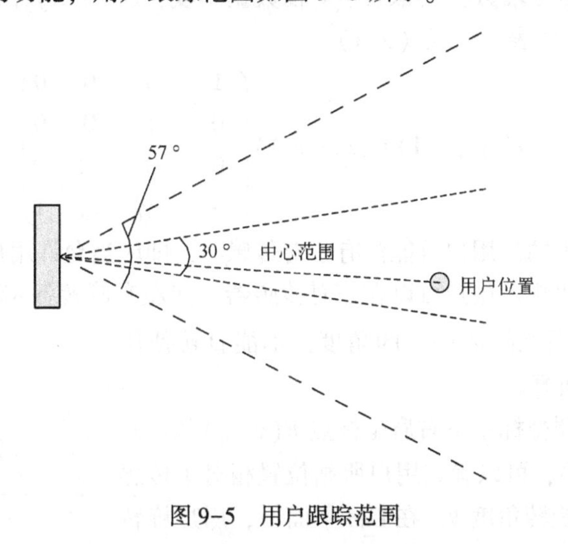

图 9-5 用户跟踪范围

这里规定传感器视野正中央 30°的范围为中心范围。图 9-5 中，用户在传感器水平视场内（夹角为 57°的水平视角范围）的中心范围内移动，管家机器人不会转动。当用户移动范围超出了中心范围，管家机器人就会以弧度旋转的方式转向用户位置，直到用户处于传感器中心。根据骨骼点的信息实现骨骼跟踪很容易，但是要实现动作识别还必须要结合一定的算法才能实现。

动作识别需要以用户为中心，对其动作的细节进行特征描述。在进行动作识别之前，需要首先对数据进行坐标系变换。如图 9-6 所示，传感器的坐标系背对着传感器方位，水平向右为 x 轴正方向，正上方为 y 轴正方向，正前方为 z 轴正方向，所以深度数据都是大于零的。用户坐标系正好相反，用户坐标系是面对传感器，水平向右为 x 轴正方向，y 轴不变，为正上方，z 轴方向正好相反，用户的正前方就是 z 轴正方向。

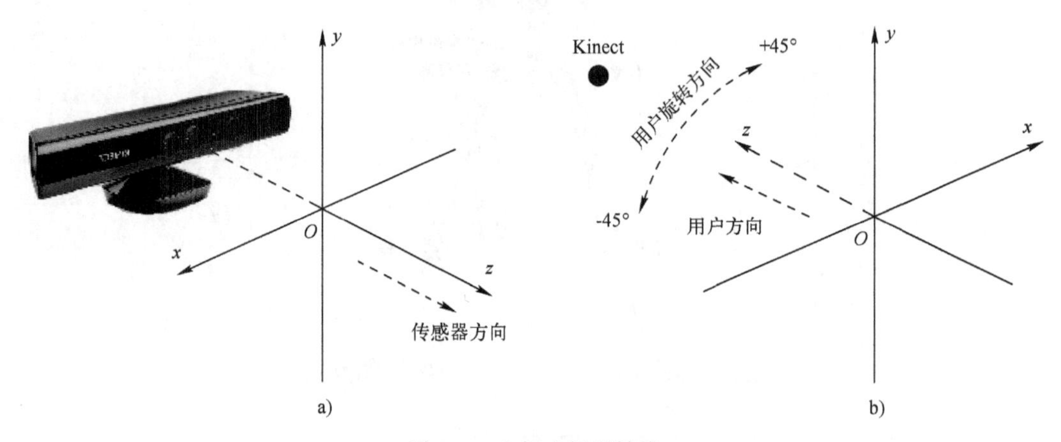

图 9-6 空间坐标系转换

a) Kinect 空间坐标系 b) 用户空间坐标系

假设用户坐标系为新坐标系 $O'x'y'z'$，原点坐标为 $O'(x_0,y_0,z_0)$，传感器坐标系为原坐标系 $Oxyz$。将传感器坐标系下的点 $P(x,y,z)$ 转换到用户坐标系下的点 $P'(x',y',z')$，由图 9-8 可以看出 x 轴和 z 轴数据要取反，y 轴数据不变，$O'(x_0, y_0, z_0)$ 要变换成原点坐标 (0，0，0)，矩阵变换的表示见式（9-1）。

$$(x',y',z',1)=(x,y,z,1)\begin{pmatrix}1 & 0 & 0 & 0\\0 & 1 & 0 & 0\\0 & 0 & -1 & 0\\-x_0 & -y_0 & z_0 & 1\end{pmatrix} \tag{9-1}$$

另外，还需要考虑的是用户可能没有正对传感器，即应当允许用户在一定的范围内左右转动一定的角度。这里规定用户可以在正对传感器方向左右旋转各 45°，当用户转动时用户坐标系与传感器坐标系之间成一定的角度，不能直接使用式（9-2）进行坐标换算。

通过用户在传感器坐标系下右肩坐标点 $R(x_r,z_r)$ 和左肩坐标点 $L(x_l,z_l)$ 的关系，可以确定用户所站位置相对于传感器坐标系 xOy 平面的旋转角度 θ，在 Oxz 平面下，用户旋转示意图如图 9-7 所示。

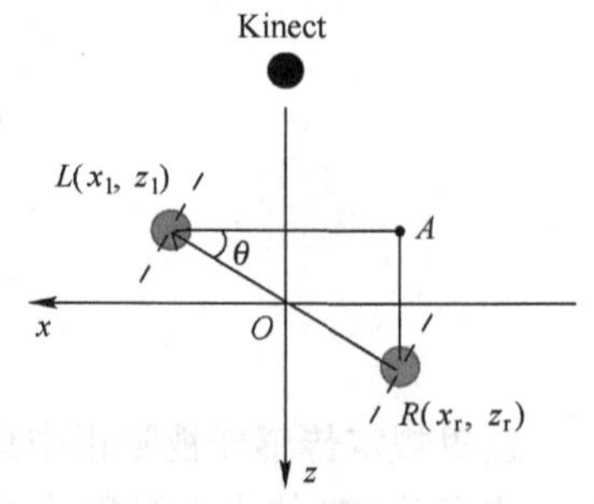

图 9-7 用户旋转示意图

为了始终以用户为中心建立用户坐标系，还需要将传感器坐标系下得到的骨骼点的数据信息经过旋转变换转换到用户空间坐标系下表示。根据 $R(x_r,z_r)$ 和 $L(x_l,z_l)$ 数据的相对关系可以在空间虚拟直角 $\triangle ALR$，并且 $\angle ALR$ 就是用户坐标系 $x'O'y'$ 平面相对于传感器坐标系 xOy 平面的夹角 θ，θ 角的计算公式见式（9-2）。式中必须满足 $x_r>x_l$，否则不应该转换。

$$\theta=\arctan\frac{x_r-x_l}{z_r-z_l} \tag{9-2}$$

得到了用户坐标系 $x'O'y'$ 平面相对于传感器坐标系 xOy 平面的夹角 θ，再通过变换矩阵将用户空间坐标系中的点 $P'(x',y',z')$ 旋转变换到新的点 $P''(x'',y'',z'')$，始终保证以用户为中心建立用户空间坐标系，见式（9-3）。

$$(x'',y'',z'',1)=(x',y',z',1)\begin{pmatrix}\cos\theta & 0 & -\sin\theta & 0\\ 0 & 1 & 0 & 0\\ \sin\theta & 0 & \cos\theta & 0\\ 0 & 0 & 0 & 1\end{pmatrix} \tag{9-3}$$

对传感器传回来的骨骼数据进行了空间坐标变换之后，骨骼三维坐标信息就转换到了以用户为中心的坐标系中，得到了始终以用户为中心的用户空间坐标系下的骨骼点数据。这些数据组成了特征数据定义的基础数据。

一个动作的表示是骨骼中某一关节点或多个关节点在空间轨迹变化的有序集合。作为动作的表示，需要研究多个骨骼点数据之间的相互关系，并且定义这些骨骼点相互关系为特征的数据，然后分析这些特征数据在一定时间内的变化规律，该规律就可以表示一个动作的过程。用户空间坐标系下的特征数据表示如图 9-8 所示。

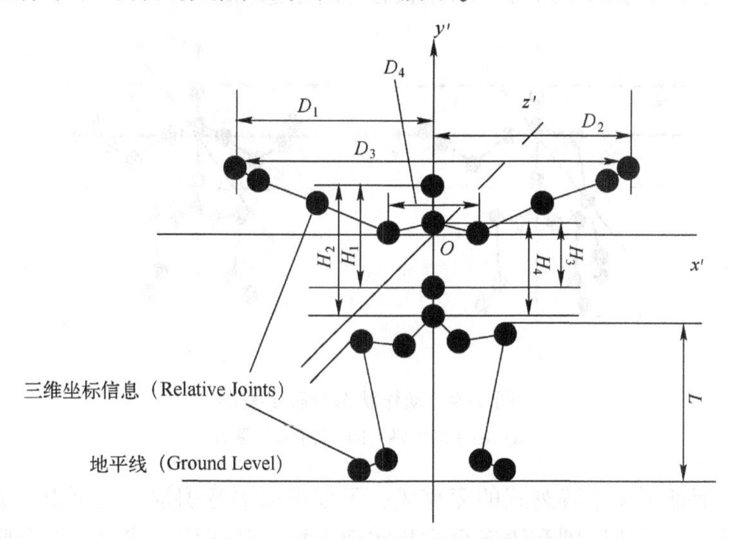

图 9-8 用户空间坐标系下的特征数据表示

通过对特征数据进行计算分析实现特定姿势的判定，将多个姿势有序的组合形成动态序列，就实现了自然动作的识别。本实例设计只定义了手上的动作。特征数据定义包括关节点的三维坐标信息（Relative Joints）、地平线（Ground Level）、双手之间距离 D_3、左右手距离身体的水平距离(D_1,D_2)、用户特定高度数据组(H_1,H_2,H_3,H_4,L)、双肩宽度 D_4。给每个骨骼点定义一个空间向量（Space Vectors），即可计算运动方向和速度。比如一个骨骼点从 $A_j(x_a,y_a,z_a)$ 点移动到 $B_j(x_b,y_b,z_b)$ 点，则空间向量表示为 $\boldsymbol{A_jB_j}$，其中的 j 代表相应骨骼点索引号。设在 A_j 点的时刻为 t_a，在 B_j 点的时刻为 t_b，Δt 表示时间间隔，v_j 代表骨骼点在空间的运动速度。相关向量计算见式（9-4）、式（9-5）、式（9-6）。

$$\boldsymbol{A}_j\boldsymbol{B}_j=(x_b-x_a, y_b-y_a, z_b-z_a) \tag{9-4}$$

$$\Delta t=t_b-t_a \tag{9-5}$$

$$v_j=\frac{|\boldsymbol{A}_j\boldsymbol{B}_j|}{\Delta t} \tag{9-6}$$

由特征数据表示了静态姿势，由静态姿势的变化构成连续的动作，通过判断动作过程中的空间向量 $\boldsymbol{A}_j\boldsymbol{B}_j$、时间间隔 Δt、运动速度 v_j，便可以识别区分不同的动作。

多个静态姿势在规定的时间内的有序集合就表示了唯一的动作。每个特定的静态姿势由特征数据分析计算得到，并且定义动作过程中的路径限制和时间限制，由这三个量就可以表示特定的动作，算法的核心部分如下。

Step1：定义状态集 states{initial, $\text{valid}_{[1\sim n]}$, success, invalid}，对各阶段的特定姿势进行有序化分析，表征动态的行为。

Step2：定义路径限制 paths{$[x_{\min}, x_{\max}]$, $[y_{\min}, y_{\max}]$, $[z_{\min}, z_{\max}]$}，对特定的姿势进行运动路径范围控制，在任何情况下超出预定路径范围则被标记为无效状态。

Step3：定义时间限制 {time-stamp}，规定了动作完成的时间，若某个动作在规定的时间内未达到最终状态则被标记为无效状态。

本实例中定义了挥手、左手向上举、右手向上举及双手水平展开 4 种动作的识别，图 9-9 展示了右手向上举和双手水平展开的动作状态分解示意图。

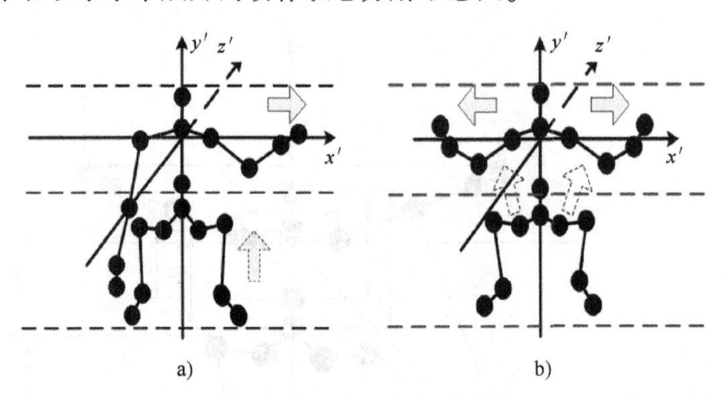

图 9-9　动作状态分解示意图

a）右手向上举　b）双手水平展开

由于 Kinect 配备了 4 个阵列式的麦克风，不仅可以语音识别，还可以声源定位，利用声音控制管家机器人。语音识别和语音合成是实现人机语音通信，建立一个有听讲能力的口语系统所必需的两项关键技术。

主控系统的语音识别技术应用了 Kinect SDK 里的语音识别引擎，通过访问 EventHadler 类中定义的 SpeechRecognized 变量就可以读取到语音识别的结果。语音合成技术使用了 Windows 的 Speech SDK 开发包，其位于 . Net Framework 类库中的 System. Speech. Synthesis 命名空间下，通过 SpeechSynthesizer 类中的成员函数 SpeakAsync(string) 可以实现将文本文字转化为语音输出功能。为了方便管理及以后升级，将需要识别出的英文短语、识别出该短语后需要回复输出的语音、识别出该短语后需要执行的命令三者一起放到了配置好的语音数据库

中，通过查阅数据库文件可以直观地看到语音识别的内容及对应的输出，也可以在该文件中添加或者删除某些行来增减功能。在 config 文件夹下创建 speech. data 文件作为该数据库的配置文件。该文件中每一行代表一个数据单元，每个数据单元有三个有序的数据，依次是语音识别的短语（Phrase）、识别到该短语后需要回复的短语（Answer）、识别到该短语后需要发送的命令（Command），三者之间用符号“|”隔开。允许 Answer 或者 Command 为空，如果 Command 为空，第二个“|”符号也可以省略。

通过数据库的配置可以方便地管理语音识别内容，并且将语音识别与语音合成、语音控制功能完美整合在一起。通过判断 Answer、Command 数据是否为空就可以判别识别到的语音信息是对话内容还是控制命令，图 9-10 给出了该实例的语音识别过程。

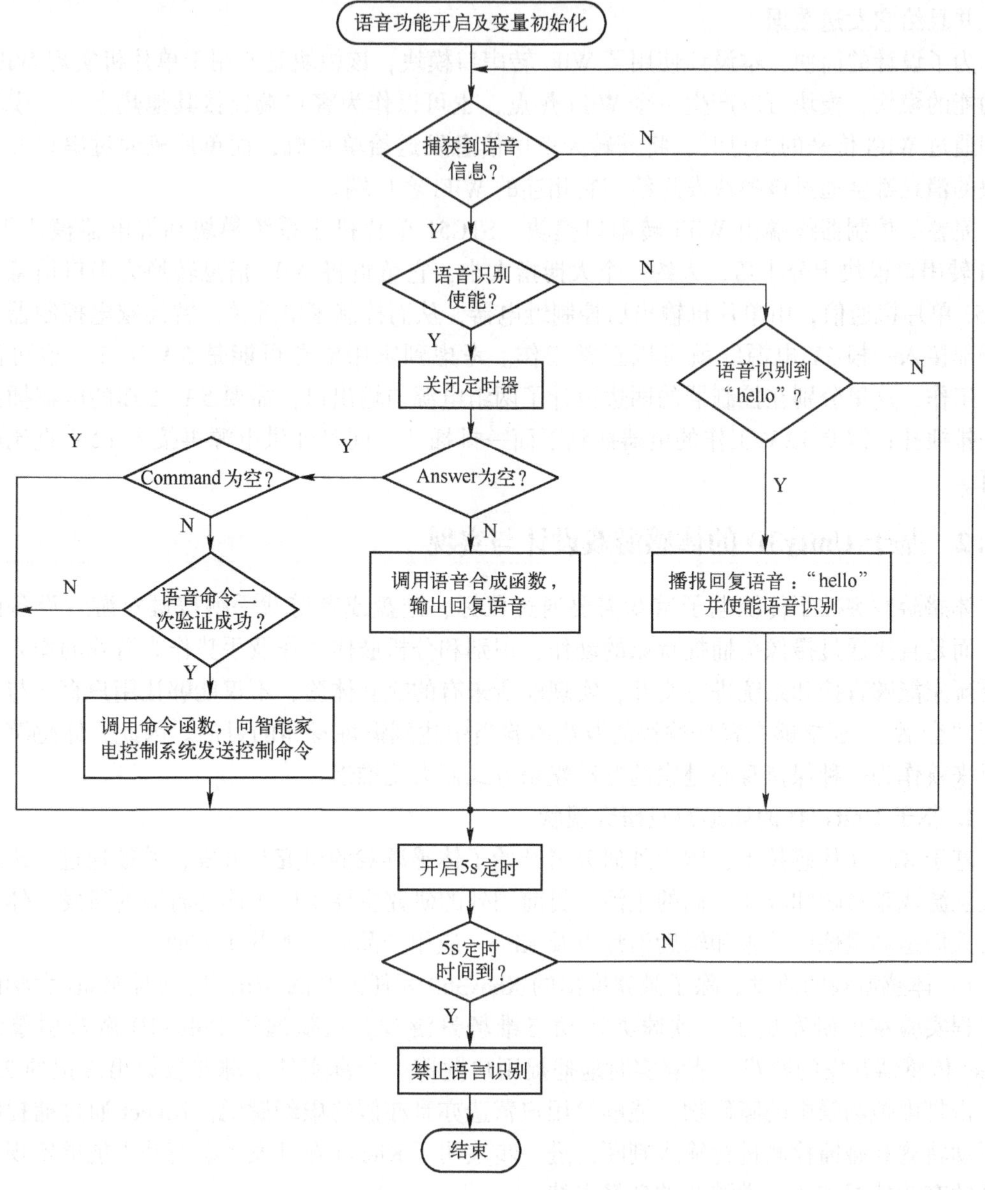

图 9-10 语音识别流程图

语音识别运用了事件委托机制。事件委托会在事件发生时立刻通知处理器进行处理，而事件没有发生的时候程序可以执行其他操作。语音识别首先要识别到“hello”才激活识别功能，在5s内没有再识别到语音就自动禁止了语音识别功能，需要再次识别到“hello”才能重新激活语音识别。为了减少错误识别的发生，设计中设定了语音确认环节，也就是用户发出指令后，智能管家机器人会提示用户进行一次命令确认，这时候用户说“yes”或者重复指令都可以让机器人响应用户。

本智能管家系统的设计需要根据语音控制家电的开关。为了方便控制，系统采用了WiFi无线控制，制作了一块带WiFi的控制器终端。该控制器终端和智能管家机器人都连接到了家庭路由网关，管家机器人内部的计算机通过家庭路由网关可以访问到智能家电控制器，并且给它发送数据。

为了设计的简便，本设计使用了WiFi转串口模块，该模块是专用于单片机实现WiFi传输功能的模块，模块可以产生一个WiFi热点，也可以作为客户端连接其他热点。当模块接收到通过WiFi传来的消息时，将其转为串口信息发送给单片机，而单片机通过串口发送给模块的消息都会通过该模块发送给与它相连的WiFi客户端。

完整的控制器终端由WiFi转串口模块、STC51单片机小系统模块和继电器模块组成。WiFi转串口模块十分小巧，大约一个大拇指大小，它负责将WiFi信息转换为串口信息并与STC51单片机通信，由单片机输出后控制继电器，从而控制家电开关。智能家电控制器只需要外部接入一根5V电源线就可以正常工作。考虑到家用电器可能是5V工作，也可能是12V工作，这里分别在控制器的两边设计了两组电源与输出口，需要5V工作的电器插到上面一排插孔；需要12V工作的电器插到下面一排插孔，同时外供电源再接入12V直流电源即可。

9.2.2 基于Unity3D的体感游戏设计与实现

体感游戏突破了传统电子游戏需要通过鼠标、键盘或者游戏手柄按键对游戏设备的操作，而是直接通过摄像头捕捉玩家的动作，识别和分析肢体动作及手势作为游戏的输入，从而使玩家能够直接和系统进行交互，实现前所未有的交互体验，不仅能够让用户直接与系统进行“会话”，还能够在轻松愉快的游戏体验当中达到锻炼身体的目的。因此，体感游戏出现以来就作为一种保持身心健康的互动娱乐方式而大受推崇。

1. 基于Unity3D的体感游戏研究现状

基于Kinect体感技术，国内外研究者开始了体感游戏的研究与开发，并欲通过三维的体感交互游戏来影响和改变人们的生活。目前国外的研究主要集中于体感游戏的研发、体感游戏对人们运动锻炼的改善和辅助治疗以及Kinect应用产品研究等几个方面。

1）体感游戏的研发。除了微软推出的Xbox360和任天堂的Wii，比利时Mons大学的软件工程实验室也研发出了一款球类运动三维场景游戏。这款通过Bullet3D游戏引擎结合Kinect传感器开发的游戏，能够实时地捕捉用户抛掷一个真实的小球并投影出虚拟的2D场景，击打虚拟场景中的障碍物，能够给用户营造亦真亦假的虚幻感觉。Kinect通过捕捉物体的运动轨迹和碰撞检测进行输入判断，进一步表明了Kienct在开发体感游戏上能够实现运动物体的有效捕捉和碰撞类游戏的良好支持。

2）利用体感游戏改善人们行为方式，帮助人们保持健康和进行辅助治疗。2012年中国台湾的彰化师范大学 I-Tsun Chiang 等人针对 Xbox360 视频体感游戏能够提高老年人的眼手协调能力进行了测试研究。研究对象是彰化一家养老院的 53 位老人，对他们进行为期 3 周的对比研究。研究内容是将 53 位老人分成 2 个小组，其中一个小组每天按正常作息和完成常规的活动，如散步等，另一组每天花半小时完成视频游戏活动。对比之后发现：参与过视频互动游戏的老年人的反应力和手眼协调能力明显要比常规生活状态的老年人要高。这表明了通过体感游戏来提高老年人反应力和协调能力，进一步帮助老年人保持良好的身体状态，缓解神经系统退化和身体老化方面有更多可能性。荷兰埃因霍温科技大学也开展了类似的研究，通过 Kinect 体感游戏来帮助脑瘫儿童进行康复治疗，帮助提高特殊儿童的运动技能。

3）扩展体感技术 Kinect 的应用研究。韩国东国大学 Sang-Hyuk Lee 和 Seung-Hyun Oh 运用 Kinect 体感技术开发出了一个能够通过肢体动作和语音指令操作 Windows 系统的智能 GUI 接口，能够将用户的手势动作映射到操作系统的常用操作，如触摸、单击、双击及拖动等行为，并且用户只要学习预定义的功能指令，就能够同时用语音完成操作系统的指令操作。这对于体感技术的应用发展具有很好的指导意义。比如体感交互技术研发人员可以更好地封装 Kinect 的 SDK，让应用开发人员更加便捷高效地开发应用系统，使得开发出的游戏更易于功能性的扩展，丰富游戏内容的体验效果，让游戏更好地帮助人们寓乐于玩，在玩中促进其身心健康地发展。

我国的科研工作者在体感技术的应用研发方面投入了大量的精力，并取得了很好的成效。2011 年，上海交通大学楚发设计并实现了一个基于体感设备的人体三维点云配准系统原型，在国内证实了通过体感技术进行应用开发的可行性。2012 年，中山大学吴志达的硕士论文实现的一个基于 Unity3D 游戏引擎结合 Kinect 传感器体感交互游戏，玩家可以通过肢体动作对游戏中的主角进行运动控制，漫游 3D 场景并击杀怪物。实验结果表明了 Kinect 能够很好地和 Unity3D 结合起来，开发出具有传统游戏内容和设定的 3D 体感游戏，以及自主研发的体感游戏也能够流畅地移植到 PC 以外的其他主流设备平台。开发体感游戏上除了 Kinect 和 Unity3D 能够很好地结合起来，也可不使用 Kinect 传感器，而使用其他设备固有的一些传感器也能够满足开发体感游戏的要求。电子科技大学的工程硕士展宇利用一般 Android 系统设备的重力、声音传感器等，实现了一个基于 Android 系统的体感游戏运动平台，能够使得用户在随时随地的休闲娱乐中达到锻炼身体放松身心的目的。随后华中科技大学、江苏大学、北京林业大学、太原工业学院、北京工业大学及广西科技大学等众多高校加入基于体感交互的研究行列，并开发出健身游戏、试衣软件、模拟驾驶软件、健身训练与康复和三维娱乐游戏等系统。西南科技大学虚拟现实与可视化实验室游戏开发小组也开发出了基于 Unity 3D 的体感三维游戏。

基于 Unity3D 的体感游戏是一个要求软硬件能够同时完美结合的综合性课题。它不仅要求开发人员能够开发出适合运行和场景代入感强的游戏，还需要对硬件有较为系统的了解。尽管现在不少厂商在提供体感硬件设备的同时也提供了相应的软件接口，但是这些接口一般只能够实现较为常用的动作识别以及手势提取，对于复杂度较高的动作要么无能为力，要么需要开发者扩展相应的 SDK。因而相比开发游戏内容本身而言，研究出动作识别准确度更高的算法、提高识别的响应时间对于体感技术的发展更具有促进作用。

体感游戏的研发难点主要体现在以下几个方面。

1）游戏的内容题材。要求比较适合场景互动、充满趣味性、能够吸引玩家在游戏当中

“动起来”，并且真正与游戏角色融为一体，能够在被游戏吸引的过程中达到不知不觉锻炼身体的目的。

2）游戏品质。游戏品质要求较高，一般大中型的3D场景游戏都比较消耗内存。开发大型游戏要考虑到大多数硬件的配置是否支持，复杂的界面效果是否能够成功在不同平台实现移植等问题。

3）游戏的稳定性。作为一个程序，输入/输出是一个程序的基本功能需求，因而开发游戏不仅需要关注游戏画面的呈现，更需要实时关注作为输入的动作识别部分，如果不能够稳定、准确、及时地给用户动作反馈，会大大降低用户体验效果，因此对稳定性要求高。

4）平台操作限制较多。由于是通过识别肢体的动作去进行指令的输入，输入指令由于能够识别的动作所限，不适合去制作一些动作难度要求高、指令复杂、高度考验玩家操作灵活性的游戏。

5）硬件设备要求较高，开发成本高。普通单纯开发Kinect应用要求计算机配置最好不低于2.5GHz主频、2GB内存，而单独采用游戏引擎开发一款游戏本身对机器就有一定的要求，比如需要2GB以上的显卡缓存、8GB内存、四核CPU等。如果把Kinect和Unitiy 3D结合起来进行体感游戏开发，对开发设备和环境配置等性能要求更高。

6）从体感技术支持的角度来看，如果要想丰富游戏角色的动作，让玩家全身充分调度起来，需要更复杂的动作识别和更优化的识别算法。

开发体感游戏的限制条件比较多，体感技术在近几年才真正成熟起来，体感交互的应用和研究还有很大空间，体感交互技术将成为人们未来十分值得研究的人机交互方向，尤其是在Kinect体感技术提供了Unity的SDK之后，使得游戏开发人员能够更便捷、高效地进行体感游戏的设计与研发。此外，Unity本身强大的跨平台优势特性，也使得它更为容易实现一次开发，多次发布。同时，Unity相较其他游戏引擎而言，物理系统、粒子系统、动画系统及输入控制几大系统的高度集成化，大量可扩展、便于管理维护的插件也更加方便用户开发，尤其是Unity4.0之后出现的Mecanim新动画系统，Avatar骨骼动画实现了同一动画在不同模型上的移植，大大节约了开发成本。总而言之，通过Unity游戏引擎来开发体感游戏具有平台和技术支持的双重便捷性。

2. Unity开发体感游戏的技术基础

目前开发体感游戏硬件设备方面主要采用微软的Kinect传感器，游戏引擎采用Unity、Bullet等成熟的3D引擎。3D建模采用3DMax、Maya、Blender等建模工具。3D的体感游戏需要在特定的3D的场景中完成，一般的体感游戏的工作流程如图9-11所示。

较普通游戏开发而言，体感游戏开发增加了大量传感器接入以及调试的步骤。但是两者的开发流程和开发方法大同小异。以下主要针对基于Unity3D开发游戏的方法与技术点进行讨论和分析，给出3D游戏通用的开发流程，如图9-12所示。注意：此流程不适用于商业游戏，因为商业游戏涉及游戏运营的问题，在此不做赘述。

在任何一个项目的开发中，往往需要很多人协作完成，游戏开发也不例外。游戏开发中涉及不同专业领域的技术知识和管理知识，因此往往需要很多部门的协同配合才能够完成。一个独立完整的游戏项目，一般需要项目经理、程序开发人员、游戏美术、游戏策划、游戏测试、游戏音效及游戏平台运营7大类人员角色构成，如图9-13所示。

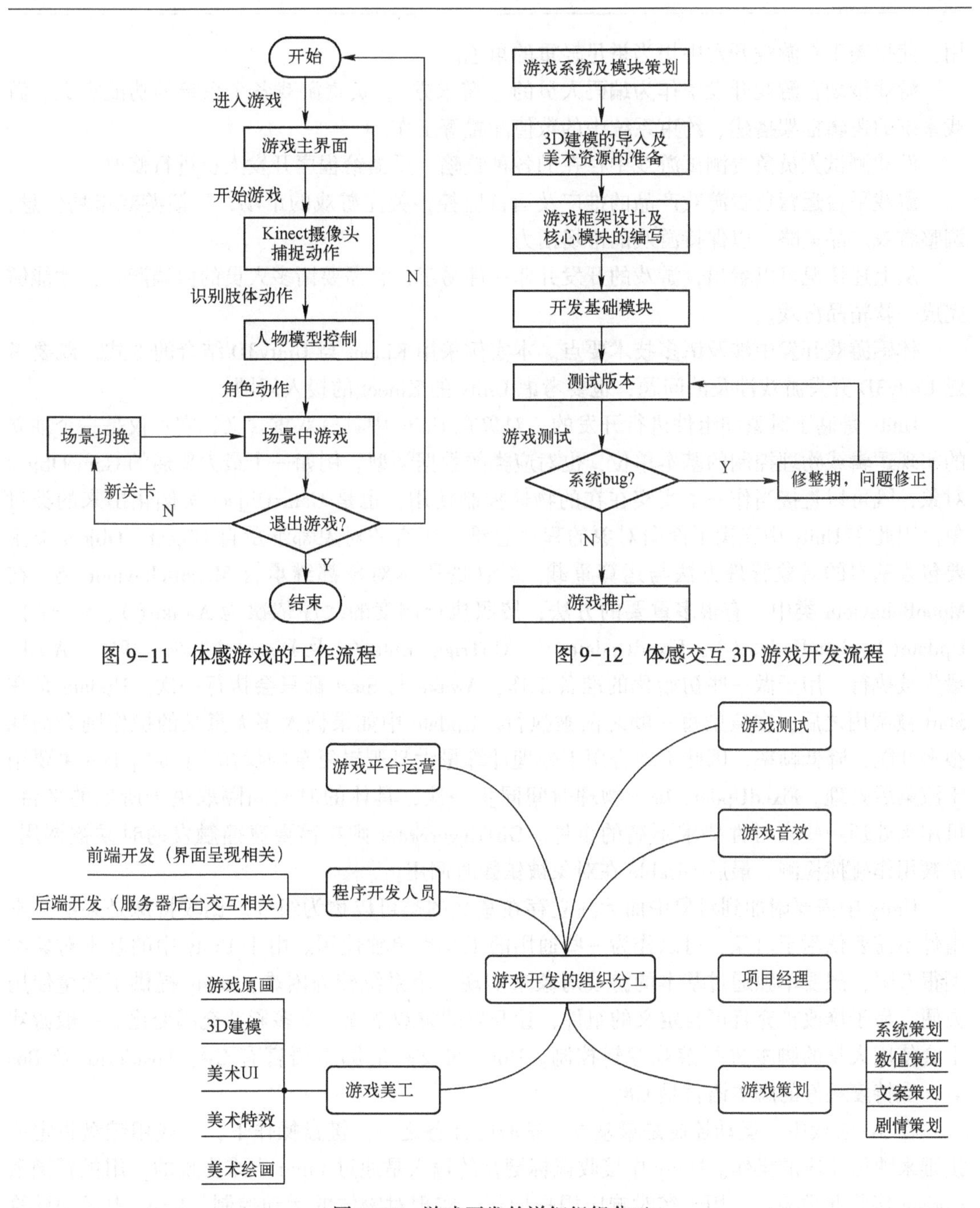

图 9-11　体感游戏的工作流程

图 9-12　体感交互 3D 游戏开发流程

图 9-13　游戏开发的详细组织分工

项目经理负责控制游戏开发进度以及游戏产品的质量监督与把关。

程序开发人员根据游戏类型的不同，角色构成可能存在差别。如果是互联网游戏，则分为服务器端和客户端，无论是服务器端还是客户端都需要相应的核心程序员去架构游戏系统，这个核心程序员就是主程序员。

游戏美工人员相对于普通软件开发项目，在游戏开发中对界面美化的要求更高。游戏中涉及大量的美术资源，如何“占用更少的内存去做更多更棒的画面”，把美术资源充分利用，使得美工在游戏开发中担当举足轻重的角色。

游戏策划在游戏开发中作为编码人员的“需求方”，负责游戏各个系统的功能定义、游戏系统的逻辑框架搭建、约束系统中的数值配置等工作。

游戏测试人员负责测试游戏中存在的各种缺陷，反馈给程序开发人员进行修改。

游戏平台运营负责游戏产品的推广及运营监控，关注游戏的市场，反馈游戏市场信息，调整游戏产品策略，以保持游戏的市场活力。

从上述情况可以看出，游戏的开发并非一件易事，它需要诸多人员的协调配合，才能够完成一款精品游戏。

体感游戏开发中涉及诸多技术要点。本实例采用 Kinect 与 Unity3D 结合的方式，既要考虑 Unity3D 开发游戏涉及的问题，也要考虑 Unity 的 Kinect 的接入问题。

Unity 是基于对象和组件进行开发的。对象在 Unity 中具有双重含义，它不仅是一个独立的实现逻辑或物理控制的基本单位，也对应类的数据类型。例如一个最为普通的 GameObject 对象，既可以直接当作一个实实在在的物体控制使用，也是 GameObject 实例化出来的类对象。因此在 Unity 中充满了面向对象的程序思维。所有的对象都继承自 Object。Object 类主要包含基本的对象管理方法与运算重载。默认的脚本对象都继承自 MonoBehaviour 类。在 MonoBehaviour 类中，有很多重要的方法，按照执行调度的次序依次为 Awake( )、Start( )、Update( )、LateUpdate( )、FixedUpdate( )、OnTriggerEnter( )及 Disable( )等。其中，Awake 最先被执行，用于做一些初始化的准备工作，Awake 与 Start 都只会执行一次。Update 是在 Start 被调用之后，在渲染每一帧之前被执行。Update 中如果做太多无意义的操作则会消耗很多性能，降低帧率，因此不适合用于处理计算量大且逻辑复杂的操作。LateUpdate 主要用于渲染后处理。FixedUpdate 每个物理时间同步一次，具体的时间间隔取决于所处的平台，可用来处理一些实时性要求不高的事件。OnTriggerEnter 则在需要碰撞触发的时候被调用，常被用作碰撞检测。最后 Disable 在对象被销毁时调用。

Unity 中需要附加到对象中而无独立存在意义的类可以称为组件。比较特殊是某些脚本组件不需要依附于对象，可以作为一些通用的工具类单独使用。由于 Unity 中的基本对象类型很有限，想要单独通过基本的游戏对象来实现一个系统较为困难，Unity 提供了大量使用方便、易于修改扩充且可自定义的组件，让开发的游戏系统丰富多彩并充满变化。一般游戏中会使用大量的脚本进行游戏逻辑控制。Unity 可支持的脚本语言有 C#、JavaScript 及 Boo 等，支持度最好的脚本语言是 C#。

在 3D 游戏中，运动控制是最基本、核心的任务之一。键盘操作下，一般用键盘指定的按键来映射相应的操作。Unity 中接收鼠标键盘的输入是通过 Input 类来实现的，用更新函数 Update 接收此类输入，用于实时响应用户操作，实现对物体的运动控制。Unity 中运动计算体较为复杂，如果不能够理清它们的关系，很难控制物体的运动。GameObject 对象中 Transform 成员主要用于控制物体运动，它的常用属性及方法如图 9-14 所示。

协程并非针对某种语言或某个平台。在 Unity 中与 C#结合起来使用协程，能够协同调度程序的执行。协程和多线程不是一个概念，但可以通过协程的使用，来实现宏观上程序中数据的同步。虽然 C#可以很好地实现多线程，但是由于直接继承自 MonoBehaviour 的类中无法直接开启多线程，因此在默认的对象组建脚本类中想要达到多线程的效果，就只能通过协程这样的“伪同步”方式来实现。

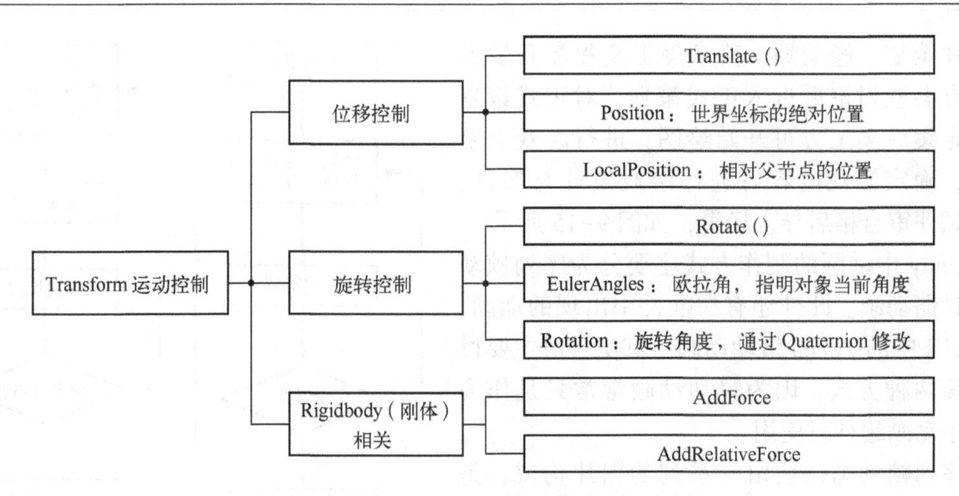

图9-14 Transform运动控制常用属性及方法

具体实现中，可以使用StartCoroutine()来开启一个协程，传入的参数直接为函数名。如果想要实现延迟操作，就必须使用IEnumerator类型的返回。C#中可以使用yield return来推迟程序的运行，如yield return new WaitForSeconds(1f)，这个操作并非直接间隔1 s之后程序才向下执行，只是到了下一个一秒钟，程序直接返回而已，是异步操作模式。因此有了协程，可以大大简化程序代码编写，不需要将所有的刷新等待操作都放到Update()中，从而提高游戏性能。

Unity中两个对象间的通信往往是挂载在两个对象的脚本间进行通信和信息传递，一般可以通过事件的监听处理和通过GameObject的SendMessage方法向另外一个脚本传递消息。通过对象脚本公开的静态方法或属性，向其他对象提供需要的数据信息，信息的关注者在感兴趣的时间监听对象的属性或调用公开的静态方法。在具有一定规模的项目中，会涉及大量的对象通信的情况。一般通过事件的管理、发布和接收操作，能够有效、有逻辑地管理多组对象的通信，也能够处理一对多、多对多的对象间通信。但是为了配合游戏美术设计，可通过SendMessage方法和共有静态成员的方法将对象通信和UI设计结合起来。

Unity中通过SendMessage进行对象间的通信是最简单也是最基本的方法。其基本的流程是在消息的发送对象脚本中找到消息的接收方对象，调用接收对象的SendMessage成员方法，向其传入接收消息的方法名和参数数据。在消息接收对象绑定的脚本中添加同名的带参方法，获取到的参数值即为发送方传入的参数，可以做出相应的响应工作。

访问共有静态成员属于较为直接的一种对象通信方法，即不同对象身上的脚本通过查看其他对象脚本中的静态成员数据来直接进行消息传递。这种方式较为简单直接，可以应用于逻辑处理简单、数据相对不复杂的地方。它的缺点在于使用共有静态成员很难保证数据的安全，如可修改的数据可能会被多处修改造成逻辑混乱，频繁的外部修改可能造成数据不一致的情况。

3. 本实例中游戏的设计制作与实现

游戏美术需要多人分工协同，包括3D建模、2D原画、美术的UI、美术的动画、动作及画面的特效表现。在此主要展示美术的UI、动画及特效控制等美术制作流程和方法。

游戏美术制作过程中需要项目策划人员、程序开发人员及美术美工人员参与。首先要进行草案策划，经策划、美术美工及程序开发人员三方会谈讨论后进入正式策划，对正式策划方案定案后美工方可开始绘图，进行游戏引擎开发，确定游戏内容后进行游戏设计与实现，经测试评审合格后导入场景，如图 9-15 所示。

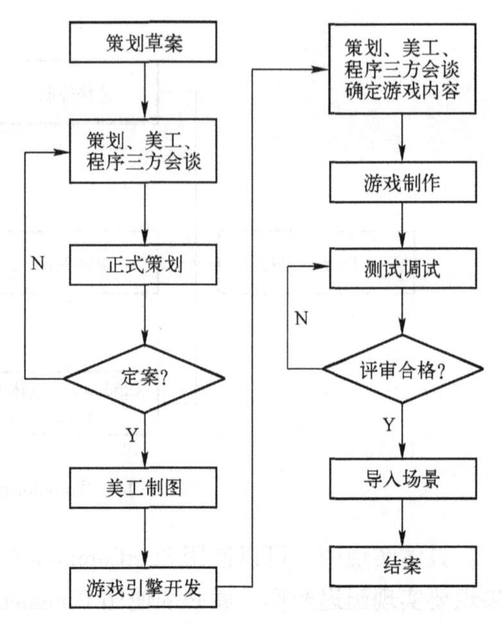

图 9-15　游戏美术的基本制作流程

Unity 中动画的制作方式主要分为序列帧动画和骨骼动画。此外还有在插件中出现的动画，如 NGUI 中的 Tween 缓动动画。其实一般主要讨论前面两种方式，因为缓动动画常常只是作为制作小动画组件时使用。

序列帧动画往往由一系列的图片构成，是 2D 的图片动画。其制作方式较为传统，动画制作的表现效果主要取决于动画的帧数和图片资源的质量，与原模型资源无关。序列帧动画一般适用于 2D 游戏，作为 Animation 组件的一部分被使用。但是在 Unity4. 2 版本之后，就不能够将新制作的动画 AnimationClip（动画片段）添加到 Animation 组件中，需要添加到 Animator 组件中作为一个动画状态出现。Animation 组件向下兼容，早前版本中制作好的动画依然可以作为 Animation 组件的成员出现，单独被控制。通过 Animation 控制动画的播放，可以直接进行动画片段的播放。

采用序列帧动画，虽然可以补充低模（面数较低的模型）带来的质量不足，但动画播放时资源被一次性载入，会占用较大的内存，容易造成运行时帧速率降低。此外，制作复杂和平滑度要求高的动画片段也需要投入更多的精力和成本。

骨骼动画是区别于序列帧动画而存在的。与序列帧动画不同的是，动画片段在 Animator 组件中是作为一个独立的状态而存在的。单独的动画状态在制作的时候与 Animation 的 Clip 并没有不同之处。但是在制作片段的时候，如果对象是已经绑定了骨骼的模型，那么在制作动画的时候会默认呈现所有的骨骼节点，便于制作动画。

骨骼动画相对于序列帧动画而言，前者实现起来要烦琐一点，动画片段作为动画控制器的元素出现。动画状态间的切换必须要通过动画状态机来完成，状态间的切换可以通过传入的参数作为切换的过渡条件，这样做的好处在于能够方便地管理动画状态，动画片段的逻辑关系较为清晰。复杂之处在于当要切换的动画状态较多的时候，动画状态及制作需要更多的考究。

缓动动画是 NGUI 插件中附带的一种制作动画的方式，每个动画以 Tween 组件的方式出现。本来每种补间动画都是单一的动画方式，如 TweenAlpha（透明）、TweenPosition（位置）、TweenScale（大小）、TweenShake（抖动）等。每种动画方式如果想要动画更自然、更生动、富于变化，还需要通过缓动函数曲线来改变动画播放的速率。缓动曲线其实就是代表一个周期内的动画播放的均匀程度。当同时存在多个补间动画的时候，一般通过 PlayTween 组件来批量管理控制动画的播放与停止。补间动画默认出现在 UI 组件中，作为 UI 动画出现。其缺点在于制作的时候必须绑定到特定的对象上进行编辑，于是很难实现动画的移植和复用。

在体感游戏的接入准备工作方面，一般涉及环境搭建与配置、Kinect 与 Unity 联合开发等，具体如下。

Step1：Kinect 开发环境的搭建和配置。需要了解基本的 Kinect 开发知识、开发的基本流程，能够通过 Kinect 获取数据等，了解设备和程序异常的应对处理。

Step2：Kinect 结合 Unity 开发时，由于 Unity 无法直接获取 Kinect 传入的数据，需要学习和了解中间件的使用，必要的时候还可能要开发自己的中间件来从 Unity 获取 Kinect 的传感器数据。

在进行开发之前预留处理 Kinect 接口的数据，做好输入控制的设计，便于逻辑处理和后期程序维护。

该游戏系统通过预定义的肢体动作来实现对人物模型的控制，完成在关卡中出现的各种挑战，包括掩饰障碍物、断路、喷火、瀑布及怪物等障碍物，也会有金币奖励。该游戏主要考验用户的应变反应能力和操作能力。由于肢体动作的反应速度比鼠标键盘的操作速度慢，游戏中的跑速也会比传统的跑酷跑步速度慢，目的是让用户充分体验游戏过程中的健身性和娱乐性，不设定撞击障碍物死亡的情况，而是优化分数奖励机制，从另一方面激励用户。

本实例的框架分为应用层、文档存储层以及 Kinect 的硬件接口层三个层次，如图 9-16 所示。其中，应用层为用户交互层，用户通过预定义的肢体动作、手势与系统进行交互，包括查看游戏记录、游戏设置、游戏帮助、开始游戏和游戏进行时的菜单操作等功能；文档存储层保存整个系统的数据，包括场景配置数据、游戏记录数据和游戏设置数据；硬件接口层主要完成数据采集和预处理，包括 Kinect 视频数据读取、动作捕捉与识别、手势识别和定义等功能。

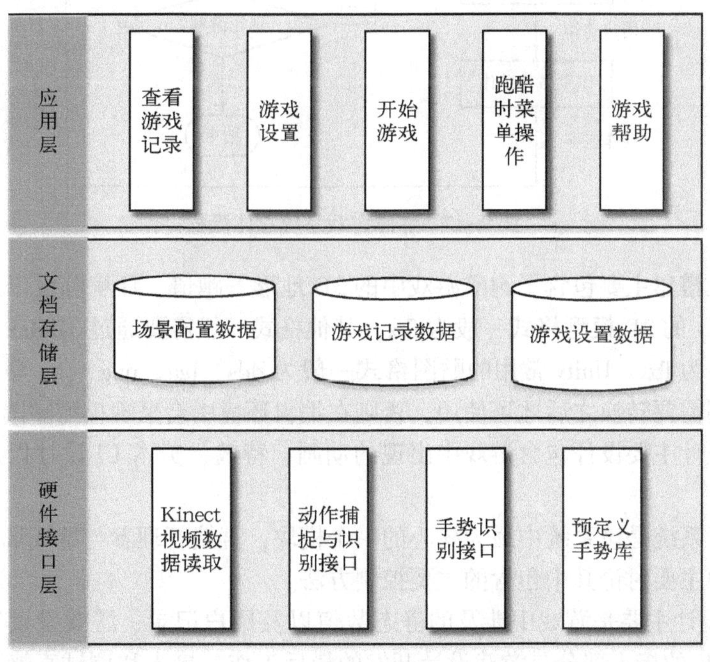

图 9-16 基于 Unity 的体感游戏总体框架设计

游戏系统工作流程如下。

Step1：启动游戏和 Xbox 摄像头，捕捉到用户之后，进入游戏菜单的主界面。

Step2：进入游戏界面之后，游戏倒计时结束则主角开始奔跑。用户通过跳跃、打击、左转、右转、左偏移及右偏移等肢体动作实现对游戏角色的控制。碰到障碍物的时候会给出屏幕提示，用户可以提前或者根据当前的障碍物提示给出相应的动作指令，直到击溃或者躲避障碍物继续前行为止。

Step3：在游戏运行的过程中，可以进行菜单的操作，此时人物停止奔跑。用户可进行对应的菜单操作或者进行游戏设置，直到退出操作菜单，游戏继续。

Step4：游戏角色奔跑到终点或用户中途退出即为游戏的结束。

该系统对场景设计及搭建、游戏美术的设计、角色控制系统、XML 文档设计以及 Kinect 接入处理等功能进行设计与实现，系统的工作流程如图 9-17 所示，进入系统启动游戏，然后进行动作捕获与识别，最后游戏结束，其中动作识别包括肢体识别和手势识别。

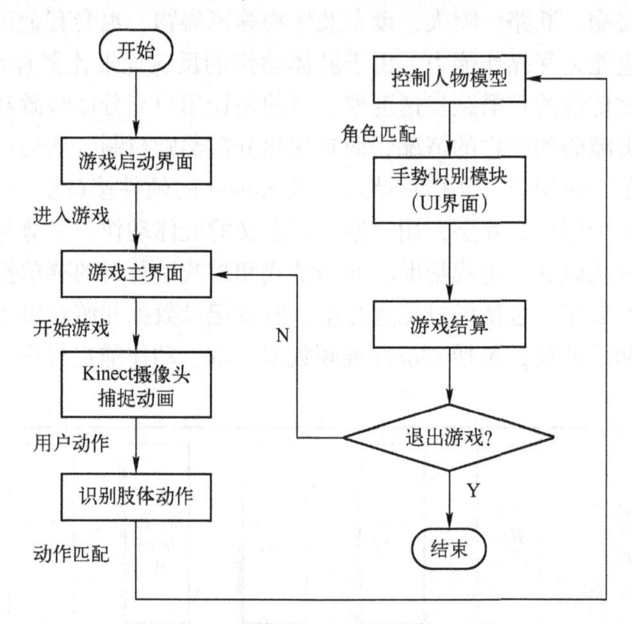

图 9-17 体感游戏系统总体流程

场景设计及搭建主要包含了跑酷游戏中的 3D 地形、跑道、环境陈设以及跑道中的障碍物等。导入 Unity 的 3D 模型格式一般为 fbx，其他格式一般需要通过 3DMax、Maya、Blender 等建模软件导出为 fbx。Unity 常用的贴图格式一般为 dds、tga、png、jpg 等。若遇到不支持的贴图格式，则需要转换之后才可使用，否则在编辑环境中会呈现模型贴图丢失。

游戏美术设计主要设计包含游戏中出现的动画、特效、美术 UI 设计以及用户交互的响应部分。

角色控制子系统是该系统中最为核心的一个模块，直接管理着与游戏玩法相关的角色控制部分，本节中主要讨论其中包含的主要控制方法。

XML 文档设计主要是游戏中涉及的静态数值以及用户记录、游戏设置等数据的存储和读取。KinectSDK 的接入部分是游戏设计开发的最后工作。接入和调试直接决定着最终的用户体验是否良好，系统的稳定性是否足够高。

三维场景设计中主要包含模型资源的准备、场景设计以及障碍物设定。本节中主要针对 Unity3D 中模型搭建的基本方法和预设资源的分段处理、障碍物的出现设定等进行阐述。

3D建模主要采用3DMax和Maya两种软件工具。Unity3D需要的fbx模型格式主要由3DMax导出，在导出的时候，可以同时导出模型中包含的贴图资源。不过需要注意的是，贴图资源尽可能用英文命名，避免中文命名造成的乱码。导入的模型资源虽然可以当作对象拖动使用，还是尽量将需要用的模型做成预设格式，便于使用和管理。

因为地形和道路要独立加载资源，而且周边陈设由于模型数目多，资源量较大，一次性加载后大部分时间会渲染不可见的建筑物。因此场景设计将游戏中的场景分为地形设计、道路设计以及道路周边的陈设设计几个部分。采用道路分段加载的方式，每段道路会加载相应的周边环境预设。

场景中的静态对象主要分为地形、道路以及周边陈设三部分。道路对象由多段构成。为了多个对象复用同一张贴图，场景制作时直接在场景中每段道路作为单独的GameObject出现，最后整合到了同一父节点中。游戏中地形如图9-18a所示，道路及全景陈设模型如图9-18b所示。

a)

b)

图9-18 游戏中部分地形及道路设计

a）游戏中部分地形 b）道路及全景陈设模型

从图9-18b中可以看出，道路周边陈设较多，如果将所有资源一次性加载渲染导致帧速率很低。为了避免加载多余资源导致帧速率降低，加载策略修改为加载当前路段的建筑陈设的同时销毁两段路前的预设资源，这样能够有效地避免游戏运行卡顿的问题。

在Unity中，一般将单个的资源打包成Prefab（预设）或者AssetBundle格式的资源文件，在游戏中调用的时候动态加载。一般的网络游戏将资源打包成AssetBundle格式，调用时从资源服务器下载并加载到游戏中直接使用。该系统资源不大，全部都保存在本地，所有动态加载资源的方式都采用Prefab方式，使操作管理相对更为便捷。

在C#中通过GameObjectgo = Resources. Load(pathName) as GameObject语句加载一个预设资源，其中pathName为预设的路径名称。由于此时预设对象还没有被实例化，需要通过GameObjectgo1 = Instantiate(go, Vector3. zero, Quaternion. Euler(Vector3. zero)) as GameObject将go实例化，go1是实际可控制的对象。在编写过程中，预设对象可能被多次实例化，资源的加载只需要写一次即可。因此在Unity中，可以将预设看作是一个对象指针，在修改了一个预设之后，所有被实例化出来的预设对象也都会被改变。

障碍物设计和物理碰撞检测密不可分，此处主要阐述障碍物设计与碰撞检测。

障碍物设计按照对障碍物的操作方式分为三种，分别为击溃型障碍物、越过型障碍物和直穿型障碍物，分别映射着用户肢体动作中的打斗、跳跃和奔跑。穿插多种类型的操作方式就是为了能够让用户在体验游戏的过程中充分达到锻炼身体的目的。除了奔跑类型的金币为接触奖励性的“障碍物”，其他两种障碍物均需要动作躲避或给出相应动作指令。打斗类型的怪物、宝箱和跳跃类型的岩石、断路除了在动作操作上有所差别外，其他的逻辑处理基本相同。

障碍物部分的碰撞检测均使用刚体碰撞检测方法，在 Unity 中只要绑定了 BoxCollider 组件的对象就可以被其他对象检测到。碰撞触发须满足两个碰撞的对象中至少有一个是刚体碰撞体，才能触发碰撞，即除了 BoxCollider 组件之外还需要添加 Rigidbody 组件。Unity3D 针对 2D 游戏设计了 2D 的 BoxCollider2D 及 Rigidbody2D，它只是屏蔽了 z 轴，相对减少了计算。本实例为 3D 游戏，场景中的普通碰撞采用 3D 刚体碰撞器组件。主角在碰到障碍物的时候，主角动作主要由主角自主控制，障碍物方负责给出碰撞的反馈、碰撞过程中的主角反应以及动画播放控制。绑定在障碍物身上的脚本的逻辑设计流程如图 9-19 所示，其中，障碍物的碰撞检测由碰撞的事件触发，当发生碰撞时会自动回调 OnTriggerEnter 函数，想要处理碰撞事件只需要实现该方法即可。图 9-20a 和图 9-20b 分别为击溃类型的障碍物，其中图 9-20a 为飞龙和宝箱，图 9-20b 为岩石和蜘蛛。

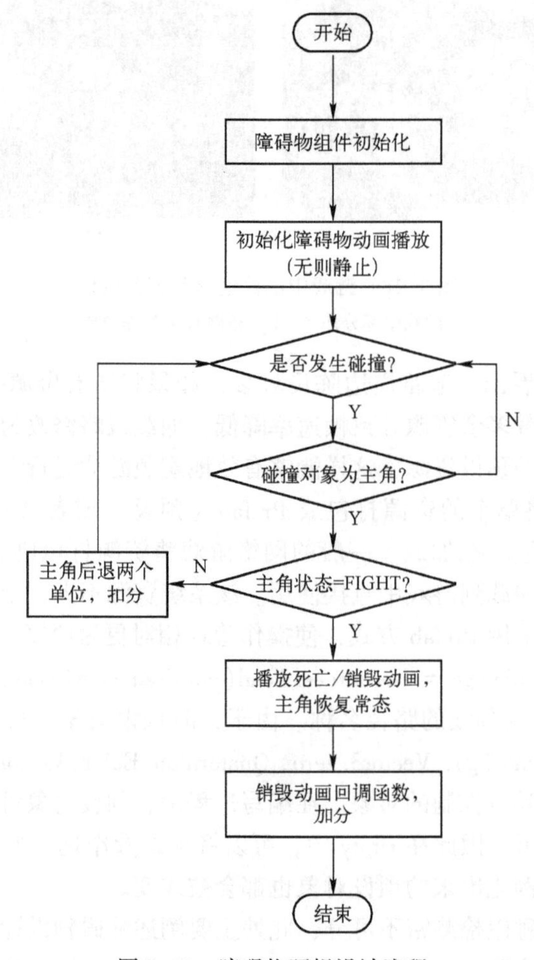

图 9-19　障碍物逻辑设计流程

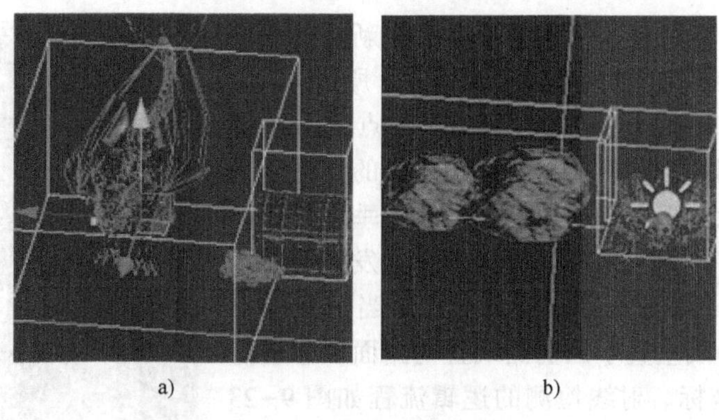

图9-20 击溃型障碍物设计
a）飞龙和宝箱 b）岩石和蜘蛛

路面检测涉及左右偏移脱离道路与在不平坦道路上的跑步两个主要的部分。

对于防止奔跑过程中脱离跑道出界的情况，可使用一般的碰撞检测即可满足要求，当角色碰到某侧边缘的时候，则不能继续向外偏移。因此，要为主角设定一个偏移的状态量OFFSET_CURRENT，它包括OFFSET_LEFT、OFFSET_CEN及OFFSET_RIGHT三个状态，OFFSET_LEFT表示靠近左侧墙壁，OFFSET_RIGHT表示靠近右侧墙壁，OFFSET_CEN表示没有撞墙则需要对动作解锁，否则无法偏移。发生碰撞的路面偏移检测的基本流程如图9-21所示。

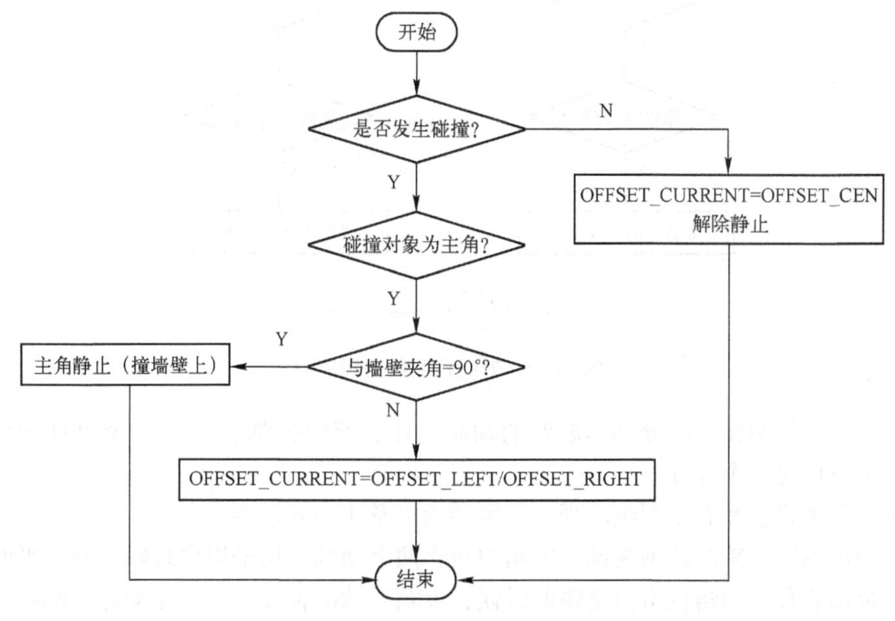

图9-21 路面偏移的检测流程

道路中除了需要检测当前角色的偏移状态，避免侧身出界，还需要使角色始终保持和路面水平，如果路面不平坦，则需要做一定的处理，比如在场景中有斜坡的道路，要保持角色时刻在路面之上。此处的角色也包含即将遇到而非直接碰撞的对象，这类对象需要用到射线检测去试探碰撞，以便主角提前做好状态更新。射线检测在调试环境下绘制出的射线路径如图 9-22 所示。

其中，A、B 分别为射线的碰撞点。A 点表示角色预判障碍物需要用的检测射线，从射线相交的点可以判断是否检测到对象。B 点表示角色在斜坡处垂直于路面的射线，该交点将作为主角脚底的坐标。如发射的射线是水平于主角且与路面发生碰撞，则更新当前路线下标；如果发射的射线垂直于当前路线且与路面发生碰撞则更新任务高度坐标。射线检测的逻辑流程如图 9-23 所示。

图 9-22 射线检测中绘制的路径

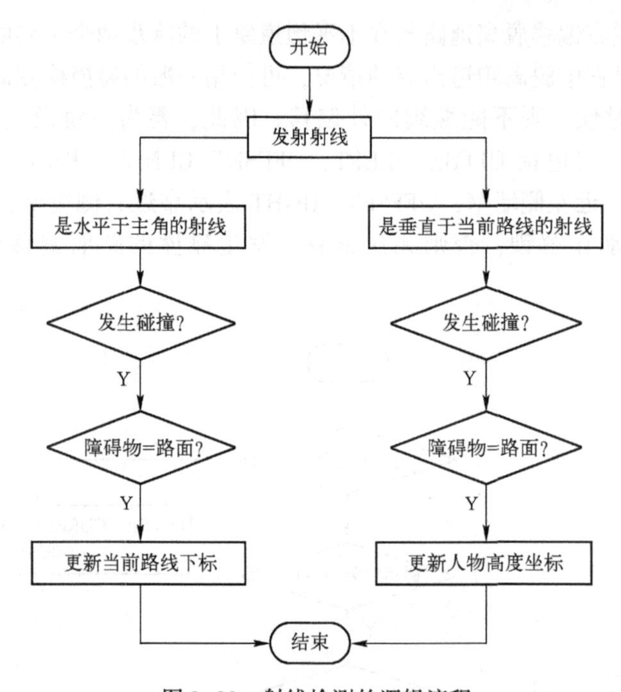

图 9-23 射线检测的逻辑流程

界面美术设计制作方面分别为游戏的动画制作、特效控制、UI 设计及事件响应、场景灯光的渲染及优化四个部分。

动画制作方式主要有序列帧动画、骨骼动画以及 Tween 动画。

序列帧动画以宝箱的动画为例。宝箱中包含两个动画，均采用序列帧动画。平时宝箱静止不动，金币隐藏。当角色击打宝箱的时候，宝箱晃动准备吐金币，晃动停止则吐金币，即金币弹出。由于金币模型为一个整体，无法单独控制，只能够在设计上添加对象的位置、大小等的动画处理。

骨骼动画顾名思义就是通过控制和改变绑定在模型身上的骨骼来实现任模型动作的改变。能够绑定骨骼的一般是人或动物的模型。在 Unity4.0 之后新出现的 Mecanim 新动画系统中，Avatar 骨骼动画能够真正实现动画的一次制作，多次移植，不同的模型，只要具有相同的骨骼结构，且骨骼节点大于16个以上，就可以满足绑定骨骼的条件，实现制作动画的移植。但是目前骨骼动画只对人形的模型才有较好的移植效果，其他动物也只有在绑定了人形骨骼后才能够移植相同的动画。

人物模型的骨骼节点如图9-24所示。其中图9-24a为角色模型中的骨骼，图9-24b为Avatar骨骼模型映射的骨骼节点，用于检查和确定模型与骨骼节点是否匹配。根据人主要骨骼的命名，依次确认骨骼节点是否对应准确，如果不能够对应还需要做相应的调整。在确认和修正完毕之后才可以制作或导入骨骼动画，否则，无法准确地完成动画制作。

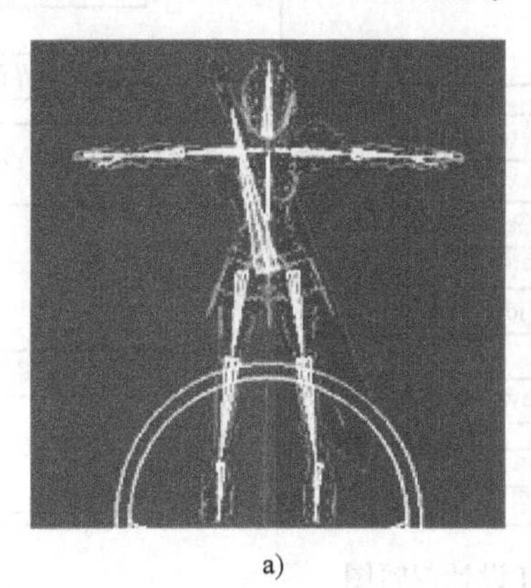

a)

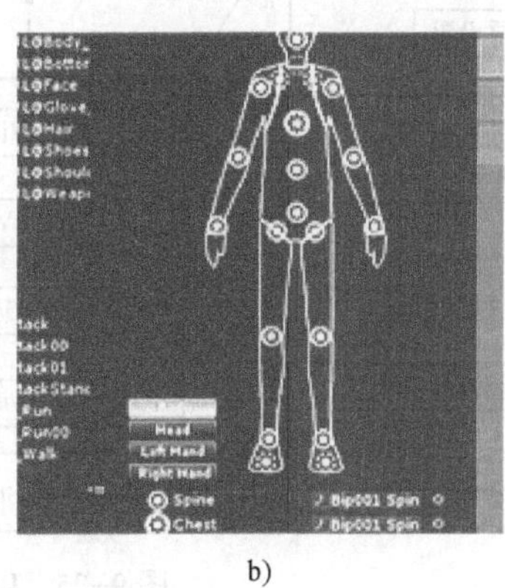

b)

图9-24 人物模型的骨骼节点

a）角色模型中的骨骼 b）Avatar骨骼模型映射的骨骼节点

骨骼节点确认完毕之后，则开始动画制作，其制作方式与帧动画制作方式基本相同，不同之处在于骨骼动画带有了骨骼节点的模型，具有了更多分支，在制作动画时需要在多身体多个部位添加动画，才能协调角色的运动。本例中角色模型的骨骼动画设计中，对角色的左右腿骨骼添加rotation和position动画以实现一个双腿摆动的动画，同时为角色模型当前所有使用的动画片段通过AnimatorController（动画控制器）来实现对人物动作的状态控制。

Tween动画也是Unity NGUI中的一种补间动画。补间动画是指在Flash的时间帧面板上，在两个关键帧之间插入一个形状或动画的改变帧，如对象的大小、颜色、位置及透明度等，Flash将自动根据二者之间帧的值创建动画。Tween类实现缓动效果和iTween类相似，都可以实现一些补间动画。Tween组件中包含大量的缓动函数曲线。相较于帧动画而言，在Tween中使用缓动函数就可以较为容易地制作出质感好的动画。

粒子系统（ParticleSystem）在场景中一般用来实现瀑布、火焰、烟雾自然效果以及游戏中的特效等，是通过粒子发射器、粒子动画片段及粒子渲染等组件来实现粒子的播放控制，从而实现有动画特效的美术效果。

系统中的UI设计均采用NGUI插件制作，主要包括游戏的开始菜单、帮助界面、游戏运行主界面、游戏设置、游戏记录及游戏结算6个界面，UI设计逻辑图如图9-25所示，图中除开始菜单StartView之外，所有界面都要通过StartView来进行切换，所有的界面类都派生自BaseView类，用于管理和维护子类的共有属性及方法。

用户对UI操作的响应一般通过事件来完成。事件是某个对象通过发出消息触发某种操作发生。引发事件的对象称为事件的发送方，捕获事件并做出相应处理的对象称为事件的接收者。但是在实际应用中发出事件的对象往往不知道谁是接收事件的对象，因此在发送者和接收方之间需要一个中介，即委托，委托类似C++中的函数指针。

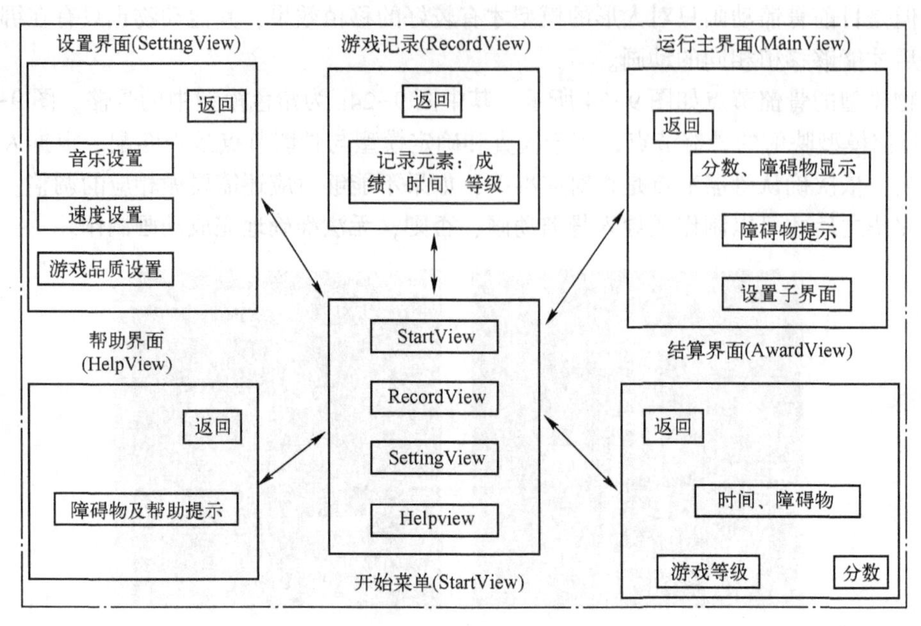

图 9-25 UI 设计逻辑图

用户交互过程中涉及的事件种类较多。Unitiy 将鼠标的单击、停留等这一类一般事件常用的界面类库已经封装好，这里主要介绍自定义事件的设计。自定义事件主要处理界面信息的刷新等操作，通过定义一个委托类型的事件可以使对象向外发布消息。比如更新当前障碍物数目和玩家分数的事件，是通过 public delegate void EventHandler（int code）定义一个名为 EventHandler 的委托类型来实现的。一个事件的产生往往需要事件的发送方，以及一个或多个事件的接收方。事件发送方的处理流程如下。

Step1：定义更新消息代码 CODE 的函数，如果事件可用，则更新消息代码。

Step2：定义消息的发送方函数，在需要发布事件的代码部分，调用更新约定的消息类型，一个事件可以根据消息类型的不同发送多种事件。

相应地，在事件的接收方也要添加相应的逻辑（代码）来处理对该事件的响应。例如在游戏运行主界面 MainView，需要关心障碍物数目和玩家分数的更新，通过添加事件的监听函数 UpdateData()来实现事件的响应。其中，传入的代码为更新的业务，通过对多个不同业务代码进行区分，就可以通过一个委托和事件来实现多个事件的发布和处理。接收方只需要判定是否为所需的业务代码即可。事件接收方的流程如下。

Step1：为发送方定义好的事件增加一个委托函数，用于处理事件的响应。

Step2：事件的响应函数根据传入的代码可以确定接收到的消息类型，判断是否为所需要的消息来决定和做出相应的处理。

Step3：针对事件包含的多个消息代码，可以通过多个响应函数分别处理，也可以通过一个集中的函数选择判断来区分具体收到的消息类型，从而做出不同的响应。

界面上时常会有一些需要频繁刷新的操作，例如计时器的显示或者一些频繁切换的效果。游戏运行主界面的倒计时器以及分数的显示都用到了协程函数。协程函数是一个分部执行，遇到条件（yield return 语句）时才会挂起，直到条件满足才会被唤醒继续执行后面的代码。分数的显示从 A 分值到 B 分值连续变化能够营造出数字滚动的效果，界面呈现也更友好。在 Unity 中直接通过调用协程函数 StartCoroutine( ) 来启动一个协程，传入的参数应是返回值类型为 IEnumerator 的函数才能够实现灵活调用。协程函数每次通过 yield return 返回一个数据元素，新建 WaitForSeconds 对象能够延时一定时间，连续调用能够实现定时刷新的效果。UI 刷新首先判断带刷新标签是否为空，当不为空时则把 Present 设置为待刷新标签值，判断待刷新值与目标值之间是否相同，如果不同则修订 Present 的值，如图 9-26 所示。

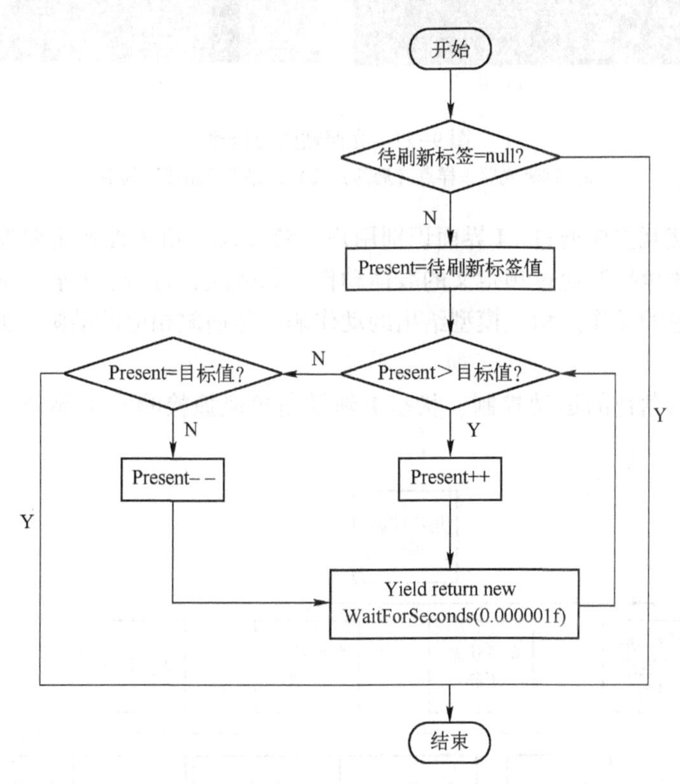

图 9-26 UI 刷新的协程函数逻辑实现

Unity 中提供 DirectionalLight（直射光源）、PointLight（点光源）及 SpotLight（现场光）三种光照渲染。其中，直射光类似于太阳光，光照强度最大；点光源和现场光都是在局部范围内有效，点光源是局部范围的发散光，现场光类似于手电筒光源。

使用 Lightmap（光照贴图）能够很好地解决光照渲染中产生的问题。对于场景中的静态对象，Lightmap 在已有动态光烘焙的条件下，计算和记录当前每个对象的阴影状况，烘焙得到静态的光照贴图。在场景中计算并叠加出光照贴图的最后效果，形成基本类似光照的效果。

场景中的动态对象光照贴图可以使用 LightProbes（光照探测器）动态计算光照效果。光照探测器相当于在场景中事先部署好合适的光照采样点。图 9-27a 中，有四个采光点 A、B、C、D，对部署了采光点的场景进行光照烘焙之后，运行时动态计算各个采光点光照差值，从而计算出动态对象的光照情况。由于计算较快，这样的局部计算可以忽略对游戏性能的影响。图 9-27b 则是某条道路的光照贴图。在贴图过程中，为了降低内存的消耗，可将光照贴图进行适当压缩。

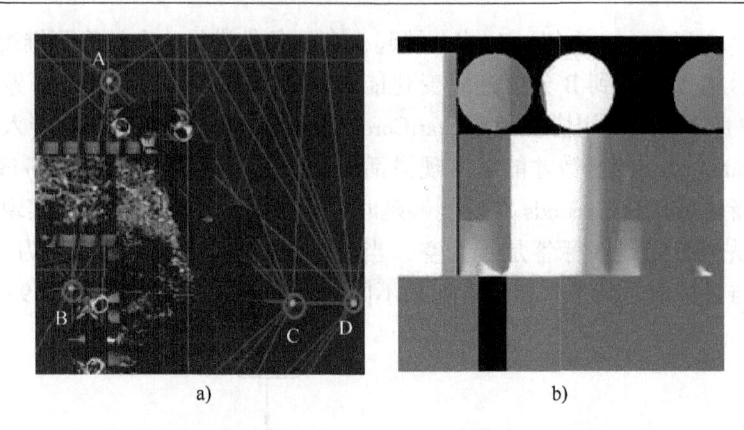

a) b)

图 9-27 光照贴图的处理

a）部署光照采样点（局部） b）道路光照贴图（局部）

界面菜单的交互主要通过 UI 界面识别用户手势实现，角色控制主要通过识别用户的肢体动作来完成。角色控制通过预定义的肢体动作，如跳跃、打击、左转、右转、左偏移及右偏移等来控制角色的动作。角色模型给出的动作响应是播放相应的动画，而非模拟用户的肢体动作。

角色控制分为角色的运动控制、状态更新及角色碰撞检测几个部分。其中角色控制如图 9-28 所示。

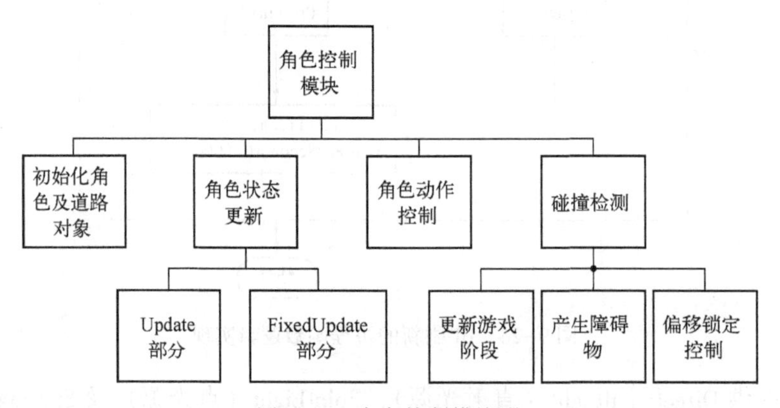

图 9-28 角色控制模块图

初始化角色及道路对象主要是对动画、碰撞器等组件的初始化和道路的初始化。

角色状态更新完成角色坐标更新、各种动作状态切换以及动作的复位，可在 FixedUpdate( )固定刷新函数和 Update( )中实现。角色状态更新的基本流程如图 9-29 所示。其中 A 射线的起止方位在角色模型的前方一个模型单位中，B 射线的起止方位在角色模型的正左侧。

射线检测用到的是指定方向的射线，用它来判断当前射线对象是否检测到了其他对象，或者检测到了哪个对象，由此判断射线和指定的包围盒、球、台或平面是否相交。包围盒指的是记录了三维空间的立方体、立方体的 8 个顶点及其他信息的数据对象。判断射线是否与指定的三维空间相交可以用来判断射线是否和某个对象相交。射线检测需要检测很多较复杂的情况。以下举例说明在判断射线和包围盒的相交中涉及的主要约束条件，其中 ray 为已知

射线 xyz 中的某一个维度，Min 为包围盒最小顶点坐标的一个维度，Max 为包围盒最大顶点坐标的一个维度，f_M 表示预定义的一个无穷大浮点数，则有

$$Y_1=(\text{ray}-\text{Min}) \tag{9-7}$$

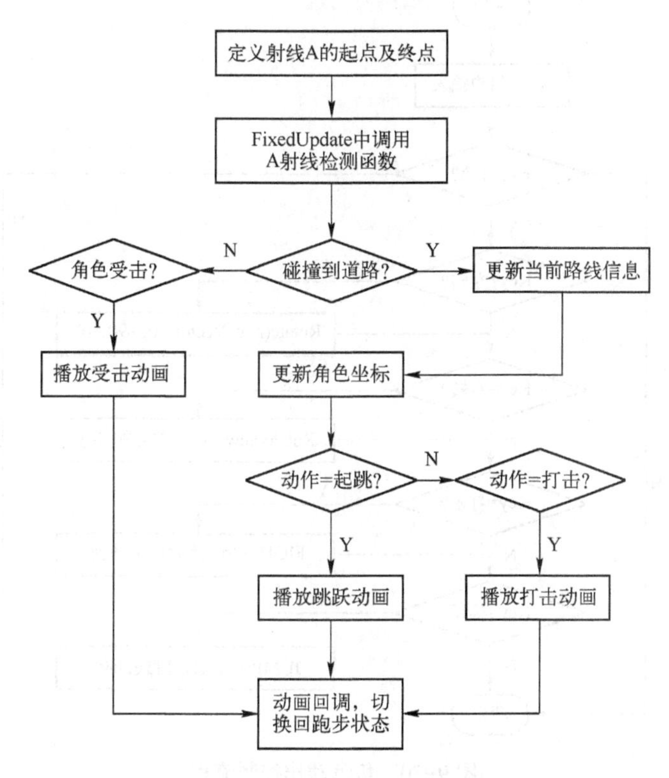

图 9-29 角色状态更新的基本流程

Y_1 值小于 0 时表示单一维度上射线已经出了包围盒的最小界，不可能再相交。

$$Y_2=(\text{ray}-\text{Max}) \tag{9-8}$$

Y_2 值小于 0 时表示单一维度上射线已经出了包围盒的最大界，也不可能再相交。

$$f_1=\frac{\text{Min}-\text{ray}}{\text{ray}} \tag{9-9}$$

$$f_2=\frac{\text{Max}-\text{ray}}{\text{ray}} \tag{9-10}$$

$$f_{\text{Min}}=\text{Max}(0,\text{Min}(f_1,f_2)) \tag{9-11}$$

在求得 f_{Min} 时滤除负数的影响，是考虑到影射到某一个平面时射线在包围盒左侧，f_{Max} 与 f_{Min} 都为负数时后续比较结果不好判断。

$$f_{\text{Max}}=\text{Min}(f_M,\text{Max}(f_1,f_2)) \tag{9-12}$$

f_{Max} 表达式滤除了无穷大值是需要 f_1 和 f_2 表达式中 ray 为极小值的情况。

$$Y_3=f_{\text{Max}}-f_{\text{Min}} \tag{9-13}$$

最终，如果射线出了包围盒的界，$f_{\text{Max}}-f_{\text{Min}}$ 也会小于 0。

总结而言，射线检测过程中 Y_1、Y_2 及 Y_3 的表达式在 x、y、z 三个坐标轴上同时满足大于 0 的条件才能够表明射线和指定包围盒相交了。

角色的动作控制主要通过接收用户输入的动作控制角色模型，如用户输入的左转、右转、打击、跳跃等，角色动作控制流程如图 9-30 所示。

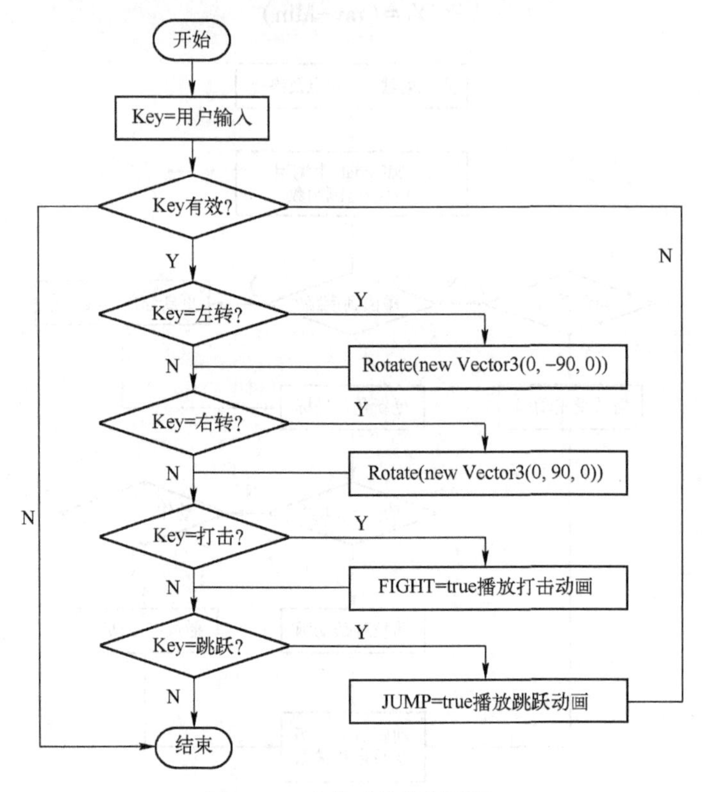

图 9-30 角色动作控制流程

角色的动作控制中，涉及大量的坐标关系。Rotate( )旋转除了使用上面的方法，还可以通过指定对象的旋转角度 angle 来控制旋转。旋转用到的十分重要的一个对象是 Quaternion 对象，通过该对象来定义模型需要的旋转角度。Quaternion 表示一个四元数：X、Y、Z 和 W。X、Y、Z 分别表示在 x 轴、y 轴、z 轴方向上的矢量大小，W 表示旋转角度。实例化 Quaternion 对象的时候，只需要传入旋转角 angle，它是一个 Vector3 对象，即 v_X、v_Y、v_Z。而 Quaternion(W,X,Y,Z)对象实例四个属性的定义分别如下。

$$X=v\_X\times\sin(\text{angle}\times0.5) \tag{9-14}$$

$$Y=v\_Y\times\sin(\text{angle}\times0.5) \tag{9-15}$$

$$Z=v\_Z\times\sin(\text{angle}\times0.5) \tag{9-16}$$

其中，X、Y、Z 最终的值构成 Vector3 角度。

$$W=\cos(\text{angle}\times0.5) \tag{9-17}$$

角色障碍物的碰撞检测主要是通过碰撞触发实现，在 Unity 中的 Boxcollider 碰撞体，可用来做简单的碰撞检测。主角的碰撞检测触发逻辑如图 9-31 所示。

Boxcollider 的基本结构较为简单，碰撞体的外框为包围盒，判断两个对象是否发生碰撞是通过判断两个碰撞体的包围盒是否相交，相交则发生碰撞。在游戏引擎中有基本的判定条件，用于判断 A、B 两个包围盒是否相交。其中，A_min、A_max 分别为 A 包围盒最小和最大顶点 x、y、z 某个轴上的坐标，而 B_min、B_max 为 B 包围盒的相应位置的坐标，F_1、F_2

为A、B包围盒最大坐标与最小坐标之差。

$$F_1 = (A\_max - B\_min) \tag{9-18}$$

$$F_2 = (B\_max - A\_min) \tag{9-19}$$

其中，F_1 和 F_2 要同时保证在 x、y、z 三个坐标轴上的计算值都大于或等于0，才能够保证两个包围盒相交，进而表明两个对象发生了碰撞。

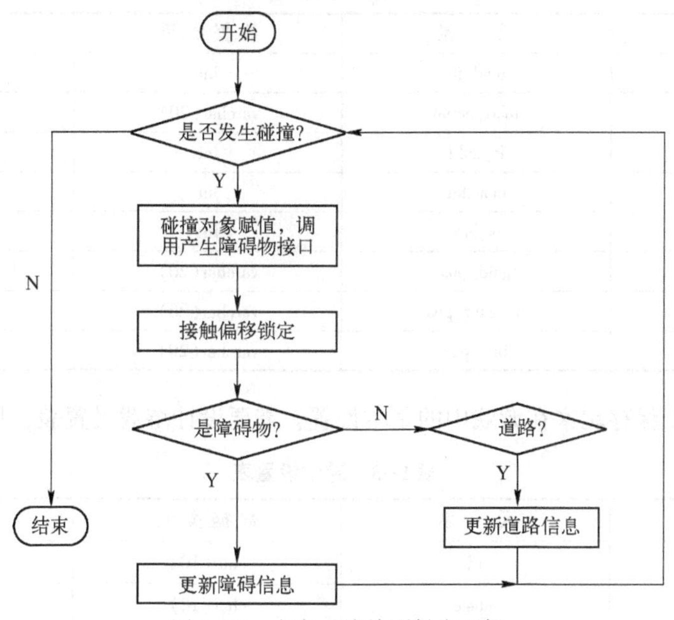

图9-31　主角碰撞检测触发逻辑

数据在Unity中的存储方式一般分为文件读写、数据库读写以及Monobehaviour内置的PlayerPrefab类存取三种方式。数据库的存取一般适合数量较大又具结构性的数据，一般适合用于在联机应用程序中，如利用Unity开发的网络游戏。PlayerPrefab需要按照参数名称指定写入内容，使用起来不易扩展也不够灵活，一般用于存取数据量不大的应用中。一般的单机游戏没有必要也不是必须使用数据库不可，即使是网络游戏，直接通过Unity的客户端来连接数据库也是不合理的行为，因为这样只会影响数据库的安全性，失去通过数据库来保障数据交互安全的意义。因此针对单机游戏而言，数据的存储一般通过文件操作或PlayerPrefab而非数据库方式。对于较多的数据内容、应用灵活、易于扩展以及数据结构随意等场合中，多采用文件读写的方式存取数据。

在本实例中，采用XML文件来保存游戏中的场景配置、游戏设置信息以及玩家的游戏记录。XML作为一种标记语言存储方式也能很好地将数据结构化，实现数据表结构等形式的数据存储。XML文件可直接由表格导出。

XML文件存取过程中，需要对数据表进行设计。数据表设计是针对游戏中需要存储的数据项和常数项的设计。在场景设计中需要设计场景元素的数据表，由于游戏场景中的路线设计较复杂，三维空间动态计算产生怪物的位置有以下几点约束条件。

1）道路形状、空间位置不一，路线设计没有规律性，不同怪物在不同路线上出现高度和角度不同。

2）有多种怪物搭配出现时的位置、合理性和可玩性难以控制，因为玩家一直处在奔跑过程中，难以控制是否能够处理所有障碍物。

鉴于以上两点，目前场景中采用了指定产生点的方式，每条道路在产生怪物的时候读取配置坐标。场景中包括道路元素属性配置、游戏参数及游戏记录等。道路元素属性配置见表9-2。

表9-2 道路元素属性配置表

序号	元素	数据类型	描述
1	road_id	int	道路ID
2	road_name	varchar(20)	道路对象名
3	is_gold	int	是否产生金币
4	monster	int	怪物
5	is_box	int	是否产生宝箱
6	gold_pos	varchar(20)	金币位置坐标
7	monster_pos	varchar(20)	怪物位置坐标
8	box_pos	varchar(20)	宝箱位置坐标

游戏参数用于保存玩家在游戏中的基本设置，需要设计游戏设置表，见表9-3。

表9-3 游戏设置表

序号	元素	数据类型	描述
1	id	char(10)	ID
2	music	char(10)	开启音乐
3	hind_tip	char(10)	隐藏障碍提示
4	speed	char(10)	跑步速度
5	quality	char(10)	游戏品质

游戏记录是记录玩家每次退出游戏或游戏通关时的详细信息。其中游戏等级指标分为A、B、C、D四个等级具有参考意义，而不能仅通过花费时间决定是否优秀，因为中途退出游戏的时间不具有完全参考意义，还要结合其他游戏参数来决定游戏等级。游戏等级计算方法见式（9-20）。

$$\text{Level}=\frac{SN}{T100} \tag{9-20}$$

其中，Level用来衡量玩家最终的游戏等级，S为分数的影响，N为障碍物数目，T为花费时间。由于分值是以百为单位的，为了避免分值影响导致不平衡，最后把分值划分为区段，根据区段来决定玩家在哪一个等级。游戏记录表见表9-4。

表9-4 游戏记录表

序号	元素	数据类型	描述
1	score	varchar(20)	游戏分数
2	time	varchar(100)	结束时刻
3	cost	varchar(20)	花费时间
4	level	varchar(10)	游戏等级指标

C#操作XML文档一般可以分为两种模型，即使用DOM（文档对象模型）和流模型。使用DOM的好处在于它允许编辑和更新XML文档，可以随机访问文档中的数据，可以使用XPath查询，但是，DOM的缺点在于它需要一次性地加载整个文档到内存中，对于大型的文档，这会造成资源问题。流模型很好地解决了这个问题，因为它对XML文件的访问采用的是“流”的概念，也就是说，任何时候在内存中只有当前节点，但它也有不足，它是只读的，仅向前的，不能在文档中执行向后导航操作。对于本实例而言，每个文档的数据内容并不庞大，因此选择DOM（文档对象模型）读取XML文档的方式。

对于各个XML文档的读取，通过XMLDocument（文档对象）的方式，其基本的读取流程如下。

Step1：实例化XMLDocument文档对象，加载相应的XML文件到内存。

Step2：实例化文档对象的根节点，根据文件的标记来获取文档的根节点以及根节点下的所有子节点。

Step3：遍历所有子节点，取出每条记录的各个数据项内容，转换数据类型，实例化到项目中对应的表形数据结构中。

Step4：增加文件记录。实例化数据元素对象，将要填充的每一列作为元素的子节点分别实例化出来并填充数据，将子节点添加到数据元素对象中，最后将数据元素挂到文档的根节点上即可。

Step5：修改文件记录。从XML文档的根节点查找到需要的节点，获取并修改数据节点的子节点。

Step6：保存并关闭加载的XML文档。

由于Kinect无法直接获取Kinect传感器捕获到的数据，因此需要通过中间件获取Kinect中的数据。目前用于Kinect应用开发的中间件主要是卡耐基·梅隆大学发布的Kinect资源包和微软公司自己发布的Kinect包。后者更容易入门和上手。此部分的主要工作是预留Kinect接入到游戏中的接口，通过Kinect插件工具将动作识别结果映射为键盘的按键操作，最终使得Kinect的控制相对独立于Unity的处理。

Kinect识别工具接入的主要流程如下。

首先，配置Kinect应用开发所需的软件环境，包括Kinect SDK1.8的安装。如果.net版本不够高则还需要安装.net Framework4.0。

其次，预定义按键操作来进行控制，〈A〉键表示左转，对应向左挥手的动作；〈D〉键表示右转，对应向右挥手的动作；〈W〉键表示表示起跳，对应跳起的动作；〈Z〉键表示打击动作，对应向上挥手的动作；〈F〉键表示向左偏移，对应身体左倾的动作；〈G〉键表示向右偏移，对应身体右倾的动作。

第三，识别与控制。Kinect接口工具将动作识别结果同样映射为键盘操作，使得游戏不仅可以通过肢体动作来控制，同时还能通过键盘操作。

在Kinect动作识别方面，涉及Kinect传感器核心的就是骨骼跟踪技术。Kinect摄像机向外发射红外线，红外摄像头接收红外光反射，从而能够计算出视场范围内每个像素的深度值，从深度数据中提取出物体每个像素点的用户索引信息，从而根据形状信息来匹配人体的各个部分。在动作识别的过程中涉及以下几个比较重要的处理步骤。

Step1：空间坐标的转换。通过矩阵转换将Kinect的空间坐标转换为有意义的用户空间坐标，以用户作为坐标原点进行处理。

Step2：特征数据的表示。由于骨骼在某个时间的状态为静态姿势，骨骼关节在空间的运动具有一系列特征参数，通过预先定义这些特征参数，来实现对特定的骨骼动作的识别。其中的特征数据包含关节点的三维坐标信息、地平线、双手空间距离以及左右手距离身体的水平距离等。通过每个关节的向量属性，实现其运动方向和速度的计算。

Step3：动作的定义和识别。定义动作状态集合、姿势的路径范围约束以及动作完成的有效时间等规范来完成动作状态机的定义。

在 Unity 中分析游戏性能是通过游戏引擎内置的工具 Profiler 来实现的。通过 Profiler 性能分析工具来分析游戏的性能通常关注的主要指标有 CPU 的占用、渲染、内存及音效等方面。该实例的性能指标有 CPU 的占用、游戏渲染及内存消耗三个方面。

CPU 的高占用主要体现在程序中的逻辑处理。应用程序运行时出现了 CPU 占用异常，一般是代码中存在逻辑错误、算法性能较低或做了很多无用功等导致 CPU 的占用异常。优化时主要还是针对代码中存在的不合理问题一一解决，主要的方法有以下四个。

1）在高频刷新的函数和模块中尽量用较少的逻辑做重要的事情，尽量不使用循环遍历等额外消耗的逻辑结构以及 GameObject. Find( )、GetComponent<>( )等较耗性能的查找类函数，优化程序的设计结构。此外，根据事件的响应优先级来安排处理的位置，优先级的问题放在 FixedUpdate( )等函数中解决，或者通过独立的事件响应模块处理。

2）关注明确事件执行的时机，通过给事件操作打上 Log，以监控事件的多余操作，然后屏蔽多余操作，避免在不需要的时候做额外的动作，导致程序的无用执行。

3）对象及变量的初始化赋值尽量放在初始化函数 Awake( )、Start( )函数中执行，需要用到的数据对象做好缓存管理工作。

4）优化对象的管理。游戏对象频繁的销毁和创建也会产生额外的消耗，因此该实例采用了对象池的管理方法，将游戏中多次会被销毁和创建的障碍物对象加入对象缓存字典，需要销毁的时候只是禁用和隐藏对象而非销毁对象，在需要使用的时候从缓存对象中取出激活，避免了再次创建的内存消耗，使得程序更加高效。

游戏的渲染及优化指的是图形渲染的优化。渲染是在计算机的绘图中从模型到图像呈现的过程。图形渲染涉及较多的因素，包括模型的面数即模型的精细程度、模型的材质、贴图及纹理等，都会影响游戏的渲染结果。但是毋庸置疑的是模型的精细程度越高，贴图越精致，渲染也就需要更多的物理计算。因此游戏素材中的质量指标对于提高受限硬件平台上的游戏运行效果有至关重要的影响。

该实例中关注的渲染指标主要有游戏贴图的质量以及 DrawCall 的控制。DrawCall 即绘图指令，在 Unity 中指的是游戏引擎准备数据通知 GPU 的过程，称为一次 DrawCall。这个过程是逐个物体进行的，GPU 会将材质和变换相同的物体按照相同的方式处理。相反，不同材质的物体会占用不同的 DrawCall。除了 GPU 的消耗，游戏引擎重新设置模型的材质也比较耗时。游戏实现中应尽量减少 DrawCall 的使用，主要的方法如下。

1）通过 NGUI 制作 UI 时，尽量将小的图片打包成图集（Atlas）。因为一个 UI 中的多个组件同时使用多个图片资源，会占用多个 DrawCall。如果将图片打包成图集，实际上是共用同一个材质，会大大提高性能。由于 Unity 资源计算是直接按照像素即图片的长宽尺寸进行的，将细小的图片打包成图集也可以节约很多空间，避免空间的浪费。如图 9-32a 为游戏运行主界面的Main图集。

2）图片资源的优化。主要是合理地利用空间，采用九宫格式的剪裁可以让有限的资源最大限度地被利用，如图9-32b所示，中间区域在单色无花纹的情况下可以被剪裁，从而节省空间，也减少了需要渲染的资源大小。

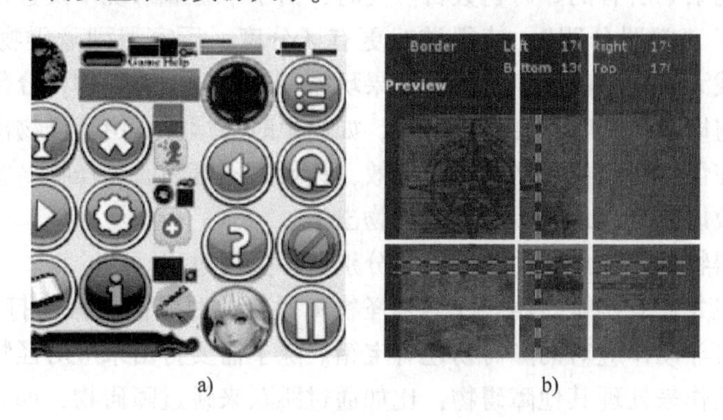

a) b)

图9-32 主界面Main图集

a）Main图集 b）九宫格图片分割

该实例起初的内存占用率较高，通过Profiler性能分析工具能够清晰地了解到当前系统的各项资源分配占用情况，监控并避免资源的消耗。在优化内存方面主要采用压缩贴图资源和模型资源两种方式。通过将图片色调分离、直接压缩图片的像素以及改变图片分割处理方式可以在很大程度上减少内存占用率。实践表明，即使降低贴图尺寸和降低图片质量，在模型呈现上也不会有明显的质量下降。相反，通过光照的补充和渲染，还可以弥补低质量的贴图带来的不足。此外，3D游戏中也需要注意模型的面数对资源消耗的影响。低模的面一般在2400面左右，高模的面数一般在6000~10000面之间。高模相对于低模有更高的精细程度，但是也更消耗内存。因此在模型资源上，具体的分配和选择需要根据场景的具体情况而定，如果场景中模型资源本来较多，就不适合使用精细程度太高的模型。

该实例按照功能性的划分主要分为基本的游戏功能、游戏设置、游戏记录及游戏帮助等几个功能模块。其中最重要和核心的是基本的游戏功能，也是用户参与性最高、最关注的一个部分。下面按照主要功能模块的划分来一一进行实现验证，并给出游戏的运行效果。

该实例中核心的游戏功能是指用户通过开始菜单界面进入游戏之后的一系列游戏活动。用户通过预定义的肢体动作，如跳跃、打击、左转、右转、左偏移及右偏等来控制角色模型，系统做出相应的动画反应，操纵游戏中的行为活动。实现的角色能够根据用户给出的动作指令给出相应的动作，从而应对场景中的障碍物。

该实例在计算机上以打包后的exe文件执行。启动可执行文件后，要进行游戏窗口分辨率的设置，如果想要全屏游戏只需要确定游戏窗口的分辨率为计算机显示器的分辨率即可。游戏启动之后，首先进入游戏开始菜单界面。

在进入游戏之后，主界面菜单上呈现几个选项：StartNow（开始游戏）、Record（游戏记录）、Setting（游戏设置）、GameHelp（游戏帮助）、QuitGame（退出游戏）可供选择，鼠标直接单击“开始游戏”或者用户手势停留在开始按钮的位置上，就可以进入游戏正式开始。

正式进入游戏之后的画面，首先播放3 s倒计时动画，并提示这是为用户准备的时间。倒计时间结束后，用户只需要按照道路标定的轨迹奔跑前进即可，游戏中有用户与怪兽的格斗，玩家在遇到障碍物的时候右上角给出提示的操作，提示玩家挥舞手臂打倒怪物。

在游戏运行的主界面显示的三条信息从上到下分别为当前用户跑步的进度百分比、玩家当前分数和碰到的障碍物。由于玩家中途可能会绕过某些障碍物，所以 block（障碍物）最终的数目并不是场景中所有的障碍物数目。同时，由于本游戏系统不设置遇障碍物死亡的约束条件，但是为了“赏罚分明”，使得游戏更有区分度，玩家遇到障碍物如果没能及时应对，就扣掉该游戏元素一半的分值，所以如果玩家一直不处理障碍物，分数会一直减下去。

怪物的出生与即将死亡时都会出现特效，如出生时为烟雾。由于怪物出生时可能在玩家视野范围之外，在怪物出生位置播放烟雾特效，让玩家不容易看见怪物，实现时直接将出生特效作为屏幕特效以便直观地提示玩家有怪物出生。

下面结合障碍物种类和角色的动作控制分别展示实现过程。

怪物中除了飞龙还有蜘蛛。用户在遇到怪物障碍物的时候需要做出打斗的动作去应对。此外，需要通过打斗动作应对的障碍物还有宝箱。除了需要打击来应对怪物障碍物，主角还需要通过跳跃的动作来处理其他障碍物，比如通过跳跃来跳过障碍物，如主角在遇到岩石和绳索的时候需要跳跃以避过障碍物，主角如果没有及时处理岩石和绳索障碍物，则会直接后退两个角色单位，然后重新开始避障处理。

截断路面中有瀑布障碍物和火焰障碍物两种障碍类型，想要绕过这两种障碍物，主角同样需要跳跃才行。如主角没有及时跳过瀑布或火焰障碍物，播放主角的“受击”动作、同时主角后退的画面。当越过障碍物时会得到金币或其他类型的奖励，如道具，这样的道具不需要玩家做任何动作，直接奔跑穿过道具即可。

主角的动作除了打斗、跳跃、左转、右转之外，还有左偏移和右偏移，使得主角可以在道路上水平左右移动，躲避或迎接障碍物。主角走到边界不能够继续偏移，当到达边界时，需向相反方向移动一次可以解锁，解锁后才能继续前行。

当主角跑到游戏的终点时刻，游戏系统会弹出游戏的结算界面，显示游戏时间、障碍物数量和最后获得金币数量。

游戏设置部分主要包含了游戏中的一些基本属性设置：主角的跑步速率、游戏品质的高低、是否播放背景音乐及是否隐藏主界面的提示。系统默认的品质为 HIGH（高品质）模式。在高品质模式下，场景中的渲染灯以及怪物的灯光都会点亮，有较好的画面体验。如果在计算机平台上运行不流畅，则可以选择 LOW（低品质）模式，系统将不显示怪物灯光，画面效果有所降低，但是不会影响游戏的功能体验。

在一个游戏中，游戏记录必不可少。用户能够通过游戏记录来了解以往的游戏成绩，做出比对之后激励自己取得更好的成绩。游戏记录中每条记录呈现玩家的游戏分数、游戏时刻、花费时间及游戏等级等信息。当游戏记录的信息超过一屏的时候，用户将手势停留在游戏记录区域，上下滑动的手势可以使屏幕滚动查看更多信息。

游戏帮助包含每种障碍物的提示说明及动作图标。其中剑形图标的提示表示需要打斗动作，跳动的小人图标表示需要跳跃的动作，“+”号图标表示补给型的道具，只需要主角一直奔跑即可。

前面已经详尽地展示了该实例中的主要功能界面，阐述了实现的主要功能内容。这里再分析总结该系统的稳定性及运行的资源消耗情况。根据 30 次游戏运行的 CPU 和内存占用采样统计。根据统计的数据，该系统平均的 CPU 占用率为 17. 53%，平均占用内存 495. 89MB。

多次的测试过程中没有系统崩溃或异常的情况发生，表明系统具有较高的稳定性。虽然系统具有较高的稳定性，并且能够在预定的平台上顺利地运行，但是该系统仍然存在一些待改进的问题，包括优化了内存和CPU占用情况后，需降低其耗能、提高帧率；采用随机方法动态生成游戏路径，提高游戏灵活性，使障碍物的位置能随机出现。

习题

9.1 请用你所掌握的知识评价本章的案例“基于Kinect的智能管家系统”。如果让你来开发该系统，你的方案是什么？

9.2 体感游戏的研发难点是什么？

9.3 本章中实现的游戏系统里面障碍物有哪些？

9.4 根据分析，本章中实现的游戏系统有哪些不足？你能否针对这些不足提出自己的解决方案？

第10章　手势交互

10.1　手势交互概述

随着计算机技术和虚拟现实技术的不断发展，人机交互方式也在发生着巨大的改变。传统的人机交互是以鼠标和键盘为基础的，这些方式要求用户掌握一些计算机输入设备操作方法，交互方式不够直接，不适用于与缺乏学习能力的老人和儿童之间的交互。此外，在一些特定的环境里，这种传统的交互模式已经不能适应人机交互的需要。虽然至今仍是以使用鼠标和键盘为主，但其使用过程中暴露出来的不便捷、不自然，在很大程度上限制了人机交互的进一步发展。自然和谐的人机交互是研究者不断追求的目标，目前众多的研究者都在寻找“用户自由”的交互模式。为了进一步提高计算机的控制性、交互性和协作性，需要更深度地研究更加便捷的人机交互活动，包括基于人脸识别、表情识别、姿态识别和手势识别等。

其中，手势交互是人机交互技术的一个重要研究内容，它以自然直接的方式完成对应的人机交互。手势作为日常生活中被广泛使用的交流方式，不仅包含强大语义，而且还能直观地表现交互意图，从而使得手势交互成为人机交互方面的研究热点。基于手势识别的交互活动在自然性和易用性上有其独特的优势，这也是该类交互方式成为研究热点的重要原因。手势交互作为一种新的人机交互方式被越来越多地采用。

10.2　手势与手势交互

手的姿势，通常称作手势，是一种普通的肢体语言，亦是人类用语言中枢建立起来的一套用手掌和手指位置、形状构成的特定语言系统。它是人在运用手臂时所出现的具体动作与体位，即人手或手臂有目的或有意义的运动。作为一种非常重要的交流方式，它不仅是对于口语的补充，其本身也是人类语言发展过程的一部分，是人类最早使用的、至今仍被广泛运用的一种交际工具。在一般情况下，手势既有处于动态之中的手势，也有处于静态之中的手势。在长期的社会实践过程中，手势被赋予了种种特定的含义，具有丰富的表现力，加上手有指、腕、肘、肩等关节，活动幅度大，具有高度的灵活性，手势便成了人类表情达意的最有力的手段，在体态语言中占有最重要的地位。

手势交互是利用计算机图形学等技术识别人的手势，并转化为命令来操作设备的人机交互方式。手势交互是继鼠标、键盘和触屏之后新的人机交互方式。一般来说，基于手势交互系统应包含手势检测、手势跟踪和手势识别三部分功能，因此手势交互系统应该由手势感知或捕获的设备、识别算法、转换算法和控制模块组成。

10.3　手势交互的分类

按语义划分手势，可以把手势划分为静态手势和动态手势。在手势交互中，通过不同的设备把获取的手势输入计算机中，根据设备的不同可以把手势交互分为两类：基于数据手套的手势交互（Glove-based Gesture Interaction，GBGI）和基于视觉的手势交互（Vision-based Gesture Interaction，VBGI）。基于数据手套的手势交互需要佩戴数字手套。数字手套通过位置跟踪设备和光纤实现对人手位置和关节的跟踪。这种交互方法具有跟踪速度快和识别正确率高的优点，但也存在输入设备昂贵和限制操作者运动的缺点。基于视觉的手势交互的手势信息通过摄像头传送给计算机，从而达到手势识别和手势跟踪的效果，这种手势交互的方法符合人类的交互习惯，能够使操作者自然友好地完成交互任务。基于视觉的手势交互有两种不同的输入摄像头：一种是能获得深度信息的激光、红外摄像头，一种是普通摄像头。激光、红外摄像头不仅能获取视觉信息，而且还能通过光学原理获得场景中的深度信息，应用此摄像头不仅不会受到视角的影响，而且光照的变化基本不会影响人机交互。基于激光、红外摄像头的手势交互设备在目前比较有代表性的是微软的Kinect系统，以及David Kim等人开发的基于自然人手的三维交互系统。基于激光、红外设备的手势交互比基于数据手套手势交互的精度低，但比基于普通摄像头的手势交互精度高，价格也是介于两者之间。基于普通摄像头的手势交互系统具有成本低、简单、方便等优点。但是由于受环境、硬件等因素的影响，其准确率、稳定性以及实时性都待提高。因此以普通摄像头为输入的基于视觉的手势交互系统将是极具挑战性的研究课题。人机交互的最终目标是人与计算机自然友好地交互。由于穿戴了数字手套及其跟踪器，基于数字手套的手势交互在交互时有了很大的限制，而基于视觉的手势交互恰恰具有自然友好的交互方式，所以越来越受到国内外研究人员的关注和重视。基于视觉的手势交互摆脱了图形用户交互方式中鼠标、键盘的束缚，使计算机具有视觉感知的能力。这种视觉感知能力使计算机能够“看懂”用户的手势动作和“理解”用户的操作意图，从而能使用户感受到交互的空间感和真实感。

10.4　手势交互应用实例

该实例是基于手势识别的多媒体交互系统。视觉的手势交互，由于其简单、自然、直观等特性已受到越来越广泛的关注。然而，由于手势本身的多义性及时空差异性，加之人手是复杂的变形体及视觉本身的不适定性，基于视觉的手势交互是一个极富挑战性的多学科交叉研究课题。基于视觉的手势识别是计算机智能识别技术、人机交互技术等综合技术的结合。一般来说，基于手势识别的交互系统包含以下几个部分：手势检测、手势跟踪及手势识别（包括静态手势识别和动态手势识别）。手势识别的第一步就是手势检测和跟踪。手势检测和跟踪是将手势从采集到的图像或图像序列中检测出来的过程。静态手势识别针对从图像中检测并分割出来的手，可以识别出手的形状。动态手势识别则是通过对图像序列中手势运动的跟踪，得到手的运动轨迹，然后根据手势在时间、空间或特征状态空间的运动轨迹来区分不同的动态手势。手势识别技术是自然交互技术中一种重要的研究内容，以手的具体形态来标识的手势识别系统在很多方面都有着十分重要的应用。手势识别涉及的技术包括手势建模、肤色检测、手势分割、手势跟踪、特征提取、轨迹构建、模式匹配、神经网络技术和统计分析技术等。得益于虚拟现实、人机界面技术及计算机视觉等领域的发展，基于手势识别的人机交互技术得到大力的推动，特别是基于手势识别的多媒体交互系统的设计与实现等虚拟现实技术的发展，更进一步促进了手势识别的研究。

随着多媒体技术的发展，硬件和软件性能的不断提高，计算机已经具备了处理语音、图形、图像和文字等多种通信媒体的能力。从计算机到用户的通信带宽得到了进一步的提高，把多媒体技术的演示、娱乐和教学与手势识别技术相结合，将手势识别作为与多媒体交互的一种输入方式，使这种交互操作更加自然、直接、生动、形象和有趣。此外，手势识别应用可移植于 Android、iPhone、iPad 等产品上，从而推动手机平台以及平板计算机的多元化交互应用发展，还可应用于手语识别、基于动作识别的游戏开发等。

裸手非接触式的手势交互系统不需要用户使用其他辅助工具，是一种自然、直接、人性化的交互方式。随着手势识别研究的不断深入，人机交互的方式正发生深刻的变革，让非接触式等实时自然人机交互成为人机交互未来发展的趋势，为人机交互提供了一个更为广阔的发展空间。但是，由于研究难度的限制，目前还有很大的空间可以研究。因此，开发裸手非接触式的虚拟手势识别交互系统更具有现实意义以及广阔的应用前景。

本节主要围绕基于视觉的手势识别技术展开，将手势识别和多媒体控制交互系统结合，论述基于视觉的手势识别技术在人机交互中的应用，主要内容包括图像准备、手势识别、多媒体平台设计以及多媒体平台交互四个部分。其中的关键部分是图像准备和手势识别模块。图像准备阶段包括视频采集和图像预处理。手势识别阶段包括手势的检测、手势的提取、特征的提取以及手势的判定，主要采用基于肤色模型和手势几何特征模型相结合的方法来检测手势，利用基于 Canny 算子的边缘检测法对手势进行提取，混合使用表征法、静态模型和动态模型进行特征提取，用基于统计学的决策树做分类器来判定手势类型。多媒体平台采用 Flash 与 MFC 通信的技术设计，采用消息事件传递实现多媒体平台的交互操作。本实例预定义确定手势、返回手势、左选手势、右选手势、待转手势、锁定手势以及模拟鼠标手势，从而实现更灵活的可视化交互效果。

10.4.1 基于视觉的手势识别技术基础

手势是人机交互的一种新的输入方式，通过手势来控制计算机，人机交互的方式变得更为自然、灵活和方便。手势的一般定义是指人在自己意识控制下用手做出的各种手部动作来表达某种意图和含义。手势具有符号功能，可以被用来交流有意义的信息。根据手势输入计算机的方式不同，可以把手势识别技术分为基于数据手套和基于计算机视觉两大类。基于数据手套的手势输入是通过硬件设备来完成手势的输入。基于计算机视觉的手势识别技术是采用摄像机捕获手势的图像来完成对手势的输入，再通过图像处理技术对捕获的图像进行手势的检测、分割、分析和识别。这种方法可以使得用户手的运动受到的限制较少，其优点是费用较低，交互方式更自然，不足之处是需要处理的数据量大，处理方法相对比较复杂，获得手部信息精确性和准确性不够。基于计算机视觉的手势识别是一种很有前途的技术，现在很多研究者都在致力于研究此项工作。本节所提及的手势识别技术指的就是基于计算机视觉的手势识别技术。从手势识别的角度分析，手势是指人手和手臂产生的各种姿势或动作，它包括静态手势和动态手势。静态手势与动态手势的比较见表 10-1。

表 10-1 静态手势和动态手势比较

手势类型	静态手势	动态手势
手势分割	肤色模型，轮廓边缘	差值图像分割，卡尔曼跟踪预测，背景差分法
手势建模	图像轮廓，几何特征，图像矩，直方图	运动序列，运动轨迹
手势识别	模板匹配法，神经网络法	隐马尔可夫模型，动态时间规整

静态手势在空间里对应一个点，而动态手势则对应着模型参数空间里的一条轨迹，并且需要使用随时间变化的空间特征来表述。一个基于视觉图像的手势识别系统由手势分割、手势建模、手势分析和手势识别等部分组成，总体构成如图 10-1 所示。

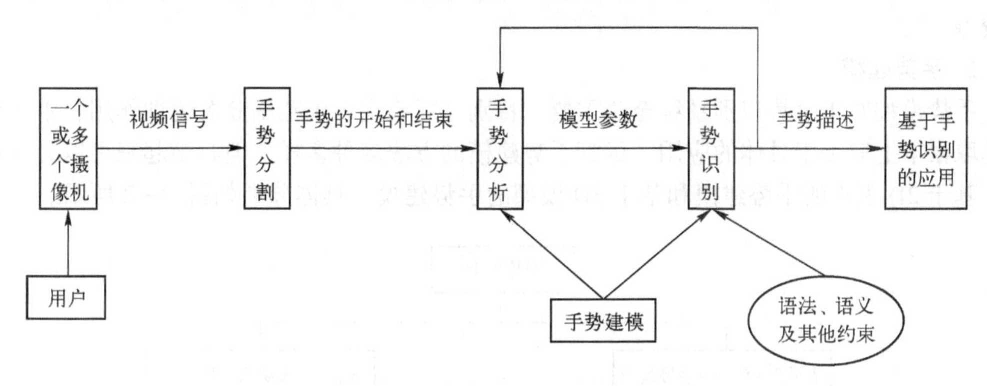

图 10-1 基于视觉的手势识别系统总体结构

首先，通过一个或多个摄像机获取视频数据流。接着，系统根据手势输入的交互模型检测数据流里是否有手势出现。如果有，则把该手势从视频信号中分割出来，然后，根据手势模型进行手势分析。分析过程包括特征提取和模型参数估计。识别阶段根据模型参数对手势进行分类并根据需要生成手势描述。最后，系统根据生成的描述去驱动具体应用。本节从手势分割、手势建模、手势分析和手势识别四个方面介绍基于视觉的手势识别技术的研究与应用。

1. 手势分割

手势分割依据肤色、手的几何特征等属性将图像中的手势从背景中分割出来。分割出来的手势区域应满足均匀性和连通性。均匀性指区域中的所有像素点都满足基于灰度、纹理及彩色等特征的某种相似性准则。连通性是指该区域内必须存在连接任意两点的路径。分割出来的手势区域边界应该比较规整，保证边缘的空间定位精度。手势分割可以分为静态手势分割和动态手势分割。

静态手势分割包括以下方法。

1）基于阈值的方法。如果手势和背景之间的对比度很大，则可以通过设定合适的直方图阈值将手势从图像中分离出来。

2）基于区域的方法。该方法主要利用空间局部特征，由于手势部分的特征比较相似，一般与背景相差较大，可以将相似性质的像素分离出来形成一个区域目标。

3）基于边缘检测的方法。由于目标和背景的交界处一般都会存在一个突变，边缘检测利用交界处的突变特性来分析图像的变化从而找出手势边缘。边缘形成的闭合封闭区域就是分割出来的手势。

动态手势分割主要包括以下方法。

1）背景差分法。将含有手势的当前图像与不含手势的背景图像进行差分，即背景减除，从而得到手势。

2）时间差分法。在连续的几帧间采用基于像素的时间差分，然后通过阈值化的方法来提取图像的运动区域。

3）光流法。一般来说，运动物体会随着时间的变化在图像中表现出速度场的特性，根据某种约束条件能够估算出运动所对应的光流。此方法的优点在于当摄像机运动时也可以检测出独立的运动目标。但是，光流计算方法需要多次迭代运算，时间消耗较大，并且抗噪能力较差。

2. 手势建模

手势模型对于手势识别系统至关重要，特别是对确定识别范围起关键性作用，手势模型的选取根本上取决于具体的应用。尽管手势建模的方法多种多样，但归结起来可以分为两大类：基于2D表观的手势建模和基于3D模型的手势建模。具体分类如图10-2所示。

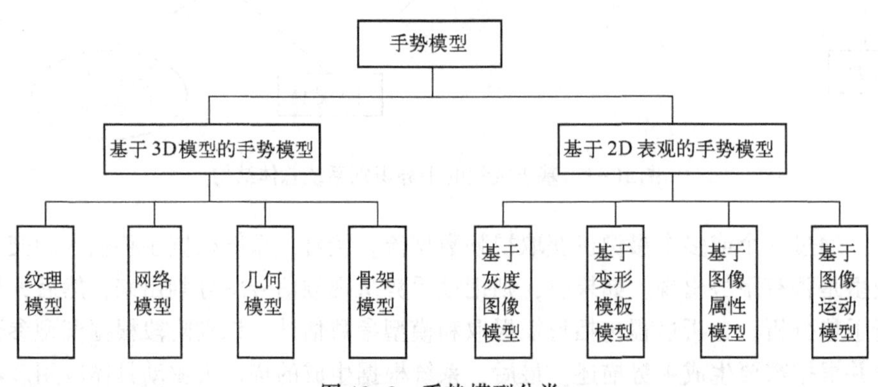

图10-2 手势模型分类

基于手势表观特征的建模是把手势模型建立在手的图像的表观之上，它通过分析手在图像中的表观特征来给手势建模。基于3D模型的手势建模则是一种更为复杂的建模方法，需要考虑到手和手臂两个部分，通过运动和姿态模型参数来确定手势模型参数。

3. 手势分析

手势分析阶段需要根据选定的手势模型参数来完成特征检测和特征参数估计两个串行任务。在特征检测过程中需要采用基于肤色训练、直方图匹配、运动信息以及多模式的定位技术，再加一些限制条件以获得高效、实时的定位手势。完成了特征检测之后，进行手势模型参数估计，针对不同的模型，有不同的特征参数。在模型参数估计阶段，3D模型通常采用角度参数和直线参数，主要策略是卡尔曼滤波和预测。在基于2D表观的手势模型中，通常用到的手势特征值包括灰度图像、二值图像、边界轮廓、指尖及几何矩等，这些参数易于估计，同时对图像中其他非手物体非常敏感。为了获得更好的识别效果，应该根据需求选取合适的参数模型。

4. 手势识别

手势识别中需要明确两个重要概念，即手形与手势。手形，是以手的某种特定姿势表示某种语义。狭义的手势，是以手在时间轴上的连续位置构成的轨迹代表某种语义，可以简单地理解为手势是一段时间轴上连续的手形。广义的手势，即静态手势和动态手势，手形是一种特殊的手势，对静态的手形进行识别与对连续的动态手势进行跟踪是手势识别中的关键问题。

手势识别就是把模型参数空间里的点或轨迹分类到该空间里某个子集的过程。手势识别的方法主要有模板匹配法、统计分析法、神经网络法、隐马尔可夫模型法和动态时间规整法等。其中，最简单的识别技术是模板匹配技术，将输入的原始图像与预先存储的模板图像进行匹配，把相似程度作为识别的参考条件来进行识别。统计分析法则是以统计样本的特征向量来确定分类器。该方法不能对原始数据直接进行识别，需要从原始数据中提取特征向量，利用分类器统计特征向量并分类从而实现识别。神经网络法是一种比较新的识别技术，是对人脑的某种抽象、简化和模仿，反映了人脑的某些基本特征，这种技术具有自我组织、自我学习的能力，同时还具有分布性的特点，在抗噪能力和模式推广能力上有很大的优势，并且还能处理不完整的模式。

10.4.2　基于手势识别的多媒体交互系统方案设计

本实例主要把基于视觉的手势识别技术运用到多媒体平台的演示上，实现利用摄像头采集用户手势并将手势传输给计算机进行分析、处理和识别，计算机将识别结果生成控制指令，驱动多媒体平台的效果表现，显示器或投影仪将控制结果反馈给用户，实现裸手非接触式的虚拟人机交互功能。

本实例由一个摄像头、一台主机、一台显示器或投影仪和运行在主机上的多媒体平台构成，如图 10-3 所示。

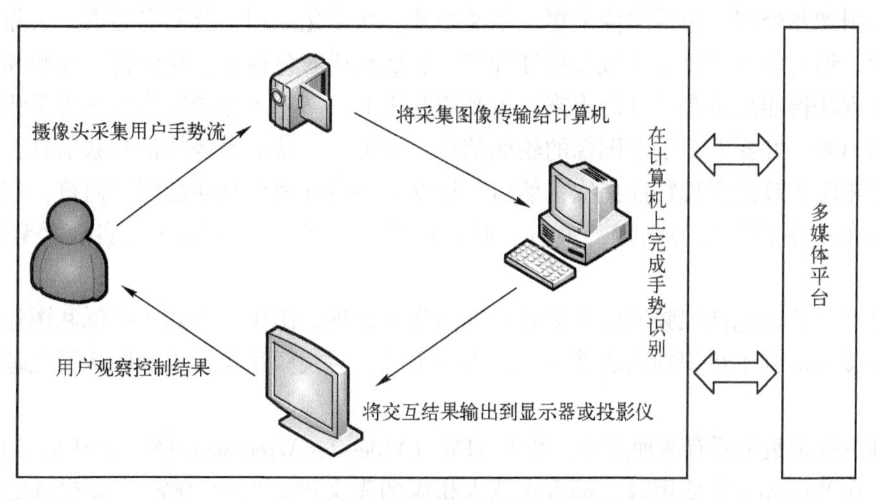

图 10-3　基于手势识别的多媒体交互系统总体框架图

整个系统实现过程如下。

首先，打开计算机上的基于手势识别的多媒体交互系统控制面板，在控制面板上可以进行场景测试、多媒体演示、PPT演示以及其他参数设置等。

其次，通过该控制面板打开多媒体演示程序，将简易的多媒体平台呈现在显示器或投影仪上，等待与用户交互。

第三，用户通过在摄像头前做出预定义的手势来与多媒体平台进行实时交互。摄像头将采集用户手势流并传输给计算机进行处理和识别，从而生成驱动指令控制多媒体平台，并在显示器或投影仪上实时显示控制结果，反馈给用户。

最后，用户继续做出手势，进行下一步操作。

综上所述，确定了本实例总体流程图如图10-4所示。

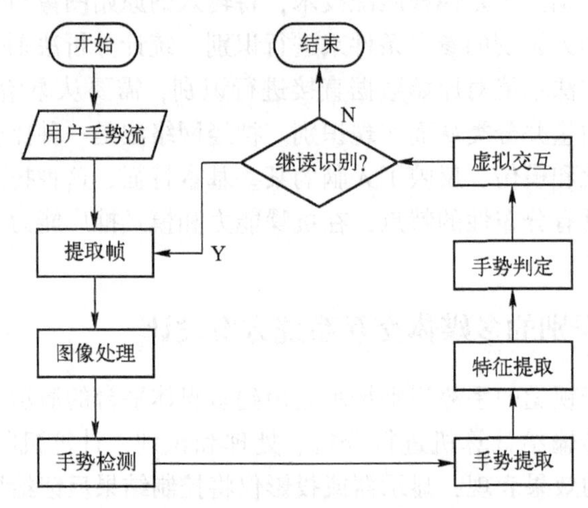

图10-4 基于手势识别的多媒体交互系统总体流程

如图10-4中所示流程，首先摄像机采集用户手势流信息并传输给系统，系统提取出关键帧进行图像预处理，包括图像采集、平滑处理、灰度化处理、分割多通道、去除背景、阈值化处理、形态学处理以及区域去噪处理等。然后利用肤色检测、几何特征检测和背景模型相结合的方法检测出手势并分割出来；再利用基于Canny算子边缘检测算法将手势从整个图像中分离出来，并提取出手势图像的轮廓信息；接下来，获取手势特征参数信息，通过表征法、动态跟踪等算法实现特征提取；然后，根据手势特征值数据匹配特征向量，利用分类器和统计器实现手势分类与判定；最后，通过程序逻辑控制和界面交互实现手势识别交互功能。

图像准备阶段包括视频图像采集和单帧图像预处理。图像检测效率高低和图像预处理质量好坏直接影响到手势识别的成功与否。本节主要针对视频采集技术和图像预处理方法进行阐述。

目前视频采集主要有两种方法：基于VFW（Video for Windows）的方法和基于DirectShow的方法。在Windows中使用时，都需要载入相应的库文件。由于VFW采集视频的帧率只有15帧/s左右，而用DirectShow采集视频，帧率可提高到60帧/s左右。DirectShow除了处理视频速度快外，还能够识别市面上几乎所有的视频采集设备。所以，本实例采用DirectShow的方法。本实例使用具有300万像素的Logitech USB摄像头作为图像采集单元，视频分辨率大小设置为320×240，保证在合适的视野和景深范围内对手势的检测和识别，检测过程采用非接触方式。获取单帧图像（单帧分离）需要从视频流中抓取一帧来处理，程序对每一帧图像都读取，但只对理想样本进行处理和识别，当前帧处理完毕后重新取得图像的数据，不断进行循环处理，保证了实时性。

由视频采集得到的图像一般为24位或32位彩色图，包含了大量的信息，如果对其进行处理，会大大地影响识别速度，不满足人机交互追求实时性的要求。因此，为了加快识别速度，减小处理时间，必须压缩图像信息，在不影响识别准确性的前提下，可以保留有用信息，去除无用信息。图像的灰度化处理将彩色图像置换成256色的灰度图，可以减小计算量。

由于摄像头获取的手势图像会因各种噪声的干扰和影响使图像质量下降。为了抑制噪声和改善图像质量，需要对图像进行降噪处理。由于图像能量主要集中在低频部分，而图像噪声所在频段主要在高频段，因此，通常采用低通滤波的方法消除图像噪声。对于滤除图像中的噪声，人们已经提出了很多的方法。通常，将数字图像的平滑技术划分为两类：一类是全局处理，即对噪声图像的整体或大的块进行校正以得到平滑的图像，例如在变换中使用Wiener滤波、最小二乘滤波等，使用这些技术需要知道信号和噪声的统计模型。但对于大多数图像而言，人们不知道或不可能用简单的随机过程精确地描述统计模型，而且这些技术计算量也相当大。另一类平滑技术是对图像进行局部处理。局部处理顾名思义主要是对图像的一个很小的区域做处理，一般以一个像素为中心，对其周围领域像素使用局部算子，得到平滑结果。其优点是计算速度快，效率高，并且可以对多个像素进行并行处理，实时性好。所以，在人机交互中通常采用局部图像平滑的方法。

根据图像处理的目标要求，需要把多灰度的图像变成只有两个灰度级的图像，即对图像进行二值化。图像的二值化其实就是对灰度图像的阈值运算。阈值运算就是把感兴趣的目标像素作为前景像素，其余部分作为背景像素。所以，图像的二值化进一步对图像进行了压缩，将源255位图像转换成2位图像，简化了后续手势识别的复杂性。

由于背景噪声和图像处理的问题，最后得到的二值化手势图像可能不是很好，会存在一些空洞和噪声，不利于后续处理。数学形态学操作的作用就是填补这些空洞和去除噪声。数学形态学是一种以图像的形态特征为研究对象的图像处理技术，通过对图像中的每一个对象进行操作来处理图像。数学形态学的基本运算有4个，即膨胀、腐蚀、开启和闭合，其中前两个是后两个运算的基础。开启和闭合两种运算都可以除去比结构元素小的特定图像细节，同时保证不产生全局的集合失真。开启运算可以把比结构元素小的突刺滤掉，切断细长搭接而起到分离作用，闭合运算可以把比结构元素小的缺口或孔填充上，搭接短的间断而起到连通作用。一般二值化图像后会产生噪声点和前景空洞，一般噪声点较小，所以可以先通过腐蚀操作将噪声点消除，然后用膨胀弥补因腐蚀而变大的空洞，最终达到对两者同时处理的目的，通常需要进行多次腐蚀和膨胀操作才能达到较好的效果。

通过一系列的图像处理后得到的图像可能存在小区域的噪声情况，这可能是由于在对图像进行二值化处理时，阈值选取或背景等其他原因造成的误差，如果不对其进行处理，会影响后续的手势识别效果。对于一小块区域噪声，需要用区域处理的方法。首先，对二值化后的图像求出所有的连通域，计算它们的面积；然后，设置一个面积阈值，遍历所有的连通域，比较它们的面积；最后，只保留大于面积阈值的连通域，其他连通域设置为背景。

手势识别阶段包括手势的检测、手势的提取、特征的提取以及手势的判定，主要采用基于肤色模型和手势几何特征模型相结合的方法来检测手势，利用基于 Canny 算子的边缘检测法对手势进行提取，混合使用表征法、静态模型和动态模型进行特征提取，用基于统计学的决策树做分类器来判定手势类型。

完成了图像采集和一帧图像的降噪预处理后，接下来就应该从一帧图像中把手势检测并分割出来。手势检测就是将有意义的区域即手势，从获取到的手势图像中分割并提取出来。手势检测的目的是在摄像头捕获到的前景中仅保留手势部分，去除其他不需要的信息。

计算机系统彩色显示器采用的颜色空间模型是 RGB 模型，通过采集程序采集到的图像也就是 RGB 颜色模型。RGB 颜色空间是在三基色理论基础上开发的相加混色颜色空间，属于混合型颜色空间，按照三基色理论，用红、绿、蓝这三原色可以加权混合成其他各种颜色。RGB 颜色空间易于理解，方便使用，它直接模拟了人眼的三种敏感细胞，面向硬件，在计算机图形图像领域以及肤色检测中受到普遍欢迎。但是三个分量之间具有高相关性和空间上的高离散性，在光照条件不同时变化非常大。对于人眼的视觉来说应该采用 HSV 模型，它比 RGB 色彩空间更符合人的视觉特性。*H* 参数指的是色调，反映颜色的种类，如红色、橙色或绿色，是人眼看到一种或多种波长的光产生的彩色感觉。*S* 参数指的是饱和度，反映颜色的深浅程度或纯度，即各种颜色混入白色的程度。对于同一色调的光，*S* 的值越高则颜色越鲜艳。*V* 参数指的是亮度，是颜色的相对明暗程度。所以从人类视觉的角度，需要把获取的图像进行颜色空间的转化，从 RGB 颜色转化为 HSV 颜色空间。肤色在 HSV 空间的取值范围为 $H \in [30, 45]$、$S \in [35, 200]$、$V \in [20, 255]$。

在本实例中背景可能会有干扰。当背景中存在与肤色相近的物体时，会对手势的检测有较大影响，所以需要将背景与前景进行分离，去除背景的干扰。建立一种背景模型，当在连续 N 个识别序列内检测到图像中的手势不符合预定义手势类型时，利用背景差分和时间差分法将背景自动进行更新。

除了考虑背景因素干扰外，还需要考虑人脸。人的脸部和手部同时都在摄像头捕获到的视频信息范围内，脸部的颜色和手部的颜色都是肤色，所以还需要把人脸和手进行分割。进行肤色检测后得到的是一个二值灰度图像，与肤色相近的颜色都被检测出来，进行单一的肤色检测并不能达到检测出手势的效果，还应考虑用其他的方法把人脸和人手分割开来。从几何结构上看，人的脸部特征是接近椭圆形的几何形状，而人的手部形状则是不规则的，人脸的几何特征和手部的几何特征相差很大，所以可以用寻找图像中轮廓的办法。手势的轮廓是我们需要的，人脸的轮廓是我们不需要的，还有可能会出现一些小面积的轮廓，再加上一些限制条件，如图像轮廓的矩形面积，以及轮廓矩形的位置等来区分人脸和手部的轮廓，把手势的轮廓和其他一些不相关的轮廓进行分离。进行几何特征检测的目标就是提取手势的轮廓，再结合背景模型的优势，把手势从图像中分割与检测出来。

综上分析，本实例需要利用肤色检测和几何特征检测相结合的检测方法。肤色检测主要是根据肤色在 HSV 颜色空间的取值范围确定，再利用背景模型将背景中与肤色相近的干扰因素去除，实现前景和背景分离。

手势提取是将手势从整个图像中分离出来，一般可以通过边缘检测的方法得到边界点的坐标信息。图像的边缘是图像最基本的特征，所谓边缘是指其周围像素灰度有阶跃变化的那些像素集合。边缘广泛存在于物体与背景之间，因此，它是图像分割所依赖的重要特征。物体的边缘是由灰度不连续性所反映的，经典的边缘提取方法是考查图像的每个像素在某个领域内灰度的变化，利用边缘邻近一阶或二阶方向导数变化规律，用简单的方法检测，这种方法称为边缘检测局部算子法。如果一个像素落在图像中某一个物体的边界上，那么它的领域将成为一个灰度级变化带，对这种变化最有用的两个特征是灰度的变化率和方向，它们分别以梯度向量的幅度和方向来表示。边缘检测算子检查每个像素的领域并对灰度变化率进行量化，也包括方向的确定，大多数使用基于方向导数掩模求卷积的方法。

边缘检测有微分法、梯度法和拉普拉斯算子法等。这些方法都是并行处理技术，检测出来的边界点往往是不封闭的。本实例使用的是基于 Canny 算子的边缘检测法。Canny 边缘检测是一种较新的边缘检测法，它利用了高斯函数的一阶微分，能在噪声抑制和边缘检测间取得较好的平衡，得到了越来越广泛的应用。

Canny 算子的基本原理见式（10-1）。

$$G(x,y)=\frac{1}{\sqrt{2\pi}\sigma}\exp\left(-\frac{x^2+y^2}{2\sigma^2}\right) \tag{10-1}$$

分别对式（10-1）求 x、y 偏导得式（10-2）、式（10-3）。

$$\frac{\partial G}{\partial y}=\frac{1}{\sqrt{2\pi}\sigma}\exp\left(-\frac{x^2+y^2}{2\sigma^2}\right)(-x) \tag{10-2}$$

$$\frac{\partial G}{\partial y}=\frac{1}{\sqrt{2\pi}\sigma}\exp\left(-\frac{x^2+y^2}{2\sigma^2}\right)(-y) \tag{10-3}$$

Canny 算子提取边缘步骤如下。

Step1：用高斯滤波器对图像滤波，去除图像中的噪声。

Step2：用高斯算子的一阶微分对图像进行滤波，得到每个像素梯度的大小 $|G|$ ［见式（10-4）］和方向角 θ ［见式（10-5）］，其中 f 为滤波后的图像。

$$|G|=\sqrt{\left(\frac{\partial f}{\partial x}\right)^2+\left(\frac{\partial f}{\partial y}\right)^2} \tag{10-4}$$

$$\theta=\arctan\left[\frac{\partial f}{\partial y}\Big/\frac{\partial f}{\partial x}\right] \tag{10-5}$$

Step3：由于得到的全局梯度并不能确定边缘，因此，为了确定边缘，还要保留局部梯度最大点，而抑制非极大值，对像素边缘强度和梯度方向角采用非极大值抑制技术。梯度的方向可以被定义为属于圆周四个扇区之一，以便可以用 3×3 的模块做抑制运算。在每一点上，领域中心像素与沿着梯度线的两个像素进行比较，以确定局部极大值。

Step4：用双阈值算法检测。对非极大值抑制图像取两个阈值 T_1 和 T_2，两者的关系为 $T_1=0.4\times T_2$，然后把梯度值小于 T_1 的像素的灰度设为 0，得到图像 1。然后把梯度值小于 T_2 的像素的灰度设为 0，得到图像 2。由于图像 2 的阈值较高，去除了大部分噪声，但同时也损失了有用的边缘信息。而图像 1 的阈值较低，保留了较多的信息。可以以图像 2 为基础，以图像 1 为补充来连接图像的边缘。

Step5：连接边缘的具体步骤如下。

Step5. 1：对图像 2 进行扫描，当遇到一个非零灰度的像素 P 时，跟踪以 P 为开始点的轮廓线，直到该轮廓线的终点 Q。

Step5.2：考查图像1与图像2中的Q点位置对应的点Q'的8邻近区域。如果在Q'点的8邻近区域中有非零像素R'存在，则将其包括在图像2中，作为点R。从R点开始，重复Step5.1，直到在图像1和图像2中都无法继续为止。

Step5.3：当完成对包含P的轮廓线的连接之后，将这条轮廓线标记为已经访问。再到Step5.1，寻找下一条轮廓线。重复步骤Step5.1、Step5.2、Step5.3，直到图像2中找不到新轮廓为止。

通过以上步骤，就完成了Canny算子的边缘检测，提取出了手势图像的轮廓信息。

提取出手势信息之后就要对手势进行识别，但识别需要手势图像隐含的各种特征参数信息，通过手势特征参数信息才能识别手势。在图像识别中，对象特征的选取对识别结果的准确性有比较大的影响，单一的特征往往会受环境的影响和其他因素的干扰，如颜色特征容易受光照和色温的影响，在摄像头捕获图像时，镜头的远近、不同人手的大小、手的缩放、平移和旋转都会有很大的变化。由于从源图像中提取的特征量非常大，手势特征提取的工作就是从一组原始特征中挑选出一定数目的最有效的特征，使得识别的计算量较小，同时识别的精度也能满足要求。如何找到一种鲁棒性强，计算量较小，同时识别的精度也能满足要求的算法成了手势识别的关键。

在实验中，常被选取的特征有图像的幅度特征、像素灰度值、统计特征、几何特征及变换参数等特征。图像的幅度特征是图像像素灰度值，如彩色三色值和频谱值等；图像统计特征，如直方图特征、统计性特征（均值、方差、能量及熵等）；图像几何特征，如面积、周长、分散度（面积/周长）及伸长度（面积/宽度）等；图像变换参数，如傅里叶变换和哈达玛变换等。

下面对手势提取后得到的手势区域二值化图像和手势轮廓进行手势模型特征参数提取。考虑到识别的实时性、编程的复杂程度等诸多因素，本实例中采用的是基于手势几何特征和动态帧信息来提取手势特征参数的方法。首先，经过前面的图像预处理和手势提取，得到手势图像的二值图像及外围轮廓，然后对轮廓曲线提取其几何形状特征，包括面积、周长、分散度、长宽比及相对位置等信息，最后用基于统计学的决策树做分类器来对特征信息进行匹配，判定手势类型。

定义特征参数T表示手势轮廓图像周长与手势轮廓图像面积的比值，见式（10-6）。

$$T=\frac{P}{S} \tag{10-6}$$

式中，P表示手势轮廓图像周长；S表示手势轮廓图像面积。

对于几何学上两个相同或相似的形状，虽然它们的大小不同、取向不同或位置不同，但它们有相同的T值，即对于图像的旋转、平移和缩放具有不变性，因此，T是一个仅与形状有关的特征，常被称为形状因子。这里的T只是几何特征中比例特征的一个样例而已，事实上，还有许多其他的类似特征同样满足旋转、平移和缩放不变性。

在讨论几何特征之前，首先说明几个参数。手势最小外接矩形R，在手势图像中，包含手的最小外接矩形，有方向角；手形轮廓面积S，指手轮廓中包含的所有手势像素个数；手势相对坐标P，即手势出现在整个图像中动态移动的坐标位置信息。

在实例中，选取了四个特征量T_1、T_2、T_3、T_4，并用W表示手势矩形R的宽，H表示手势矩形R的长，R_θ表示手势最小外接矩形的方向角，P_1表示手势的当前位置，P_2表示手势的上一次位置。

特征 T_1，手势最小外接矩形 R 的面积和手形面积 S 的大小之比，公式表示见式（10-7）。

$$T_1=\frac{WH}{S} \tag{10-7}$$

特征 T_2，手势最小外接矩形 R 的长宽之比，其中 $H>W$，公式表示见式（10-8）。

$$T_2=\frac{H}{W} \tag{10-8}$$

特征 T_3，手势最小外接矩形 R 的方向角，公式表示见式（10-9）。

$$T_3=R_\theta \tag{10-9}$$

特征 T_4，手势坐标位置 P 相对移动方向，公式表示见式（10-10）。

$$T_4=P_1-P_2 \tag{10-10}$$

选取这四个特征完全可以实现之前预定义的确定手势、返回手势、左选手势、右选手势、待转手势、锁定手势以及模拟鼠标手势，并且这四个特征的计算量都较小，能够保证系统实时性。特征 T_1 和 T_2 是比例特征，能够满足旋转、平移和缩放不变性，特征 T_3 实现辅助其他特征完成方向的判定，特征 T_4 能够计算出手势移动方向以及完成模拟鼠标移动的功能。特征标记如图 10-5 所示。

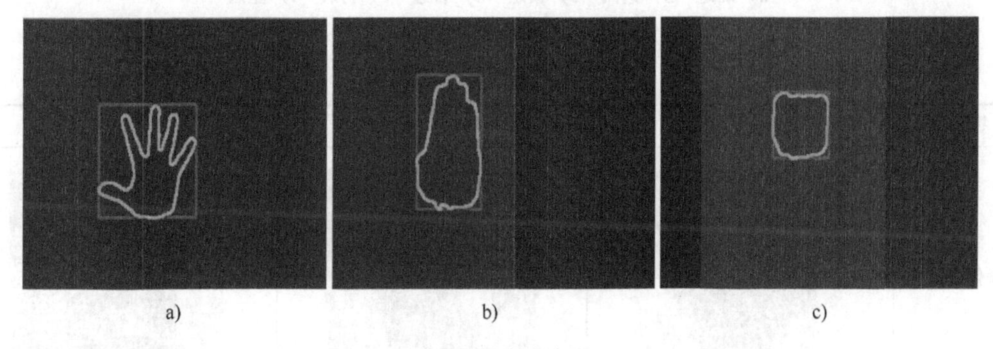

a)　　b)　　c)

图 10-5　特征标记

a）开手掌　b）闭手掌　c）拳头

手势的基本几何特征被提取出来后，需要将四个特征量送到分类器中进行分类统计和处理，也就是手势判定过程。手势判定也是手势识别的最后阶段，完成了手势判定也就意味着实现了手势识别。在选择分类器的时候尤为重要，目前分类器有很多种，比如基于统计学的、基于神经网络的和基于 HMM 等几种。由于选取的手势在几何特征上有较大的差异，本实例采用基于统计学的决策树做分类器来判定手势类型。决策树从根节点到叶子节点的一条路径对应着一条合取表达式规则，整棵决策树就对应着一组析取表达式规则。一棵决策树的内部节点是属性或属性的集合，即模式识别中的特征量，叶子节点也就是最终判别的分类。在内部节点上定义一系列的判定规则或判别函数，把特征量作为参数传给判别函数，得到识别对象所属的类别。决策树相对于神经网络和 HMM 而言，本身较简单，对简单的几何特征较实用。决策树在扩展能力上也有很大的优势，如果要增加手势类别和手势特征，只需要增加合适的判定分支。

本实例预定义确定手势、返回手势、左选手势、右选手势、待转手势、锁定手势以及模拟鼠标手势，手势定义如图 10-6 所示，鼠标操作对应表见表 10-2。

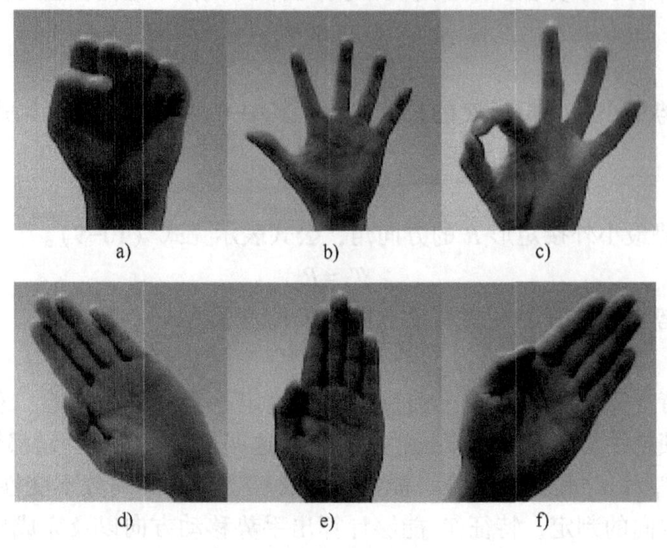

图 10-6　手势定义

a）确定　b）返回　c）锁定　d）右选　e）待转　f）左选

表 10-2　鼠标操作对应表

鼠 标 操 作	鼠标左键按下	鼠标左键松开	鼠 标 移 动
操作手势			

通过特征 T_1 和 T_2 可以判定确定手势、返回手势和待转手势。方法如下：首先设置阈值 Q_1，输入特征量 T_1，当 $T_1>Q_1$ 时，可以判定手势为开手掌状态，即返回手势，否则，可以判定手势为拳头或闭手掌状态；再设置另一阈值 Q_2，输入特征量 T_2，当 $T_2>Q_2$ 时，可以判定手势为闭手掌状态，即待转手势，否则，可以判定手势为拳头状态，即确定手势。在待转手势状态下，设置方向角范围 θ_1 和 θ_2，输入特征量 T_3 和 T_4，当 $T_3 \in \theta_1$ 并且 T_4 的 x 方向为正时，判定手势为左选；当 $T_3 \in \theta_2$ 并且 T_4 的 x 方向为负时，判定手势为右选。

判定拳头、开手掌和闭手掌同样需要上述特征判定，对于鼠标移动则需要特征 T_4 的 x 和 y 方向相对于图像移动位置，通过比例转化为屏幕坐标位置信息，实现模拟鼠标操作功能。

手势判定除了分类器之外，还需要统计器。统计器的作用是将分类器获得的符合预定义要求的手势类型加入统计器，通过统计器生成驱动指令，实现驱动多媒体操作的效果。由于背景、光线以及用户误操作等干扰因素，对于每一次所得到的手势类型可能不是我们所希望的。我们希望通过确认手势类型后才生成驱动指令，如返回、确定以及锁定指令，必须满足在一定时间内一定统计数量后才能确定生成了某种指令，否则继续识别，或者重新统计。手势判定流程如图 10-7 所示。

得到图像后需要分析处理，并将其中的特征信息提取出来，然后送到分类器中进行分类统计和处理，判定得到的手势类别参数是否满足指令定义要求。如果符合，则生成指令，并清空统计器，实现手势判定，也即实现手势识别；如果不符合，则需要将手势类别参数加入统计器，再继续进行识别，或者直接重新统计。

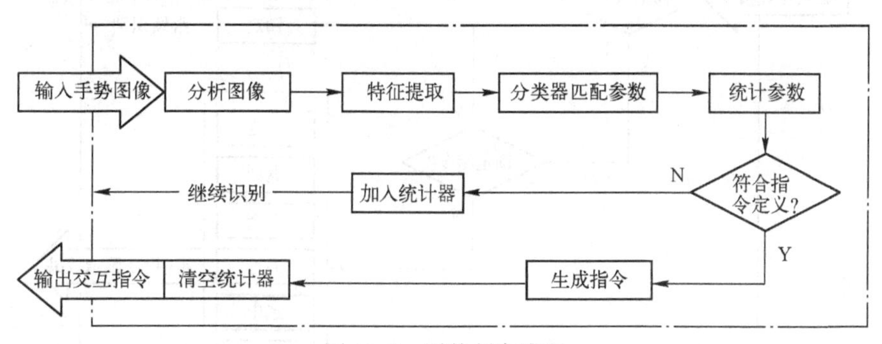

图 10-7 手势判定流程

多媒体平台采用 Flash 与 MFC 通信的技术设计，在实现功能的同时也美化了界面。系统通过美观大方的界面来吸引用户，用户还可以自主定制加载所需要的资源。多媒体平台功能结构层次如图 10-8 所示。

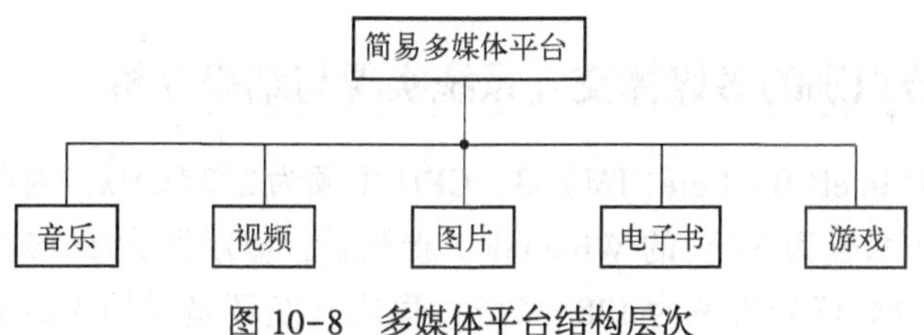

图 10-8 多媒体平台结构层次

多媒体需要设计各个模块，包括音乐控制模块、视频控制模块、图片控制模块、电子书控制模块以及游戏控制模块。系统对每个模块进行单独管理，通过主引导界面进行整合、管理和调用。每个模块都需要加载相应的资源，这些资源可以来自自主设计开发，也可以利用现有的资源进行整合，比如游戏模块可以使用当下比较流行的一些游戏进行整合加载，这使得多媒体平台管理更加容易，扩展更加灵活，开发更加容易。

多媒体平台交互也就是虚拟交互过程，必须要定义手势识别和多媒体平台的接口。本实例中通过传递鼠标或键盘事件消息来控制多媒体平台，通过预定义确定手势、返回手势、左选手势、右选手势、待转手势、锁定手势以及模拟鼠标手势驱动多媒体平台，实现了更灵活的可视化交互效果。虚拟交互流程如图 10-9 所示。

首先通过手势识别模块将得到的手势类型转化为交互指令，即鼠标键盘事件消息，判断交互指令类型：如果是锁定指令，则将交互操作进行锁定，不再接收其他交互指令；如果是解锁指令，则进行解锁，恢复交互操作功能，可以接收其他交互指令；如果是其他交互指令，则将该交互指令传递给多媒体平台，前端显示的多媒体平台响应指令，实时反馈操作结果，用户做出下一个手势，继续进行识别和交互。

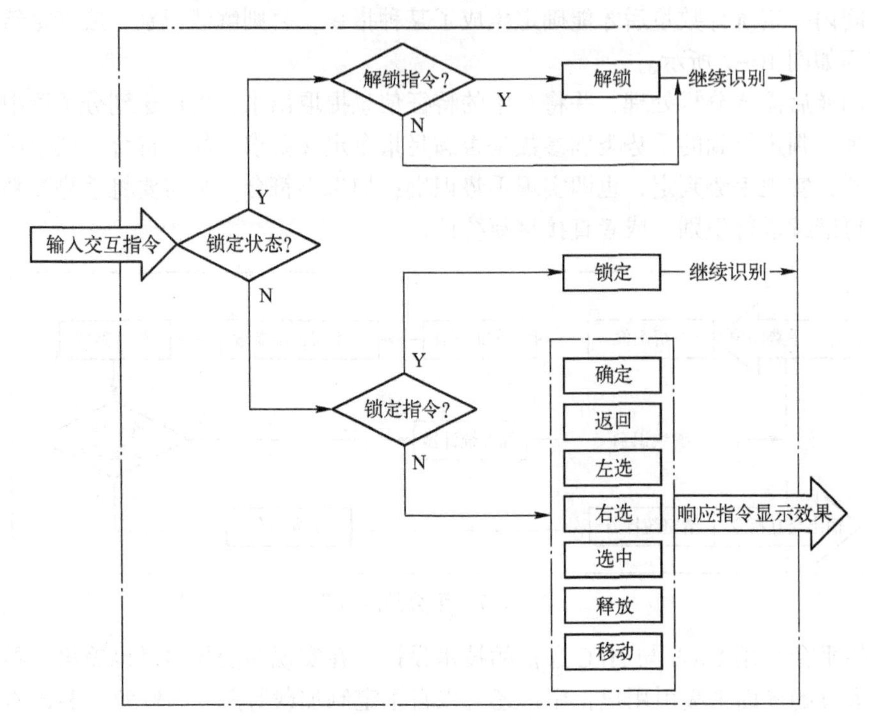

图 10-9 虚拟交互流程

10.4.3 基于手势识别的多媒体交互系统实现与结果分析

本实例在型号为 Intel(R) Core(TM) i3，CPU 主频为 2.27GHz，内存为 2GB 的笔记本式计算机上进行，操作系统为 32 位的 Windows 7 旗舰版，显示器为 16:9 的标准宽屏，屏幕分辨率为 1366×768，投影仪分辨率为 1280×768，集成开发环境采用 Visual Studio 2008 进行开发，开发语言包括 C++、C#及 Flash AS3.0，视频输入设备为 Logitech USB 摄像头，在视频流的实时获取上采用的是基于 DirectShow 的方法，设置视频流的帧率为 30 帧/s，图像的分辨率为 320×240。

根据前面阐述的设计方案实现了手势识别模块，分别包括手势图像预处理、手势检测、手势提取、特征提取和手势判定五个部分；实现了能够识别拳头、开手掌、闭手掌、左选手势、右选手势、确定手势以及手势的方向角和坐标信息。在识别过程中人工设定了一个延时等待，但每个手势设置的延时等待是不相同的，退出手势延时确认是最长的，而左右选择延时等待设置最短。在保证实时性的同时也要考虑到抗干扰性。接下来分别阐述在简单背景、一般静态背景、肤色背景、室内良好光照、室内一般光照、室内昏暗光照条件下以及人脸环境中测试识别实现效果，并且对旋转不变性、平移不变性以及缩放不变性进行了实验。

整个实验过程都在室内进行，实验时间段包括早晨、正午以及傍晚，使用室内荧光灯作为补偿光源，利用窗外自然光作为强光光源。

一般来说，在简单背景和室内光照良好的环境下识别效果都较好。

在晴朗的白天，关闭室内补偿光源后光照变化不太大，因此影响也不会太大。

可以看出，在简单背景和室内光照一般情况下的识别效果也较好。

如果在图像中同时存在人脸和人手，则很难区分这两者。为了得到一种好的识别效果，可以利用手和脸的特征不同将其进行分离，再加上背景减除实时过滤背景中其他与肤色相近的物体。在室内光照良好，当人脸和人手同时出现时，识别同样可以实现。

如果在背景中有类似于肤色的物体出现，如背景中的窗帘，如果不加任何处理，则会影响识别效果。同样在室内光照良好，肤色背景下的识别效果也较好。

一般静态背景的定义主要是指背景中存在各种静态肤色杂物、静态非肤色杂物或者运动量小的人或物体等。在室内光照良好，一般静态背景下，识别没有受到太大的影响，效果较好。

由于每个操作者的手大小不一样，在操作过程中也可能会让手进行了旋转或平移或缩放，所以为了防止识别出错，必须保证平移、缩放以及旋转不变性。

实验结果表明，系统在识别上满足平移、缩放以及旋转不变性，能够满足基本的识别要求。

在环境恶劣情况下，比如光照强烈、光照昏暗、背景运动、多人操作及手臂影响等情况下，识别的实现效果都很差。

多媒体平台是用户与系统进行交互的视觉窗口，所以一个好的体验应当有好的视觉窗口。多媒体平台采用 Flash 与 MFC 通信的技术设计，在某种程度上增加了界面的美化程度。多媒体平台主要包含音乐、视频、图片、电子书和游戏模块。每个模块都加载了相关联的自主开发或已有的资源，尽可能地提升平台的扩展性和实用性。

主界面背景是动态星空，操作按钮在时空中来回旋转，每一个按钮对应着其中的一个模块功能，主界面效果如图 10-10 所示。

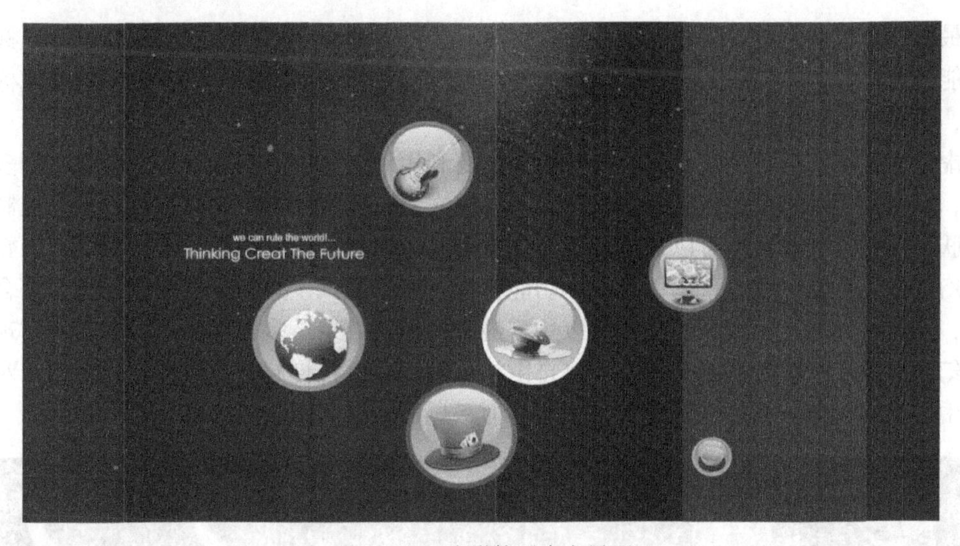

图 10-10 多媒体平台主界面

每首音乐对应着一张图片。由于此处的重点不在多媒体平台设计上，在本实例中，图片采用的是自定义图片。

视频主界面采用卡片式左右选择方式，界面直观大方。视频操作主要包含播放、暂停、快进、快退及锁定等功能，在播放的过程中可以选择锁定，防止误操作，在需要时进行解锁。

图片主界面采用旋转式方式，新颖立体，每个主题对应着一组图片集。根据不同的图片主题进入对应的图片集中，可以左右选择浏览图片集中的图片。

电子书主要是用于展示使用。本实例中利用现有的《西科十年纪念电子册》进行加载，通过左右翻页来浏览，界面效果如图 10-11 所示。

图 10-11　电子书界面

最后一个模块是游戏模块。游戏模块可以自主加载操作规则简单的游戏，只用鼠标的基本功能就能操作，如愤怒的小鸟。用户通过手势控制鼠标的左键按下、左键释放及鼠标移动操作，实现游戏功能。

虚拟交互的实现是最终目标。实现原理主要利用传递鼠标或键盘事件消息来控制多媒体平台，从而实现基于手势识别的多媒体交互。首先系统需要从主控制面板进入，主控制面板的皮肤、按钮及动态鼠标可以通过配置文件设置。主控制面板中包括了场景测试、多媒体演示、幻灯片、参数设置、帮助以及退出功能按钮。场景测试主要测试当前场景是否符合操作要求，并且可以通过测试来修改参数以达到最好的识别效果。多媒体演示即本实例实现的内容，幻灯片是一个扩展功能，用户可以自主加载幻灯片进行控制。参数设置主要用于对识别算法中用到的阈值和精度进行配置。主控制面板界面效果如图 10-12 所示。

图 10-12　主控制面板

在本实例中视频输入的实时获取上采用的是基于 DirectShow 的方法，设置视频流帧率为 30 帧/s，图像的分辨率为 320×240。参数设置包括操作参数、图像参数以及肤色参数的设置，配置属性界面如图 10-13 所示。

幻灯片功能可以打开 PowerPoint 放映格式的文件，包括 *. ppsx 和 *. pps，并可以通过手势控制幻灯片的播放。

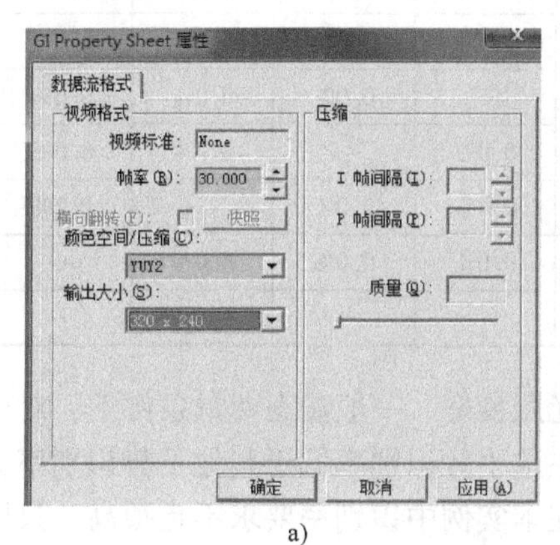

a)

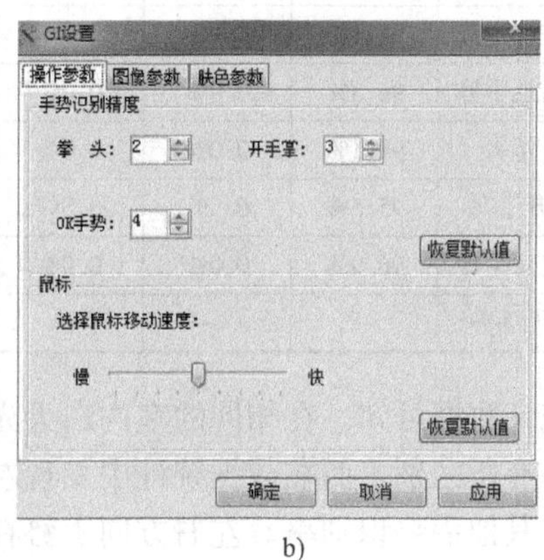

b)

图 10-13　参数设置
a）视频流属性设置　b）图像设置

为了获得更好的交互体验，演示中使用投影仪作为输出显示，投影仪分辨率设置为 1280×768。首先左右挥动闭手掌对主界面进行选择进入某一功能模块。

当选中某一感兴趣的功能模块后，变换拳头手势，进入该模块，然后进行下一步操作。当浏览完电子书后可以使用开手掌退出电子书界面，回到主操作界面，继续选择下一个模块进行操作。当要再次进入另一模块时同样采用拳头作为输入指令。

对于视频模块同样可以左右挥手来选择感兴趣的影片，可以对影片进行暂停、播放、快进、快退以及锁定操作，在锁定电影界面后，无法进行其他操作，只有当解锁后才可以发出其他指令。可以通过手势控制鼠标来玩游戏，如愤怒的小鸟，拳头代表鼠标左键按下，开手掌代表鼠标左键松开，闭手掌代表移动鼠标。

实验结果表明，在一般静态背景、室内光照良好的情况下识别效果较好，基于手势识别的多媒体交互系统能够顺利实现。由于在手势识别中使用的是简单的肤色模型和表观特征，同时分类器和统计器也比较简单，所以整个系统的实时性可以得到保证，但在抗干扰性上表现出了不足。在样本训练中，分类器和统计器的判定方法对于手势的识别率在 94%以上。但在实际操作过程中，手势识别准确率并不理想，如环境比较复杂、光线太强或太弱、背景变化较大、多人操作、手臂影响等，使得识别率得不到保障。

为了减小处理难度和增加手势识别的准确度，在一般静态背景、室内白天光照良好环境下对每种手势采集 1000 个数据样本进行统计。根据所有数据样本，可以分析统计得出总体的识别率和误识别率情况。表 10-3 中给出了 6 种手势的识别率和误识别率，其中的 TID 表示手势顺序编号，GES 表示手势类型，REC 表示对应手势类型识别率，ERR(X)表示将对应手势误识为手势序号为 X 的概率。出现误识别的原因主要是摄像头获取的是二维图像，当人手倾斜获取图像不完整或人手移动过快时留下尾影，都会造成图像变形，导致误识别。对于这些问题在后续工作中将会进行解决并完善。

表 10-3 手势识别率与误识别率

TID	GES	REC	ERR(1)	ERR(2)	ERR(3)	ERR(4)	ERR(5)	ERR(6)	ERR(7)
1	闭手掌	95.8%	—	1.2%	0.0%	0.0%	0.0%	1.6%	1.4%
2	左选手势	94.1%	0.5%	—	0.7%	0.0%	0.0%	0.0%	4.7%
3	右选手势	96.3%	0.0%	0.0%	—	0.0%	0.0%	0.0%	3.7%
4	拳头	98.1%	0.0%	0.0%	0.0%	—	0.2%	0.0%	1.7%
5	开手掌	95.5%	0.0%	0.0%	0.0%	0.0%	—	0.2%	4.3%
6	确定手势	96.9%	0.0%	0.0%	0.0%	0.0%	0.0%	—	3.1%
7	无手势	—	—	—	—	—	—	—	—

根据统计数据可知，在相同的室内白天光照良好、一般静态背景条件下，对于不同的手势，识别率有所区别，而在数据统计中发现左选手势识别率低于其他手势识别率，而拳头的识别率高于其他手势识别率。左右方向手势在本实例中识别率要求不是很高，只要满足正常操作性能就可以，设计左右方向识别方法时直接采用静态手势识别，系统反馈时间小于0.1s。而在确定、退出和锁定手势设计上利用统计器来识别，为了保证系统的可靠性，对确定手势要求连续统计两帧，而退出手势要求连续统计三帧，锁定手势要求连续统计五帧，并延时至少1s，使得系统在达到实时目的同时又尽量提高可靠性和识别率。通过这种方式，在良好环境条件下，手势识别率可达90%以上，能够满足本实例需求。

习题

10.1 手势交互系统的组成有哪些？

10.2 阐述手势交互的分类。

10.3 什么是手势分割？手势分割区域应满足什么条件？

10.4 手势建模的类别有哪些？

10.5 手势分析的任务是什么？

10.6 请阐述手势判定的流程。

第11章　沉浸式交互

11.1　沉浸式交互概述

近年来，随着信息技术的快速发展和各个领域对计算机应用的不断深入，虚拟现实技术越来越成为科技界的热点话题，渐渐渗透了人们生活和工作的各个领域，中国国家自然科学基金会、国家重点基础研究发展计划、国家高技术研究发展计划等项目指南列入的特别关注的资助项目中，均列入了先进的虚拟现实技术。IT界顶尖的研发团队相继宣布涉足该行业，暴风魔镜、Oculus Rift、Gear VR、Project Morpheus等沉浸式设备随之不断推新。

沉浸式虚拟现实（Immersive VR）为参与者提供了充满沉浸感的特殊体验，使用户感觉自己置身于虚拟世界之中。其明显的特点是，把用户的视觉、听觉利用头盔显示器封闭起来，用户带上头盔产生虚拟视觉。同时，用户的触感通道可以被数据手套封闭起来，产生虚拟的触动感。参与者通过系统功能强大的语音识别器对系统下达操作指令，与此同时，眼睛视向跟踪器、头部跟踪器及手部跟踪器均会相应地追踪用户的眼部、头部及手部，使系统的实时性尽可能得到保证。

现阶段信息产业大都使用二维的视频、文字和图片作为宣传与展示的手段，这种二维展示方式对主、客体自身属性特征信息的提供尺度单一，不能让用户对场景或产品产生直观、形象的认识。虚拟现实技术可以使用户感觉自己置身于真实场景，用户可以自由地审视或欣赏外部空间的动感形象，或浮于湛蓝天空，或沉浸神秘海底。通过沉浸式设备将虚拟现实技术广泛应用到展示宣传，要比传统的绘制效果图或搭建模型更加形象生动，表达也更加完整，可以产生更好的融合性。

系统通过沉浸式设备让用户可以体验一种更加直接、真实的展示手段，目的在于使用户更加全面直观地了解所展示的场景或产品等。通过良好的展示设计来吸引人们的注意力，然后通过多媒体或网络手段来传达展示信息，这就是商业产品展示的目的。虚拟现实展示设计正好提供了这样一种展示手段，计算机硬件的发展以及计算机逐渐提升的高效3D运算能力，使虚拟现实技术愈加普遍地应用在商品展示方面。

文字叙述加上平面图片展现是以往多媒体主要呈现商品的方式，浏览者得到的商品信息只能用二维图形、二维动画和文字、声音等单一的传统方式展现。而虚拟现实展示设计能突破平面的限制，将推广的商品通过三维立体展示的手段呈现给浏览者。虚拟现实展示设计方式使商品在展示中缺乏真实感的问题得到了良好地解决：一方面，商家将要展示的商品利用虚拟现实技术做成三维的虚拟商品，消费者便可以与其进行良好的互动，使商品的信息更容易被消费者掌握，便于消费者对商品进行评估，进而消费者的购买欲便得以提高。另一方面，真实产品以三维虚拟产品代替展示，也使展示产品的费用降低了，从而各个环节的展示效率也都提高了。

虚拟现实是一项综合集成技术，它生成逼真的三维触觉、听觉及视觉等，涉及的技术领域有人工智能、传感技术、人机交互技术及计算机图形学等，通过适当装置，使参与者自然地体验虚拟世界并与其进行交互。虚拟现实技术有着极为广泛的应用领域，军事和航空领域最早应用了虚拟现实技术，后来，随着科技的进步和研发成本的降低，虚拟现实技术已逐渐被医学、娱乐、建筑及教育等各个领域所接受和应用。

通过沉浸式设备将虚拟现实技术广泛应用到各个领域，可以让人在虚拟的场景中得到更加真实的体验，因此，研究基于沉浸式设备的展示系统更具有现实意义以及广阔的应用前景。

11.2 沉浸式的发展

虚拟现实技术的产生可以追溯到20世纪的40年代，其发源地是美国，虚拟现实在国外的市场特别是欧美等地区更为流行。2014~2015年，Google、三星、英伟达、爱可视、卡尔蔡司及雷蛇等企业均有发布虚拟现实产品。虚拟现实涉及的内容不断丰富，有虚拟现实游戏、电影、360°全景视频和图片。这些成果的取得，是得益于沉浸式设备的产生、发展及应用。国外发布的沉浸式虚拟现实的重要产品如下。

1）1995年，Virtual Boy作为首个便携式头戴3D显示器，由任天堂公司发布，并配备了游戏手柄。

2）2001年，CeBIT展览上，Olympus推出其Eye-Trek头盔显示器的索尼PS2专用版本。

3）2012年，索尼推出HMZ-T13D头盔式显示器，45°视角，视觉效果是矩形屏幕。

4）2013年，头戴式显示器厂商Oculus推出了开发者版本，使用陀螺仪控制视角，用户几乎感受不到屏幕的限制，看到的是整个世界。2014年7月，Facebook宣布以20亿美元的价格收购Oculus，2015年5月7日，Oculus在官方博客宣布其消费者版的虚拟现实头盔Oculus Rift将于2016年一季度正式发售。

5）2014年9月初，虚拟现实头盔Gear VR由三星和Oculus合作推出，Gear VR头戴式设备允许用户直接连接其Galaxy Note 4手机。这款初代产品被三星命名为“创新者版”，软件和游戏部分重点不在消费类的产品，而是很多的技术演示。三星承认希望通过此产品积攒口碑，获取更多反馈意见。

6）2014年，GDC游戏者开发大会上索尼公布了PlayStation专用虚拟现实设备，名为Project Morpheus。2015年9月15日，在2015东京电玩展索尼发布会上，索尼为旗下的虚拟现实头盔正式更名PlayStation VR。现在PlayStation VR的视野达到90°，而在显示方面设备的分辨率已经能够达到1080P。

我国虚拟现实技术研究起步较晚，消费者市场认知程度偏低，对沉浸式VR设备的认识有限，与发达国家存在的差距还是很大。目前国内沉浸式虚拟现实设备市场主要以生产头戴手机盒子为主。国内沉浸式虚拟现实设备厂商有几十家，主要有暴风科技、虚拟现实科技、蚁视及TVR时光机虚拟现实等。针对虚拟现实的游戏开发商相对比较稀缺，有火焰工坊、K-Labs、超凡视幻、TVR、追梦客、昊威创视、乐客及墨水熊猫等。我国虚拟现实发展具体情况如下。

1）2014 年 9 月 1 日，暴风影音在北京召开主题为“离开地球两小时”的新品发布会，正式发布了暴风魔镜；2014 年 12 月 16 日，暴风魔镜产品推出了第 2 代；2015 年 6 月，魔镜已推出第 3 代产品。暴风魔镜是一款入门级的设备，主要搭配手机使用。暴风魔镜通过开发的应用，实现了将以往虚拟现实设备单独配备的硬件代替为用手机显示。除了用暴风魔镜观影之外，还可以用它玩游戏，实现更真实的沉浸式 3D 游戏场景。

2）2014 年 5 月 14 日，北京蚁视科技有限公司自主研发的全球首款虚拟现实套装 ANTVR KIT 在美国 KICKSTARTER 网站开始预售。ANTVR KIT 的头盔部分带来的沉浸式虚拟现实体验无变形，拥有多种形态的控制器，如体感枪、控制棒、传统手柄及方向盘等。ANTVR KIT 全面兼容 PC、XBOX、PS、BLU-RAY 和 Android 等平台，可以应用于所有 2D、3D 的游戏和电影。

3）2014 年 10 月，3Glasses 召开预售发布会，正式发布沉浸式虚拟现实头盔。3Glasses D2 开拓者版发布于 2015 年 6 月 30 日，深圳虚拟现实科技在北京召开了新品发布会，推出沉浸式虚拟现实头盔 3Glasses。在会上，3Glasses 推出了 100 个旅游景点 VR 内容和 8 款游戏 VR 内容，并且正式发布了“3Glasses D2 开拓者版”。3Glasses Blubur S1 和 Blubur W1 发布于 2016 年 1 月 7 日，在美国拉斯维加斯举行的 CES2016 国际消费电子展上，深圳虚拟现实科技 3Glasses 推出了 VR 头盔“蓝铂”Blubur S1 体验版和 VR 一体机“蓝铂”Blubur W1 体验版。

11.3　沉浸式交互应用实例

11.3.1　基于沉浸式设备的校园漫游系统设计与实现

虚拟校园漫游系统是数字校园建设的新需求，它的研究和创建对以后数字校园的建设有重要的现实意义。构建一个可以三维可视化的仿真校园景观的校园虚拟漫游系统，可以为学校树立一个良好的人文形象，提高学校的知名度，为新生提供一个了解校园景观规划的比较好的途径，以便快速适应学习和生活，还能作为辅助性工具帮助规划学校的未来校园建设，方便修建和规划校园的建筑、交通及公共设施等，提高学校的管理效率。

本实例以西南科技大学为例，从系统的需求分析、设计和实现等几个方面进行介绍。

漫游系统在 Windows 平台下，基于 3D 技术设计开发出以虚拟现实头戴式显示器作为输出装置的校园展示系统。基于沉浸式设备的校园展示系统，可以让想要了解西南科技大学校园环境的人们在更加真实的场景中了解校园环境、体验校园真实场景。系统将 3D 校园漫游场景通过头戴式显示器呈现在人们的眼前，实现沉浸式的立体展示功能。在沉浸式设备的辅助下，用户漫游校园时以特定轨道运动，轨道穿越 3D 校园场景内的各色风景建筑，用户可以任意转动视角欣赏校园中的校门、教学楼、实验楼、食堂及宿舍楼等一系列建筑物和湖泊、花草树木等校园环境，就像真实行走在校园中一样，切身体验西南科技大学的魅力。

本实例的目标是完成基于沉浸式设备的校园展示系统，能够以虚拟现实头戴式显示器作为输出装置，在基于 Windows 平台的计算机上稳定运行。实例中交互 UI 设计友好，用户以特定轨道在构建的校园 3D 仿真场景中漫游，以 360°旋转视角观察校园的风景与建筑。

校园漫游系统包含场景模块、UI 模块和漫游模块。在用户运行系统后，首先会进入选择漫游场景界面。该界面有选择漫游场景和退出系统按钮，用户选择退出系统按钮则系统退出，否则，选择漫游场景并设置漫游速度后，进入漫游场景，控制视角向上显示菜单，在菜单上有开始/暂停按钮、重新开始漫游按钮及返回初始界面按钮。选择开始按钮后开始漫游，即摄像机沿预先设定好的轨道运行，用户可以控制视角自由旋转。在启动开始漫游后选择暂停按钮则暂停漫游，即摄像机停止沿轨道运行，停留在暂停位置，用户可以控制视角自由旋转。选择返回初始界面按钮，系统回到选择漫游场景界面。选择重新开始漫游按钮，摄像机回到漫游场景的出发点。系统流程图如图 11-1 所示。

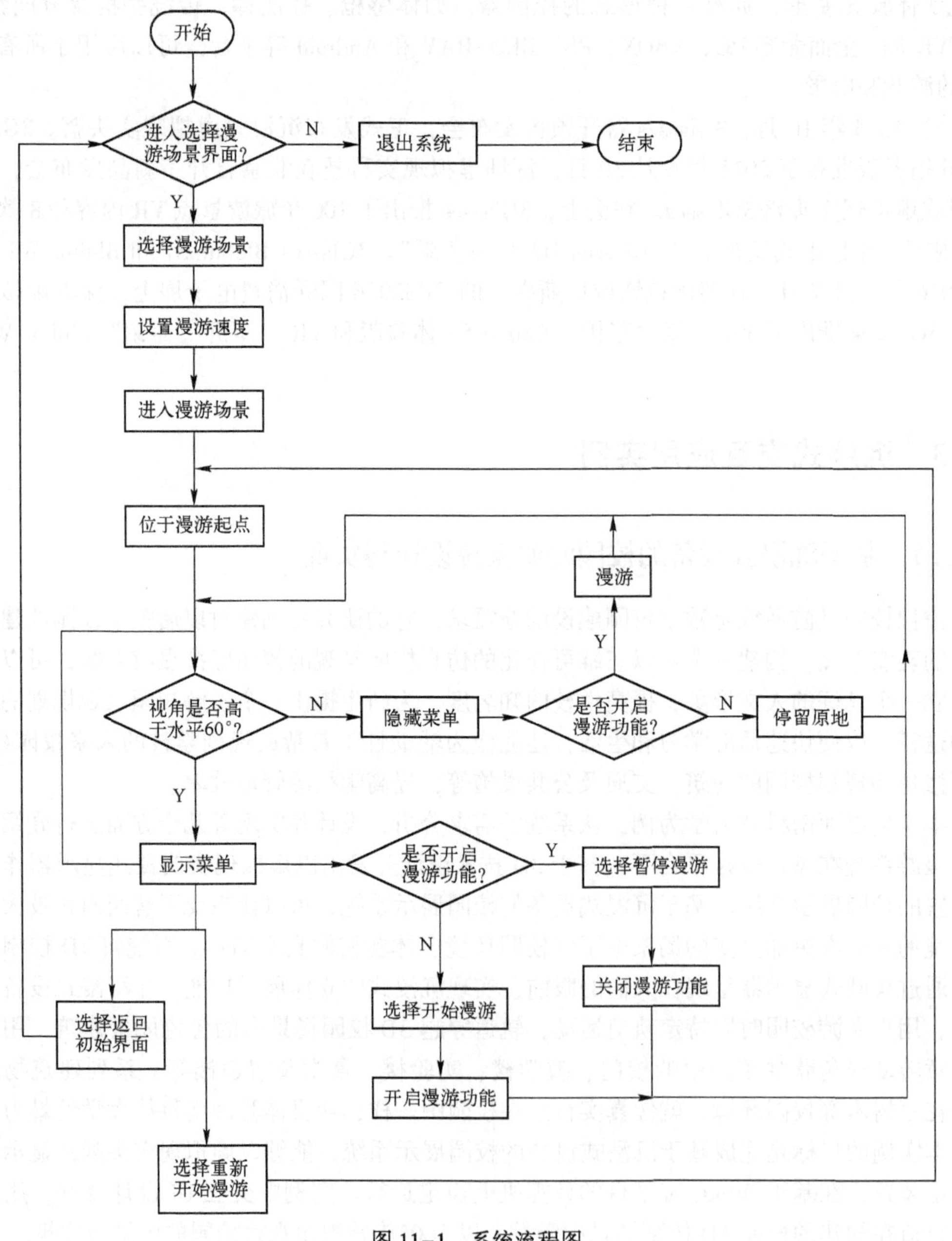

图 11-1 系统流程图

设计人员在建模阶段需要通过3DS MAX进行西南科技大学校园建筑的3D建模，用Photoshop进行贴图绘制，通过Unity搭建校园地形、拼接建筑和环境作品，工作思路如图11-2所示。

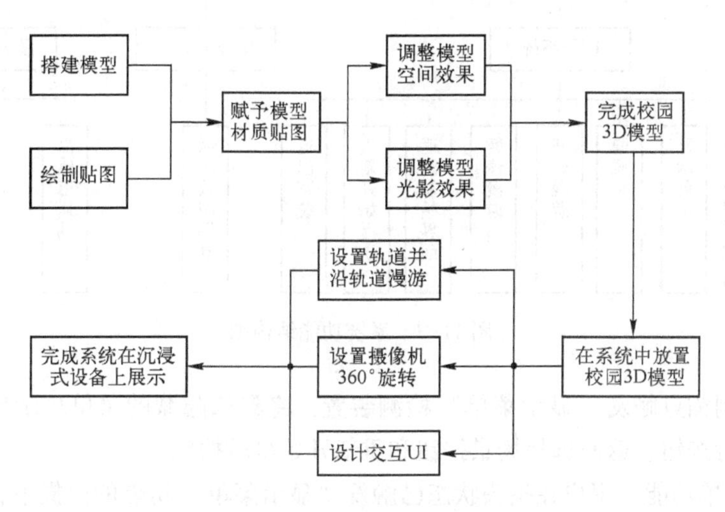

图11-2 项目网络图

1）使用Photoshop进行模型贴图的绘制和美化，使用3DS MAX搭建校园主要建筑整体模型和校园重要组成部分的小模型，完善模型的质感表现并为模型贴图，调整模型的整体光影效果和空间效果构建完整模型。

2）通过Unity制作校园展示系统，将3D模型导入Unity中作为漫游场景，在Unity中搭建校园地形，按真实建筑的相对位置摆放模型，按真实校园环境小品的规划模拟出漫游场景的环境。

3）通过Unity设计交互UI，设置漫游轨道并设置摄像机沿漫游轨道漫游，设置摄像机在漫游过程中360°旋转功能，使用户更方便全面地欣赏校园的风景和建筑，设置基本操作功能完善整个系统。

4）通过Unity中VR的集成API将整个校园展示系统呈现到虚拟现实头戴式显示器上，从而实现更具真实感的沉浸式体验效果。

基于沉浸式设备的校园展示系统分为UI子系统、场景子系统和漫游子系统。在UI子系统中，有开始漫游功能、退出系统功能和返回初始界面功能；在场景子系统中，有显示漫游场景功能；在漫游子系统中，有沿轨道运动前进功能和全方位旋转视角功能。系统功能结构图如图11-3所示。

1）产生锚点。用户运行校园漫游系统，摄像机的锥形视野中心发出一条笔直的射线产生锚点。锚点作为UI交互的选择手段，可以与Collider（碰撞体）触发碰撞，为碰撞到的物体发送消息，在物体上停留数秒表示确认选择，功能相当于鼠标指针。

2）选择漫游场景功能。用户运行校园漫游系统，进入选择场景界面，转动视角浏览可供选择的场景图片，控制锚点在图片上停留数秒选中场景图片后，图片缓慢变大，最终充满整个视野，系统载入到选择的漫游场景中。

3）显示菜单功能。用户进入所选择的漫游场景中，抬头控制虚拟现实头盔视角向上到

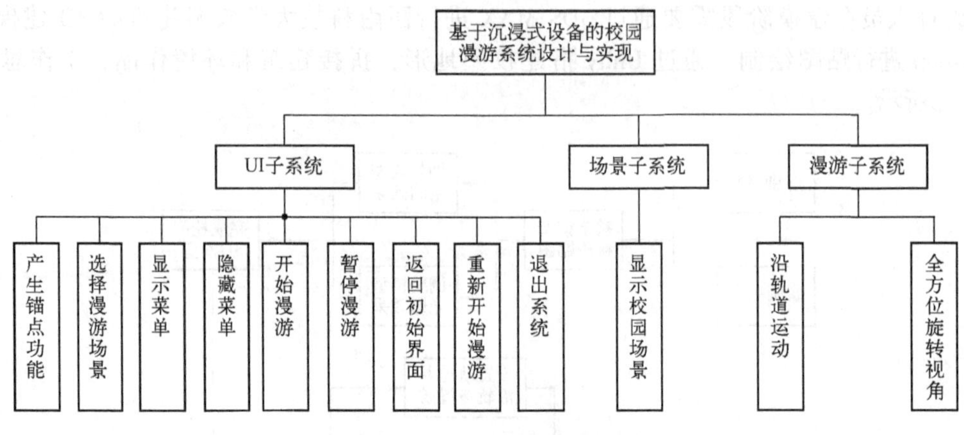

图 11-3 系统功能结构图

一定角度，控制锚点触发“显示菜单”检测装置，将默认隐藏的菜单显示出来。菜单上有默认的开始漫游按钮、返回选择场景按钮和重新开始漫游按钮。

4）隐藏菜单功能。用户在抬头状态已触发“显示菜单”功能的前提下，低下头控制虚拟现实头盔视角不再上扬，到一定角度，控制锚点触发“隐藏菜单”检测装置，将已经显示的菜单隐藏。

5）开始漫游。用户在抬起视角显示菜单之后，菜单中有开始按钮，控制锚点在开始按钮上停留数秒，选中开始漫游按钮之后，开始漫游按钮图标变为暂停漫游按钮，摄像机自动沿设置好的轨道前进，开始漫游。

6）漫游功能。用户选择场景进入漫游场景并启动开始漫游功能后，摄像机自动沿预先设置好的轨道前进，在前进途中用户可以 360° 自由转动虚拟现实头盔，游览四周显示的虚拟校园场景。

7）暂停漫游。用户启动开始漫游功能之后，在抬起视角显示的菜单上，原本开始按钮的位置变为暂停按钮，控制锚点在暂停按钮上停留数秒，选中暂停漫游按钮之后，暂停漫游按钮图标变为开始漫游按钮，摄像机停止沿轨道移动，用户可以在停留位置自由转动摄像机浏览周边建筑风景。

8）返回初始界面。用户在抬起视角显示菜单之后，菜单中有返回初始界面按钮，控制锚点在返回初始界面按钮上停留数秒，选中返回初始界面漫游按钮之后，系统退出漫游场景，进入选择漫游场景界面。

9）重新开始漫游。用户在抬起视角显示菜单之后，菜单中有重新开始漫游按钮，控制锚点在重新开始漫游按钮上停留数秒，选中重新开始漫游按钮之后，摄像机回到漫游场景的起点。

10）退出系统。用户选择漫游场景界面，在抬起视角显示菜单之后，菜单中有退出系统按钮，控制锚点在退出系统按钮上停留数秒，选中退出系统按钮之后，退出漫游系统。

非功能性需求分析如下。

1）易用性。系统操作符合人的逻辑概念，用户仅需接受简单提示即可学会使用系统；

系统操作简便，控制虚拟头盔转动和停留即可操作该系统。

2）可靠性。软件故障引起失效的频率低，在软件故障或违反指定接口的情况下维持规定性能水平的能力强，软件故障发生后重建其性能水平并恢复直接数据的能力强。

3）效率。系统执行其功能的响应和处理时间较快。由于模型资源丰富，软件在执行漫游功能时所使用的资源数量较多，使用时间较长。

4）可移植性。在指定的环境下安装软件简便，系统无须采用有别于为系统准备的活动和手段就可以适应不同的规定环境。

5）实用性。系统满足基于沉浸式设备的校园漫游系统的功能性业务要求。

该实例主要使用了 Oculus Rift、3DS MAX、Unity3D、Photoshop 等设备和工具。Oculus Rift、3DS MAX 与 Unity3D 在前面的章节中进行了阐述，这里只简要阐述 Photoshop。

Adobe Photoshop，简称“PS”，是由 Adobe Systems 开发和发行的图像处理软件。Photoshop 拥有众多的编辑与绘制图像工具，使得图片的编辑、美化等工作可以有效进行。Photoshop 功能强大，现在已成为几乎所有游戏美工、广告摄影等一系列的美工人员的首选，把它作为图片的美化以及编辑工具。

Photoshop 的专长在于图像处理，而不是图形创作。从功能上看，该软件可分为图像编辑、图像合成、校色调色及功能色效制作等。Photoshop 具有平面图像处理的所有功能，如色彩、亮度、尺寸、各种式样、效果、各种滤镜，以及通过各种技巧实现的对图像的任意组合、变形，通过层和通道进行很方便的处理，并对结果图形进行优化，输出各种图像格式，目前也能处理动画。由于其功能强大、操作比较简单，所以在平面设计方面应用广泛。虽然它也具有强大的绘图功能，但是更多的还是将它用于图像的修改和视觉效果的制作，以及调整图像的色彩、亮度，改变图像的大小，而且还可以对多幅图像进行合并，增加特殊效果，能够把现实生活中很难遇见的景象十分逼真地展现出来。

为了对校园建立虚拟场景和模型，前期需要对实景的图像、尺寸等数据进行采集。数据采集的质量受到采集数据所使用的方法的影响，虚拟校园漫游系统中用户的体验也受到数据采集质量好坏的影响，所以数据采集是一个很重要的环节。采集的数据包括建筑物的真实照片、建筑物大小及地形大小等。

虚拟校园地形的底图和场景模型地基的尺寸数据是建立虚拟场景的保障。本实例主要通过百度卫星地图或者谷歌卫星地图直接获取校园的二维卫星地图作为虚拟地形的底图。由于作者通过百度地图获取的卫星图片在分辨率、数据准确性等方面上优于谷歌地图，更有利于虚拟场景中模型的比例与周围建筑物的匹配，所以本实例选择百度卫星地图获取校园的二维卫星图作为地形图和尺寸参考图来建立地形。

本实例通过百度卫星地图截图了多张图片，然后利用 Photoshop 拼接后得到西南科技大学新区的二维卫星地图。

建筑物是校园环境中最主要的组成成分，也是三维虚拟校园环境中必不可少部分。建筑物模型的建立必须有其高度信息。由于测量设备和研究资源有限，系统采用少量的实地测量，然后通过比较，估算建筑物的高度尺寸。以教学楼为例，利用米尺测得单个楼层的高度 h，则对应整栋楼的高度为 $H=hN$，N 为整栋楼的楼层数目。

虚拟场景中需要对三维建筑物模型进行贴图。为了能让用户更加逼真地感受虚拟校园环境，系统对照片的质量、拍摄的光照条件、位置以及倾斜角等要求都很高，所以建筑物的采集是一项工作量巨大的工作。选择型号为 Canon EOS 700D、像素为 1800 万、具有自动对焦性能和高速连拍的摄像机对校园主要建筑物进行全方位的相片采集。

三维建模贴图的素材来源于用相机拍摄的建筑物照片。图片素材要尽量真实平整，尽量保证图片的清晰度，拍摄时要注意拍摄角度，尽量正对建筑物，注意对曝光度的控制。尽量减少障碍物的遮挡，若无法避免，使用 Photoshop 对素材进行抠图和校园建筑外部贴图处理。贴图的好坏，直接决定了所建模型与真实建筑物的相似程度，所以贴图的操作使用很频繁。通过贴图不但能增加作品的真实感，还能有效地较少系统的负荷，加快虚拟校园建模系统的运行速度。

在建模阶段通过 3DS MAX 和 Unity3D 进行西南科技大学校园场景的 3D 建模，通过 Photoshop 进行贴图绘制。此阶段主要工作包括搭建校园建筑模型、搭建校园地形模型及搭建校园环境模型，完善模型的质感表现并为模型贴图，调整模型的整体光影效果和空间效果构建完整模型。

在所建立的模型中，更多的是学校的建筑物，在建立模型之前，设想了两种建模方法，并对这两种方法进行比较。

第一种方法是将建筑物简化为一个长方体或近似于长方体的简单几何体，将门窗等细节以贴图代替，然后在建立的简单几何体上进行整体贴图。这种方法的优点是建立的三维模型面片数量少，模型建立简单，贴图便捷。具体步骤：先在平面上新建一个建筑物底面大小的平面，并把这个底面转化为可编辑多边形，然后在面片级别选中这个面，并挤出适当的高度，之后在顶部再挤出一个边缘的高度，把边缘再挤出，最后贴上相应的贴图即可成为一个三维模型。这种用贴图和贴模型制作出来的建筑模型，渲染后有一半的视角是不真实的，这种建模方法真实感弱，对于不规则墙体建筑物的立体感表现力差，难以达到沉浸式的效果，不能令人满意。

第二种方法是将门窗等细节部分用模型建立出来。这种方法建立的模型真实度很高，阴影和凹凸效果比较明显，缺点是使用的面片太多，当模型的面数较大时，渲染每一帧所花的时间较长，在 Unity3D 中漫游就容易出现卡顿。

经过研究，在建模时使用上述两种方法，将大部分模型仿照真实的结构建立出来，把比较平整的面或太细小的细节用贴图代替。这样既减少了模型面的数量，又保证了模型的真实感和立体感。

校园的建筑模型主要使用 3DS MAX 构建，建模基本步骤包括设置 3DS MAX 基本数值、建立基础模型、完善模型细节、组合模型及为模型赋贴图材质。

3DS MAX 基本参数的作图尺寸采用国际标准为 mm，自动保存时间使用其默认值，即 5 min保存一次，视口设置为正交与透视视图都要以鼠标为中心缩放。

基础模型建立时，首先确定平面的布局。了解建筑的层高、门窗高及梁高等尺寸，再建立出模型的大体形状。其次是制作窗户、门、台阶、柱子、栏杆、文字及走廊等建筑细节模型，按照建筑模型的规划，确保模型的尺寸正确，并对三维模型进行优化，对零散的模型进行附加，对重合的点和线进行焊接，对看不见的面进行删除。模型导入之前需调整模型的位置、比例和尺寸进行模型组合，便于导入。

在完成三维模型建模后，为了模拟三维建筑物的真实情况，还需要为建筑物赋贴图材质。“材质”用来指定物体表面的特性，它决定这些平面在着色时的特性，如折射率、反射率、高光、自发光度及不透明度等。制定到材质上的图形称为“贴图”。要尽量选取与原建筑物表面相同或相似的贴图，模拟原建筑物表面材料质感，设置材质参数。

构建校园地形模型：虚拟漫游仿真系统的地形并非平面的，建立的地形是凹凸不平的，有立体感。校园的地形中会有道路、山坡、小岛、湖及护校河等，要模拟真实的校园，建立有高度差的地形图非常有必要。系统使用 Unity3D 的地形工具构建校园地形模型，参考百度卫星地图和手机拍摄的校园参考图片等，构建出校园地形模型。

构建校园道路模型：简单的道路可以通过地形系统的笔刷工具加上道路纹理直接绘制。西南科技大学校园中道路的种类样式繁多，宽窄不一，材料各异，有宽阔的主干路也有狭窄的支路，有平整易行的水泥路也有充满意趣的碎石路，使用笔刷工具构建校园的道路模型过程太过烦琐，也不够美观。所以使用 Unity3D 的一款插件 EasyRoads3D 构建校园道路模型。

EasyRoads3D 是一个专门用在地形上创建道路的插件。它采用控制点基础来创建道路与河流，可以借助内附强大的 Prefabs 和参数建模工具，快捷轻松地建立无止境道路与河流。使用 EasyRoads3D 只需要在地形上简单地单击鼠标设置控制点就可快速地生成道路系统。EasyRoads3D 内建参数化调整道路工具，只需修改数值就能自动调整地形上的道路样式与细节表现。使用 EasyRoads3D 也可以快速地创建出道路旁的围篱、墙面、植物带、桥梁与铁轨模型，这些操作都只需要在地形上标示出几个控制点即可。操作步骤如下。

1）EasyRoads3D 创建道路需要以地形为基础，即上文中已经创建好了的地形。导入 EasyRoads3D 资源包之后，Unity3D 上方菜单栏的 Game Object 选项中多了“Create Other”→“EasyRoads3D”选项，选择其中的 NewEasyRoads3D Object 选项打开创建道路窗口，在 Object type 选项选择 Road Object，在 Object name 选项为道路取一个名字，单击“Create Object”按钮创建道路对象。

2）选择创建好的 Road Object，在 Inspector 面板中按下第一个“添加标记”选项，选择后可以按住〈Shift〉键配合单击鼠标左键添加标记点，决定出道路的参考线段。

3）在 Scene 窗口中按住〈Shift〉键，然后使用鼠标在地形上开始标示出道路的起点，顺着希望创建的道路方向依序定出其他的标示点，直到道路终点。

4）选择 Road Object。在 Inspector 面板中的第三个按钮的功能是道路的生成与修改。通过按下这个按钮，可以依据之前通过标记点标记的路线创造道路模型，将道路创造完成后通过 EasyRoads3D 还可以对其进行修改道路贴图、修改道路宽度等操作，参照西南科技大学实际建设情况设置参数，完成虚拟校园道路构建。

构建校园环境模型：校园环境模型是指学校室外的花草树木、石桌石凳、凉亭及路灯等模型。虚拟校园漫游系统中的校园小品对于虚拟校园的真实性和体验感有很重要的作用。校园小品的建立可以使虚拟校园漫游系统色彩更加丰富，真实感更强。校园环境中的植物即花草树木等使用 Unity3D 的地形笔刷插件实现。笔刷插件可以大量按需求构建草地、花园及树林等模型，例如设置树木笔刷时，限定生成树木密度、生成树木范围及生成树木的高度和宽度随机范围等，就可以按需求生成树木模型。校园环境中的石桌石凳、凉亭、路灯及花架等模型使用3DS MAX构建，可以建立出更加逼真的模型，使虚拟校园漫游系统有更强烈的真实感，增加用户的沉浸式体验。校园环境模型如图11-4所示。

图11-4 校园环境模型

模型的优化与组合：三维建筑物模型的优化包括多个方面的内容，去掉模型中多余的面片，保持三维模型内部或者模型之间的面片与面片之间最小距离大于当前场景最大长度的千分之一。否则，这些面片在渲染时会交替显示，并且会出现相应的面片交叉显示的情况。相同的物体尽量实例化。建模时采用多边形面片建模，模型命名必须使用英文命名。贴图的优化主要包括设置贴图比例、选取合适的贴图、调整贴图的颜色及对比度问题，用尽量少的贴图表现出尽量多的细节。

将构建完成的校园建筑模型、校园地形模型和校园环境模型在Unity3D中组合在一起，优化模型的质感表现和贴图，调整模型的整体光影效果和空间效果，构建完整的西南科技大学东区的三维模型。相关工作如下。

1）模型导入Unity3D中。模型的导入有以下几个方面要注意的问题。

一是三个轴的方向问题。在三维建模软件中建立模型导入Unity3D软件后，x轴会顺时针转动270°，建筑物的z轴正好与y轴重合。解决这个问题的方法是将3DS MAX中的三维模型导出为fbx文件，再导入Unity3D软件中，这时候在3DS MAX中模型是正立的，导入Unity3D中显示方向也是正立的。

第二个是材质。三维模型在3DS MAX里制作正确的贴图和材质之后，导入Unity3D中贴图的位置会发生改变。解决的方法是找到贴图所保存的文件夹，选中所有要修改的模型贴图，在Inspector中将Texture Type选项由默认的Sprite（2D and UI）改为Texture，然后将Wrap Mode选项由默认的Clamp改为Repeat，单击“Apply”保存设置，导入Unity3D的模型贴图就与在3DS MAX中的贴图一样。

2）添加灯光和天空盒。组合好校园建筑模型、校园地形模型和校园环境模型之后，还需要为场景添加灯光和天空盒。系统提供了四种光源，分别是平行光、点光源、聚光灯和区域光。为了使场景的表面不缺乏光线，系统使用Unity3D中提供的平行光。单击层级视图中的“Create”按钮，选择Directional light设置平行光，调整光的位置和角度，使场景清楚明亮。Unity3D中的天空盒实际上是一种使用了特殊类型Shader的材质。该种类型材质可以笼罩在整个场景之外，并根据材质中指定的纹理模拟出类似远景、天空等的效果，使游戏场景看起来更完整。打开菜单栏单击“Assets”按钮，选择“Import Package”，然后选择“Skyboxes”设置天空盒。虚拟校园漫游系统的所有设置都要以提高校园的体验感和真实感为目的。

系统的漫游模式为自动漫游。选择想要漫游的场景后，按照预先设置的漫游路径，使摄像机跟踪既定漫游路径漫游，将摄像机在漫游过程中的漫游旋转角度设置为 360°，使用户更方便全面地欣赏校园的风景和建筑。

建立虚拟校园场景：在 Unity 中实现虚拟校园环境的搭建，需要将建模得到的结果进行整合，具体过程可以分为模型载入、模型比例归一化处理、光照处理与设置及地理环境的丰富。

模型载入过程通过将 3DS MAX 中建模结果导出为 fbx 格式的模型文件，操作步骤为“文件”→“导出”→“fbx 文件”。需要注意的是，从 3DS MAX 导出时，光照的摄像机不需要导出，因为在 Unity 引擎中会使用引擎的摄像机与光照。然后在 Unity 中载入该导出文件，操作步骤为“Assets”→“ImportNewAsset”，找到 fbx 模型文件，单击“Import”按钮。导入过程因模型复杂程度不同耗时也会有差别。需要说明的是，该导入过程实际上就是 Unity 将其他格式的模型文件转化为引擎自己可识别的内部文件格式。Unity 引擎也支持直接导入 3DS MAX 格式的文件，但是相比于 fbx 格式，3DS MAX 格式文件的转换用时会长很多。

模型比例归一化处理即对多次载入的模型通过比例缩放统一到相同的尺寸标准。尽管在建模过程中，已经使用了相同的比例设置，在 Unity 引擎中为了还原校园真实建筑物关系和比例，通过用一张校园全貌俯视图作为布局参考，将模型统一缩放到合适尺寸并放到俯视图对应的位置。

光照处理与设置是效果优化的过程，在 Unity 中提供了逼真的环境光模拟现实中的光照，不同模型表面在不同光照条件下会有不同的表现，优化该过程可以提升模型材质表现的效果。

地理环境的丰富过程是除了建筑模型之外，通过刷地表贴图和布置植被等让校园环境增添绿色。经过实践后发现，为了保证观看者不会头晕，Oculus 的展示系统运行时帧率不能低于 60 fps。在设计了复杂的环境效果之后，系统运行计算的时间会大幅增长，导致帧率严重下降。一种可行的办法是对于远处的植被环境不用真正地模型表现，而是通过设置丰富植被的图片包围校园建筑群，对于观看者而言，其所见效果与真实植被相当，而系统帧率也得到显著提升。

设置漫游路径：系统使用 Unity3D 动画插件 DoTween 制作路径动画。DoTween 插件是一个动画库，用它可以轻松实现各种动画、晃动、旋转、移动、褪色、上色及控制音频等。在本实例中主要是用 DoTween 来制作一段路径动画。

选择新建的 Path，然后在“Component”→“Scripts”中选择 DoTween Path。添加完成后即可在 Inspector 视图中看到添加的 DoTween Path 属性。

设置路径名称 Path Name 为 main path，路径线颜色 Path Color 为红色，以便可以清晰地看到路径线。Node Count 为路径的关键点数量，Node 为每个关键点坐标。将 Node Count 的值改为 60，然后设置关键点的坐标，可以直接改变 Node 的 x、y、z 的值，也可以在场景视图中直接拖动每个点的坐标。

路径制作完成后，将这条路径与运动物体连接起来。首先建立一个 Cube 作为要运动的物体命名为 player。选择新建的 player，然后单击菜单栏的“Component”→“DoTween”→“DoTweenEvent”添加 DoTweenEvent 属性。添加完成后在 Inspector 视图中可以看到 DoTween-

Event 属性。DoTweenEvent 属性非常多，下面设置需要的属性：勾选 Icon In Scene（是否在场景中显示图标）选项；勾选 Play Automatically（是否在运行时自动播放）选项；在 Event Type 下拉框中选择 MoveTo 选项；勾选 Path 选项，选择“Path”→“main path”；勾选 Time 选项，时间设置为 300；勾选 easetype，设置为 linear，即为匀速。设置完成后，player 的路径动画制作完成。创建摄像机为 player 的子物体，设置摄像机位置，摄像机将跟随 player 沿路径运动。

系统交互 UI 设计：创建新的场景将其设为初始界面菜单使用，可以通过菜单选择漫游场景、设置漫游速度或退出系统，系统菜单根据校园漫游系统的风格制作，使用适合的字体和协调的颜色。因为头戴式 VR 方式实现 UI 操作没有鼠标输入，且视野不固定方向，这对开发设计带来难度。本实例为了减少 UI 交互逻辑的时间消耗，设计了需求导向的 VR 环境 UI 交互方式。在选择漫游场景界面中，用户通过头控制锚点选择选项，实现漫游和退出系统功能。

在漫游场景中，当体验者抬头看向天空的时候才出现菜单 UI，并且通过头控制锚点选择菜单，分别实现开始/暂停、返回初始界面及重新开始漫游等功能；当观察者视野不在抬头看向天空时，隐藏掉所有 UI 并关闭交互功能，减少系统运行时耗。

设计锚点 UI：主相机 MainCamera 保持与相机实时同步转动并初始状态是隐藏；当主相机为向上观看天空状态时启用 UI 系统并启用锚点 UI；以主相机视野中心点为起点发射一条射线射向视野远方，当射线与 UI 物体碰撞时通过判断碰撞物体的唯一标识从而触发开始/暂停、返回初始界面及重新开始漫游等事件。锚点图标采用较为醒目的色彩搭配，以头控方式作为 UI 的输入时一般需要延时作为稳定输入。本实例简化了该 UI 操作过程，直接在碰撞发生时进行 UI 事件的通知。因为射线检测碰撞本身是没有设置碰撞物体甄别的，在锚点停留碰撞物体上时，射线的碰撞检测事件会一直激活，所以需要设计锁定碰撞体。

校园漫游系统采用 Oculus 沉浸式设备作为硬件环境，体验者戴上设备之后即可在虚拟环境中按照固定路线漫游校园建筑和风景。在 Unity 中添加对 VR 设备的支持后即可实现沉浸式交互效果，用户能得到满意的体验效果，如图 11-5 所示。

图 11-5　用户戴上 Oculus 进行体验

11.3.2　基于 Unity3D 的虚拟仿真实验平台设计与实现

虚拟实验室在科学教育领域被作为一种教育工具，它使用虚拟仿真技术创建高度仿真的虚拟学习环境，鼓励学生在虚拟的环境中通过与虚拟环境的互动完成模拟实验，实现对实验科学的探索，激发学生学习的兴趣，提高学生的理解力和创造力。如何提升学生在虚拟实验过程中的体验效果和实验过程对学生能力培养的有效性一直是虚拟实验设计的难题。

在虚拟现实技术逐渐成熟的今天，高度仿真的虚拟实验场景不再过度依赖于复杂的技术和昂贵的硬件设备，诸多的场景编辑工具或第三方代码库均已为实现虚拟仿真场景做了许多准备工作，如 Unity3D 游戏引擎具有丰富的代码库与强大的场景编辑能力，将其用于搭建虚拟仿真的实验平台是一个恰当的选择。

本实例针对虚拟实验研究课题中的问题，使用 Unity3D 游戏引擎作为主要开发工具，设计并实现一套三维环境下的虚拟教学实验与评估平台。该平台包括三维环境实验内容构建、实验过程智能引导设计、实验过程评估系统设计及多平台实验系统发布。

虚拟实验室在未来远程教学、远程实验、远程培训及远程展示中将发挥重要的作用，正成为虚拟现实的关键和研究热点。常规的中学实验室受实验设备、教室空间等方面限制，同时实验效果、实验内容及实验时间也受到实验室设备、环境及资源等各方面的制约，严重滞后于未来实验室的需求。

建设和开发虚拟实验室是解决普通实验室存在问题的有效途径。如何构建真实、准确、丰富的虚拟实验室，能够适应未来实验的专一性和层次性，同时具备高度自由性与可扩展性，是虚拟实验室构建的关键。

本虚拟实验室系统紧扣中学实验教学大纲，在传统的学习上引入网络资源，搭载使用 Unity3D 引擎搭建的仿真实验场景，实现传统教学与电子教学的虚实结合，为使用者提供便利而且逼真的学习体验，同时也是对寻找合理配置教学资源以及实施传统专业课程教学创新的有效途径的一种探索。开发该实验平台的理由如下。

1）有意义。虚拟实验教学是实验教学的重点建设内容，在当今电子教学建设领域具有重要地位。电子科学技术的蓬勃发展使虚拟实验教学在各中学或高校中得到广泛推广，它们正在逐步替代学校中的普通实验室，成为学校实验教学的主导，成为教师的得力教学工具。

2）有基础。虚拟实验室综合多种技术与资源，同时要求将系统实现难度降至最低，便于开发人员的管理与维护。虚拟实验室在使用传统教学资源的同时引入虚拟仿真技术、网络技术等电子技术，最大限度地还原实验场景，为学生开展实验提供了资源基础与环境基础。

3）有吸引力。虚拟实验具备游戏性质的展示形式，让实验过程生动有趣。虚拟实验通过视频、动画等受大众喜爱的元素描述实验教学内容，交互性强的特点能让学生拥有更多自由发挥的空间，教师也能结合自身的实际教学需求，为实验内容的展示做更多的扩展，为实验教学创造更高效、生动的教学效果。

4）有延伸。虚拟实验不受空间、地点及可行性等方面的影响。在虚拟环境中能模拟出多种受传统实验需求限制的实验，如危险实验、设备需求高的实验及成本高的实验等。

5）有趣味。虚拟实验不仅具备逼真的实验教学环境，更具备电子软件所拥有的娱乐性质内容，为学生和教师展示了一个高度自由的教学环境，增加了课堂的趣味性。相较于传统实验教学，学生与教师更乐于使用电子设备体验和摄取课堂知识和在虚拟环境中进行交互操作，有利于发掘学生的探索精神和提起学生学习的兴趣。

6）有沉浸感。对比于传统教育的书面表达形式，虚拟实验能将课本中的实验场景动态地展现于学生眼中，满足实际的课堂教学需要，丰富了课堂教学形式和教学结果的展现形式。

7）有前景。处于信息化时代的今天，随着智能化设备的普及，虚拟实验能更好地走进校园展现在同学眼前，学生将更乐于通过更直观、更丰富的虚拟仿真演示来获取知识，虚拟实验的普及是教学发展的趋势，着手于开发与研究虚拟实验更具有现实意义以及广阔的应用前景。

目前，国内外开展这项工作的单位主要在高校和实验室，例如厦门大学 2004 年成立虚拟现实实验室并实施了实验教学，同时着手于虚拟现实技术的研发，目前虚拟教学在机械专业已经得到了应用；浙江大学开发的虚拟建筑环境实时漫游系统采用了虚拟现实技术，为系统的使用者提供了便捷的操作功能，整个系统的实时性和画面的真实感都达到了较高的水平；2000 年起，北京师范大学以信息化平台为基础，联合校内虚拟现实应用教育部工程研究中心，架构建成了北京师范大学化学虚拟仿真实验教学中心，针对放射性、高危险、高污染以及中学化学实验中有毒有害、易燃易爆等真实实验建立了仿真实验项目；英国开放大学开发了基于网络的虚拟课堂交流平台，其系统拥有虚拟课堂环境，为师生提供了多种操作功能，如交流、做习题、做活动等；美国宇航局 Ames 实验室实现了空间站操作的虚拟仿真，将空间站物品集合到仿真系统中，使用人员在系统内模拟在空间站操作工具，达到演习与获取资料的目的；美国 Loma Linda 大学医学中心在医学神经疾病领域实现虚拟仿真，将虚拟仿真实验应用于治疗方案的研究与实践中。

虚拟实验室要求在功能上具备实验场景逼真，可扩展性好，易操作等特点。

实验场景具备逼真的实验环境，仪器等物体还原感强。本虚拟实验室系统设计的实验场景以中学教科书实验教学提及的实验器材和实验场景为原型，在 3DS MAX 等建模工具中设计与制作仪器、药剂模型，再在 Unity3D 引擎中搭建，得出的场景模拟效果需尽可能接近真实，这对激发学生做实验的兴趣，帮助学生认识和使用实验器材起到了非常关键的作用。

系统具备良好的扩展性，支持新版本的更新。由于中学实验的种类繁多，本虚拟实验室系统的最初版本无法做到一次性将大量的实验课题制作为一个实验场景融入虚拟实验室系统中，为了满足今后新的实验课题需求，虚拟实验室系统已经具备可扩展性，支持系统版本的更新，支持接入互联网进行动态添加新的实验，为扩大虚拟实验室系统规模做准备。

系统拥有友好简洁的 UI 界面。UI 界面是一款软件的入口，能真实反映系统设计方的水准与态度，给用户留下较好的第一印象。同时 UI 界面是用户进行实验操作的窗口，友好易操作的界面不仅让虚拟实验室系统更美观和更具有观赏性，还能激起用户对实验操作进行探索的兴趣，有助于实验的顺利进行。

系统具备可嵌入性。由于本虚拟实验室系统使用了网络模块进行设计与开发，用户数据与实验数据的处理是在网络环境的基础之上开展的，因此这些数据在实验结束后需存入服务器端数据库以便后续使用。

系统具备优良的连贯性。中学实验教学从实验预习、实验要点分析、实验开始、实验结束到实验总结具有一个连贯的过程，实验步骤如果衔接得当容易给用户留下深刻印象，同时能给用户的学习带来更好的帮助与体验。

系统具备良好的容错性。由于一个实验课题的环节与步骤往往繁多，用户难免会进行不恰当的操作或误操作。本实例需要对这些误操作进行判定和处理，让其在不影响实验流程的前提下给予用户反馈，帮助用户改正误操作以便更好地使用虚拟实验室系统。

在性能上系统能跨平台，整合多个实验，用户使用该系统能自由选择实验进行学习，满足基本教学需要。每一个实验均应有实验要点的介绍，实验结束后均提供练习习题给用户解答，每一个实验的实验要点与实验习题均必须与本实验相对应。

从图 11-6 中可以看出，用户使用虚拟实验室系统时首先身份验证，即用户输入用户信息（包括学号、密码）登录系统，便可选择想做的实验，根据实验操作流程完成实验的操作，最后展示用户本次实验的评价结果。

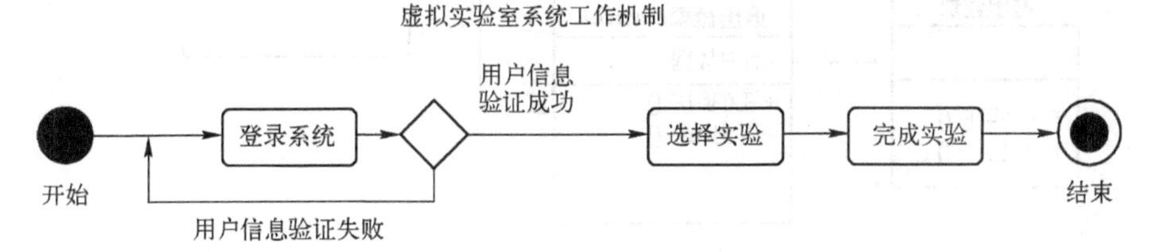

图 11-6　系统工作机制

虚拟实验室系统按功能分为外观、交互、网络和热更新等功能。功能划分如图 11-7 所示。

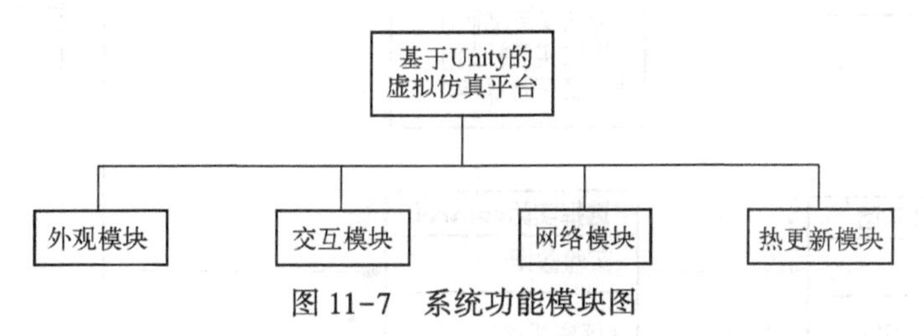

图 11-7　系统功能模块图

每一个模块又包含了若干个子模块，这些子模块共同构成了虚拟实验室系统的功能模块。

1）外观模块。设定虚拟实验室系统的界面风格，决定各个场景的模型摆放规则，实现实验场景的高度还原。包括 UI 界面和场景搭建。

2）交互模块。设定系统界面的按钮、滑动条等控件的组合方式，设定用户与场景模型进行交互的方式，即 UI 交互与场景交互。

3）网络模块。设定实验数据与用户信息的保存，实现用户登录与用户注册、实验信息的存储。

4）热更新模块。设定系统更新资源、更新实验的方案，实现代码文件的动态更新。

实例主要包括用户与实验类。用户类包括用户注册、用户登录及退出登录，而实验类包括操作实验、实验资源及实验数据等变量。如图 11-8 所示。

实例以 C/S 架构为基础，以 Unity3D 引擎为载体，根据 Untiy3D 引擎的特点与 Web 相关需求，以资源、逻辑及平台三部分构成主框架。资源、平台主要是客户端，而逻辑包含客户端和服务端。资源主要包括场景模型和 UI 界面。

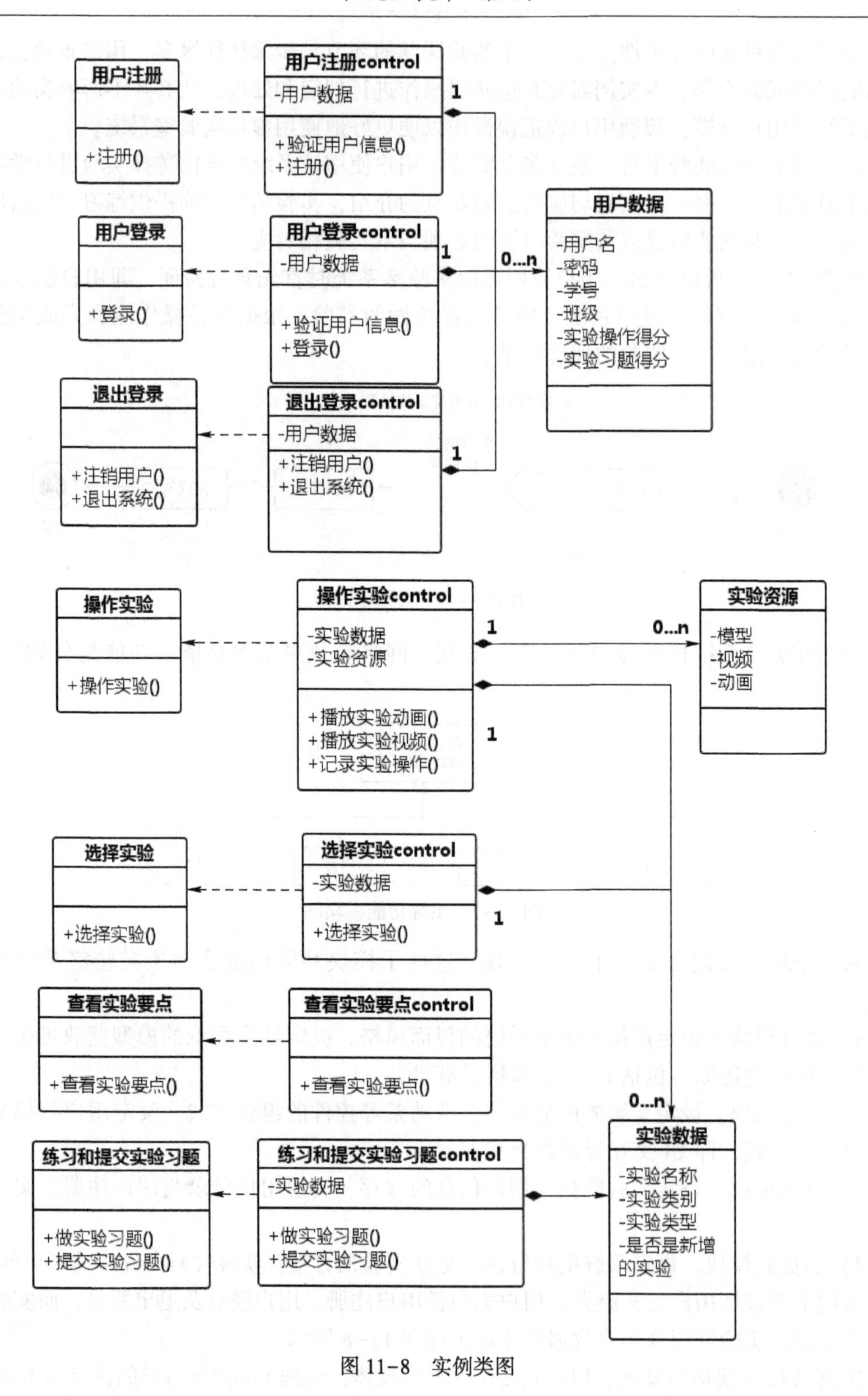

图 11-8 实例类图

实验系统使用过程如下。

Step1：用户在联网环境下进入平台登录界面，通过用户名与密码等信息验证身份并登录系统。

Step2：用户选择实验科目，系统根据用户选择的实验类型切换至相应的实验入口界面。

Step3：用户在实验入口界面选择开始实验或者浏览历史实验成绩，若选择查看历史实验成绩，系统则打开新界面，界面提供用户以往的实验成绩等信息；若选择开始实验即进入实验场景。

Step4：在以 Unity3D 搭建的 3D 虚拟实验场景中，系统提供相应的 UI 操作界面与操作提示，用户可自由地操作实验场景中的模型，结合实验流程与系统进行实验交互，达到模拟实验的效果。

Step5：实验流程结束时，系统将提示用户实验已结束，用户可选择退出实验或继续实验。如退出实验，系统将对用户的实验操作进行评分，并将用户的分数、操作情况等数据进行本地存储，再将这些用户数据同步至平台服务器。

Step6：结束本次实验，返回选择实验类型界面。

在 Windows 或 Android 移动平台下，可采用基于 Unity3D 引擎搭建的虚拟实验环境开发出以教学目的为主的虚拟仿真多平台网络实验系统。系统通过逼真的虚拟实验环境与提供有序的引导交互操作，驱动各个实验效果的表现，实现学习者之间和学习者与系统之间的实时交互，实现高效实验的虚拟化。

UI 设计是在 Unity3D 4.6 及以上的版本中进行的，UI 的主流设计方案有 NGUI 和 UGUI 两种。本实例使用了 NGUI-3.7.4 作为 UI 设计开发方案。在 Unity3D 中，可以使用代码控制其自身所携带的 GUI 来实现图形界面的搭建，为了提高搭建效率，满足现在市场对图形用户界面美感的要求，引入了 NGUI 来增加所要开发的图形用户界面的美感。

NGUI 是 Unity3D 的一款插件，也是一个功能强大的 UI 系统，其事件处理通常由开发人员编写脚本完成，并且是一个严格遵循 KISS（Keep It Simple，Stupid）原则的 Unity 框架。使用 NGUI 还可以搭建出更多丰富的图形界面，包括文本标签、按钮、列表及复选框等一系列界面控件。

实验中需要用到大量图片元素，这些图片元素可以分为两大类：一种是背景元素，另一种是可交互元素（如作为按钮的图片）。背景元素直接以原格式保存在项目的根目录下，可交互元素则经过一定的处理打成一个图包保存在项目的根目录下。

在 Unity3D 中，使用一种材质对模型或图片进行渲染称为一次 Draw Call。每一次 Draw Call 伴随着比较大的性能消耗，因此在系统的制作过程中需设计方案尽可能地降低 Draw Call 的数量。在本实例的 UI 设计开发方案中，将使用到的图片素材按照功能角度进行划分，将功能和显示上密切相关的图片打包到一起，即通过 NGUI 中的 Atlas Maker 工具，将要打包的图片经过代码处理集合成为一张使用同一材质的图片，最终这个图片就是项目需要的图集。

使用 Atlas Maker 制作图片图集的步骤如下。

Step1：选择图片或者图集。

```
void OnSelectAtlas (Object obj)
List<Texture> GetSelectedTextures ()
```

Step2：导入选择图片的 Texture2D。

```
static List<Texture2D> LoadTextures (List<Texture> textures)
```

Step3：将 Texture2D 转出 UISpriteEntry。

```
static List<SpriteEntry> CreateSprites (List<Texture> textures)
```

Step4：打包成大图片并生成 UISpriteData。

```
static boolPackTextures (Texture2D tex, List<SpriteEntry> sprites)
```

Step5：释放 UISpriteEntry。

```
static void ReleaseSprites (List<SpriteEntry> sprites)
Resources. UnloadUnusedAssets()
```

在 Unity3D 中，作为按钮等可交互元素的 UI 资源将被设置成 Sprite(精灵)，精灵具有图片拥有的所有性质，更具备可裁剪、可交互等性质。NGUI 中的 UISprite 就是 NGUI 集成的精灵工具类，它的使用依赖 Atlas(图集)，具有丰富的功能属性，便于操作和编辑。使用 Sprite 作为图片资源的载体，通过将图片资源以参数的形式赋给 Sprite，使 Sprite 得以在系统中展示出图片资源的特性。

UISprite 拥有众多公共变量属性，可供开发者调整和扩展。这些公共的属性变量均需要在 Unity3D 编辑器中可以采用拖拽、键盘输入值的形式给公共属性变量赋值。参数具体情况见表 11-1。

表 11-1　UISprite 脚本参数

参数名称	含　义
Atlas	当前 Sprite 所选的图集
Sprite	当前 Sprite 所选的贴图
Color Tint	当前 Sprite 图层的颜色
Pivot	当前 Sprite 的本地坐标原点
Depth	当前 Sprite 所在的层级
Size	快速调整 Sprite 的尺寸到实际像素尺寸
Aspect	当前 Sprite 的尺寸到实际像素尺寸的方式
Anchors	当前 Sprite 的锚点

UITexture 也是 NGUI 里的单独图片控件，它的使用不需要依赖图集，因此相比 UISprite 显得更为灵活，而且运行内存也会比使用图集的内存要小许多。本实例使用 UITexture 制作 UI 背景，并作为图片资源的载体，通过将图片资源以参数的形式赋给 UITexture，使 UITexture 得以在系统中展示出图片资源的特性。

UITexture 的脚本参数见表 11-2。

表 11-2　UITexture 脚本参数

参数名称	含　义
Texture	当前要显示的图片文件
Material	当前要显示的图片文件的材质
Shader	当前图片文件材质的着色器
UVRect	当前图片文件的 UV 坐标区域
Fixed Aspect	是否让图片文件保持与源文件一样的宽高比

（续）

参数名称	含　义
Type	当前图片的显示模式
Flip	是否翻转图片
Aspect	调整 Sprite 的尺寸到实际像素尺寸的方式
Anchors	调整 Sprite 的锚点
Color Tint	当前图片的颜色

静态字体（StaticFonts）需要依赖一个字体图集（Fonts Atlas）和字体图集的材质（Material）。使用静态字体需要预先将要用到的字体打包成一张纹理，并生成这张纹理的材质。字体图集与材质的预处理直接影响到静态字体在引擎中的显示，如字体容易模糊、缺角等。因此静态字体相较动态字体有许多的限制，但是静态字体的优势也非常显著，静态字体不会受到外部环境的影响，同时运行内存消耗低，执行效率快。因此，本实例中使用的字体是静态字体。

BMFont 是一款流行的位图字体创建工具，本实例使用它创建静态中文字体图集。

静态字体的图集与字体文件创建完成后，使用 NGUI 里的 Font Maker 工具为图集生成材质，Font Maker 的工作步骤如下。

Step1：选择图片或图集。

```
void OnSelectAtlas (Object obj)            //选中图集的时候
void OnSelectionChange ()                  //选中图片的时候
```

Step2：导入字体文件（.fnt）。

```
static void ImportFont (UIFont font, Create create, Material mat)      //导入字体资源
```

Step3：为字体文件和字体图集创建材质。

```
static public void Load (BMFont font, string name, byte[] bytes)       //加载字体文件
static public voidAddOrUpdate (UIAtlas atlas, Texture2D tex)           //添加或更新字体图集
static void CreateEmptyPrefab(string prefabPath)                       //创建空的预设
static void CreateAsset(Material mat,string matPath)                   //创建文件资源
```

Unity3D 引擎提供 Label 控件来显示文本内容。UILabel 是 NGUI 的一个文本控件集成类，为开发者提供了丰富的编辑与扩展接口。本实例使用 UILabel 作为字体资源的载体，把字体文件与字体图集文件拖拽至 UILabel 的参数项位置处，为 UILabel 组件的属性赋值。

UILabel 的具体脚本参数见表 11-3。

表 11-3　UILabel 脚本参数

参数名称	含　义
Font	选择用于当前标签的字体格式
Font Size	字体的大小
Text	要显示的文本
Overflow	文本溢出文本框的处理方式

（续）

参数名称	含　义
Alignment	文本的对齐方式
Gradient	文本的颜色梯度
Max Lines	文本框显示的最大行数
Spacing	文本的字间距
Effect	选择字体的效果（阴影、轮廓）
Depth	当前文本标签的层级
Color Tint	文本的颜色
Pivot	文本控件的坐标原点

NGUI 中以 Unity3D 中的刷新函数（Update）与射线检测（Physics. Raycast）来驱动 UI 交互，以 C#的委托（delegate）与事件（event）实现 UI 交互中的事件监听与事件分发，本实例主要使用 UICamera 类与 UIEventTrigger 类实现 UI 界面的交互功能。

UICamera 作为 NGUI 事件的广播类，它的功能是监听射线碰撞事件，将射线碰撞事件进行分析归类，之后分发给发生碰撞检测的 UI，UI 中绑定的 UIEventTrigger 接收到事件后开始分别执行自身绑定的方法。UICamera 发送以下事件给碰撞体（Collider）。

OnHover(isOver)：鼠标悬停。

OnPress(isDown)：鼠标按住不放。

OnSelect(selected)：鼠标单击到鼠标抬起均在一个物体上。

OnClick()：鼠标单击到鼠标抬起均在一个物体上，同时不允许有过多的位移。

OnDoubleClick()：鼠标双击。

OnDrag(delta)：鼠标拖拽。

OnDragStart()：鼠标拖拽之前。

OnDragOver(draggedObject)：鼠标拖拽其他物体到该物体的上方。

OnDragOut(draggedObject)：鼠标拖拽其他物体移出该物体的上方。

OnDragEnd()：鼠标拖拽结束。

OnInput(text)：键盘键入文字时。

OnTooltip(show)：鼠标停留一段时间。

OnScroll(float delta)：鼠标中键滚动。

OnKey(KeyCode key)：键盘输入。

UIEventTrigger 作为 NGUI 事件的接收类，包含 onHoverOver、onHoverOut 及 onPress 等成员变量。这些变量均为委托类型变量，能接收由 UICamera 发送给 GameObject 的 NGUI 事件，同时执行这些事件所绑定的方法，即回调。如果想让项目里的 GameObject 接收 OnClick、OnPress 等事件，需要把 UIEventTrigger 绑定在对应的 GameObject 上。

实例中使用外部输入设备如鼠标、键盘等，通过鼠标单击 UI 等方式触发射线的碰撞事件。UICamera 类将射线碰撞事件发送给被单击的 UI 下的 UIEventTrigger 类，UIEventTrigger 类根据事件的类型（单击、拖拽及按住等）执行相应绑定的方法，而这些绑定的方法来自作者自定义的 Choose、Change、ToInterface1 等逻辑类。

其中 UIEventTrigger 类执行绑定的方法是 EventDelegate. Execute，其函数原型为

```
static public void Execute (List<EventDelegate> list)     //执行绑定委托的函数
```

参数 list 即为 Unity3D 编辑器窗口中拖拽赋值好的绑定方法的列表。

实验内容使用动画表达。采用 Animator 动画控制器和动画片段 Animation。

Animator 动画控制器是 Unity3D 里的自带组件，通过动画控制器视图可以查看和设置动画的行为。一个 Animator 允许包含多个 Animation 文件。

动画片段 Animation 是 Unity3D 里自带组件，作为动画资源用于 Unity3D 的动画系统中。Animation 支持单独使用，功能较为单一；与 Animator 联合使用，此种用法功能丰富，具备动画合成、混合、添加动画、步调周期时间同步、动画层及控制动画回放的所有功能。Animator 与 Animation 的调用关系如图 11-9 所示。

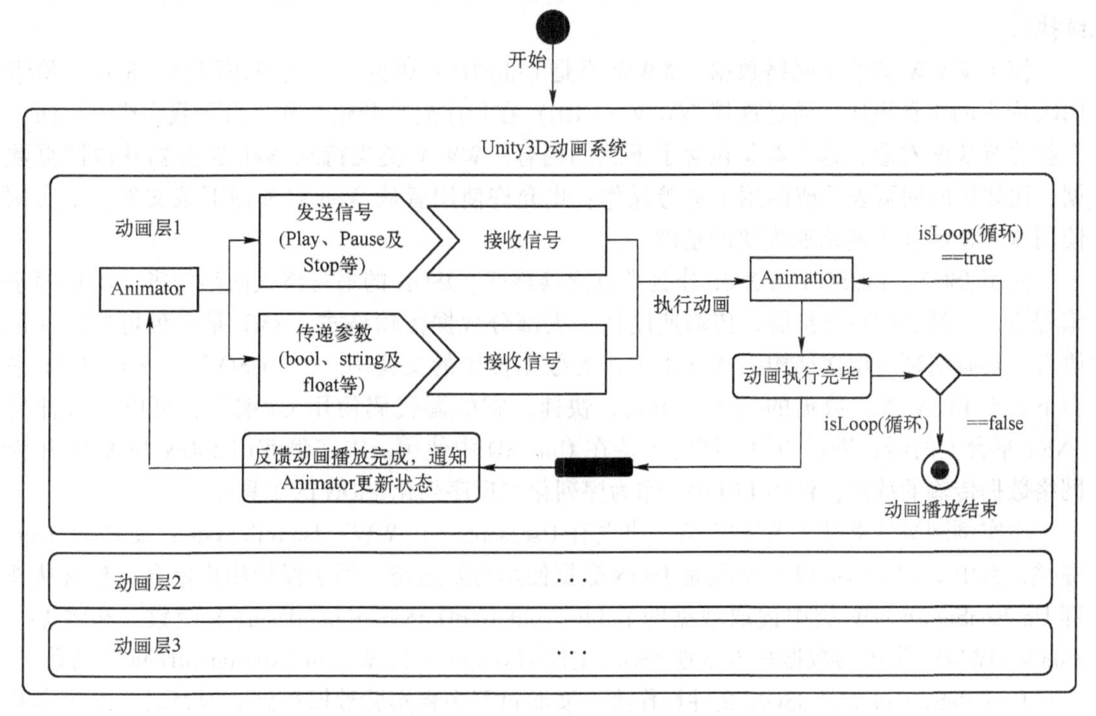

图 11-9　Animator 与 Animation 的调用关系

Unity3D 动画系统将动画的播放分为若干个层，每个层中包含了独立的 Animator 与 Animation。这些层的动画可以同时播放，也可以异步播放。每个层中的 Animator 控制该层中的动画播放逻辑，Animator 通过发送 Play、Pause 及 Stop 等信号给 Animation，Animation 根据信号的内容做出响应。当 Animation 响应完毕后，如果 Animation 自身的循环属性被激活，动画将回到初始状态，否则结束动画。如果在 Animator 中设定 Animation 的返回属性，Animation 将在播放完一次动画后返回播放完毕的消息给 Animator。

为了便于管理动画的物体，实例中每一个实验均把所有需要动画演示的物体集合在一个父物体下，这个父物体绑定 Animator 组件，动画的制作以及动画的播放均由 Animator 组件进行控制。

系统中将烧杯、药剂瓶、试管及滴管等仪器归附在父物体“中和反应模型”中。父物

体最初是一个空物体，给其绑定上 Animator 和自身的逻辑脚本，就能对模型的动画进行方便的管理。

在中和反应实验中，新增了一个 Animation。这个 Animation 包含了整个实验的演示过程，包括模型的移动、旋转及颜色的变换等，在程序运行过程中 Animation 受到 Animator 的控制，以实现分段式展示实验的效果。

Animation 上分布了许多关键帧，这些关键帧上记录着模型的位置、旋转及缩放等属性信息。从一个关键帧跳到另一个关键帧需要经历一定的时间，所有的关键帧串联起来，在一定的时间内展示在用户面前的就是一连串的模型属性变换，也就形成了动画。

在动画开始播放时刻，会展示一个提示实验操作的 UI，用户单击 UI 的“确定”按钮并单击指定的模型后，动画继续执行；当动画执行到另一个时间点的时候，又会触发另一个提示实验操作的 UI 事件，只有当用户单击了“确定”按钮并单击指定的模型后，动画才会继续执行。

使用 WWW 类请求网络数据。WWW 类是 Unity3D 自带的一个简单访问类，是用于检索 URL 内容的工具模块。通过连接 WWW（URL）在程序后台开始下载，当下载完毕时返回一个新的 WWW 对象，这个对象包含了下载的内容。WWW 类支持从 Web 服务器获取网页数据，比如访问网页表单或调用主页等操作；也允许使用者从 Web 服务器下载文件。本实例使用 WWW 类作为网络通模块的基础。

使用 JSON、LitJSON 与 XML 作为数据交换格式。JSON 的书写格式简洁清晰，不依赖于编程语言，易于编写与扩展，传输速度优于大部分数据传输格式。XML 是一种可扩展标记语言，具有清晰的层次结构，常常用于作为数据传输的交换格式。LitJSON 是一个 .NET 平台下处理 JSON 格式数据的类库，小巧、快速。它的源代码使用 C#编写，可以通过任何 .NET 平台上的语言进行调用，同时支持在 Unity3D 中使用。本实例使用 JSON 与 XML 作为网络数据传输的载体，使用 LitJSON 作为序列化与反序列化 JSON 的工具类。

本实例网络请求基于 WWW 类，建立有 UseJsonSendWWW、JsonFileSystem 及 PostStream 等类，其中 UseJsonSendWWW 类是 JSON 数据使用与发送类，用于保护用户信息，包含从外部 UseJsonSendWWW 类中读取数据的 public void RedOutExperimentData( ) 函数，和将 UseJsonSendWWW 类中的数据写入本地 JSON 文件的 public void WriteInExperimentData( )函数。

JsonFileSystem 类是 JSON 文件操作类，实验过程中将实验数据存到本地目录，结束实验时读出发送到服务器，其包含将数据写入 JSON 文件的 public void WriteJson（string data, string fileName）、从 JSON 文件中读取数据的 public JsonData ReadJson（string fileName）及获取保存着实验数据的 JSON 文件的 public ExperimentData ReadJson_ExperimentData（string fileName）函数。

PostStream 类是网络请求的数据类，将请求的数据格式化为自定义的格式，发送到服务器端，包含写入表头数据的 public void BeginWrite(bool issum)、添加要发送的数据 public void Write(string head, string content) 及获取数据的字节数 public void ReadByte(ref byte bts) 函数。

服务端数据验证：服务器端使用 MySQLdb 关系型数据库管理系统对虚拟实验室数据进行维护和管理，使用 PHP 实现服务器端管理功能。用户在登录、注册或提交实验习题的时候会经过服务器 PHP 逻辑的验证，验证完毕后会给客户端一个反馈，反馈的内容有是否登录/注册成功、实验数据是否已保存等。

数据存储：服务器使用 LitJSON 作为数据交换格式，使用 Python MySQL（MySQLdb）作为数据库来存储实验数据和用户数据。

```
//登录信息验证
$reback = "server recived . $StuID";
$dbc=mysqli_connect( DB_HOST, DB_USER, DB_PASSWORD, DB_NAME);
$query = "select * from user_information where user_id = $StuID";
$data = mysqli_query($dbc, $query);
$num_results = mysqli_num_rows($data);
// 准备发送数据到 Unity
// $webstream=new PHPStream();
if($num_results != 0)
{
    $row = mysqli_fetch_array($data ,MYSQLI_ASSOC);
    $username = $row['user_name'];
    $userclas = $row['class_name'];
    if($row['password'] != $pwd)
    {$reback = "wrong_pwd";}
    else if($row['password'] == $pwd)
    {$reback = "pass|$username|$userclas";}
}
else
{$reback = "no_user";}
//UploadTest. php 用户数据记录
$named5 = md5($ExperName);
$evaluPath = EA_UPLOADPATH . $StuID . '_' . $named5 . '. json'; //the txt file path of this experi-
ment
file_put_contents($evaluPath, $evalueData);
$reportPath = RP_UPLOADPATH . $StuID . '_' . $named5 . '. json';
file_put_contents($reportPath, $reportData);
$showpath = GW_SHOWHTMLPATH . 'test_report. json';
file_put_contents($showpath, $reportData);
```

资源热更新的流程为打包新资源→下载包资源→解析包资源→使用包资源，如图 11-10 所示。

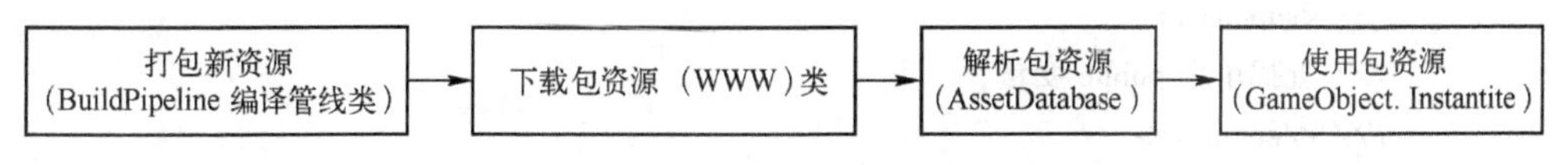

图 11-10 资源文件热更新流程

1）打包新资源。即使用 BuildPipeline 类完成打包工作。BuildPipeline 是 Unity3D 的一个编辑器类，它可以以编程的方式生成资源包，以便于从 Web 或本地中加载。打包新资源主要使用 BuildAssetBundle 函数进行打包，其函数原型为

```
//将选中的资源进行打包
static bool BuildAssetBundle (Object mainAsset ,Object[ ] assets,string pathName, BuildAssetBundleOptions options = BuildAssetBundleOptions. CollectDependencies | BuildAssetBundleOptions. CompleteAssets, BuildTarget targetPlatform = BuildTarget. WebPlayer)
```

2）下载包资源。即在打包好新资源之后将整个包的资源从本地或网络上下载下来，通过使用WWW类与协同程序完成下载工作。

3）解析包资源。即下载工作完成后，将资源包里的内容按照一定的格式（如GameObject、Texture、Audio）解析出来，主要使用AssetDatabase类与WWW类完成解析工作，具体解析方法为

```
static Object LoadAssetAtPath (string assetPath , Type type )       //根据路径读取资源文件
static WWW LoadFromCacheOrDownload (string url , int version ) //从本地或服务器下载资源文件
```

4）使用包资源。即完成包资源的解析工作后，通过实例化对象、复制等方法将包里的资源添加到正在运行的项目中，从而实现动态加载与动态更新。

与资源文件热更新稍有不同，代码文件的热更新需要做更多的处理。Unity3D主流的代码文件热更新方案有两种：一是将新增的代码文件集成DLL文件，再使用反射技术加载进运行的项目中；另一种是使用一种解释型语言作为辅助语言，遵循新增的代码文件一定是解释型语言的原则，在项目运行时将新增的代码文件直接加载进入项目中运行。本实例使用了后者作为代码文件热更新的方案，由于本实例使用的主语言是C#，C#属于编译型语言，因此不允许在未经过编辑的情况下把新的C#代码文件直接引入项目中使用，因此本实例选择使用了解释型语言——Lua语言来实现代码文件的热更新。基于Lua脚本实现热更新的系统，其特征在于主程序中嵌入有Lua脚本管理器和Lua虚拟机，并在Lua虚拟机中建立一个全局数据管理器，该全局数据管理器是整个Lua逻辑模块的启动者和管理者。

服务于Lua代码的C#工具类不允许作为新增的代码打入资源包中，而是随程序最初的部署版本一起被编译进程序中，这些工具类为Lua代码文件提供框架中无法获取到的Unity3D编辑器中绑定的公共变量与Unity3D的回调类方法，如MonoBehaviour. OnTriggerEnter、MonoBehaviour. OnTriggerStay及MonoBehaviour. OnTriggerExit等方法。本实例中编写了两个工具类，一是luaObjsContainer类，另一是luaTrigger类。

luaObjsContainer是一个容器工具类，它的功能是为Lua脚本里获取Unity3D的public变量提供接口。luaObjsContainer类部分代码如下。

```
public class luaObjsContainer : MonoBehaviour {
    //...
    /// <summary>
    /// 查找单个 public 变量
    /// </summary>
    /// <param name="luaName">lua 脚本的名字</param>
    /// <param name="paramName">变量的名字</param>
    /// <returns></returns>
    public GameObject FindAppointParam( string luaName, string paramName)
    {
```

```
            foreach (publicParam pp in luaPublicParams)
            {
                if (pp.luaName == luaName)
                {
                    foreach (publicParamBody ppb in pp.paramBody)
                    {
                        if (ppb.paramName == paramName)
                            return ppb.param;
                    }
                }
            }
            return null;
        }
    }
    [Serializable]
    public class publicParam
    {       //...      }
```

luaTrigger 类是一个回调方法工具类，它的功能是为 Lua 脚本调用 Unity3D 中的回调方法提供接口。luaTrigger 类部分代码如下。

```
            /// <summary>
        /// 碰撞体进入
        /// </summary>
        /// <param name="other">进来的碰撞体</param>
        void OnTriggerEnter(Collider other)
        {
            try
            {
                int strLen = enterFunc.Length;
                LuaScriptMgr lsm = GameManager.Instance.luaScriptMgr;
                for (int i = 0; i < strLen; i++)
                {
                    LuaFunction lf = lsm.GetLuaFunction(enterFunc[i]);
    lf.Call(other);
                }
            }
            catch (UnityException e)
            {
                Debug.Log("OnTriggerEnter throw exception:"+e.ToString());
            }
        }
    //...
    }
```

本实例中和反应实验作为热更新的新版本实验，逻辑代码使用 Lua 脚本编写，新增 MainInclude. lua 与 ZhonghePHAnimation. lua 脚本文件，ZhonghePHAnimation. lua 脚本文件的部分内容如下。

```
--========================================
-- Update is called once per frame
--========================================
function ZhonghePHAnimation. Update( )
    if not ZhonghePHAnimation. is_activity then
        return
    end
    if (isNeedClick) and (false == isAnimationEnd) then
        if Input. GetMouseButtonDown(0) then
            local ray = Camera. main:ScreenPointToRay(Input. mousePosition)
            local hit       --RaycastHit
            local isHit = false
//Raycast 里的 out 类型使用 nil 代替,RaycastHit 将由返回值代替
isHit,hit = Physics. Raycast(ray, nil)
            if isHit then
                if hit. collider. gameObject == gameObjects[count+1] then
                    ZhonghePHAnimation. ContinuePlay( )
    if hits<30 then
        sumscore = sumscore+hitscore[count+1]-hits
    end
                    hits = 0
                    //动画播完就计算分数
                    if 4 == count then
                        ScoreData. GetInstance( ). operationScore = sumscore;
                    end
                end
                hits = hits+1
            end
        end
    end
    if isAnimationEnd and isNeedClick then
        --slide. Update( );
animator. speed = slide. GetCount( );
        ScoreManagementProtein. GetInstance( ):WriteDescribeScore(5, 10)
    end
end
```

MainInclude. lua 文件负责将项目中新增的 lua 文件载入 Lua 运行库的内存中；ZhonghePHAnimation. lua 文件包含了整个中和反应实验所需要的代码逻辑，通过第二步中新增的 C#工具类的支持，ZhonghePHAnimation. lua 能很好地支持实验的运作。

新增的资源文件，包括资源文件与代码文件，均需要将其打包成 Unity3D 支持的 Assetbundle 文件。打包分为场景打包和资源打包，为此本实例新建了两个 C#资源打包工具类，一个是 CreateAssetBundle 类，另一个是 SceneAlert 类。

CreateAssetBundle 类是编辑器类，为实验用户提供打包操作的入口，同时包含打包资源文件的关键代码，其核心方法为

```
public static void CreateSceneAssetBundle()        //创建场景 Assetbundle 文件
public static void CreateLuaDirectionXml()         //创建保存服务器 lua 文件路径的 XML 文件
static void SearchPath(string path)                //遍历当前目录及其子目录的所有文件
```

其部分代码如下。

```
//创建 lua 文件路径的 XML
[MenuItem("Create My File/LuaDirectionXml")]
public static void CreateLuaDirectionXml()
{
    //检查 Editor 下 Assets/Lua 目录是否存在
    string rootPath = Application.dataPath+"/Lua/";
UnityEngine.Debug.Log(rootPath);
    if (!Directory.Exists(rootPath))
    {
      EditorUtility.DisplayDialog("","目标目录不存在:"+ rootPath,"确定");
      return;
    }
    //遍历 Assets/Lua 下所有的文件,每个文件的目录写入 XML 中
    pathsRel.Add("/Lua");
  SearchPath(Application.dataPath + "/Lua/");
    try
    {
        //...
    }
    catch (Exception e)
    {
        //...
    }
}
```

SceneAlert 类主要负责打包场景文件，其核心方法为

```
BuildPipeline.BuildPlayer(string[] levels, string locationPathName, BuildTarget target, BuildOptions
options) //创建场景 Assetbundle 文件
```

其部分代码如下。

```
if (File.Exists(scenePath))
{
```

```
if ( !Directory. Exists( Application. dataPath + "/StreamingAssets/" ) )
Directory. CreateDirectory( Application. dataPath + "/StreamingAssets/" ) ;
if ( !Directory. Exists( Application. dataPath + "/StreamingAssets/ Assetbundle/" ) )
Directory. CreateDirectory( Application. dataPath + "/StreamingAssets/ Assetbundle/" ) ;
if ( !Directory. Exists( Application. dataPath + "/StreamingAssets/ Assetbundle/Scene/" ) )
Directory. CreateDirectory( Application. dataPath + "/StreamingAssets/ Assetbundle/Scene/" ) ;
string bundlePath = Application. dataPath + "/StreamingAssets/ Assetbundle/Scene/" + m_sceneName
+ ". unity3d" ;
string[ ] levels = { scenePath } ;
BuildPipeline. BuildPlayer( levels, bundlePath, BuildTarget. StandaloneWindows, BuildOptions.
BuildAdditionalStreamedScenes) ;
AssetDatabase. Refresh( ) ;
ShowNotification( new GUIContent( "创建成功" ) ) ;
}
//否则提示场景文件不存在
else
{ShowNotification( new GUIContent( "场景文件不存在" ) ) ;}
```

资源打包工具类编写完毕后，就可以对新增的文件进行打包操作，打包出来的文件以Assetbundle包的形式保存，供解包程序使用。

新资源打包完毕后，需要将其上传至Web服务器，在程序启动时将本地版本文件与服务器版本文件进行对比，若服务器版本高于本地版本，则程序提示进行更新操作；若服务器版本与本地版本相同，则不执行更新操作。执行更新操作时，程序将从Web服务器上下载新增资源列表，根据资源列表从Web服务器上下载资源文件，包括Lua代码文件。下载完毕后复制到本地或覆盖本地原资源文件，再对下载到本地的资源文件进行解析与加载操作，最终加入正在运行的项目程序中，其流程如图11-11所示。

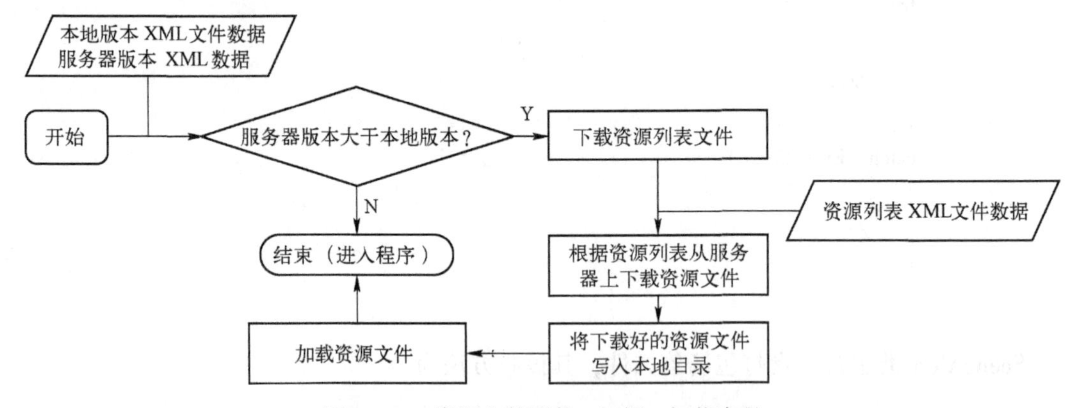

图11-11　资源文件下载、解析、加载流程

从图11-11可以看出，在系统启动时会读取本地版本的XML和服务器版本的XML内容，将版本号进行对比。如果服务器的版本号大于本地的版本号，就会执行更新操作。执行更新操作，系统将会首先从服务器下载若干个资源文件列表XML，这些XML记录着要下载的文件在服务器上的目录。读取到文件的目录后，客户端下载这些新的文件并保存到本地，

再经过解析文件和加载文件，就可以使用这些新更新的文件资源。

```
//InitProject 类是执行整个下载、解析、加载流程的逻辑类
void CheckUpdate()
{
    try
    {
        msgLabel.text = "正在检查更新...";
        //读取项目根目录下的 version.xml
        string xmlPath = m_rootPath + "/Xml/version.xml";
        XmlDocument xmlDoc = new XmlDocument();
        xmlDoc.Load(xmlPath);
        //获取根节点
        XmlElement rootElement = xmlDoc.DocumentElement;
        foreach (XmlElement child in rootElement)
        {
            if ("Version" == child.Name)
            {
                m_localVersion = (float)Convert.ToDouble(child.GetAttribute("version"));
                experienceVersion.text = "实验版本:" + m_localVersion.ToString();
                //break;
            }
            else if ("EngineVersion" == child.Name)
                engineVersion.text = "引擎版本:" + ((float)Convert.ToDouble
(child.GetAttribute("version"))).ToString();
        }
        //...
    }
    catch (Exception e)
    {
        //...
    }
}
```

实现代码文件动态更新的具体过程是首先检查并更新本地资源和业务逻辑，如需下载则下载。启动下载时资源均从本地资源创建，业务逻辑从本地执行，从而实现代码文件的动态更新。具体过程如图 11-12 所示。

写入新的文件：即将资源包里的代码文件内容以文本的形式读取出来，直接加载执行或直接保存为解释脚本的格式。

解压缩文件：由于在构建使用解释型语言的环境时往往遵循着环境根目录易维护、少变动的原则，因此使用新增的解释型语言。如果需要依赖最初搭建的基础类，则需要将其移动至相应环境目录下，否则脚本文件可能出现异常。

使用解包完毕后的代码资源：即通过项目的内部逻辑来执行新增的代码。

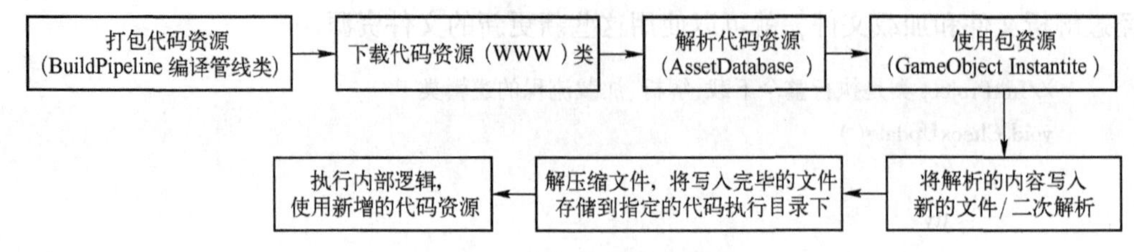

图 11-12 代码文件热更新流程

习题

11.1 什么是虚拟现实？

11.2 虚拟现实涉及哪些技术？

11.3 什么是沉浸式交互？

11.4 请阐述沉浸式的发展历史及代表产品。

11.5 什么是锚点？它的用途是什么？

11.6 通过本章两个实例的学习，你认为沉浸式交互设计中什么最重要？你对哪部分设计最感兴趣？

第12章　增强现实

12.1　增强现实概述

增强现实（Augmented Reality）技术是一种将虚拟信息与真实世界巧妙融合的技术，广泛运用了多媒体、三维建模、实时跟踪及注册、智能交互及传感等多种技术手段，将计算机生成的文字、图像、三维模型、音乐及视频等虚拟信息模拟仿真后，应用到真实世界中，在现实世界画面上“叠加”虚拟信息，两种信息互为补充，从而实现对真实世界的“增强”。增强现实的概念最早于20世纪90年代由波音公司的Tom Caudell和他的同事提出。数十年来，国内外各大高校、实验室、研究所乃至企业不断投入到对增强现实技术的研究中，并取得了显著成果。增强现实技术提升了人类对真实世界的感知能力，相比追求虚拟世界沉浸感的虚拟现实（Virtual Reality，VR）技术，有着更广泛的应用潜力和可延展性，在诸多领域都有广泛应用。

目前对于增强现实技术有两种较为权威的定义。第一种定义是Paul Milgram和Fumio Kishino于1994年提出的。在论文中他们提出“现实-虚拟连续统”的概念，认为在虚拟环境和真实环境的中间地带存在“混合现实”，在这其中更靠近真实环境的为增强现实，最终将通过计算机生成各种虚拟对象来“增强”真实环境的技术，定义为增强现实。第二种定义是R. T. Azuma于1997年在Hughes Research Laboratories时提出的。他没有从具体技术角度定义增强现实，而是提出了增强现实所需要的三方面特性：将虚拟与现实融合、实现实时交互及在三维空间注册。

近年来，随着计算机及各种移动设备的GPU、CPU等各项性能不断提升，以及计算机图形学与机器视觉等技术水平的不断提高，增强现实技术逐渐成为国内外学者研究的热点，其应用领域也越发广泛，遍布如医疗、工业、旅游、城市建设、军事、教育、遗迹保护及娱乐等诸多领域。

国外各大高校、实验室及研究所等将研究重点放在增强现实技术实现的核心算法、人机交互方式及软硬件基础平台等方面。如1999年，ARTool Kit项目发布，并于2001年开源，维护直至今日，极大地推动了增强现实技术的发展，更是将AR技术从PC端推广至手机端。它使用视频跟踪技术来实时计算真实摄像机位置和相对于标识物的方向，解决了增强现实中的两个关键问题：视点跟踪和虚拟对象交互。洛桑联邦理工学院的Computer Vision Laboratory提出了一种基于自然平面图像与立体物体识别追踪的三维注册算法，取得了里程碑式的研究成果。新加坡国立大学的Interactive & Digital Media Institute则致力于研究基于增强现实技术的人机交互技术。2004年，牛津大学的Andrew J. Davison基于SLAM算法提出了广角视觉下的实时三维 SLAM 算法，开创了增强现实新的研究方法。2012 年，谷歌公司推出名为 Google Project Glass 的增强现实型穿戴式智能眼镜。该眼镜集相机、智能设备及全球定位系统等设备于一身，在用户眼前展现实时信息，风靡一时。2015 年，微软推出 Holo Lens 增强现实头显设备，其具有全息、高清镜头及立体声等特点，可以让你看到和听到你周围的全息景象，实属头戴式显示设备的翘楚。2016 年，任天堂推出基于增强现实技术的手机游戏 Pokemon Go，将虚拟的精灵、场景等叠加在真实世界上，因其出色的创新性与游戏性席卷全球。2017 年，苹果公司于全球开发者大会上发布了 AR 开发平台 ARKit，将优秀的 AR 体验赋予无数的消费级设备，各式各样的 AR 应用一时层出不穷。

国内的增强现实技术研究比国外晚，但在近几年也得到了较快发展。2006 年，北京理工大学的王涌天等人提出运用增强现实技术数字化“重建圆明园”，提议以定点式 AR、手持式 AR 和头盔式 AR 等多种形式展现圆明园的魅力。王涌天等人还于 2010 年提出一种在自然特征识别基础上采用关键帧匹配的跟踪注册算法，该算法在户外定位追踪方面有良好效果。2006 年，国防科技大学的高宇等人将注意力放在基于增强现实的虚拟实景空间上，从几何一致性及光照一致性等角度研究了虚拟物体与实景空间合成的一致性问题。同年，华中科技大学的蒋钦云提出了一种基于标示焦点与全局单应性矩阵相结合的三维注册方法，采用了标识预估的方法进行标识搜索跟踪，设计了卡尔曼滤波器以确保旋转角的精确度，降低跟踪维数，最终提高注册精度。2014 年，视辰信息科技公司推出使用自主 AR 引擎开发的视+AR 编辑器和视+AR 浏览器，于 2015 年发布国内首个可以投入应用的 AR 引擎 Easy AR，以其友好的界面、交互性、兼容性吸引了一批 AR 开发者。2015 年，亮风台发布 Hi AR 增强现实平台，包括 Hi ARSDK、云识别及管理者后台等开发工具，使开发者能利用其增强现实框架快速开发 AR 应用。

12.2 增强现实核心技术

增强现实技术包括跟踪注册技术、显示技术及人机交互技术等技术。显示技术和人机交互技术在前文已阐述，此处只简单阐述跟踪注册技术。

跟踪注册技术是增强现实系统的核心技术之一。增强现实系统的最终效果与其所用的跟踪注册技术密不可分。跟踪注册技术，是指通过相应算法快速地计算虚拟空间与现实空间坐标系的映射关系，使其精准对齐，从而实现虚拟信息在真实世界的完美叠加。建立虚拟空间坐标系与真实空间坐标系的转换关系，使得虚拟信息能够正确地放置于真实世界中，此过程为注册。实时从当前场景获得真实世界的数据，并根据观察者位置、视场、角度、方向及运动情况等因素来重建坐标系，并将虚拟信息正确地放置于真实世界中，此过程为跟踪。目前通用的跟踪注册技术主要有以下三种。

1）基于计算机视觉的跟踪注册技术。该技术主要有两种方法：一种是基于标识物的方法，另一种是基于自然特征的方法。基于标识物的方法，主要通过在真实空间中放置标识物，通过对实时图像进行边缘检测等方法识别标识物，而后根据标识物的信息建立虚拟空间与真实空间的坐标映射关系。基于自然特征的方法，主要通过分析实时图像，提取相匹配的自然特征点，通过真实图像计算出虚拟空间与真实空间的坐标映射关系。该项技术优点在于不需要额外的外部设备，计算精度高，且具有对多目标识别追踪能力。其缺点在于计算复杂度高，实时性差且易受环境影响。

2）基于硬件设备的跟踪注册技术。该技术通过各类传感器、GPS 设备及摄像机等硬件实时捕捉观察者的位置、视场等信息，计算出虚拟空间坐标系与真实空间坐标系的转换关系。其优点在于定位速度快，测量范围大，实时性好；缺点在于需要额外的外部设备，精度受外部设备影响较大。

3）混合跟踪注册技术。基于计算机视觉的跟踪注册技术与基于硬件设备的跟踪注册技术各有优劣，在目前来看，单一的跟踪技术很难较好地解决增强现实应用系统的跟踪注册问题。因此，在条件允许的情况下，可以将这两种跟踪注册技术相结合，充分利用两种技术各自的优势，以提高跟踪注册的实时性、精度、鲁棒性，从而提高增强现实应用的稳定性与环境适应性。混合跟踪注册技术亦是目前国内外各大高校、研究所等的研究重点。

12.3 增强现实开发工具

为了推进增强现实技术在各个领域的广泛应用，研究者除了对于增强现实系统核心技术进行研究外，同样应该致力于建设增强现实系统框架的开发与运行环境，以便增强现实应用的开发。因此增强现实系统的框架也是各个高校、研究所及企业等研究的重点。目前，国内外均有成熟的增强现实系统框架，用以支持增强现实应用的快速开发。国外较为知名的有 Vuforia、Metaio 等，国内为 Easy AR、Hi AR 及太虚 AR 等。

Vuforia 是由高通公司提供的增强现实开发包，致力于实现高端和完美的 AR 体验，后被 PTC 公司收购。其最新推出的 Vuforia6，提供 iOS、Android、Windows 等多平台 SDK，支持 Unity3D 引擎，亦提供云识别等云服务，使用户可以轻松开发各种平台的增强现实应用，连续 4 年被增强现实世界博览会评为最佳工具。

ARKitMetaio 于 2003 年成立于德国慕尼黑，一直专注于增强现实与计算机视觉解决方案，其包括 Metaio Creator、Metaio SDK、Metaio Cloud 等多项增强现实技术，吸引众多独立开发者和企业，其多项技术已经被应用于各行各业，2015 年 Metaio 被苹果公司收购，2017 年苹果推出自己的增强现实开发包 ARKit，迅速吸引了广大开发者，将优秀的 AR 体验赋予无数的消费级设备。

Easy AR 为中国视辰信息科技有限公司所开发的国内首个投入应用的增强现实引擎，目前提供 iOS、Android、Windows、Mac OS 等多平台 SDK，兼容性较高，且提供 SLAM 技术、3D 物体跟踪、平面物品跟踪及云识别等多项服务，深受国内 AR 开发者喜爱。

除了上述介绍的 Vuforia、Easy AR 等增强现实开发 SDK，国内外还有许多个人及企业开发的增强现实开发包，如 ARTool-Kit、ARLab 等。

12.4 增强现实应用领域

近年来，随着计算机及移动设备等各项性能不断提升，以及增强现实系统的各项核心技术的不断优化，增强现实技术逐渐成功应用于各个领域。在医疗领域，增强现实技术应用于手术与培训中，在患者进行手术时，医生可以看到病人身上实时 MRI 和 CT 图像，可提升手术成功率，降低手术风险；在医疗教育中，增强现实技术可应用于手术模拟、人体器官学习等，可提升教学效果；在军事领域，军队可以利用增强现实技术，实时获取周边物体信息、兵力部署信息及实时方位等重要信息，可提升军事活动的成功率；在游戏领域，谷歌公司发布的 Ingress 及任天堂公司开发的 PokemonGo，以其巧妙的构思，将增强现实技术应用于游戏领域，通过 GPS 等位置传感器获取玩家地点，从而提升游戏趣味性与真实性，取得了巨大的成功。

增强现实技术的发展与应用是科技发展的必然趋势，已逐步从研究领域走向应用领域。目前的研究必将推动增强现实技术的进一步发展，随着设备性能的提升与核心技术的优化，在不久的将来，定会有大量优秀的 AR 应用涌现，从而改善人们的生活品质，为生活带来无限可能。

12.5 增强现实应用实例

12.5.1 越王楼 AR 明信片

明信片作为一种传统的文化和情感传递媒介，在传递文化的同时起着交流感情、传递情谊的作用。得益于计算机技术的发展，明信片已经从一张普通的风景照、人物照或文物照等到立体明信片，再到语音明信片，最后到现在的 AR 明信片。

为了更好地宣传中国四大古楼之一的越王楼，本实例设计了一款越王楼 AR 明信片，用以向游客展示越王楼文化。游客通过手机扫明信片上的二维码下载 APP，然后用 APP 扫明信片上的越王楼图片，在手机屏幕上出现一个 AR 形式的越王楼，或者越王楼的一些其他的文物，或者是越王楼的介绍视频。游客通过购买明信片，就可以把鲜活的历史文化信息"带回家"。

本实例利用增强现实及交互技术实现一款以智能手机为载体 AR 明信片。通过智能手的屏幕，将明信片中越王楼景区中标志性的越王楼主楼、壁画、文物以及越王楼的介绍视频用 3D 模型的方式表现，让游客与其进行交互，让景点在游客眼前活起来。

该实例的任务包括制作越王楼景点明信片，明信片承载的内容包括越王楼主楼和几件典型文物，基于明信片设计一款基于 iOS 版本和 Android 版本的 APP，实现对越王楼主楼和文物的建模；识别越王楼明信片，以 AR 的形式展示明信片；用户越王楼明信片的交互设计。

该应用系统包含场景模块、UI 模块和交互模块。在用户运行系统后，首先会进入摄像机拍摄界面。当系统检测到标识图后，根据映射关系将标识图的位置等信息转换到屏幕坐标上，把越王楼主楼在具体的屏幕坐标上进行展示，并实时响应用户的点击等交互操作。

该成果提供几张用来识别的明信片，用户通过手机扫明信片上的二维码下载 APP，用该 APP 扫描明信片正面的图片，在手机屏幕上会出现与明信片图像对应的一个 AR 形式场景。

利用增强现实技术开发出的这一款 AR 明信片，在 AR 识别方面必须具有高准确率、高效率以及高稳定性，以保证 APP 的可靠性。本 APP 项目主要包括对越王楼主楼的建模、AR 展示和与模型的交互三大部分。这三部分对应的技术方案包括越王楼建模技术研究方案、增强现实识别技术研究方案以及模型的交互方案。下面阐述中将越王楼建模和增强现实识别融合在一起描述，统称为 AR 展示技术方案。

利用 SIFT 算法进行特征的提取和匹配。首先，通过对场景图像的预处理，提高关键帧图像的特征提取效率和质量。然后，对图像降阶采样获得图像金字塔来构建尺度空间，查找极值点来检测关键特征。接着，利用三维二次函数拟合关键点的位置和方向并生成特征描述向量，利用目标图像的关键特征向量进行匹配。为提高匹配成功率，引入双向匹配方法，并利用 RANSAC（随机抽样一致算法）提纯误匹配的特征点。最后结合 Lucas-Kanade 光流跟踪算法跟踪匹配成功的特征点，利用摄像机标定技术获得内外参数，实时更新真实场景的位置估计，实现亚像素级的跟踪定位。在此基础上经过 3D 虚拟场景渲染，从而实现三维的虚拟物体和真实世界间的无缝融合。

AR 技术最关键的就是能够高效捕捉特征图像，并将二维的视频图像转换成三维的空间图像，并展示其 3D 模型。主要的任务有特征点提取与匹配、匹配特征点跟踪和建立空间直角坐标系。

1. 特征点的检测

特征点是图像中全局或者局部的一种能够描述图片特征的具有标识性的点。一般情况下，特征点是指图像灰度值发生剧烈变化的点，或者在图像边缘上曲率较大的点，即两个边缘的交点。特征点检测算法 FAST 的特征点判别方法如下：判别特征点 p 是否是一个特征点，可以以 p 点为中心画圆，在该圆周上有 16 个像素点。判断在圆周上的 16 个像素点中是否最少有 n 个连续的像素点都满足比 I_p+t 大，或者比 I_p-t 小。这里 I_p 指点 p 的灰度值，t 是一个阈值。如果满足这样的要求，则判定 p 是一个特征点，否则 p 不是。判定示意图如图 12-1 所示。

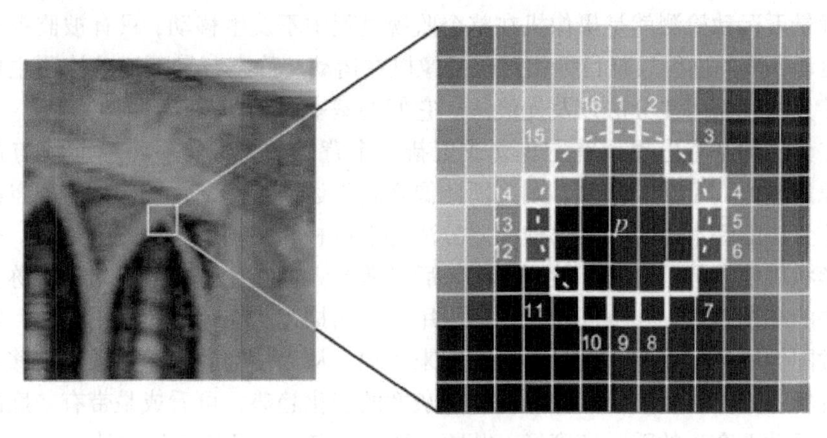

图 12-1　特征点检测

通过这些点可以用来识别图像、图像配准及 3D 重建等操作。假设摄像头图像为 srcImg，待捕获的图像为 grabImg，将特征图像匹配算法如下。

Step1：灰度化原图像 srcImg。

Step2：进行平滑滤波，去除噪点。

Step3：采用 FAST 算法进行特征点检测，取出 grabImg 在 srcImg 上匹配的特征点。

Step4：筛选特征点，去除特征点中的坏点。一般采用 Lowe's 算法来进一步获取优秀匹配点。

Step5：匹配对应的特征点。

Step6：求出 srcImg 上的 grabImg 偏移和变换向量。

通过 FAST 特征检测算法，找到待处理图像的特征点位置，然后通过 SIFT 算法所提供的特征描述算法来对特征点进行描述，为下一步的匹配做准备。SIFT 算法的图像特征匹配可分为特征提取和特征匹配两个部分，可细化分为尺度空间极值检测（Scale-space Extrema Detection）、精确关键点定位（Keypoint Localization）、关键点主方向分配（Orientation Assignment）、关键点描述子生成（Keypoint Descriptor Generation）和比较描述子间欧氏距离进行匹配（Comparing the Euclidean Distance of the Descriptors for Matching）五个部分。

通过图像特征匹配的方式可以得到特征图像，以及从摄像图像中捕捉到的图像之间的对应关系，然后能得到特征图像在摄像头图像中的位置（确定位置）、特征图像的大小变化（确定大小变化）以及特征图像的旋转角度变化（三维空间下的旋转角度）。

通过这些信息就可以确定特征图像的法向量方向，进而求出特征图像在三维空间中平面场的延展。这个平面就是展示 AR-3D 模型的基础平面。通过这样的方式建立一个三维坐标系，将 3D 模型通过 OpenGL 或其他的渲染手段，在这个不断变化的坐标系中，不停地改变其大小和旋转角然后渲染出来，或者直接就在这个平面上移动，都是可行的。此时需要的就是为这个模型在 2D 的摄像头图片中找到其相对于特征图像的三维特征位置和标定。

为了降低特征匹配算法的计算量，可以采取图像跟踪方法。首先跟踪特征图像的移动，然后建立坐标系。

运动检测就是从序列图像中将变化区域从背景图像中提取出来。运动目标检测的算法依照目标与摄像机之间的关系可以分为静态背景下运动检测和动态背景下运动检测。

静态背景下运动检测就是摄像机在整个监视过程中不发生移动，只有被监视目标在摄像机视场内运动，整个过程只有目标相对于摄像机在运动。静态背景下运动检测主要有三种方法：背景差分法、帧间差分法以及光流法。它们的基本思想如下。

背景差分法的基本思想：首先建立或更新一个背景模型，然后将当前帧与背景模型相减。如果像素差值大于某一阈值，则判断此像素属于运动目标，否则，属于背景图像。

帧间差分法的基本思想：相邻帧间差分法是通过相邻两帧图像的差值计算，获得运动物体位置和形状等信息的运动目标检测方法。后来研究人员在此基础上提出了对称差分法。

光流法的基本思想：在空间中运动可以用运动场描述。在一个图像平面上，物体的运动往往是通过图像序列中图像灰度分布的不同来体现，从而使空间中的运动场转移到图像上就表示为光流场。光流场反映了图像上每一点灰度的变化趋势，可看成是带有灰度的像素点在图像平面上运动而产生的瞬时速度场，也是一种对真实运动场的近似估计。

动态背景下运动检测就是摄像机在整个监视过程中发生了移动，如平动、旋转或多自由度运动。同时，被监视目标在摄像机视场内也发生了运动，这个过程就产生了目标与摄像机之间复杂的相对运动。通常情况下，摄像机的运动形式可以分为两种：一种是摄像机的支架固定，但摄像机可以偏转、俯仰以及缩放。另一种是将摄像机装在某个移动的载体上。由于以上两种情况下的背景及前景图像都在做全局运动，要准确检测运动目标的首要任务是进行图像的全局运动估计与补偿。

2. 运动目标的跟踪

运动目标的跟踪，即通过目标的有效表达，在图像序列中寻找与目标模板最相似候选目标区位置的过程。简单地说，就是在序列图像中为目标定位。除了对运动目标建模外，目标跟踪中常用到的目标特性表达主要包括视觉特征（图像边缘、轮廓、形状、纹理、区域）、统计特征（直方图、各种矩阵特征）、变换系数特征（傅里叶描绘子、自回归模型）及代数特征（图像矩阵的奇异值分解）等。除了使用单一特征外，也可通过融合多个特征来提高跟踪的可靠性。

摄像机标定被定义为确定空间物体三维位置与其在平面图像中对应点关系，求解相应几何模型参数的过程。其中参数分为摄像机固有的内部参数（焦距 f、镜头畸变系数、坐标扭曲因子、坐标原点）和跟随目标场景变化的外部参数（旋转向量 $\boldsymbol{R}$、平移向量 $\boldsymbol{T}$）。为实现目标物体的实时跟踪，将匹配成功的物体的世界坐标（X_w，Y_w，Z_w）投影到二维屏幕坐标 (x,y) 上，要经过世界坐标系—摄像机坐标系—成像坐标系—屏幕坐标系的依次转换。变换关系如下：依次将世界坐标系中（X_w，Y_w，Z_w），经过旋转、平移变换后得到摄像机坐标系下的（X_c，Y_c，Z_c），再利用三角相似原理，$x=fX_c/Z_c, y=fY_c/Z_c$，得到成像平面坐标系下的 (x,y)；接着向屏幕坐标转换，因为受摄像机成像坐标系下坐标轴的倾斜因子 s' 的影响，所以做归一化处理，得到二维平面 (u,v) 坐标。

相似度量算法如下

对运动目标进行特性提取之后，需要采用一定的相似性度量算法与帧图像进行匹配，从而实现目标跟踪。图像处理与分析理论中，常见的相似性度量方法有欧氏距离、街区距离、棋盘距离、加权距离、巴特查理亚系数及 Hausdorff 距离等，其中应用最多和最简单的是欧氏距离。欧氏距离是最易于理解的一种距离计算方法，源自欧氏空间中两点间的距离公式。

二维平面上两点 $a(x_1,y_1)$ 与 $b(x_2,y_2)$ 间的欧氏距离计算见式（12-1）。

$$d_{12}=\sqrt{(x_1-x_2)^2+(y_1-y_2)^2} \tag{12-1}$$

三维空间两点 $a(x_1,y_1,z_1)$ 与 $b(x_2,y_2,z_2)$ 间的欧氏距离计算见式（12-2）。

$$d_{12}=\sqrt{(x_1-x_2)^2+(y_1-y_2)^2+(z_1-z_2)^2} \tag{12-2}$$

两个 n 维向量 $\boldsymbol{a}(x_{11},x_{12},\cdots,x_{1n})$ 与 $\boldsymbol{b}(x_{21},x_{22},\cdots,x_{2n})$ 间的欧氏距离计算见式（12-3）。

$$d_{12}=\sqrt{\sum_{k=1}^{n}(x_{1k}-x_{2k})} \tag{12-3}$$

也可以表示成向量运算的形式，见式（12-4）。

$$d_{12}=\sqrt{(\boldsymbol{a}-\boldsymbol{b})(\boldsymbol{a}-\boldsymbol{b})^{\mathrm{T}}} \tag{12-4}$$

在目标跟踪过程中，直接对场景中的所有内容进行匹配计算，寻找最佳匹配位置。这个过程需要处理大量的冗余信息，运算量比较大，而且没有必要。采用一定的搜索算法对未来某一时刻目标的位置状态进行估计假设，缩小目标搜索范围，便具有了非常重要的意义。其中一类比较常用的方法是预测运动体下一帧可能出现的位置，在其相关区域内寻找最优点。

由于 SIFT 算法相对于其他特征算子复杂度高，为提高系统运行效率，实现实时跟踪，需要加入跟踪算法。通过 Lucas-Kanade 稀疏光流算法对成功匹配的特征点进行跟踪，利用摄像机标定得到的内外参数获得单应性矩阵。随着目标物体的相对移动，实时更新摄像机相对于真实场景外参数中的方向 $\boldsymbol{R}$ 和位置 $\boldsymbol{T}$，接着将虚拟 3D 场景渲染到真实场景里，实现对现实场景的增强，具有良好的鲁棒性。

如何有效地计算世界坐标系与摄像机坐标系之间的转换矩阵，是增强现实系统所面临的主要问题之一。如图 12-2 所示，由于采用了基于标识的虚实注册方法，注册问题就转变成标识坐标系与摄像机坐标系之间变换矩阵的求解。

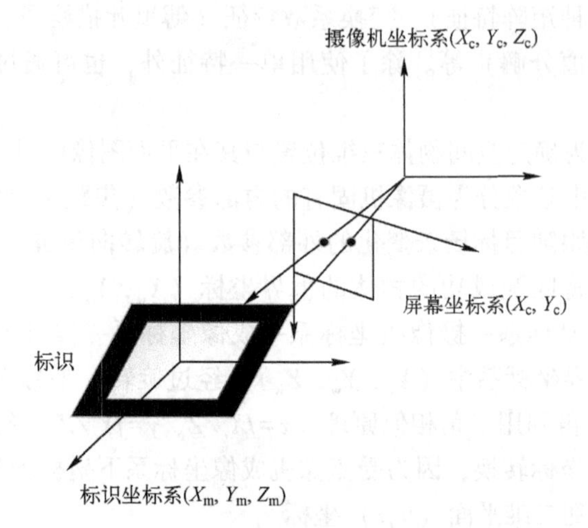

图 12-2 基于标识的虚实注册法坐标系

利用计算机视觉技术来计算摄像机相对于标识的距离与位置，工作流程如图 12-3 所示。首先根据用户设定的阈值将采集到的帧彩色图像转换成一幅二值（黑白）图像，然后对该二值图像进行连通域分析，找出其中所有的四边形区域作为候选匹配区域，将每一候选区域与模板库中的模板进行匹配。如果匹配，则认为找到了一个标识，利用该标识区域的变形来计算摄像机相对于已知标识的位置和姿态，最后根据得到的变换矩阵实现虚实之间的注册。

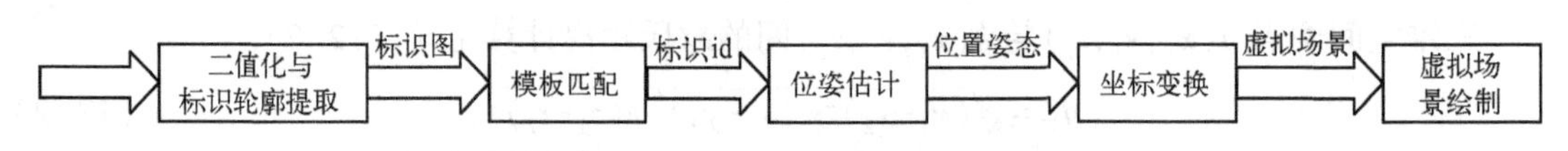

图 12-3 虚实注册法工作流程

下面讨论如何用 Unity 处理在移动设备上的触控操作。iOS 和 Android 设备能够支持多点触控。在 Unity 中可以通过 Input. touches 属性集合访问在最近一帧中触摸在屏幕上的每一根手指的状态数据。

Touch 类用来记录一根手指触摸在屏幕上的状态与位置的各种相关数据，主要用到了 Touch 类的 Touch. fingerId 和 Touch. tapCount 两个属性。Touch. fingerId 是一个非常重要的 Touch 的标识。Input. touches 数组中的同一个索引指向的不一定是同一个 Touch，在分析手势或处理多点触控时，需要用 fingerId 来标识某个具体的 Touch。Touch. tapCount 是点击的总次数，这个属性可以用来模拟“双击”的效果。

TouchPhase 枚举，它列表描述了手指触摸的几种状态，分别是 Began、Move、Stationary、Ended 及 Canceled，对应 Touch 类中的 phase 属性。

Input. touches 是一个 Touch 数组，代表着当前帧，记录所有手指在屏幕上的触碰状态与相关数据，属性为只读。

Input. touchCount，触摸数量，相当于 Input. touches. Length，属性为只读。

Input. multiTouchEnabled，设置与指示当前系统（注意不是指设备）是否启用多点触控。True 表示支持多点触控（一般是 5 点）；False 表示单点触控。

Input. GetTouch(int index)，通过索引值获取一个 Touch 对象。

系统实现过程中首先对越王楼主楼进行建模，然后将越王楼相关模型导出到 Unity3D 中，通过 Easy AR 插件，将 3D 场景展示出来，最后在安装有 Easy AR 插件的 Unity3D 中进行编码，实现交互操作。

系统操作包含开始运行、交互、播放视频、使用帮助和退出几个方面。

开始运行：用户进入系统后，系统会自动打开摄像头，当识别到越王楼标识图后，系统会在标识图中心渲染出一个对应的 AR 场景。比如标示图是越王楼主楼，则会渲染出越王楼主楼的模型，如果标识图是壁画，系统会在标识图中心渲染出一个动态壁画，如果标识图是文物，则会渲染一个文物 AR 场景。如果得到了相应的结果，表明系统已经识别到标识图。

交互操作：用户用手指触摸屏幕，手指向左右移动，模型也会对应向着左右移动，用户用两根手指触摸屏幕，聚拢两根手指则是缩小模型，散开两根手指则是放大模型。

播放视频：用户进入系统后，当识别标识图后，系统会在标识图下方渲染出一个播放视频按钮，单击后会播放越王楼宣传视频。

使用帮助：用户进入系统后，当单击"使用方法"按钮时，会弹出几个简短的使用说明，帮助用户更好地使用系统。

退出：用户进入系统后，当单击"退出"按钮时，会弹出对话框，询问是否退出，根据需要进行选择。

关于图像识别和模型显示的方面，是通过 Easy AR+Unity3d 来实现的。找到 Easy AR Unity 包，打开并导入 Unity 中，将 Easy AR prefab 或其他 prefab 添加到场景中，然后添加 Target 事件并处理事件，如图 12-4 所示。

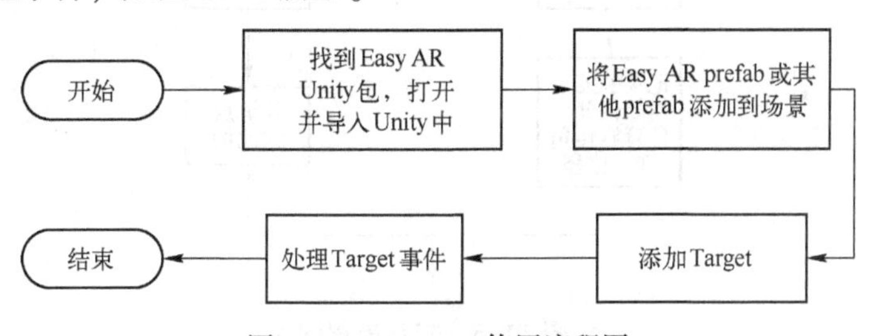

图 12-4 Easy AR 使用流程图

模型的交互中主要是用了 Unity 单指与双指 Touch 事件捕获。Unity 中有描述手指触摸屏幕的状态的结构。设备可以跟踪触摸屏上的多个触摸，包括它的相位（例如是否开始、结束或移动）、它的位置和是否有单个或多个触摸点。此外，触摸之间帧的连续更新的性能由设备检测。因此，一致的 ID 能跨帧报告，并能确定指定手指移动了多少。触摸结构用于存储单个触摸实例相关数据，并由 Input. GetTouch 函数返回。新调用 GetTouch 函数需要从设备获得最新的触摸信息。fingerId 属性能用于识别帧间相同的触摸。系统用到的变量描述见表 12-1。

表 12-1 Variables 变量

名　称	用途及含义
deltaPosition	最后改变的位置增量
deltaTime	触摸值自上次改变已经过去的时间量

（续）

名　　称	用途及含义
fingerId	用于触摸的唯一索引
phase	该触摸相位的描述
position	像素坐标系，触摸的位置
tapCount	触摸轻触的次数

在实例中，主要定义了两种交互操作，一种是单指滑动模型，另一种是双指触摸缩放模型。判断触控点数是否大于或等于1，如果等于1即为单指触控，记录触控点初始位置，计算旋转角度与移动位移量；如果大于1，则为多点触控，计算缩放比例，如图12-5所示。

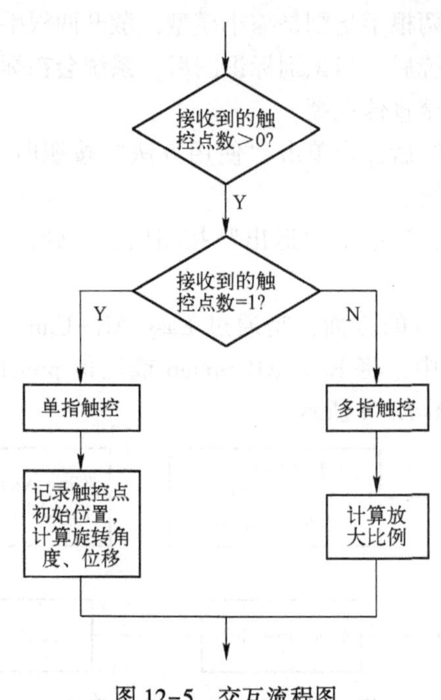

图12-5　交互流程图

12.5.2　增强现实技术下的核爆场景模拟系统

由于核武器具有强大杀伤力，再加上近年来切尔诺贝利核事故、福岛核事故等事件发生，导致全世界范围内全面禁止核试验的呼声日益高涨。虽然在1996年9月10日，联合国大会通过了《全面禁止核试验条约》，但并未禁止核武器的生产与研制，再加上大国之间激烈的军事竞争，相关国家依然在进行核武器的生产和研制。由于核武器试验的成本昂贵，而且高度危险，在实验室进行无害的核爆模拟正越来越受到各国的重视，以实验室进行核模拟需要用到的核爆理论和技术也被广泛地研究与应用。

在目前公开的核试验资料来看，核弹爆炸主要分为四类，分别是高空核爆、地面核爆、地下核爆与水下核爆。每种核爆虽然有着各自的实验目的，但是均有类似的物理过程与力学效应，其中最著名的当属核爆产生的蘑菇云。

核爆所产生的蘑菇云具有不规则的几何外形与不确定性，它不同于静态的物体具有产生、变化和消灭的历程。对此，在计算机图形学中，可采用粒子系统来描述核爆的宏观过程。粒子系统的基本原理是用被赋予某种属性的微小粒子的随机过程来描述某种动态景物的特征。

对于火焰、爆炸等不规则现象的模拟一直是计算机图形学的一个研究热点和难点。因为大多数模拟算法迭代过程太长，计算资源占用较大，在一台普通的计算机上，无法满足实时性要求很高的虚拟现实系统的运行要求，所以研究如何提高粒子系统的实时效率具有十分重要的现实意义。

本实例拟在模拟出具体的核爆场景之后，使用增强现实技术，将虚拟的核爆场景叠加在现实场景之上，达到超感官的体验。

目前在电影特效、3D 游戏等领域，大量应用了大规模爆炸特效。核爆炸作为一种特殊的爆炸，一直受到人们的关注，但由于其复杂性，迄今还没有令人满意的效果仿真工作。现有与核爆炸相关的研究方法，主要有基于粒子系统和基于物理的两种方法。

粒子系统理论是由 William T. Reeves 在 1983 年提出的一种用于模拟不规则的模糊物体的方法，在电影《星球大战》中应用粒子系统方法成功模拟出星球爆炸效果。该方法后被广泛应用于模拟不规则模糊物体运动。

粒子系统的基本思想是采用大量的、具有一定生命和属性的微小粒子图元作为基本元素来描述不规则的模糊物体。在粒子系统中，每一个粒子图元均具有形状、大小、颜色、透明度、运动速度和运动方向、生命周期等属性，所有这些属性都是时间 t 的函数。随着虚拟世界时间的流逝，每个粒子都要在虚拟世界经历“产生”“活动”和“消亡”三个阶段。

2003 年，Takeshit 等人提出了一种基于粒子的、用于仿真爆炸火焰的方法，能够模拟一定数量的爆炸火焰和爆炸后产生的旋转气流，其实现效果图如图 12-6 所示。

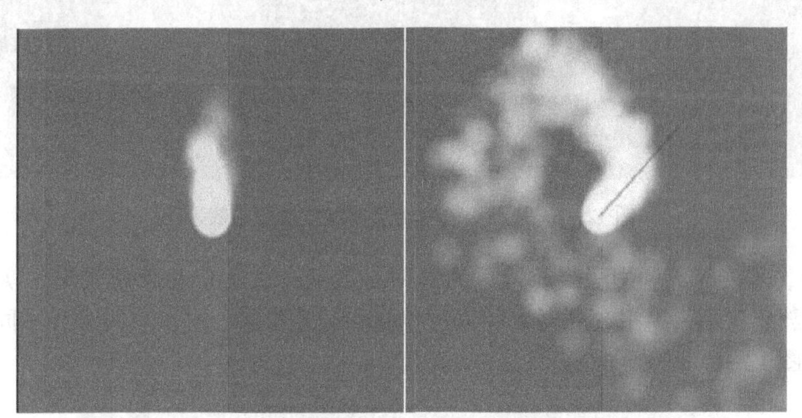

图 12-6 烟雾与火焰实现效果图

同年，Ilmonen 等人提出基于空间细分算法，通过二阶粒子系统的动力发生器发射粒子，提高粒子系统仿真速度，模拟出更加自然的爆炸、烟雾及云彩等效果，如图 12-7 所示。

图 12-7 粒子烟雾实现效果图

Feldma 等人提出的悬浮粒子爆炸算法，利用粒子来作为爆炸物载体，规定好爆炸的属性，比如体积膨胀比、每单位质量粒子发生爆炸释放出多少热量、多少燃烧物等，然后每个时间步除了按照当前速度场来移动粒子和计算热学项以外，通过流体力学方程的形式得到下一个速度场以决定粒子的方向，最终的模拟效果大大接近真实爆炸效果，如图 12-8 所示。

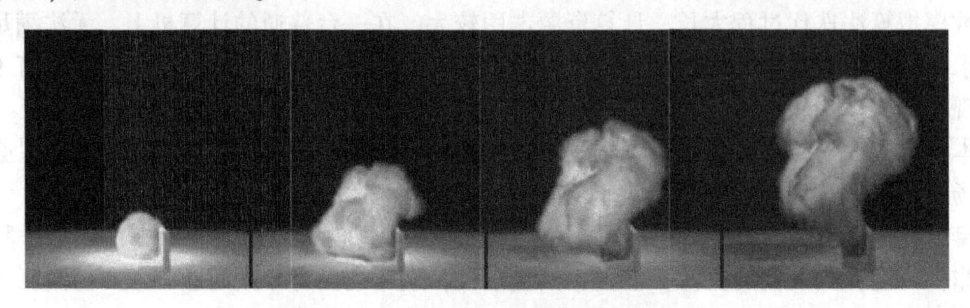

图 12-8　悬浮粒子爆炸算法实现效果图

基于物理的方法通常使用 Navier-Stokes 方程来建立物理模型，根据流体的压缩性，可分为基于可压缩 Navier-Stoke 方程方法和基于不可压缩 Navier-Stokes 方程方法。

在此基础之上，Sewall 等人提出一种在松散网格上，模拟复杂场景中固体和可压缩流体交互现象的方法，随后，又模拟了核爆炸蘑菇云、冲击波等爆炸现象，如图 12-9 所示。

图 12-9　基于松散网格实现爆炸模拟的效果图

2012 年，郑涛等人利用适当简化后的 Navier-Stokes 方程优化求解策略，实现具有复杂运动形式的蘑菇状烟云模拟，同时表明通过控制和调整参量，可以获得多种不同类型的核爆炸效果，如图 12-10 所示。

图 12-10　控制和调整参量实现不同的核爆效果图

本实例的研究内容与研究目标是模拟核爆场景、序列化场景数据以及采用增强现实技术显示制定场景。

1）模拟核爆炸场景并序列化场景数据。探索一种核爆模拟模型，利用粒子系统描述核爆过程。但由于较早的一些方法过于复杂，实时性并不理想，如果能将逼真的模拟结果序列化下来，以供下次再现场景时使用，那就能同时满足效果与性能需求。但是早期方法并未提到将模拟数据记录以合理的存储大小序列化下来，以便再现场景。因此研究一种既能模拟出高逼真的核爆场景，又能将场景数据序列化成合理存储大小的方法是十分必要的。

2）以增强现实技术显示指定场景。研究一种增强现实的技术方案，使其能显示目标场景的内容，同时满足实时性和稳定性的需求。

目前，爆炸模拟的方法已经得到了广泛的应用，对爆炸效果的模拟虽然已经取得了一些成果，但与千差万别的实际核爆炸相比，还是有较大的距离。基于粒子系统的方法和基于物理的方法，在绘制效果和实时性方面，都还难以达到要求。所以在一台普通 PC 或者一台普通手机上，实现对核爆炸效果的实时且逼真的模拟，仍然是一项具有挑战性的工作。大多数高逼真的核爆模拟场景往往伴随着巨大的模拟数据，常常一个完整核爆场景的粒子数据高达 2~3 GB，显然不能满足现如今移动应用轻量化的需求。

本实例的功能目标是在以增强现实技术为演示平台上，在现有的模拟核爆模型中，选择一种较为真实的模拟模型，并以粒子系统作为基本的模拟方法，探索如何将模拟的计算结果以较低的存储成本序列化起来，从而降低手机设备硬件性能和存储性能瓶颈对模拟效果的影响，大幅度提升系统的运行效率。

本实例的应用目标是在增强现实技术下的核爆场景模拟系统中，可以让希望观赏核爆效果的用户在真实场景中了解核爆的过程和感受核爆的壮观。在 Android 平台下，以手机摄像头能捕捉到放在现实场景中的标识图作为系统的触发条件，系统被触发后，根据增强现实技术将核爆场景真实地展示在用户眼前。用户在系统界面面板中可以选择暂停、加速、重置核爆场景和播放真实核爆演示视频。本实例适用于希望观赏核爆场景以及了解中国成功进行第一次核爆相关信息等用户使用。

建立核爆数学模型，模拟爆炸产生的蘑菇云。针对核爆炸产生的蘑菇状烟云特点，适当简化 Navier-Stokes（纳维叶-斯托克斯）方程组，并优化其求解方法，在不影响模拟效果的前提下，提高方程求解速度，模拟效果逼真且满足实时性要求。

一组完整的 Navier-Stokes 方程组包括连续性方程、动量方程和能量方程，在不同的应用领域具有不同的方程形式。式（12-5）和式（12-6）分别是适合于计算流体力学领域的连续性方程和动量方程，通常不考虑能量方程，以满足实时性要求。

$$\frac{\partial \rho}{\partial t}+\nabla \cdot u=0 \tag{12-5}$$

$$\frac{\partial \rho u}{\partial t}+(\rho u \cdot \nabla)u=f-\frac{\nabla p}{\rho}+\mu \nabla \cdot \nabla u \tag{12-6}$$

式中，u 为流体的速度场；ρ 为流体密度；p 为流体压力场；$\nabla \cdot$ 为散度算子；μ 为流体黏性系数；$\nabla \cdot \nabla$为拉普拉斯算子；f 为作用在流体上的任何外力，包括体积力和表面力。

蘑菇云的运动方式属于低速运动（速度远小于音速），其内部不会发生明显的动量和能量的迁移，因此可以忽略烟云运动时的流体黏性效果，将方程简化为无黏性 Navier-Stokes 方程，即忽略式（12-6）中的黏性项 $\mu \nabla \cdot \nabla u$。核爆炸产生的蘑菇云内部没有受力关系，忽略其受到的表面力作用，而体积力可只考虑重力作用，简化受力项 f 为 g。

综上，将式（12-5）、式（12-6）化简为

$$\nabla \cdot u = 0 \tag{12-7}$$

$$\frac{\partial \rho u}{\partial t} + (\rho u \cdot \nabla) u = -\frac{\nabla p}{\rho} + g \tag{12-8}$$

式（12-7）与式（12-8）是简化后的连续性方程和动量方程。简化后的方程，降低了方程求解复杂度，为蘑菇云效果的实时模拟打下了基础，并可以以此为基础核爆数学模型。

该实例包含场景模块、UI 模块和控制模块。在用户运行系统后，首先会进入摄像机拍摄界面。当系统检测到标识符后，根据映射关系将标识符的位置等信息转换到屏幕坐标上，将核爆场景在具体的屏幕坐标上进行展示，并实时响应用户的控制操作。

在核爆模型建模阶段需要借助 3DS MAX 中的 FumeFX 插件进行核爆模拟计算，计算完成后，将每一帧的图片通过摄像机视角导出，最后通过 Photoshop 将所有导出图拼接成为一张高质量的序列帧图，再将序列帧图导入 Unity3D 引擎中进行相关配置和模型搭建，最后通过 Easy AR 插件，将 Unity3D 场景展示出来。

增强现实技术下的核弹爆炸效果模拟系统分为 UI 子系统、AR 子系统和核爆子系统。在 UI 子系统中，有展开与收起面板、控制核爆开始、控制场景暂停与继续、控制场景播放速度、重置场景、播放演示视频与退出系统的功能；在 AR 子系统中，有识别标识图与展示系统场景的功能；核爆子系统则提供核爆模拟场景功能。核爆模拟功能结构如图 12-11 所示。

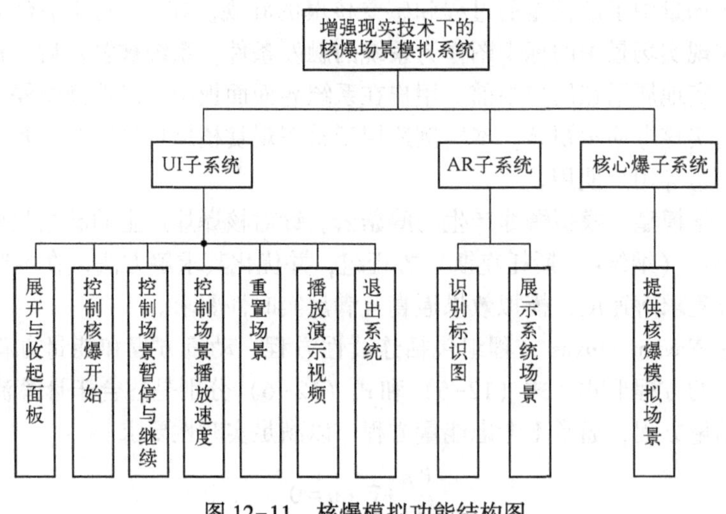

图 12-11　核爆模拟功能结构图

1）显示菜单。用户进入系统中后，界面上会显示一个可拖拽的菜单，用户可以通过这个菜单进行一些简单的操作：展开与收起面板、开始核爆、暂定与继续、常速与提速、重置核爆场景和播放演示视频。

2）折叠菜单。用户可以通过单击菜单上的按钮来收起菜单，防止大面积的操作板影响用户的观看体验。

3）系统识别到标识符并显示核弹模型。当系统通过摄像头检测到标识符存在时，系统将在对应的标识符中心位置显示一个核弹模型，以此表示系统已经做好演示核爆

的准备。

4）开始核爆演示。用户单击菜单上的开始核爆按钮，如果当前系统已经检测到标识符并且已经计算出标识符的具体位置，系统就会开始播放核爆模拟场景；如果当前正在播放核爆模拟场景，系统不做出任何响应。

5）暂停核爆演示。用户单击菜单上的“暂停”按钮，如果当前系统正在播放核爆模拟场景，系统就会暂停核爆模拟场景的播放；如果当前不处于正在播放核爆模拟场景的状态，系统不做出任何响应。

6）加快核爆演示速率。用户单击菜单上的“提速”按钮，如果当前系统正在播放核爆模拟场景，系统就会加速核爆模拟场景的播放；如果当前不处于正在播放核爆模拟场景的状态，系统不做出任何响应。

7）恢复正常核爆演示速率。用户单击菜单上的“常速”按钮，如果当前系统正在播放核爆模拟场景，系统就会调整核爆模拟场景的播放速率为系统默认速率；如果当前不处于正在播放核爆模拟场景，系统不做出任何响应。

8）重置核爆场景。用户单击菜单上的“重置”按钮，如果当前系统正在播放核爆模拟场景，系统就会终止核爆模拟场景的播放；如果当前不处于正在播放核爆模拟场景，系统不做出任何响应。

9）播放演示视频。用户单击菜单上的“演示视频”按钮，系统将无条件转换到视频播放界面，直到用户主动退出播放界面，系统才能执行其他操作。

核爆模拟模型的选择直接影响到该系统的整体效果，所以选择一个好的核爆模拟模型对于该系统而言是非常具有价值的。核爆模拟模型建模技术主要基于 3DS MAX 的粒子系统与 FumeFX 的流体模拟技术，将两者结合来构造该系统的核爆模拟模型。

1）粒子系统构建。由于粒子系统有较好的描述爆炸模型的特点，并且 FumeFX 软件可以获取 3DS MAX 中的粒子源，所以首先在 3DS MAX 中构建好粒子源，并根据爆炸属性，调整粒子的速度大小、生命周期及方向等参数。在 3DS MAX 中构建好粒子源如图 12-12 所示。

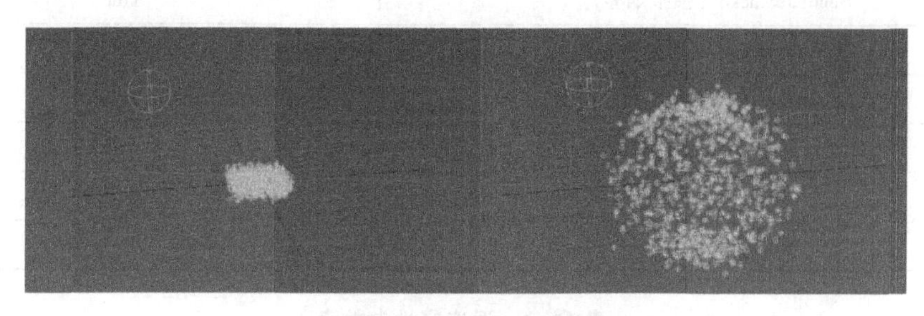

图 12-12 DS MAX 中构建好的粒子源

2）建立粒子系统与流体运算软件的映射关系。在 FumeFX 软件界面中，选择拾取创建的 3DS MAX 的粒子源。选取好粒子源后，能够在软件界面中看到粒子源的名字信息，表示成功建立映射关系。拾取构建好的粒子源界面如图 12-13 所示。

3）调整模型参数。根据核爆特征调整模型参数，包括燃料属性、烟雾属性、温度属性、火焰属性及精细程度。模型参数见表 12-2、表 12-3、表 12-4、表 12-5。

图 12-13 拾取构建好的粒子源

表 12-2 燃料属性参数表

参 数 名	值
Ignition（燃点）	0.0
BrunRate（燃烧率）	0.03~0.01
BrunRateVariation（燃烧比率变化）	0.0
Expansion（膨胀）	2100~0
FuelCreateSmoke（火焰产生烟）	True
SmokeDensity（烟的密度）	60

表 12-3 烟雾属性参数表

参 数 名	值
SimulateSmoke（模拟烟雾）	True
SmokeBuoyancy（烟雾浮力）	10.0
DissipationMin. Dens（消散最小密度）	1.0
DissipationStrength（消散强度）	4.0
Diffusion（扩散）	0.0
Sharpen（锐度）	1.0

表 12-4 温度属性参数表

参 数 名	值
TemperatureBuoyancy（温度浮力）	120.0
DissipationMin. Tem（消散最小密度）	0.0
DissipationStrength（消散强度）	1.0
Diffusion（扩散）	0.0
Sharpen（锐度）	0.0

表 12-5　火焰属性参数表

参数名	值
Color（颜色强度）	3.0
Opacity（透明度）	0.7
SharpenStrength（锐度强度）	0.0
SharpenRadius（锐度范围）	1.0
AlphaMultiplier（阿尔法混合乘数）	1.0

其中，火焰颜色是随时间变化设置的颜色梯度。

4）精细程度。设置模型的精细程度 Spacing（间距），其数值大小与模型精细程度成反比，从负责渲染的计算机性能方面与最终模型大小的角度综合考虑后，此处的值设置为 10.0 cm。

5）模型效果。通过对模型的调参与显示效果优化，最终核爆模拟模型演示效果分为三个阶段，分别是核爆开始阶段、核爆中期阶段与核爆末尾阶段。

在核爆开始时，将极短时间内（大约 0.5 s）产生一个大火球，并发出黄红色的亮光。

大约在 2s 后，火球迅速膨胀上升，体积明显增大，火球中的燃料呈非线性损耗，并伴随不均匀燃烧现象；在火球上升的路径上，产生一道烟柱，烟雾的膨胀比例与产生时间正相关。如图 12-14 所示，核爆中期阶段整体呈现“蘑菇云”形状。

图 12-14　核爆中期阶段

在核爆末尾阶段，燃料基本燃尽，“蘑菇云”烟雾开始消散。

6）模型序列化。将模型每一帧传染图导出到 Photoshop 软件中，将其拼接成为一张高质量的序列帧图，以便导入 Unity3D 引擎中复现核爆模拟场景。

习题

12.1 什么是增强现实?

12.2 R. T. Azuma 提出增强现实的三个特性是什么?

12.3 增强现实的应用领域有哪些?

12.4 增强现实的两个关键问题是什么?

12.5 目前增强现实的研究现状如何?

12.6 试比较虚拟现实与增强现实。

第13章 脑电交互

13.1 脑电交互概述

脑电交互是人机交互的重要方向。从世界范围内来说，关于人脑和类脑的研究已经引起了高度重视，《科学》杂志于2013年提出了6个值得关注的科学领域，人脑连接组计划就是其中之一。欧盟也已启动人脑工程项目，欧盟在2013年宣布“未来和新兴技术（FET）旗舰项目”的竞赛结果，石墨烯和人脑工程从21个候选项目中最终胜出，将在其后十年中各获得10亿欧元的科研资助。

脑电信号分析是脑电交互的基础和关键，它可以提供一种直接的人机交互方式，这一方式是依靠人的脑波信号，把它识别翻译成对机器的指令。脑电识别和脑电交互将会对人机交互方式产生革命性的影响。脑电信号分析是人工智能研究的一个重要部分，通过脑电识别，人们可以探索人脑，发现感知认知机理，解明逻辑推理过程，提供有效的人工智能研究手段和技术途径。

13.1.1 脑功能的研究手段和目的

从目前的研究情况来看，脑功能的研究手段可分为以下两大类三小类：一是侵入式，就是把电极植入脑内，来形成皮质脑电图（ECo G）。二是非侵入式：非侵入式有两种，一种是需要很庞大的设备，比如MEG（脑磁信号）设备，这个设备体量非常大；还有一种利用脑电信号（EEG）。EEG信号的特点是设备非常小，可以做成一个便携式装置，价格可以做到非常便宜，实用性很好。EEG设备应该是未来脑电交互的一个应用趋势，它的工作原理主要是视觉驱动电势，通常叫VEP和ERP。

对脑功能研究的目的有三个：第一，用于疾病的诊断和诊治；第二，用于感知认知，即人工智能的研究；第三，用于脑电交互的研究。脑电交互的研究，就是达到人不用通过手，也不用通过语言，只通过大脑的想象来和机器进行交互。脑电信号直接反映人脑活动和认知特性，可以做情绪、疾病的监测和脑电交互。脑电交互具有非常广阔的应用前景和宽泛的应用领域。比如在人工智能领域，它可以探索人脑活动和认知规律；在医疗设备领域也可以帮助残疾人来控制轮椅等设备；在情绪监测上可以感知工作状态、压力和焦虑等。

13.1.2 脑电信号的特点

在人体产生的所有生理信号中，脑电信号是最重要的一种，它能直接反映大脑与人体其他部位的交互耦合现象。它存在于大脑的各大中枢神经系统中，是大脑活动的一种具体表现形式，对于研究脑部的生理现象具有非常重要的作用。主要有以下几个特点。

1）信号幅度较弱，背景噪声较强。在脑部头皮表面的 EEG 信号幅度较低，通常为 50 μV 左右，最大值在 100 μV 左右。由于这些 EEG 信号中往往包含着大量的干扰成分，如心电信号（ECG）、眼电信号（EOG）及肌电信号（EMG）等。

2）具有很强的非平稳性和随机性。非平稳性是由于脑电信号的不稳定的变化状态，对外界比较敏感，使得表现出很强的非平稳性。随机性是由于影响脑电信号的内外因素有很多，使得对脑电信号的产生机理和表现规律没有一个明确的认识。因此，很多方面的研究是从统计学的角度进行分析，同时还必须借助统计技术来检测、识别和预测它的特征。

3）具有非线性。无论是自发产生的 EEG 信号，还是受外界刺激而产生的 EEG 信号，在采集的过程中难免会受到其他无关生理信号的影响。为了适应这种影响带来的变化，EEG 信号会时刻进行自适应的调整。所以人体组织为自适应做出的生理调节导致了 EEG 信号不随时间做线性变化，表现出非线性的特点。一般的信号分析都是建立在线性理论分析的基础上。这样，EEG 信号不可避免地会丢失掉许多原始的信息。

4）具有多导联性。EEG 信号通常都是通过多个电极测得的，是多导联的信号，每个导联之间或多或少地存在着相互影响的重要信息。因此，如何凸显出隐藏在多导联之间的重要特性，是评价和应用 EEG 信号的一个重要标准。

5）频域特征突出。一般地，采集到的 EEG 信号频率分布在 0.5~100 Hz。而用于临床诊断的脑电图记录信号的脑波频率一般在 0.5~35 Hz，如何对 EEG 信号进行功率谱分析在 EEG 信号处理中显得尤为重要。

13.1.3 脑电信号的节律性

脑细胞通过有节律性地放电，导致了脑电信号的节律特性，根据频率可划分为不同波段。基于临床诊断意义通常将 EEG 信号分为 δ（0.5~3 Hz）、θ（4~8 Hz）、α（8~13 Hz）、β（14~30 Hz）及 γ（>30 Hz）。

δ 节律：出现在颞叶和枕叶，频率为 0.5~3 Hz，振幅为 20~200 μV，是一种幅度值较高的低频慢波。

θ 节律：在顶叶和额叶较明显，频率为 4~8 Hz，振幅为 10~50 μV，幅值较低，频率缓慢，当人处于平静放松状态下并有困意和进入梦境时会出现，反映人从清醒状态向睡眠状态转变的过程。有研究表明 θ 节律波与大脑的思考、记忆、学习过程有关。

α 节律：在头部任何位置均可记录到，枕叶尤为明显，频率为 8~13 Hz，振幅为 10~100 Hz。该波是节律性波形中最为明显的一种波，波形类似于正弦波，一般在安静闭目状态下出现，波形会产生调幅现象，即振幅表现为由小到大，然后又由大到小做规律性的变化，因而形成梭形波。

β 节律：在额叶最容易出现，频率为 14~30 Hz，振幅为 5~30 μV，是一种幅度值较低的高频率快波。当大脑的中枢神经系统处于紧张状态下或进行强烈的脑力活动时，α 节律波的振幅就会降低，转化为 β 节律波，β 波反映了大脑的注意力状况，进行相关的思维活动，这时大脑皮质处于兴奋的状态。

脑电信号的节律性具有随机性，很容易受到人体内部和外界环境的影响。当人处于不同年龄段时，脑电信号的节律特性分布会不同。此外，脑电信号的节律性也会随着人的精神状态而变化。例如，人处于睡眠状态时脑电信号的 θ 节律波增多，β 节律波则会减少。对于有精神系统疾病（如癫痫病）患者来说，脑电信号随时会发生瞬态变化，会出现棘波、尖波等异常波。

13.1.4 脑电信号存在的问题

脑电信号应用的前景广阔，但也存在很多问题，主要有以下几点：一是脑电信号的识别性能非常低。一般而言，脑电信号信噪比是非常低的，因此它的准确率和计算复杂度都难以满足实际应用的需求；二是针对脑电信号多通道、强噪声特点的有效降噪方法和分类理论尚不完善；三是从理论上解决通道鉴别性分析的现有分类模型、相关通道选择问题的思路尚不十分有效；四是现有脑机接口系统模式单一。

针对科学问题和需要突破的技术，研究人员提出三项需要解决的科学问题：第一，在研究中需要发现新的视觉驱动与脑电信号的相关性，即低信噪比脑电信号下的高准确识别理论；第二，寻找和探索更有效的基于思维的脑电交互范式；第三，采用脑电的信号处理和脑电交互的方式探索基于人的视觉感知机理的计算机。

对于这三个科学问题需要解决的三个关键技术：低信噪比脑电信号高准确率识别方法；面向多种范式的思维脑控技术；基于脑电信号的有效视觉特性分析。

13.1.5 国内外研究现状

一直以来，美国在脑电研究处于世界领先地位。美国发展了基于脑电波识别和认知算法的战场威胁探测技术，DARPA 开发了 CT2WS 系统，利用脑电波的图像筛选战场目标检测图片。通过连接人类脑电波、改进传感器和认知算法，来提升战场上战士们的目标探测能力，使得战场防区外威胁探测工作的伤亡可以降低。哈佛大学实现了利用脑电波控制老鼠的运动，这样做的目的是能够利用这种原理使瘫痪的病人恢复运动技能，使截肢的人能够更好地控制假肢。1998 年，美国科学家实现了用大脑控制虚拟打字机操作。

脑电技术在其他国家也得到了长足的发展。葡萄牙 Tekever 公司展示了一款可用意念控制的无人机，经过大量的训练，佩戴了一顶特殊帽子的飞行员仅依靠思想就能操纵无人机。日本 Neurowear 公司设计的意念控制设备有点古怪，Necomimi 仿真猫耳看起来很蓬松。当用户佩戴在头上时，不管是站着、注意力集中还是感到放松时，这款猫耳就会扫描人的脑电波，并产生不同的反应。Shippo 也是款有趣的产品，它是一条毛茸茸的、蓬松的尾巴。当用户感到快乐时，尾巴就会摇摆。2006 年，日本研制出“混合辅助腿”，不仅能帮助残疾人以 4 km/h 的速度行走和毫不费力地爬楼梯，而且可以托起 40 kg 的重物。瑞士科学家加朗领导的研究团队，实现了轮椅按人脑意识控制行走。2013 年 3 月，英国研究人员开发出第一款用于控制飞船模拟器的“脑机接口”装置，美国科研人员创建了计算机模拟程序，戴在头上后通过人脑意念便可控制飞船模拟飞行。

在国内，研究人员聚焦的是干电极式脑电信号以及脑电交互的研究，他们通过建立研究室，收集了很多的脑电信号。在这个领域，首要解决的问题就是低信噪比问题，因为脑电信号信噪非常差，如何通过降噪预处理，把噪声抑制掉，将真正的脑电信号提取出来是关键课题。其次，不论是电极帽，还是干电极，都有很多通道。哪些通道有效？哪些通道有反作用？需要人们去了解清楚。研究人员利用相关脑电识别方法去进行脑电交互，比如，通过利用 P300 的范式进行脑电交互的打字。P300 的范式是偶然发生的一个视觉事件，即在 300 ms 以后能够产生一个特殊的脑电信号范式。利用这种范式可以做一些工作，比如它可以显示很多的字母。当你看到要打的字母亮起来的时候，你的脑电信号是有差别的，通过这样的方式可以打出字。

在应用开发方面，浙江大学医学院附属二院神经外科与浙江大学求是高等研究院合作的“脑机接口临床转化应用课题组”，在全国首次成功实现了真正意义上的“用意念操控机械手”的人体实验，达到国际先进水平。上海交通大学实现了人脑意念遥控蟑螂行动，成功利用人类的大脑意念遥控活体蟑螂，蟑螂在人脑的指挥下，完成了 S 形轨迹和 Z 形轨迹等任务。湖北大学电子协会成员赵艾琳、刘飞、吴文豪攻破了一套脑电波控制系统，用意念控制电灯开关，能够两人配合控制玩具车的前进和后退。

13.2 情绪的理论知识

13.2.1 基本知识

人的情绪是伴随着心理活动产生的，所有心理活动与大脑又是密不可分的。随着最近几十年来神经科学和情绪生理学研究方向的进展，关于情绪的脑机制理论研究越来越受到关注，也取得了不错的理论成果。

关于情绪的产生这一问题一直存在着很大的分歧，主要存在着两种理论，影响深远。一种是核心感情论，这种观点认为大脑在进化过程中发生的各种与情绪相关的生理机制，形成了一个完整的情感系统。他们认为情绪虽然与大脑的学习、思考等功能相关，但并不是它们随之产生的副情感体验，而认为情绪是大脑在整个神经系统和生理系统共同协调下产生的一种内在自适应体验状态。因此，该理论主张在认知情绪时，全面了解基于脑神经机制、生理学的知识是必要的前提。另外一种是发生情绪论，认为情绪发生在大脑的生理系统网络中，伴随着学习和思考而产生的，而且还是必要的部分。他们认为情绪是通过认知经验学习而来，是人在情感认知系统中体现出来的一部分，坚持认为情绪在认知过程非常重要。总之，这两种观点都是从情绪是大脑的意识形态方面认知的，对研究基于脑神经系统下的情绪认知奠定了良好的基础。

长期以来，人们对情感的认知伴随神经科学和认知科学的研究过程，美国心理学之父 James 在 1884 年发表的论文中首次定义了情绪，他认为情绪是人的身体上发生某种变化的一种综合效应，一切情绪都产生了身体上的一定变化。1927 年，Cannon 提出大脑的丘脑产生情绪，他主张大脑皮层受到外界的刺激后，会激活丘脑，进而产生不同的情感状态即情绪。1937 年，Papez 提出了产生情绪的边缘危机机制，他强调与情绪有关的信息在传到丘脑后，将在感觉皮层和下丘脑之间传播。十几年后，著名心理学家 Maclean 在 Papez 的基础上做出了进一步的研究，他强调与情绪有关的器官是内脏脑，通过给予下丘脑相关的刺激进行反应验证。

尽管对基于脑神经机制的研究还在进一步探索中，但已有的结果表明情绪的产生与大脑皮层的机制紧密相关，这为通过研究分析大脑皮层的机制来认知人的情感状态和情绪识别，提供了非常重要的理论依据。

13.2.2　情绪的分类研究

关于情绪的分类研究一直没有统一的标准，许多研究者从不同的立场和角度出发，提出了不同的分类理论。基本情绪是指人天生就有的固有情绪，有着自发的内部生理机制和外部表现。心理学上有四种基本的情绪，即欢乐、愤怒、恐惧和悲哀，它们都是简单基本的情绪表达方式，并且在生活中很常见。复合情绪是由多种基本情绪混合产生的，是复杂的情感体验状态，比如郁闷、忧愁等这些情绪实际上包含了不快乐、悲伤和怨恨等综合的因素。

随着研究的深入，人们发现一些情绪之间存在着一定的相关性，比如憎恨和讨厌、高兴和喜欢等，它们代表着特定的情感趋势，有某种关联性。因此，心理学家开始引入维度分析来进行情绪的分类，最常见的维度分类方法是 James-Lange 维度情绪分类模型。这个理论模型将人类所有的情绪由维度空间上不同的两个矢量点的距离度量，所以即使相似的情绪维度相近，但有矢量距离的差距；不同的情绪维度相向，但这种相向仍可看作是一种渐变的转换。最常用的就是二维情绪分类模型，如图 13-1 所示，横坐标表示情绪的兴奋状态，从无聊低迷状态逐渐过渡到兴奋状态，这个维度叫作唤醒度（Arouse）；纵坐标表示情绪的欢喜程度，从不喜欢的状态逐渐过渡到喜欢状态，这个维度叫作愉悦度（Valence）。

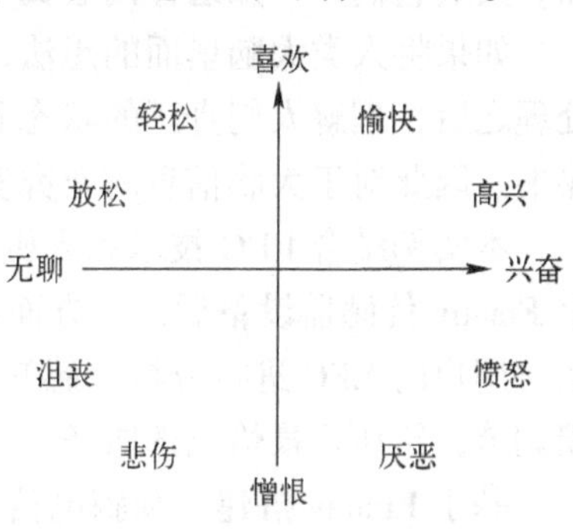

图 13-1　二维情绪分类模型

13.3　脑电交互工具

脑电交互工具除了第 6 章介绍的 Emotiv 外还有 MindSet。

MindSet 是美国 NeuroSky 公司基于其最新的脑机接口（Brain Computer Interface，BCI）技术研发的一款“意念耳机”。MindSet 通过对佩戴者脑电波信号的实时采集和分析处理，让使用者能够通过意念控制计算机中的人物和场景。

生物电现象是生命活动的基本特征之一。人类在进行思维活动时大脑产生的生物电信号就是脑电波，这些脑电波信号可以通过放置在头皮的传感器来进行测量和研究。MindSet 的工作原理是通过干态电极传感器采集大脑产生的生物电信号，并将这些采集的信号送入 ThinkGear 芯片，ThinkGear 将混杂在信号中的噪声以及运动产生的扰动进行滤除，并将有用信号进行放大，然后通过 NeuroSky eSense 算法解读出描述使用者当前精神状态的 eSense 参数，最终通过将这些量化的参数输出到计算机、手机等智能设备，实现基于脑电波的人机交互，即通常所说的意念控制。

13.4　脑电交互应用实例——情感聊天机器人小白

13.4.1　聊天机器人概述

大脑不同区域之间同步交换信息时存在着重要特征，对 EEG 信号不同频段的同步研究是认识大脑的重要手段之一，可以发现许多不为人知的细节，并且可以解释人类的一些行为现象。主成分分析方法是对脑电波信息研究的普遍方式，深入研究脑电图数据，具有较高的实用价值。

目前市面已有不少聊天机器人和语音助手，如微软的小娜、小冰。通过数据挖掘和机器学习等人工智能技术，它们已经有相当的“情商”，用户在和它们进行聊天时，一般很难分辨出来和自己聊天的是人还是机器人，因为它们的回复很贴切、幽默、生动，甚至无所不知。其实它们并不知道你内心真实的感觉，甚至是情绪。

如果将人类大脑里面的想法、情绪等信息提取出来传递给机器人，并让机器人经过算法处理之后，理解人们真正的状态和需求，机器人将变得更加智能化，从而成为人类真正的小秘书。因此对于大脑信息的研究实现具有重要的使用价值和意义。

本实例结合 EEG 技术和人机交互技术开发一款基于 Emotiv 的聊天机器人。在用户佩戴上 Emotiv 传感器设备后，一方面可以实时和机器人语音聊天，另一方面机器人可以通过算法对用户的 EEG 进行分析，感知用户的情绪状态，根据用户当前的情绪状态进行正向的反馈调节，给用户最恰当的服务，实现“知心秘书”的功能。

基于 Emotiv 搭建一套脑电信号处理的硬件系统，能进行脑电信号的采集、分析及处理。

根据脑电信号对人的情绪进行识别：Emotiv 可以读取人体各种 EEG 信号，检测各种脑电波和脑电信号，通过信号处理算法、去噪算法、特征提取得到预期的信号数据，然后利用时频分析法、高阶谱分析法、非线性分析法以及人工神经网络分析法等，对用户的意念、感觉与情绪进行识别。

聊天助手：利用图灵机器人的聊天接口，用户用语音和其交流，将语音识别的文字结果传入图灵聊天接口，即可得到图灵反馈的聊天回复。

语音识别：摆脱键盘打字的输入方式，需要实现语音输入。一个完整的语音识别系统包括特征提取、声学模型、语言模型及搜索算法等模块。语音识别系统本质上是一种多维模式识别系统。对于不同的语音识别系统，人们所采用的具体识别方法及技术不同，但其基本原理都是相同的，即将采集到的语音信号送到特征提取模块处理，将所得到的语音特征参数送入模型库模块，由声音模式匹配模块根据模型库对该段语音进行识别，最后得出识别结果。

本实例将系统分为 Emotiv 数据收集、数据预处理、数据模型化、模版匹配、语料数据库及数据匹配、语音识别、语音朗读这几个模块来完成，总体流程如图 13-2 所示。

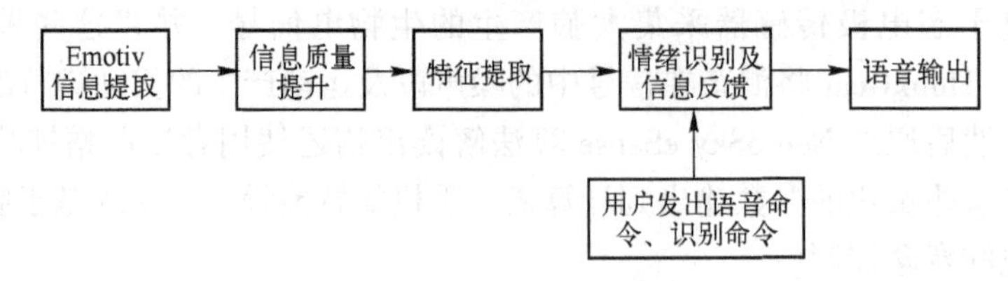

图 13-2　系统总体流程

1）Emotiv 信息提取。Emotiv 信息提取模块，采集大脑不同活动时不同的 EEG 电信号，并记录下这些信号数据。Emotiv 通过训练已有数据，将不同 EEG 电信号按活动、生理功能分类。

2）脑电信息质量提升。由于脑电信号是一种随即非平稳的微弱信号，采集过程中可能混入心电、肌电及眼电等噪声信号。获得真实有效的脑电数据是研究的第一步。脑电信息质量提升就是去除脑电信号中混入的手动、眼动、舌动、心电及肌电等噪声。

3）特征提取。首先采用特征选择算法进行特征提取，将高维的原始EEG信号进行降维；其次是设计分类器，对降维后的EEG信号按特征进行分类。

4）情绪识别及信息反馈。经过特征提取后的脑电信号包含多种特征，并不是每一个特征都与情绪状态相关，因此要选取与情绪相关的脑电特征，记录相关特征在情绪调节中的作用，用于情绪识别。识别情绪信号后发出反馈信号，用于指令控制。

5）指令识别。本实例的指令识别采用语音识别。识别出文字信息之后放在系统的逻辑处理中，根据用户不同的输入，系统做出不同的反馈。

语音识别系统理论是建立在统计模式识别基础之上的。语音识别的目标是利用语音学与语言学信息，把输入的语音特征向量序列 $X=X_1,X_2,\cdots,X_t$ 转化成词序列 $W=W_1,W_2,\cdots,W_n$ 并输出。

一个完整的语音识别系统包括特征提取、声学模型、语言模型及搜索算法等模块。语音识别系统本质上是一种多维模式识别。对于不同的语音识别系统，所采用的具体识别方法及技术不同，但其基本原理都是相同的，即将采集到的语音信号送到特征提取模块处理，将所得到的语音特征参数送入模型库，由声音模式匹配模块根据模型库对该段语音进行识别，最后得出识别结果。

6）语音输出。语音输出的核心技术其实是语音合成，即文字转语音。语音合成的研究已有多年的历史，现在研究出的语音合成方法，从技术方式讲可分为波形合成法、参数合成法和规则合成方法，从合成策略上讲可分为频谱逼近和波形逼近。

① 波形合成法。波形合成法一般有两种形式，一种是波形编码合成，它类似于语音编码中的波形编解码方法。该方法直接把要合成的语音发音波形进行存储，或者进行波形编码压缩后存储，合成重放时再解码组合输出。另一种是波形编辑合成，它把波形编辑技术用于语音合成，通过选取音库中采用自然语言的合成单元的波形，对这些波形进行编辑拼接后输出。它采用语音编码技术，存储适当的语音单元，合成时经解码、波形编辑拼接及平滑处理等输出所需的短语、语句或段落。

波形语音合成法是一种相对简单的语音合成技术，通常只能合成有限词汇的语音段。目前许多专门用途的语音芯片或语音IC，都采用这种方式，如自动报时、报站或报警等。

② 参数合成法。参数合成法也称为分析合成法，是一种比较复杂的方法。为了节约存储容量，必须先对语音信号进行分析，提取出语音的参数，以压缩格式存储，然后由人工控制这些参数的合成。参数合成法一般有发音器官参数合成和声道模型参数合成。发音器官参数合成法是对人的发音过程直接进行模拟。它定义了唇、舌、声带的相关参数，如唇开口度、舌高度、舌位置及声带张力等，由发音参数估计声道截面积函数，进而计算声波。由于人的发音生理过程的复杂性，理论计算与物理模拟的差别，合成语音的质量暂时还不理想。

声道模型参数语音合成是基于声道截面积函数或声道谐振特性合成语音的。早期语音合成系统的声学模型，多通过模拟人口腔的声道特性来产生。其中比较著名的有Klatt的共振峰（Formant）合成系统，后来又产生了基于LPC、LSP和LMA等声学参数的合成系统。这些方法用来建立声学模型的过程如下：首先录制声音，这些声音涵盖了人发音过程中所有可能出现的读音；提取出这些声音的声学参数，并整合成一个完整的音库。在发音过程中，首先根据需要发的音，从音库中选择合适的声学参数，然后根据韵律模型中得到的韵律参数，通过语音合成算法产生合成语音。

参数语音合成方法的优点是其音库一般较小，并且整个系统能适应的韵律特征范围较宽。这类合成器比特率低，音质适中。缺点是参数合成技术的算法复杂，参数多，并且在压缩比较大时，信息丢失亦大，合成出的语音总是不够自然、清晰。为了改善音质，近几年发展了混合编码技术，主要是为了改善激励信号的质量，这样虽然比特率有所增大，但音质得到了提高。

③ 规则合成法。这是一种高级的合成方法。规则合成方法通过语音学规则产生语音。合成的词汇表不是事先确定，系统中存储的是最小的语音单位的声学参数，以及由音素组成音节、由音节组成词、由词组成句子，控制音调、轻重音等韵律的各种规则。给出待合成的文本数据后，合成系统利用规则自动地将它们转换成连续的语音声波。这种方法可以合成无限词汇的语句。这种算法中，用于波形拼接和韵律控制的较有代表性的算法是基音同步叠加技术（PSOLA）。该方法既能保持所发音的主要音段特征，又能在拼接时灵活调整其基频、时长和强度等超音段特征。其核心思想是，直接对存储于音库的语音运用 PSOLA 算法来进行拼接，从而整合成完整的语音。有别于传统概念上只是将不同的语音单元进行简单拼接的波形编辑合成，规则合成系统首先要在大量语音库中，选择最合适的语音单元来用于拼接，并在选音过程中往往采用多种复杂的技术，最后在拼接时要使用如 PSOLA 算法等，对其合成语音的韵律特征进行修改，从而使合成的语音能达到很高的音质。本实例中采用了规则合成法。

13.4.2 基于情绪脑电的设计方案

本实例通过 DEAP 数据库的原始数据，预处理后的数据进行线性和非线性的特征提取，然后探究脑电信号在不同特征值下对情绪的识别分类率。主要目的是探究在两种情绪状态下对应的脑电信号的不同特征模式，从线性分析和非线性动力学的角度进行特征参数的提取和比较，期望能够对两种情绪做出正确的识别。具体的处理过程为：原始脑电的预处理、提取脑电的特征向量、基于特征量的情绪识别，基于情绪脑电的数据分析流程如图 13-3 所示。

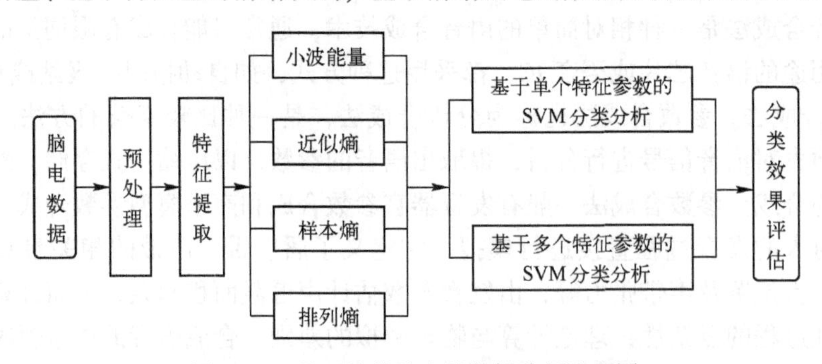

图 13-3 基于情绪脑电的数据分析流程图

脑机接口技术（Brain Computer Interface，BCI），是一种在大脑与外部设备之间建立通信通道进行信息传递及控制的交互技术。基于头皮脑电（EEG）的脑机接口技术由于其无创性而受到广泛关注并成为研究热点。不过，医疗用途的 EEG 采集系统需要导电凝胶的电极，在粘贴和去除时很麻烦。本实例研究了一种便携式的脑电图采集设备——Epoc。

Emotiv Systems 公司的 Epoc 采用 14 个湿态电极传感器采集受试者的头皮的脑电信号，是目前为止包含电极最多数量的脑电图耳机。14 个电极按国际标准 10-20 系统放置。另外，两个参考电极置于左耳乳突处和右耳乳突处，用于计算两侧乳突的代数平均参考电压，帮助降噪。电极放置图如图 13-4 所示。

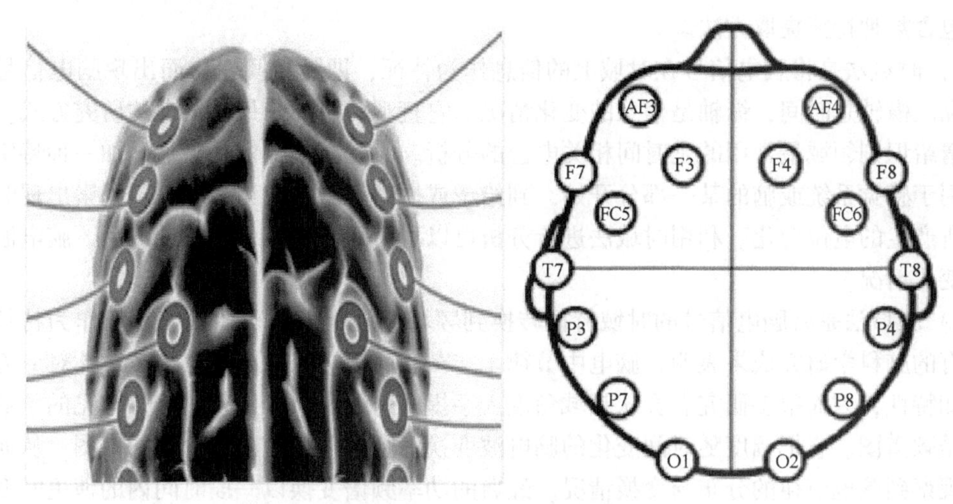

图 13-4　Epoc 电极放置图

对于脑电信号的分析可知，由于脑电信号是一种随即非平稳的微弱信号，采集过程中可能混入心电、肌电及眼电等噪声信号。消除脑电伪迹获得真实有效的脑电数据是研究的第一步。脑电信号混入的噪声多样，但从实验的处理和结果来看，实验过程中由于被试手动、眼动及舌动等引起的噪声通常比较容易去除，而心电、肌电等噪声则比较难去除。脑电的预处理包括滤波器、手动去燥及精细去燥等过程。

在脑电采集仪中一般都会带有滤波器。实验人员在采集信号之前可以控制脑电采集的频率。由于所需要的频段一般是在 0.5～100 Hz，可以把滤波范围设置在这之间，这样就把心电、肌电等其他信号排除在外。

手动去噪过程主要是对较容易去除的因手动、眼动等引入噪声而言的。这些噪声会在波形上显示出明显的异常，因而比较容易发现，只需实验人员手动将这部分信号去除即可。

脑电精细去噪的方法有很多，如独立分量分析、变换、回归及小波去噪等方法，其中小波去噪法以其低熵性、多分辨率及灵活性等众多优势成为去噪首选方法。本实例中采用小波去噪法处理脑电信号中混入的较难去除的心电、肌电信号。小波去噪过程包括三个基本步骤：对含噪声的信号进行小波变换；对变换得到的小波系数进行处理，去除其中的噪声；对处理后的小波系数进行信号重构，得到去噪后的信号。小波去噪框图如图 13-5 所示。

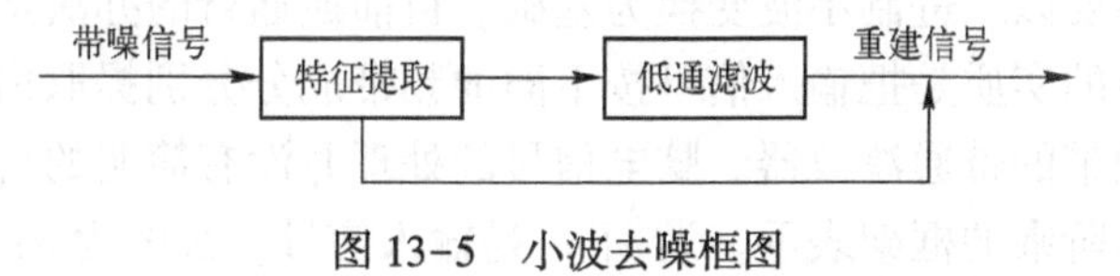

图 13-5　小波去噪框图

脑电信号是大脑皮层全部神经元的活动反应。但是提取出的脑电原始信号并不是要分析和研究的对象，采集到的原始脑电信号是多种信号的叠加。根据脑电的节律性特性以及四个频段对应的认知特性，对脑电进行特征提取，提取其频段和能量值。

脑电蕴含丰富的大脑活动信息，对其进行分析的前提是提取出相关的脑电频段。有效的特征提取对后期模式分类的准确率有重要的影响。随着研究的深入，越来越多的研究者提出新的特征提取方法。目前常用的特征提取方法包括时域法、频域法和时频域法，每一种方法里又包含数种特征提取方法。

1）时域法是将脑电信号在时域上的信息作为特征，即随时间变化而出现脑电信号的变化情况。横轴是时间，纵轴是信息的变化情况。它直观简单，是最早出现的研究方式。时域法在情绪识别领域最常用的是时间相关电位的分析。时间相关电位是指从外加一种特定的刺激作用于感觉系统或脑的某一部分开始，到给予或撤销刺激时或当某种心理因素出现时，在脑区所产生的电位变化。利用时域法进行分析可以看出随着某个刺激出现以后，脑电波随时间的变化情况。

2）频域法是将脑电信号的时域特征转换到频域，将从中提取的频域特征作为特征。根据已有的脑科学研究成果表明，脑电中节律 1、节律 2、节律 3、节律 4、节律 5 对应着人脑的认知特性，因而很多研究者会从频域角度入手提取这五段信号进行研究。常见的频域分析方法是频谱图。它把幅度随时间变化的脑电波变换为脑电功率随频率变化的谱图，从而可直观地观察到脑电节律的分布与变换情况。经典的功率频谱变换以一段时间内的傅里叶变换为基础。常见的频域特征有功率谱、功率谱密度及能量等。

3）时频域法是将时域和频域联系起来，找出能够同时反映时域和频域的脑电特征。由于脑电信号是随时间变化的非平稳性信号，将时域与频域割裂开来分别进行傅里叶变换并不能全面反映脑电信号的全部特点。事实上在分析临床应用中，许多病症是瞬态形式表征的。因此只有把时间和频率结合起来进行处理才能获得更好的结果。常见的主要是用短时傅里叶变换和小波变换两种方法来提取时频特征。

结合本实例研究的目的，利用小波变换提取脑电特征。小波变换是一种新的变换分析方法，它继承和发展了短时傅里叶变换局部化的思想，同时又克服了窗口大小不随频率变化等缺点，能够提供一个随频率改变的“时间-频率”窗口，是进行信号时频分析和处理的理想工具。它的主要特点是通过变换能够充分突出问题某些方面的特征，能对时间（空间）频率进行局部化分析，通过伸缩平移运算对信号（函数）逐步进行多尺度细化，最终达到高频处时间细分，低频处频率细分，能自动适应时频信号分析的要求，从而可聚焦到信号的任意细节，解决了傅里叶变换的困难问题，成为继傅里叶变换以来在科学方法上的重大突破。小波变换包括两类：连续小波转换和离散小波变换。两者主要区别在于，连续变换在所有可能的缩放和平移上操作，这使得连续小波变换的数据处理量大，产生的冗余量也很大；而离散变换采用所有缩放和平移值的特定子集。

离散小波变换主要以二进制小波变换为基础。目前最通行的办法是位移位的幕次级数进行离散化。小波变换的实质是把输入信号按不同的频带成分分别提取出来。不同尺度的小波函数就相当于不同频带的带通滤波器。脑电信号的处理并没有简明的公式来表示信号输入和输出的关系，这里以阶乘的框架表示。设 $x[n]$ 是输入信号，长度为 n；$G[n]$ 是低通滤波器，滤掉输入信号的高频部分输出低频部分；$H[n]$ 是高通滤波器，滤掉低频部分输出高频部分；$\downarrow Q$ 是降采样滤波器，如果以 $x[n]$ 作为输入，则输出 $y[n]=x[Qn]$，此处 $Q=2$。小波提取框图如图 13-6 所示。

本实例中以频段能量作为特征量，主要是因为频段能量能同时表征时频信号，形成的数据特征维度低，计算简单，速度快。频段能量就是对不同尺度上的 EEG 信号离散点的幅度值的二次方和进行累加。计算公式见式（13-1）。

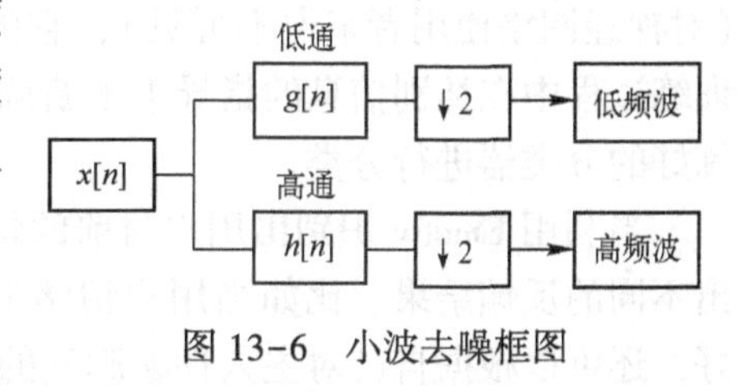

图 13-6 小波去噪框图

$$E_k = \sum_{i=1}^{n} |x_{ik}|^2 \tag{13-1}$$

式中，E_k为频段能量；i为离散点，$i=1,2,3,\cdots,n$；k为分解层数；$|x_{ik}|$为分解后第i个第k层的幅值。

模式分类的主要任务是对提取的脑电信号特征进行处理，从而确定各种情绪状态的脑电模式。本实例是基于情绪状态分类，通过改进已有算法，进一步提高分类准确率，为后期分析不同情绪状态下的脑电模式提供基础。

脑电信号是一种成分复杂的信号，为了研究其中蕴含生理或心理信息，在模式分类的过程中必须选择一种科学实用的分类器。性能良好的分类器对于后期不同情绪脑电的分析解释有着重要的作用。随着对分类算法的不断深入研究，越来越多的分类算法用于脑电数据的处理中。脑电情绪状态的识别主要包括两类方法：有监督的学习和无监督的学习。

1）无监督的学习是指在对样本进行训练时不给出类别或者样本的类别不可知。模式分类时由于样本集数据的某种特征或某些特征是一致的或相似的，使得这些样本自动归为一类，特征相似性差的样本远离，形象来说实现“同性相吸，异性相斥”，最终实现样本分类。常用的无监督学习有模糊聚类、近邻等。从数学意思上看，包括模糊聚类、近邻的方法都是通过计算样本点之间的欧氏距离来判断这些样本是否应该归为一类，在分类过程中通过控制距离的阈值来扩大或缩小类别。例如，研究者在对高兴、害怕、惊讶及厌恶四种情绪模式进行研究时，他们将四种情绪的脑电样本混合在一起，尝试用模糊聚类的方式将这四种脑电分开。这说明以上四种情绪的脑电信号在一些特征上是有区别的。还有研究者在对国际情绪图片库进行研究时，通过聚类的方式将图片库的诱发情绪图片大致分为愉悦、厌恶及恐惧等几类，证实国际情绪图片库对于中国人也是有参考价值的。此外，还有研究者采用新的无监督学习法——自组织映射法对脑电情绪进行分类，同样取得了较好的分类效果。

2）有监督学习与无监督学习不同的是需要对训练的样本事先标注好类别，在类别信息的指导下不断修正分类模型，将最终得到的分类模型用于测试集的分类中。常见的监督学习方法有支持向量机、决策树、神经网络及线性判别器等，其中支持向量机在情绪识别中的应用最为广泛。它的基本思想是在低维空间上不可分的样本利用数学的方法将其映射到高维空间上，找出高维空间上能区分多个样本的超平面。支持向量机的关键在于核函数，核函数能很好地解决样本由低维转换到高维所带来的复杂度增加的问题。常用的核函数有线性核、多项式核及径向基函数。在确定核函数之后，由于在选定核函数的因子上存在一定的经验性，考虑到支持向量机的推广和泛化能力，引入了惩罚因子和松弛系数来加以校正。已经有研究成果表明利用支持向量机来对脑电情绪信号进行分类，分类效果良好。

神经网络也是较为常用的一种分类方法，是一种模仿生物神经网络结构和功能的数学模型。在结构上可以把一个神经网络划分为输入层、输出层和隐含层。输入层的每个节点对应一个个预测变量，输出层的节点对应一个或多个目标变量。在输入层和输出层之间是隐含层

(对神经网络使用者来说不可见)，它的层数和每层节点的个数决定了神经网络的复杂度。训练过程中在类别信息的指导下不断调整隐含层对输入层的权重，直到达到阈值。最后用训练好的分类器进行分类。

当利用 Emotiv 识别出用户目前的情绪状态之后，根据用户不同的情绪，聊天机器人给出不同的反馈结果。比如当用户情绪低落的时候，机器人就会主动询问主人为什么心情不好，还可以根据自己对主人性格脾气的了解，给予主人安慰陪伴，播放最适合的歌曲、讲笑话等。

本实例 PC 端软件采用 VS+MFC 为开发工具。系统运行之后连接 Emotiv 设备，即可实现聊天、点播歌曲等功能。在人和聊天机器人（比如小娜）通过键盘聊天的同时，在头上穿戴 Emotiv 意念控制器设备，扫描使用者的大脑，通过 Emotiv 意念控制设备读取各种情绪下的脑电波，通过编程传递给聊天机器人。然后聊天机器人就知晓了用户的内心，并给出相应的响应。如图 13-7 所示。

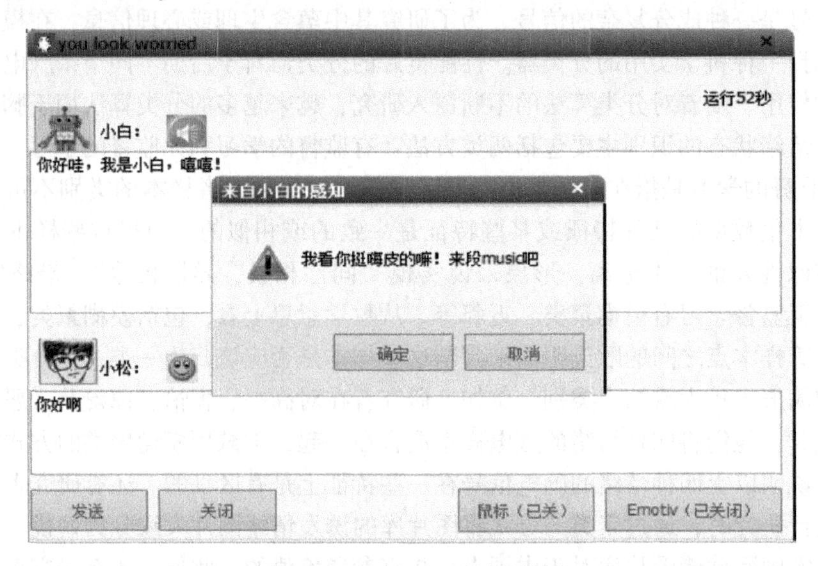

图 13-7　运行 52 s 时界面截图

用户可以单纯地和小白机器人进行文字或者语音聊天，图灵机器人小白具备丰富的对话功能。

1）中文聊天对话。基于图灵大脑中文语义与认知计算技术以及多年中文自然语言交互研发经验，图灵机器人具备准确、流畅、自然的中文聊天对话能力。

2）自定义身份属性。图灵机器人平台所提供的 ChatBot 支持充分的机器人一体化身份属性自定义，开发者通过平台页面对机器人的 20 多个常见属性进行快捷设置，打造具备个性化身份属性的 ChatBot。

3）情感识别引擎。图灵机器人独创情感识别与表达引擎，能够有效识别用户在聊天过程中所表现出的正-负向及显-隐性情绪，并进行有情感的回应。

4）多领域智能问答。图灵机器人具备强大的中文问答能力，在满足基础聊天对话的同时，能满足用户 100 多个垂直领域的问答需求。

5）场景对话功能。通过场景对话模块，开发者可快速搭建满足于不同场景业务需求的多轮上下文对话，并实现对话式交互同自有产品业务、数据库以及第三方数据源的对接，实现产品服务体验升级。

当用户接通 Emotiv 的时候，系统可以通过 Emotiv 实时获取用户的情绪状态，然后通过去噪、分析处理，提取出喜、怒、哀、乐等基本情绪，通过编程传递给聊天机器人，聊天机器人知晓了你的情绪变化后，可以安慰你，给你播放音乐。

习题

13.1 什么是脑电交互？

13.2 脑电研究有哪些手段？

13.3 脑信号的特点是什么？

13.4 脑信号存在的问题是什么？

13.5 脑电信号的处理步骤是什么？

13.6 脑电特征提取方法有哪些？

13.7 结合人工智能描绘脑电交互的未来。

参考文献

[1] MYERS BRAD A, ROSSON M B. Survey on user interface programming [J]. Computer Human Interaction, 1992: 195-202.

[2] 石曼银. Kinect 技术与工作原理的研究 [J]. 哈尔滨师范大学自然科学学报, 2013, 29 (03): 57-61.

[3] 韩璞, 等. 分散控制系统的人机交互技术 [M]. 北京: 电子工业出版社, 2007.

[4] 罗颖. 基于增强现实的交互界面设计研究 [D]. 武汉: 华中科技大学, 2012.

[5] BOWMAN D A, KRUIJFF E, LAVIOLA J J, et al. 3D user interfaces: Theory and practice [M]. Boston: Addison Wesley Longman Publishing Co. Inc., 2004.

[6] 雷超, 戴国忠. 自然的 3D 交互技术 [J]. 中国经济和信息化, 1999 (34): 25-27.

[7] HINCKLEY K. Input technologies and techniques [EB/OL]. (2002-07-30) . http://research.microsoft.com.

[8] 丁扬. 计算机键盘设计中的人机工程学体现 [J]. 包装工程, 2015 (14): 75-78.

[9] WALDROP M M. The origins of personal computing [J]. Scientific American, 2001, 285 (6): 84.

[10] 马秀娟. 基于自然用户界面的人机交互模式研究 [D]. 西安: 西安理工大学, 2013.

[11] 余涛. Kinect 应用开发实战: 用最自然的方式与机器对话 [M]. 北京: 机械工业出版社, 2012.

[12] 杨治良. 漫谈人类记忆的研究 [J]. 心理科学, 2011, 01: 249-250.

[13] 孙同舟, 周怀伟. 人类记忆与海马 [J]. 中外健康文摘, 2010, 07 (22): 375-376.

[14] 余刚. 揭开人类记忆之谜 [J]. 科学之友, 2011, 05: 41-41.

[15] 姚树桥, 杨彦春. 医学心理学 [M]. 6 版. 北京: 人民卫生出版社, 2013.

[16] 马正宇. 浅谈充分利用儿童的无意注意进行教学 [J]. 祖国: 教育版, 2013 (1): 299-299.

[17] 赵中源. 对记忆信息输入规律的探索 [J]. 绥化学院学报, 2004 (1): 173-174.

[18] 刘会云. 机械识记的探究 [J]. 青年与社会: 中外教育研究, 2009 (9): 122-122.

[19] 魏建华. 意义识记与机械识记相结合 [J]. 云南教育: 基础教育版, 1990 (Z2): 87-87.

[20] 刘颖. 谈机械识记与意义识记的不可分割性 [J]. 黑龙江教育学院学报, 2003, 22 (03): 52-53.

[21] 唐自杰. 关于意义识记与机械识记发展过程的特点的研究 [J]. 重庆师范大学学报: 自然科学版, 1985: 53-66.

[22] 张国忠. 遗忘规律的探索与运用 [J]. 继续教育研究, 2002 (6): 86-88.

[23] 杨文静, 张庆林, 伍泽莲, 等. 情绪性记忆的主动遗忘 [J]. 心理科学进展, 2010, 18 (6): 871-877.

[24] 伍棠棣. 心理学 [M]. 3 版. 北京: 人民教育出版社, 2003.

[25] 黄乃杜, 刘秉果, 罗时铭. 体育教学与记忆 [J]. 体育师友, 1982 (02): 30-34.

[26] 肖祥云. 培养幼儿积极的情绪记忆 [J]. 幼儿教育, 2003 (3): 49-49.

[27] 王梅, 朱晓林. 教师如何塑造良好的第一印象 [J]. 基础教育研究, 2010 (14): 50-50.

[28] 陈天勇, 韩布新, 赵燕京. 心理逻辑学对记忆研究的分析及其反响 [J]. 心理科学进展, 2001, 9 (3): 205-209.

[29] PALLADINO L J. 注意力曲线: 打败分心与焦虑 [M]. 苗娜, 译. 北京: 中国人民大学出版

社，2016.
[30] 彭聃龄．普通心理学［M］．北京：北京师范大学出版集团，2004.
[31] 冯江平．广告心理学［M］．上海：华东师范大学出版社，2012.
[32] 郭亚军，金先级．人机交互［M］．武汉：华中科技大学出版社，2005.
[33] JOHN B E，K D E. Using GOMS for user interface design and evaluation：Which technique?［J］. ACM Transactions on Computer-Human Interaction，1996，3（4）：287-319.
[34] CARD S K，MORAN T P，NEWELL A. The psychology of human-computer interaction［M］. Mahwah：Lawrence Erlbaum Assosiates，1983.
[35] OLSON J R，OLSON G M. The growth of cognitive modeling in human-computer interaction since GOMS［J］. Human-Computer Interaction，1990，3：221-265.
[36] NEWMAN W，ELDRIDGE M，LAMMING M. Pepys：Generating autobiographies by automatic tracking［C］. Proceedings of the 2nd European Conference on Computer Supported Cooperative Work-ECSCW'91，Amsterdam，1991：175-188.
[37] WASSERMAN A I. Extending state transition diagrams for the specification of human-computer interaction［J］. IEEE Transaction on Software Engineering，1985，11（8）：699-713.
[38] BUXTON W A S. A three-state model of graphical input［C］. Proceedings of INTERACT'90，Amsterdam，1990：449-456.
[39] ANNETT J，DUNCAN K D. Task analysis and training design［J］. Occupational Psychology，1967，41：211-221.
[40] DIX A. 人机交互［M］．蔡利栋，等译．3 版．北京：电子工业出版社，2006.
[41] STANTON N A. Hierarchical task analysis：Development，applications，and extensions［J］. Applied Ergonimics，2006，37（1）：55-79.
[42] STUART J，PENN R. Task architect：Taking the workout of task analysis［C］. TAMODIA'04 Proceedings of the 3rd Annual Conference on Task Models and Diagrams，New York，2004：145-154.
[43] 金微瑕，李宏汀. 人机界面评估之层次任务分析法［J］. 人类工效学，2014，20（4）：84-89，95.
[44] COOPER A，REIMANN R，CRONIN D，et al. About face 4. 0：The essentials of interaction design［M］. 4th ed. New York：John Wiley & Sons，2014.
[45] COOPER A，REIMANN R，CRONIN D. About face 4：交互设计精髓［M］．倪卫国，刘松涛，等译．北京：电子工业出版社，2015.
[46] COLBORNE G. 简约至上：交互式设计四策略［M］．李松峰，秦绪文，译. 北京：人民邮电出版社，2011.
[47] CONSTANTINE L，LOC KWOOD L. Software for use：A practica guide to be essential models and methods of usage-centered design［M］. Boston：Addison-Wesley，1999.
[48] GALITZ W O. The essential guide to user interface design［M］. 2nd ed. New York：John Wiley &Sons，2002.
[49] DELGALDO E，NIELSEN J. International user interfaces［M］. New York：John Wiley &Sons，1996.
[50] HEIM S. The resonant interface：HCI foundations for interaction design［M］. Boston：Addison-Wesley，2007.
[51] 骆斌，冯桂焕. 人机交互软件工程视角［M］. 北京：机械工业出版社，2012.
[52] 孟祥旭，李学庆，杨承磊，等．人机交互基础教程［M］．3 版．北京：清华大学出版社，2016.
[53] NIELSEN J. Usability engineering［M］. San Francisco：Morgan Kaufmann，1993.
[54] 张亮．细节决定交互设计的成败［M］. 北京：电子工业出版社，2009.
[55] SHARP H，ROGERS Y，PREECE J. Interaction design：Beyond human-computer interaction［M］. 4th ed.

New York：John Wiley & Sons，2015.
[56] SHNEIDERMAN B. 用户界面设计：有效的人机交互策略［M］. 张国印，等译. 5 版. 北京：电子工业出版社，2011.
[57] WIGDOR D，WIXON D. 自然用户界面设计 NUI 的经验教训与设计原则［M］. 季罡，译. 北京：人民邮电出版社，2012.
[58] RASKIN J. 人本界面交互系统设计［M］. 史元春，译. 北京：机械工业出版社，2011.
[59] STEPHANIDIS C，SALVENDY G. 人机交互：以用户为中心的设计和评［M］. 董建明，傅利民，饶培伦，译. 5 版. 北京：清华大学出版社，2016.
[60] 唐茜，耿晓武. 3ds Max 2016 从入门到精通［M］. 北京：中国铁道出版社，2016.
[61] CAVALIERS. 世界动画史：世界动画的百年历史［M］. 北京：中央编译出版社，2012.
[62] 吴雁涛，Unity3D 平台 AR 与 VR 开发快速上手［M］. 北京：清华大学出版社，2017.
[63] 楚发. 基于体感的三维配准系统的设计与实现［D］. 上海：上海交通大学，2011.
[64] 展宇. 基于 Android 系统的体感运动游戏平台［D］. 成都：电子科技大学，2013.
[65] 黄石. 论游戏设计的基本原则［J］. 装饰，2007（6）：34-36.
[66] 仲伟. 体感游戏中玩家的肢体动作对空间认知的作用研究［D］. 哈尔滨：哈尔滨工业大学，2011.
[67] 邬冠上. 基于 Kinect 的交互式健身游戏的设计与实现［D］. 北京：中国科学院大学，2014.
[68] 杜坤. 基于 LeapMotion 和 Unity3D 的体感游戏"Surrvival&Shoot"的开发［D］. 昆明：云南大学，2016.
[69] 阚宇. 基于 Unity3D 的体感游戏系统的研究［D］. 镇江：江苏大学，2016.
[70] 张帅. 基于 Unity3D 和 Kinect 的体感跑酷游戏开发关键技术设计与实现［J］. 三明学院学报，2015，32（6）：32-36.
[71] 邓创. 基于多通道学习的肢体运动功能康复辅助游戏研究［D］. 哈尔滨：哈尔滨工业大学，2015.
[72] 王磊. 基于体感交互的儿童运动灵敏素质测评方法研究［D］. 南京：南京师范大学，2016.
[73] 蒋逸皇. 基于体感交互的教育游戏的设计与开发［D］. 南昌：江西科技大学，2015.
[74] 朱瑶瑶. 体感交互的服装社区的设计与实现［D］. 北京：北京工业大学，2015.
[75] 张贵. 体感交互及其游戏的设计与开发［D］. 广州：华南理工大学，2014.
[76] 翟言. 体感交互技术在大型沉浸式系统中的应用与研究［D］. 北京：北京林业大学，2014.
[77] 崔育礼. 手势识别若干关键技术研究与应用［D］. 上海：同济大学，2009.
[78] 任海兵，祝远新，徐光祐等. 连续动态手势的时空表观建模及识别［J］. 计算机学报，2000，23（8）：824-828.
[79] TAKAHASHI T，SHINO F K. Hand gesture coding based on experiments using a hand gesture interface device［J］. SIGCHI Bulletin，1991，23（2）：67-73.
[80] DAVIS J，SHAH M. Visual gesture recognition［J］. IEEE Proceeding on Vision-Image Signal Processing，1994，141（2）：321-332.
[81] STARNER T，PENTLAND A. Real-time american sign language recognition from video using hidden Markov models［R］. Technical Report TR375，MIT：Media Lab，1996.
[82] GROBEL K，ASSAM M. Isolated sign language recognition using hidden Markov models［J］. Proceedings of the IEEE International Conference on Systems，Man and Cybernetics，Orlando，1997：162-167.
[83] VOGLER C，METAXAS D. Adapting hidden Markov models for ASL recognition by using three-dimensional computer vision methods［J］. SMC，1997：156-161.
[84] LEE C，XU Y. Online interactive learning of gestures for human/robot interfaces［J］. Proceeding of IEEE International Conference on Robotics and Automation，1996，3（1）：30-41.
[85] KADOUS M W. Machine recognition of auslan signs using powergloves towards large-lexicon recognition of sign

language [C]. Proceedings of the Workshop on the Integration of Gesture in Language and Speech, Newark, 1996: 165-174.
[86] 祝远新，徐光祐，黄浴．基于表观的动态孤立手势识别 [J]. 软件学报，2000，11 (1): 54-61.
[87] 张良国，吴江琴，高文，等．基于 Hausdorff 距离的手势识别 [J]. 中国图象图形学报，2002 (01): 1144-1150.
[88] 吴江琴，高文，陈熙霖，等．基于 ANN/HMM 的中国手语识别系统 [J]. 计算机工程与应用，1999 (09): 01-04.
[89] 周航．基于计算机视觉的手势识别系统研究 [D]. 北京：北京交通大学，2007.
[90] 朱继玉，王西颖，王威信，等．基于结构分析的手势识别 [J]. 计算机学报，2006，6 (12): 2031-2037.
[91] 任海兵，祝远新，徐光祐，等．基于视觉手势识别的研究综述 [J]. 电子学报，2000，28 (2): 118-121.
[92] 刘玉进，蔡勇，武江岳，等．一种肤色干扰下的变形手势跟踪方法 [J]. 计算机工程与应用，2009，45 (35): 164-167.
[93] 王茂吉．基于视觉的静态手势识别系统 [D]. 哈尔滨：哈尔滨工业大学，2006.
[94] 王西颖，张习文，戴国忠．一种面向实时交互的变形手势跟踪方法 [J]. 软件学报，2007，18 (10): 2423-2433.
[95] ARGYROS A A, LOURAKIS M I A. Tracking skin-colored objects in real-time [Z]. Advanced Robotic Systems International, 2005: 77-90.
[96] ARGYROS A A, LOURAKIS M I A. Real-time tracking of multiple skin-colored objects with a possibly moving camera [J]. Proceedings of ECCV, 2004, 3: 368-379.
[97] BRADSKI GKAEHLER A. 学习 OpenCV（中文版） [M]. 刘瑞祯，于仕琪，北京：清华大学出版社，2009.
[98] 宿媛媛．基于认知信息的手势交互方法研究 [D]. 济南：济南大学，2014.
[99] 王生进．脑电识别与脑机交互 [J]. 中国教育网络，2016 (09): 41.
[100] 刘源．基于多元 EMD 的 BCI 信号处理研究 [D]. 秦皇岛：燕山大学，2013.
[101] 张彦娜．基于多变量自回归模型的脑信号特征提取研究 [D]. 秦皇岛：燕山大学，2014.
[102] 主福洋．虚拟现实技术的现状及发展趋势 [J]. 中国新通信，2012 (20): 37.
[103] LEEB R, LANCELLE M. Thinking penguin: Multimodal brain-computer interface control of a VR game [J]. IEEE Transactions on Computational Intelligence & Ai in Games, 2013, 5 (2): 117-128.
[104] 马鹏飞．虚拟现实技术在村镇民俗旅游中的应用研究 [J]. 地理信息世界，2010，8 (2): 7-11.
[105] FINKELSTEIN S, NICKEL A. Astrojumper: Motivating children with autism to exercise using a VR game [J]. Computer Human Interaction, 2010: 4189-4194.
[106] 王星捷，李春花．基于 Unity3D 平台的三维虚拟城市研究与应用 [J]. 计算机技术与发展，2013 (4): 241-244.
[107] VRETOS N, NIKOLAIDIS N. The use of audio-visual description profile in 3D video content description [C]. 3DTV-Conference: The True Vision-Capture, Zurich, 2012: 1-4.
[108] 朱志超．虚拟现实展示设计及其应用 [J]. 河南科技，2010 (4): 29-30.
[109] LI W Y. The design of campus roaming system based on virtual reality technology [C]. International Conference on Audio Language and Image Processing, Shanghai, 2010: 274-277.
[110] 谢智. 暴风影音发布“暴风魔镜”虚拟现实体验 [J]. 计算机与网络，2014 (18): 39.
[111] JANG B G, KIM G J. Evaluation of grounded isometric interface for whole-body navigation in virtual environments [J]. Computer Animation & Virtual Worlds, 2014, 25 (5-6): 561-575.

[112] 黄涛．基于Unity3D的虚拟校园漫游系统的研究和实现［D］．桂林：广西师范大学，2014.
[113] 方沁．基于Unity和3dmax的虚拟实验室三维建模设计与实现［D］．北京：北京邮电大学，2015.
[114] 王晓迪．虚拟仿真实验教学中心建设中八项关系的理解与探讨［J］．实验技术与管理，2014（8）：9-11.
[115] 项国雄，熊力杨，胡三华．建设教师教育虚拟仿真实验教学中心促进实践教学能力培养模式创新［J］．中国教育信息化·高教职教，2014（3）：29-33.
[116] 于文艳．浅谈虚拟现实技术的现状及发展趋势［J］．科技信息，2008（31）：76.
[117] 姜学智，李忠华．国内外虚拟现实技术的研究现状［J］．辽宁工程技术大学学报：自然科学版，2004，23（2）：238-240.
[118] MOHANTY R，ROUTRAY A．Advanced virtual embedded system laboratory［C］．Interdisciplinary Engineering Design Education Conference，Sanata Clara，2012：92-95.
[119] 牟行军．虚拟实验室在继续教育中的应用研究［J］．继续教育，2006，20（9）：57-58.
[120] 许微．虚拟现实技术的国内外研究现状与发展［J］．现代商贸工业，2009，21（2）：279-280.
[121] SHIN Y S．Virtual experiment environments design for science education［J］．International Journal of Distance Education Technologies，2004，2（4）：388-395.
[122] KUBISCH C，TAVENRATH M．Techniques for locally modifying draw calls：US20140292771［P］．2014.
[123] 高静，段会川．JSON数据传输效率研究［J］．计算机工程与设计，2011，32（7）：2267-2270.
[124] RUI M A．Design of packet resources & Data compression for 3d virtual digital campus system based on Unity3D［J］．Journal of Yangtze University，2014.
[125] 王伟，黄国宏，潘年华，等．Lua脚本热更新方法及系统：CN 102207879 B［P］．2013.
[126] AZUMA RONALD T．A survey of augmented reality［J］．Teleoperators and Virtual Environments，1997，6（4）：355-385.
[127] 吴帆，张亮．增强现实技术发展及应用综述［J］．电脑知识与技术，2012（12）：8319-8325.
[128] DAVISON A J，CID A G，KITA N．Real-time 3d slam with wide- angle［C］．5th IFAC/EURON Symposium on Intelligent Autonomous Vehicles（IAV），Lisbon，2004.
[129] 王涌天，林倞，刘越，等．亦真亦幻的户外增强现实系统——圆明园的数字重建［J］．中国科学基金，2006，20（2）：76-80.
[130] 陈靖，王涌天，郭俊伟，等．基于特征识别的增强现实跟踪定位算法［J］．中国科学：信息科学，2010，40（11）：1437-1449.
[131] 高宇，邓宝松，杨冰，等．基于增强现实的虚拟实景空间的研究与实现［J］．小型微型计算机系统，2006，27（1）：146-150.
[132] 蒋钦云．增强现实中三维注册算法研究［D］．武汉：华中科技大学，2006.
[133] 胡天宇．增强现实技术综述［J］．电脑知识与技术，2017，13（34）：194-196.
[134] 余日季，唐存琛，胡书山．基于AR技术的文化旅游商品创新设计与开发研究［J］．艺术百家，2013，28（4）：181-185.
[135] 杜媛媛．基于增强现实的虚拟旅游平台设计与开发［D］．北京：北京交通大学，2015.
[136] 吕淘沙，汤汶，万韬阮，等．增强现实交互技术在历史博物馆中的应用［J］．西安工程大学学报，2015，29（6）：728-732.
[137] 张娟，毛晓波，陈铁军．运动目标跟踪算法研究综述［J］．计算机应用研究，2009，26（12）：4407-4410.
[138] 肖慧，陆奎．基于SIFT自然特征的AR系统研究和实现［J］．计算机应用与软件，2014（5）：244-246.
[139] 郝冲，许有武，孙晋华．基地化训练中AR技术的应用设想［J］．国防信息学院学报，2012（2）：

62-63.
[140] 程委，廖学智，李智．增强现实及其军事应用研究［J］. 计算机技术与发展，2007（12）：165-168.
[141] 黄天智，王涌天，闫达远．增强现实技术的军事应用与前景展望［J］. 兵工学报，2006（6）：1043-1046.
[142] 毛潭．移动增强现实中的快速场景识别与注册方法研究［D］. 武汉：华中科技大学，2012.
[143] 孔祥．基于移动平台的增强现实技术研究［D］. 西安：西安电子科技大学，2013.
[144] 沈社会，马俊枫. 基于 OpenGL 及粒子系统的导弹爆炸仿真算法研究［J］. 计算机与信息技术，2009（2）：8.
[145] 詹荣开，罗世彬，贺汉根. 用粒子系统理论模拟虚拟场景中的火焰和爆炸过程［J］. 计算机工程与应用，2001，37（5）：91-92.
[146] FELDMAN BRYAN E, O'BRIEN J F, ARIKAN O. Animating suspended particle explosions [J]. ACM, 2003: 708-715.
[147] 郑涛，徐晓刚，邵承永. 核爆炸外观景象实时模拟［J］. 中国图象图形学报，2012，17（10）：1305-1311.
[148] 齐东旭. 分形及其计算机生成［M］. 北京：科学出版社，1994.
[149] REEVES WILLIAM T. Particle systems—A technique for modeling a class of fuzzy objects [C]. Conference on Computer Graphics and Interactive Techniques ACM, New York, 1983: 359-375.
[150] TAKESHITA D, OTA S, TAMURA M, et al. Particle-based visual simulation of explosive flames [J]. Journal of the Society for Art & Science, 2003, 2002 (77): 482-486.
[151] ILMONEN TOMMI, KONTKANEN J. The second order particle system [J]. Journal of WSCG, 2003, 11 (1): 1213-6972.
[152] SEWALL J, GALOPPO N, TSANKOV G, et al. Visual simulation of shockwaves [J]. Graphical Models, 2009, 71 (4): 126-138.

62-63.
[140] [illegible]. 动画特效及其实现[J]. 计算机技术与发展, 2007(12): 165-168.
[141] [illegible][J]. [illegible], 2006(6): 1063-1066.
[142] [illegible]. [illegible][D]. 武汉: 华中科技大学, 2012.
[143] [illegible]. [illegible][D]. 西安: 西安电子科技大学, 2013.
[144] [illegible]. 基于OpenGL[illegible][J]. [illegible], 2005.
[145] [illegible][J]. 计算机工程与应用, 2011, 37(5): 91-92.
[146] FELDMAN BRYAN E, O'BRIEN J F, ARIKAN O. Animating suspended particle explosions [J]. ACM, 2003: 708-715.
[147] [illegible][J]. 中国图象图形学报, 2012, 17(10): 1305-1311.
[148] [illegible][M]. 北京: 科学出版社, 1994.
[149] REEVES WILLIAM T. Particle systems—A technique for modeling a class of fuzzy objects [C]. Conference on Computer Graphics and Interactive Techniques. New York: ACM, 1983: 359-375.
[150] [illegible] D, OKA S, TAMURA H, et al. Particle-based visual simulation of explosive flames [J]. Journal of the Society for Art & Science, 2003, 2002 (2): 482-486.
[151] HAKONEN T, [illegible]. Time-ordered particle systems [J]. Journal of WSCG, 2003, 11 (1): 173-177.
[152] SEWALL J, GALOPPO N, TSANKOV G, et al. Visual simulation of shockwaves [J]. Graphical Models, 2009, 71(4): 126-138.